21 世纪全国高校应用人才培养信息技术类规划教材

ASP. NET Web 程序设计（C#版）

张杰敏　主　编
魏德志　吴　旭　副主编

北京大学出版社
PEKING UNIVERSITY PRESS

内容简介

本书详细介绍了使用ASP.NET进行Web应用程序开发的技术。具备程序设计基础知识的读者，通过学习本书能够掌握.NET平台下开发Web程序的方法。本书共16章，内容包括ASP.NET的基本概念、C#语言的基础、Visual Studio 2008的使用、服务器控件、登录控件、导航控件、验证控件、数据控件、ADO.NET数据库编程、LINQ查询、AJAX、Web页面外观设计、异常处理及调试方法、站点部署等。全书以完整的实际开发案例结束，全面展示ASP.NET技术应用。

本书适合作为高等院校相关专业的教材或参考书目，对Web从业人员同样具有很好的参考价值，同时也是ASP.NET兴趣爱好者的一本自学教材。

图书在版编目(CIP)数据

ASP.NET Web程序设计（C#版）/张杰敏主编. —北京：北京大学出版社，2011.1
(21世纪全国高校应用人才培养信息技术类规划教材)
ISBN 978-7-301-18276-5

Ⅰ.①A… Ⅱ.①张… Ⅲ.①主页制作-程序设计-高等学校-教材 ②C语言-程序设计-高等学校-教材 Ⅳ.①TP393.092 ②TP312

中国版本图书馆CIP数据核字(2010)第246164号

书　　名：**ASP.NET Web程序设计(C#版)**
著作责任者：张杰敏　主编
策划编辑：温丹丹
责任编辑：温丹丹
标准书号：ISBN 978-7-301-18276-5/TP·1140
出版发行：北京大学出版社
地　　址：北京市海淀区成府路205号　100871
电　　话：邮购部62752015　发行部62750672　编辑部62765126　出版部62754962
网　　址：http://www.pup.cn
电子信箱：zyjy@pup.cn
印　刷　者：山东省高唐印刷有限责任公司
发　行　者：北京大学出版社
经　销　者：新华书店
787毫米×1092毫米　16开本　22印张　520千字
2011年1月第1版　2011年1月第1次印刷
定　　价：40.00元

前　言

在计算机应用的各个领域中，Web 应用技术是发展最为迅速、变化最为活跃的领域之一。各种 Web 开发技术层出不穷，开发工具、编程语言五花八门。微软公司为了更好适应市场的发展需求，推出了全新的 ASP. NET Web 开发技术，利用 . Net Framework 和 Visual Studio. Net 开发环境，形成了支持多语言的、通用的运行平台。

ASP. NET 是基于通用语言的编译运行的程序，它具有功能强大、可移植的特点，适应几乎全部的运行平台。通用语言的基本库、消息机制、数据接口的处理都能无缝地整合到 ASP. NET 的 Web 应用中。同时，ASP. NET 也是语言独立化的，使用者可以选择一种最适合自己的语言来编写程序，也可以选用多种语言编写程序，方便开发。当前，ASP. NET 支持 C#、VB、JScript、C ++ 、F ++ 等语言。本书采用 C#语言来描述程序部分。

C#语言是微软公司在 2000 年 6 月发布的一种新的编程语言，是微软为 . NET Framework 量身订做的程序语言，拥有 C/C ++ 的强大功能以及 Visual Basic 简易、适用的特性，是第一个组件导向（Component-Oriented）的程序语言，和 C ++ 与 Java 一样，C#是面向对象的（Object-Oriented）程序语言。

本着理论与实践有机结合的教学理念，本书从本科生的实际学习特点和学习能力出发，较完整地呈现了 ASP. NET 技术。本书的编者具有丰富的教学经验和教材编写经验，难得的是同时具有良好的实际开发经验，所述内容较全面地覆盖 ASP. NET 主要技术，较好地体现了良好的设计理念。重要的知识点都有具体实例或演示支撑，各章都尽可能以实例贯穿新的知识点，使理论应用于实践，以增强理解。本书以一个实际的工程案例作为结束，展示工程案例开发的完整流程，体现软件工程的思想，演示 ASP. NET 技术的综合应用，对于初涉系统开发的设计者具有较强的实际借鉴意义。

本书在编写过程中尽可能做到简明、实用、新颖，内容次重分明。通过本书的学习，凡具备程序设计基础知识的读者不仅能迅速掌握 ASP. NET 与 C#语言的相关技术，而且对数据库知识、面向对象思想等也将有更好的认识，能够很容易跨越成长为 . Net Web 程序设计者。

本书每章的组织结构以教学目标开始，以小结和练习结束。教学目标简要指明该章内容，有助于读者在学完本章后确定自己是否达到目标。每章在集成、整合、提炼精华的基础上小结。因此，各章小结不是内容简述或重复，而是展示了内容之间的逻辑相关性，对深化理解有很大帮助。练习可以测试和扩充读者所学的知识，提供实践指导，宜于读者复习巩固关键概念。

本书共分 16 章：

第 1 章主要介绍 Web 的发展历程和技术类别及 ASP. NET 的基本概念；

第 2 章主要介绍 C#语言的各种变量、运算符和表达式、类处理及命名空间等；

第 3 章介绍 Visual Studio 2008 的环境和构建 ASP. NET 站点；

第 4 章介绍 ASP. NET 控件类型及控件命名规范；

第 5 章介绍标准控件的功能和用途；

第 6 章介绍登录控件的功能、用途和使用方法；

第 7 章介绍导航控件的功能、用途和使用方法；

第 8 章介绍验证控件的功能、用途和使用方法；

第 9 章介绍数据控件的基本使用方法及数据绑定语法；

第 10 章介绍 ADO. NET 数据库编程的基本知识；

第 11 章介绍 LINQ 的概念，掌握 LINQ 的使用方法和 LinqDataSource 控件的使用；

第 12 章介绍 AJAX 的概念以及掌握 AJAX 服务器控件的使用；

第 13 章介绍如何使用 ASP. NET 进行 Web 页面外观设计的方法；

第 14 章介绍异常处理、调试和跟踪的基本概念和调试方法；

第 15 章介绍站点部署的方法和原理；

第 16 章则以一个实验室综合管理系统为案例，完整地介绍了一个系统的设计与实现的过程。

本书由张杰敏任主编，魏德志和吴旭任副主编。其中，张杰敏编写了第 1 章，魏德志编写了第 2、3、6、7、11、12、15 章，吴旭编写了第 4、5、8、9、10、13、14、16 章。

由于时间仓促、水平有限，书中遗漏或错误，请不吝赐教，值此致以诚挚的感谢。

编　者

2010 年 12 月于厦门

目　录

第1章　引　论

本章教学目标

- 了解 Web 的发展历程；
- 了解 Web 技术的类别；
- 了解什么是 ASP. NET 技术。

WWW（World Wide Web）常简称为 Web，也称 W3，中文译名叫万维网。Web 是一个以 Internet 为基础的计算机网络，是一种遍布在 Internet 上的全球性的超媒体系统。Web 允许人们浏览和获取分布于整个互联网的大量超媒体（Hypermedia）信息，内容包括文字、图形、图像、声音、动画、资料库，以及各式各样的软件等。Web 的建立意味着全球信息系统和环球信息通道的建立和应用。本章将简单介绍 Web 发展历程，概述 Web 开发技术，并概要介绍 ASP. NET 技术。

1.1　Web 概述

1946 年 2 月，世界上第一台电子数字计算机 ENIAC（The Electronic Numerical Integrator And Computer）研制成功（参见图 1-1）。1969 年 12 月，世界上第一个计算机网络 ARPANET 建立并投入运行。由 ARPANET 发展和演化而成的 Internet（参见图 1-2）是全球最大的、开放的、连接众多不同网络的互联网。1993 年 4 月，欧洲核研究理事会公布了 Web 的代码。之后，美国网景公司推出了 Web 产品，标志着 Web 的诞生。

图 1-1　世界上第一台计算机 ENIAC

可以说，计算机改变了人类进步的历史进程，Internet 改变了计算机应用的历史进程，而 Web 改变了 Internet 应用的历史进程，进而深刻地影响了人类生活。

如今，世界各地的人们通过各种不同的浏览器在 Web 网上查阅资料、发送邮件、传输文档、举行视频会议、聊天、购物、听音乐、看电视等（参见图 1-3）。Web 为全球信息的交流和传播带来了革命性的变化，是快速、有效、方便的环球信息通道。今天，人类的日常活动对 Web 是如此的依赖，使之成为人类文明史上不可或缺的组成部分。

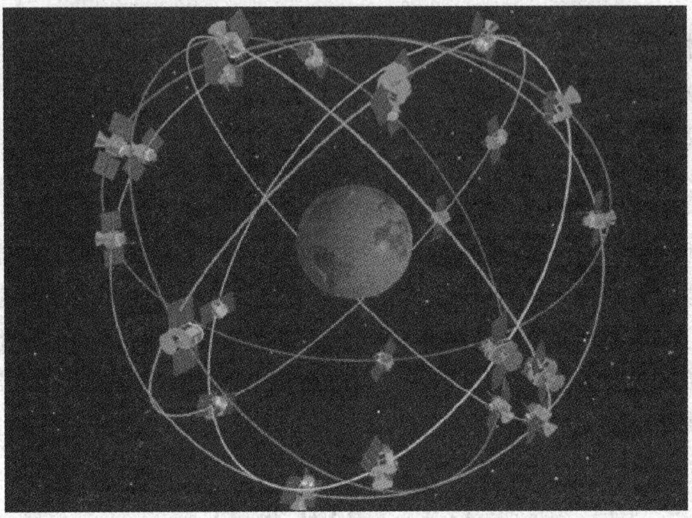

图 1-2 Internet 互联世界

图 1-3 多彩的 Web 世界

自 Web 技术诞生以来，它就给人们的生活带来了巨大的变革。无论是在便利信息传递、丰富娱乐休闲，还是在提高管理效率、加速科技研发等方面，Web 所起的作用都是无法估量和形容的。无数科技人员及爱好者推动着Web技术的发展，造就了神奇、伟大的Web世界。在具体介绍ASP. NET之前，简单回顾一下Web历程，是对曾经为之付出努力的人们应有的尊重，同时也会增进读者对Web技术ASP. NET的了解。

1991年5月WWW在Internet上首次露面，便立即引起轰动，获得了极大的成功，被广泛推广应用。1993年4月，欧洲核研究理事会公布了Web的代码。在此之前，人们对什么是Web几乎一无所知。这一切变化离不开一个人，他就是Tim Berners-Lee。

Tim原是位于瑞士日内瓦的欧洲核能研究中心粒子实验室的一名科学家，该研究中心的实验室遍布很多国家，大量试验结果需要从世界各地的实验室汇集到日内瓦，由于各地相关各部门使用不同的文档操作系统甚至不同的计算机，没有适用于文档处理的通用格式，致使共享信息成为既耗时又费力的事情。于是，Tim想创造一种分布的、独立于平台的全新信息发布系统，利用Internet使所有的用户都能不受软、硬件限制地访问系统，共享分布在各国各地的实验室、研究所的各种最新信息（包括数据、图像等资料），支持各国的核物理学家通过网络及时交流并传递信息，进行合作研究。结果是，Tim发明了3项技术，这成为Web的基础技术。

第1项基础技术，是用于编写通用可读文档的超文本标记语言（HyperText Mark-up Language，HTML），通过它可以很容易地把相关内容写入文档或把资源联结起来。第2项基础技术，是通过Internet引用其他可访问文档或资源的统一资源定位符（Uniform Resource Locator，URL）。URL也称为Web页面地址，它是Internet上标准的资源地址，它既能指向其他HTML文档，也能指向任何类型的Internet资源，特别是指向从其他Internet服务（如FTP或E-mail）得到的资源。第3项基础技术，是用于发布资源的超文本传输协议（HyperText Transfer Protocol，HTTP），它是Web服务器传输超文本到本地浏览器的传送协议。HTTP可以使浏览器更加高效，使网络传输量减少。HTTP不仅保证计算机正确快速地传输超文本文档，还确定传输文档中的内容显示方式，如文本先于图形显示等。这也就是在浏览器中所看到的Web页面地址都是以“http://”开头的原因。

1994年10月，Tim联合CERN（European Organization for Nuclear Research）、DARPA（Defense Advanced Research Projects Agency）和欧盟倡导并组织成立了Web的核心技术机构W3C（World Wide Web Consortium），它是一个非赢利组织，会员包括生产技术产品的厂商、服务提供商、内容供应商、团体用户、研究实验室、标准制定机构和政府部门等，致力于在Web发展方向上达成共识，关注技术标准的规范化，并指导技术开发、普及、推广和培训等。从Web诞生至今，它的每一步发展都离不开W3C的努力。我国的W3CHINA建立于2003年6月20日，旨在为Web工作者提供一个学习、研究、讨论W3C标准及Web技术的平台。

国际W3C很早就意识到，由于HTML规则的限制，光靠它不能解决所有数据解释的问题，例如视频文件、特殊公式、音频文件等其他型态的内容。另外，HTML的扩充性、弹性、易读性均差强人意。为了解决以上问题，专家们使用标准通用标记语言（Standard Generalized Markup Language，SGML）精简制作，并依照HTML的发展经验，产生出一套规则严谨却又简单易用的描述数据语言（Extensible Markup Language，XML）。XML从1996年开始具备雏形，并向W3C提案，在1998年2月发布为W3C的标准（XML1.0）。从技术角度看，XML语言统一了信息的表达方式，但离揭示信息内容的目标还相距甚远。

之后，W3C 和一些研究机构开始对元数据 Metadata（描述数据的数据，可以揭示信息的内容特性）进行研究。1999 年，Netscape 提出的 RSS（Rich Site Summary）建议标准是用元数据技术描述新闻等信息内容的第一次尝试。随后，W3C 的研究小组提出了 RDF（Resource Description Framework）标准草案。RDF 在 XML 语法的基础上，规定了元数据的存储结构和相关的技术标准。使用 RDF 语言可以用统一的、可交换的格式揭示出信息本身的各种特性。

到了 2000 年以后，随着 Web 应用的日益复杂，人们逐渐意识到，单纯依靠某种技术多半无法达到快速开发、快速验证和快速部署的最佳境界。研究者开始尝试着将已有的 Web 开发技术综合起来，形成完整的开发框架或应用模型，并以此来满足各种复杂的应用需求。2001 年，W3C 又开始着手制订 OWL（OWL Web Ontology Language）标准。OWL 语言也是一种符合 XML 标准的语言，它比 RDF 又前进了一步，可以更加深入、细致地描述信息内容。在 RDF 和 OWL 语言的帮助下，Web 上的信息内容变得更容易理解、更便于交换，并支持共享。2003 年，W3C 成立了语义化 Web Service 研究小组（Semantic Web Services Interest Group），研究在 Web Service 中加入语义技术的相关问题。2004 年 2 月，W3C 宣布 RDF 和 OWL 标准正式成为 W3C 的建议方案，这标志着语义化 Web 的大厦已经破土动工。2005 年，W3C 提出将 XML：ID 作为唯一识别 XML 文档各个部分的标准方式。W3C 组织认为，新标准有希望使用户更容易地完成 XML 写作。2008 年 1 月，HTML 5 规范的第一份正式草案公布。至 2010 年，HTML 5 规范仍在制订完善中。关于 HTML 5 成为 W3C 标准的时间，众说纷纭。其中，IanHixie 的说法最受认可，“根据估计，HTML 5 直到 2022 年才会形成 W3C 的推荐标准”。HTML 5 提供了一些新的元素和属性，将有利于搜索引擎的索引整理，同时更好地帮助小屏幕装置和视障人士使用。除此之外，还为提供了新的功能，如 <audio>、<video> 和 <canvas> 等标记，以支持音频、视频和图形图像的元素的使用。尽管标准的形成尚待时日，但浏览器厂商已经在实现各种 HTML 5 功能。事实上，W3C 标准每年都会有一些新的进展或者变化。只是从 2005 年至今，并没有明显的、对用户影响深远的新标准。

随着语义化 Web 的诞生和发展，Web 开发技术也必将经历更为重大的变革。可以预见在未来的几年里，还会有更多新的开发技术或开发平台出现。为了让更多的人获得更有价值的信息服务，Web 开发者们也许还会经历一次又一次的技术浪潮，还会面临更为严峻的技术挑战。

1.2 Web 开发技术

Web 作为分布式应用架构的特点，决定它的每一次信息交换都要涉及客户端和服务器端两个层面。因此，Web 开发技术大体上也可以被分为客户端技术和服务器端技术两大类。

1. Web 客户端技术

Web 客户端主要负责展现信息内容在，而 HTML 语言正是用于信息展现的最有效载体之一。最初的 HTML 语言只能在浏览器中展现静态的文本或图像信息，它满足不了人们对信息丰富性和多样性的强烈需求。之后能存储、展现二维动画的 GIF 图像格式第一次为 HTML 页面引入了动感元素，但更大的变革来源于 1995 年 Java 语言的问世。Java 语言天生就具备的平台无关的特点，让人们一下子找到了在浏览器中开发动态应用的捷径。1996 年，著名的 Netscape 浏览器在其 2.0 版中增加了对 JavaApplets 和 JavaScript 的支持。同时，Microsoft 的 IE 3.0 也在这一年开始支持 Java 技术。

真正让 HTML 页面丰富起来的是层叠样式表（Cascading Style Sheets，CSS）和 DHTML（Dynamic HTML）技术。1996 年底，W3C 提出了 CSS 的建议标准，同年，IE 3.0 引入了对 CSS 的支持。CSS 大大提高了开发者对信息展现格式的控制能力。1997 年的 Netscape 4.0 不但支持 CSS，而且增加了许多 Netscape 公司自定义的动态 HTML 标记。这些标记在 CSS 的基础上，让 HTML 页面中的各种要素“活动”起来。1997 年，Microsoft 发布了 IE 4.0，并将动态 HTML 标记、CSS 和动态对象模型（DHTML Object Model）发展成了一套完整、实用、高效的客户端开发技术体系，Microsoft 称其为 DHTML。同样是实现 HTML 页面的动态效果，DHTML 技术无需启动 Java 虚拟机或其他脚本环境，可以在浏览器的支持下，获得更好的展现效果和更高的执行效率。

为了在 HTML 页面中实现音频、视频等更为复杂的多媒体应用，1996 年浏览器 Netscape 2.0 成功地引入了对 QuickTime 插件的支持，插件这种开发方式也迅速风靡了浏览器的世界。在 Windows 平台上，20 世纪 90 年代中期，Microsoft 在刚刚出现的 COM 和 ActiveX 插件上实现了客户端应用集成。1996 年，Microsoft IE 3.0 正式支持在 HTML 页面中插入 ActiveX 控件的功能。1999 年，Realplayer 插件先后在 Netscape 和 IE 浏览器中取得了成功，与此同时，Microsoft 自己的媒体播放插件 Media Player 也被预装到了各种 Windows 版本之中，以支持浏览器播放音、视频文件。值得一提的还有 Macromedia 公司的 Flash 插件，它是一个 Web 页面动画制作工具，清晰、可交互的动画效果，使多数浏览器选择支持 Flash 插件。

除了编写 HTML 页面之外，客户端应用的开发者还可以利用一些成熟的技术将浏览器的功能添加到自己的应用程序中。从 1997 年的 IE 4.0 开始，Microsoft 为开发者提供了 WebBrowser 控件和其他相关的 COM 接口，允许程序员在自己的程序中直接嵌入浏览器窗口，或调用各种浏览器的功能，如分析或编辑 HTML 页面等。Windows 98 及其后的 Windows 操作系统甚至还利用 WSH（Windows Script Host）技术将原本只在浏览器中运行的 JavaScript、VBScript 变成了可以在 WIN32 环境下使用的通用脚本语言。

2. Web 服务器端技术

与客户端技术从静态向动态的演进过程类似，Web 服务器端的开发技术也是由静态向动态逐渐发展、完善起来的。

最早的 Web 服务器简单地响应浏览器发来的 HTTP 请求，并将存储在服务器上的 HTML 文件返回给浏览器。一种名为 SSI（Server Side Includes）的技术可以让 Web 服务器在返回 HTML 文件前，更新 HTML 文件的某些内容，但其功能非常有限。第一种真正使服务器能根据运行时的具体情况动态生成 HTML 页面的技术，是通用网关接口（Common Gateway Interface，CGI）技术。

1993 年，CGI 1.0 的标准草案由 NCSA（National Center for Supercomputing Applications）提出，1995 年，NCSA 开始制定 CGI 1.1 标准，1997 年，CGI 1.2 也被纳入了议事日程。CGI 技术允许服务器端的应用程序根据客户端的请求，动态生成 HTML 页面，这使客户端和服务器端的动态信息交换成为可能。随着 CGI 技术的普及，聊天室、论坛、电子商务、信息查询、全文检索等各式各样的 Web 应用蓬勃兴起。

早期的 CGI 程序大多是编译后的可执行程序，其编程语言可以是 C、C ++ 和 Pascal 等任何通用的程序设计语言。为了简化 CGI 程序的修改、编译和发布过程，人们开始探寻用脚本语言实现 CGI 应用的可行方式。

Larry Wall 于 1987 年发明的 Perl 语言具备了 C 语言的高效，以及 sh、awk 等脚本语言的便捷，非常适用于 CGI 程序的编写。1994 年，Rasmus Lerdorf 发明了专用于 Web 服务器端编程的 PHP（Personal Home Page Tools）语言。与以往的 CGI 程序不同，PHP 语言将 HTML 代码和 PHP 指令合成为完整的服务器端动态页面，Web 应用的开发者可以用一种更加简便、快捷的方式实现动态 Web 功能。1996 年，Microsoft 借鉴 PHP 的思想，在其 Web 服务器 IIS 3.0 中引入了动态服务页（Active Server Page，ASP）技术，它迅速成为了 Windows 系统下 Web 服务器端的主流开发技术。1997 年，Servlet 技术问世。1998 年，JSP 技术诞生。Servlet 和 JSP 的组合（还可以加上 JavaBean 技术）让使用 Java 技术的 Web 服务器端开发者同时拥有了类似 CGI 程序的集中处理功能和类似 PHP 的 HTML 嵌入功能。此外，Java 技术也大大提高了 Servlet 和 JSP 的执行效率，从而提高了 Web 服务器端执行效率。

Web 服务器端开发技术的完善，使开发复杂的 Web 应用成为可能。在此起彼伏的电子商务大潮中，为了适应企业级应用开发的各种复杂需求，为了给最终用户提供更可靠、更完善的信息服务，两个最重要的企业级开发平台 JavaEE 和 .NET 于 2000 年前后分别诞生于 Java 阵营和 Windows 阵营，并就此引发了激烈的竞争，这种竞争促进了 Web 开发技术以前所未有的速度提高和跃进。

1.3 ASP. NET 概述

ASP. NET 是基于通用语言编译运行的程序，因此具有了强大性和适应性，可以运行在 Web 应用软件开发者几乎全部的平台上。通用语言的基本库、消息机制、数据接口的处理都能无缝地整合到 ASP. NET 的 Web 应用中。ASP. NET 同时也是语言独立化的，Web 开发者既可以选择一种最适合的语言来编写自己的程序，也可以同时使用多种程序语言。

1. 什么是 .NET

Microsoft® .Net 是 Microsoft XML Web Services 平台。XML Web Services 允许应用程序通过 Internet 进行通信和共享数据，而不管所采用的是哪种操作系统、设备或编程语言。Microsoft 的 .NET 为创建和集成 XML Web Service 提供平台。

2. 什么是 ASP. NET

ASP. NET 是一门技术而不是一种语言。它是 .NET 框架的一个集成组件，属于 Web 服务器端技术。ASP. NET 可以帮助用户利用由 .NET 框架支持的任何一种编程语言创建更快、更可靠的动态 Web 页面。ASP. NET 自身带有大量的控件，这些控件无需进行任何 ASP. NET 编码就可以用于页面。

3. ASP. NET 的优点

ASP. NET 具有如下优点。

（1）代码更清晰。ASP. NET 为了将业务逻辑代码与显示逻辑分开，引入了“代码隐藏”这一新概念。通过在独立存储的文件中编写应用程序以实现业务逻辑，使其与 HTML 编写的显示逻辑分开，从而使得程序员可以独立于设计人员工作，并能更好地理解和维护应用程序。

（2）易于部署。通过简单地将必要的文件复制到服务器上，ASP. NET 应用程序即可以部署到该服务器上，且不需要重新启动服务器，甚至在替换运行已编译代码时也不需要重新启动。

（3）为不同的浏览器和设备提供更好的支持。ASP. NET 是一个与浏览器无关的程序设计框架，利用它编写的应用程序可以与最新版本的 IE、Netscape 等常用浏览器兼容。它支持任何设备上的任何浏览器，并且开发人员可以使用与传统桌面浏览器相同的编程技术来处理新的移动设备。

（4）增强的性能。ASP. NET 是运行在服务器上的已编译代码。ASP. NET 能利用早期绑定、实时编译和全新的缓存服务来提高性能。

（5）可管理性。ASP. NET 使用基于文本的、分级的配置系统，简化了将设置应用于服务器环境和 Web 应用程序的工作。因为配置信息是存储为纯文本的，所以可以在没有本地管理工具的情况下应用新的设置。配置文件的任何变化都可被自动检测并应用。

（6）可扩展性。为了提高 ASP. NET 应用程序的可扩展性，Microsoft 改进了服务器间的通信，使得可以在多台服务器上进行一个应用程序。

（7）安全性。ASP. NET 为 Web 应用程序提供了默认的授权和身份验证方案。开发人员可以根据应用程序的需要很容易地添加、删除或替换这些方案。

1.4　小　　结

Web 的建立意味着全球信息系统和环球信息通道的建立和应用，人们通过 Web 浏览和获取分布于整个互联网的大量超媒体信息。Web 的诞生给人类生活带来了巨大的变革。

Web 开发从 20 世纪 90 年代发展至今，各种技术层出不穷。越来越先进的开发技术使得互联网上的 Web 页面从开始的简单、单调到如今的复杂、丰富，Web 页面的应用范围也从开始的纯科研发展到如今的多媒体娱乐。这些开发技术具有不同的特点，以各自的速度发展，许多都曾经在历史上占有一席之地。

Web 开发技术大体上可分为客户端技术和服务器端技术两大类。无论是 Web 客户端技术，还是 Web 服务器端技术，其发展过程都是从静态向动态逐渐完善的演化过程。

ASP. NET 是 Microsoft. Net 的一部分。作为战略产品，ASP. NET 不仅仅是 Page ASP 的最新版本，它提供了一个统一的 Web 开发模型，其中包括开发人员生成企业级 Web 应用所需的各种服务。

ASP. NET 是一个革命性的编程框架，实现了企业级 Web 应用程序的快速开发，支持以最简便、最具有扩张能力的方式来开发、部署和运行以任何浏览器或客户端设备作为目标的 Web 应用程序。ASP. NET 所生成的应用程序，伸缩性和稳定性更好，并具备更好的安全保护。

作为 Microsoft . Net 平台的一部分，ASP. NET 跟随着 15 年来的 Web 开发趋势，朝着基于 HTTP 的分布式应用程序方向不断地发展，目前已成为技术最先进、特性最丰富、功能最强大的平台。本书介绍的内容基于最新版本 ASP. NET 3. 5。

计算机改变了人类进步的历史进程，Internet 改变了计算机应用的历史进程，而 Web 改变了 Internet 应用的历史进程，进而深刻地影响了人类文明史。

1.5 练　　习

1. Tim 开发出了哪三项万维网的基础技术？
2. Web 开发技术的种类有哪些？
3. 什么是 . NET？
4. 什么是 ASP. NET？
5. 请简要说出 ASP. NET 具备的优点。

第 2 章　C#语言入门

本章教学目标

- 掌握 C#中基本元素的相关概念和用法；
- 掌握控制流语句的用法；
- 了解命名空间的作用。

在 ASP. NET 的后台中进行编程可以采用 C#、VB、J#等高级编程语言。本书介绍 ASP. NET 技术，采用 C#为后台编程语言。

C#是一种面向对象的、运行于 . NET 框架之上的高级程序设计语言。它由 Microsoft 公司开发，已经成为 ECMA（European Computer Manufacturers Association）与 ISO（International Standards Organization）标准。C#由 C 和 C ++ 派生而来，并且部分融合了其他语言成分，如 Delphi、Java、VB 等，这使得 C#具有简单、现代、类型安全等许多特点。这些特点使得 C#在面对复杂问题时比许多可供选择的其他编程语言具有更加简单、灵活的表达能力。

2. 1　C#语言的基本元素

任何编程语言，都有组成语言的基本元素，其中包括数据类型、变量和常量、基本运算等，这些元素是构建程序的基础。C#语言的基本元素是构建 C#程序的基础。

2. 1. 1　标识符

标识符是用户编程时，对于电脑语言中的变量、常量、方法、语句块、对象、类、结构等所起的名字，由一系列字符组成。对于不同的编程语言，标识符的命名规则通常是有区别的。

C#命名标识符的规则为，以字母或下划线开头，由大、小写字母，数字，下划线和@字符组成的字符串。例如，下面为一些合法的标识符：

```
value          //以字母开头的合法标识符
_height        //以下划线开头的合法标识符
@class         //以 @ 字符开头的合法标识符
Num1           //以大写字母开头的,带有数字的合法标识符
nmuA           //以字母开头,由大小写字母组合成的合法标识符
numa           //以字母开头,完全由小写字母组成的合法标识符
n_num          //以字母开头,带有下划线的合法标识符
```

下面为一些非法标识符：

```
n num          //非法标识符,含空格
9value         //非法标识符,数字字符'9'开头
```

标识符也可以包含 Unicode 字符，具体可用语法 \uxxxx 来指定。其中，xxxx 表示的是 Unicode 字符的四位 16 进制代码。例如，

```
num \u0041      //即 numA,A 对应 Unicode 字符的四位 16 进制代码为 0041H
num \u0061      //即 numa,a 对应 Unicode 字符的四位 16 进制代码为 0061H
```

C#区分大、小写字母。因此，numA 和 numa 是不同的标识符。同样的道理，n1 和 N1 也是不同的标识符。

C#语言为某些特殊的用途预先保留了一个关键字集合，如 int、float 等用作数据说明，for、while 等用作程序控制流程。

最后，需要注意的是命名 C#的标识符在遵守 C#规则的同时，还应当遵循 C#的编程惯例。例如变量的命名习惯使用小写字母开头的标识符，而常量的命名习惯使用大写字母组成的标识符等。遵循编程惯例是一种良好的编程习惯，将有益于程序员之间的沟通，增加程序的可读性。

更进一步说，遵循惯例并具有一定意义的标识符，才称得上是好的标识符。

下面列举几个好的标识符示例给读者参考。

```
average       //程序中用于表示平均值,变量
price         //程序中用于表示价格,变量
count         //程序中用于表示数目,变量
RATE          //程序中用于表示比率,常量
```

特别提醒，在任何情况下保证程序的可读性都是十分重要的。为增加程序可读性所付出的努力，都将是值得的。

2.1.2 关键字

编程语言中的关键字是指在该语言里事先定义的、有特别意义和用途的字，即编程语言为特定的用途预先定义并保留的字，因此也称保留字。编程语言根据设计需要设置有自己的关键字。不同的编程语言所设置的关键字通常有所不同。

C#的关键字及其作用参见表 2-1。

表 2-1　C#的关键字

关键字	作　用
abstract	可以和类、方法、属性、索引器及事件一起使用，标识一个可以扩展但不能被实体化的、必须被实现的类或方法
as	一个转换操作符，如果转换失败，就返回 null
base	用于访问被派生类或构造中的同名成员隐藏的基类成员
bool	表示布尔值的简单类型
break	用于从 loop 或 switch 语句中退出的跳转语句
byte	表示 8 位长度无符号整数的简单类型
case	指定在 switch 语句中的一个标签。如果标签中指定的常量与 switch 表达式的值匹配，则与标签关联的语句就被执行
catch	定义一个代码块，在特定类型异常抛出时，执行块内代码
char	表示 16 位 Unicode 字符的简单类型
checked	既是操作符又是语句，确保编译器运行时，检查整数类型操作或转换时出现的溢出

（续表）

关键字	作 用
class	指明一个声明得类类型声明
const	标识一个可在编译时计算出来的变量值，即一经指派不可修改的值
continue	用于返回循环顶部的跳转语句
decimal	表示 128 位高精度十进制数的简单类型
default	在 switch 语句中，指定一组语句，如果前面没有匹配的 case 子句，就执行这些语句
delegate	指定一个声明为一种委托类型。委托把方法封装为可调用实体，能在委托实体中调用
do	一个条件语句，无论条件是否满足，都执行至少一次
double	表示 64 位双精度浮点值的简单类型
else	if 条件语句的一部分，如果条件不为真，则执行 else 后面的语句
enum	表示一个已命名常量群集的值类型
event	允许一个类或对象提供通知的成员，它必须是委托类型
explicit	一个定义用户自定义转换操作符的操作符，通常用来将内建类型转换为用户定义类型或反向操作。必须再转换时调用显示转换操作符
extern	标识一个将在外部（通常不是 c#语言）实现的方法
false	一个布尔字面值
finally	定义一个代码块，在程序控制离开 try 代码快后执行。参见 try 和 catch
fixed	在一个代码块执行时，在固定内存位置为一个变量指派一个指针
float	表示 32 位单精度浮点值的简单类型
for	定义一个循环语句，只要指定条件满足，就继续执行
foreach	用于遍历一个群集的元素
goto	一个跳转语句，将程序执行重定向到一个标签语句
implicit	一个操作符，定义一个用户定义的转换操作符。通常用来将预定义类型转换为用户定义类型或反向操作。隐式转换操作符必须在转换时使用
in	foreach 语句遍历语法的一部分，被放在变量名与要遍历的群集之间
int	表示 32 位带符号整数值的简单类型
interface	将一个声明指定为接口类型，即实现类或构造必须遵循的合同
internal	一个访问修饰符
is	比较两个对象类型得比较操作符
lock	用在多线程程序中，为变量设置一个互斥锁（mutex）
long	表示 64 位带符号整数值的简单类型
namespace	定义一个逻辑组的类型和命名空间
new	用于调用构造器的操作符。同时，也是一个修饰符，用来隐藏而非重载拥有同样签名的一个继承方法

（续表）

关键字	作　用
null	表示引用类型中等同于 0 的字面值
object	一个预定义引用类型，表示所有引用类型的终极基类。也是预定义类型 System. Object 的别名
operator	用来声明或多载一个操作符
out	标识一个参数值会受影响的参数，但在传入方法时，该参数无需先初始化
override	一个修饰符，表明一个方法将覆载一个虚方法或抽象方法，或一个操作符将覆载基类中定义的同名操作符
params	声明一个参数数组。如果使用，则必须修改指定的最后一个参数，允许可选参数
private	一个访问修饰符。私有成员只能在定义该成员的类型内部访问
protected	一个访问修饰符，保护成员只能在定义该成员的类型或派生类型中的访问
public	一个访问修饰符，公有成员可以在定义该成员的类或命名空间内外自由访问
readonly	标识一个变量的值在初始化后不可修改
ref	标识一个参数值可能会受影响的参数
return	一个用于跳出方法的跳转语句，执行返回到方法调用者
sbyte	表示 8 位带符号整数的简单类型
sealed	防止类型被派生，防止方法和 property 被覆载
short	表示 16 位带符号整数值的简单类型
sizeof	一个操作符，以 byte 为单位返回一个值类型的长度
stackalloc	返回在堆上分配的一个内存块的指针
static	静态成员与它在其中被声明的类型相关联，而不是与类型的实体相关联
string	一个表示 Unicode 字符串的预定义引用类型，是 System. String 预定义类型的别名
struct	一种值类型，可以声明常量、字段、方法、property、索引器、操作符、构造器和内嵌类型
switch	一个选择语句，它执行与表达式匹配标签相关联的语句列表
this	引用一个类型的当前实体
throw	抛出一个异常
try	异常处理代码块的组成部分之一，try 代码块包括可能会抛出异常的代码
typeof	一个操作符，返回传入参数的类型
uint	表示 32 位无符号整数值的简单类型
ulong	表示 64 位无符号整数值的简单类型
unchecked	禁止溢出检查
unsafe	标注包含指针操作的代码块、方法或类
ushort	表示 16 位无符号整数值的简单类型

（续表）

关键字	作　用
using	当用于命名空间时，using关键字允许访问该命名空间中的类型，而无需指定其全名，也用于定义finalization操作的范围
virtual	一个方法修饰符，标识可被覆载的方法
volatile	标识一个可被操作系统、某些硬件设备或并发线程修改的attribute
while	while条件语句根据条件执行一个语句零次或多次。do语句中的while部分指定循环中止条件

注意，C#所有的关键字都必须小写，而无论大、小写，关键字都不能用作标识符。如果确实需要把某一关键字用作标识符，可以在该关键字的前面加上前缀@符号，指示编译器其后的内容是一个标识符，而不是C#关键字。例如

```
@base           //把 C#的关键字 base 作为标识符
@enum           //把 C#的关键字 enum 作为标识符
```

在本书后续内容中，将会逐渐应用表2-1中一些常用的关键字。相信通过反复阅读和练习，读者将能熟练掌握这些关键字的作用，并掌握其使用方法。

2.1.3　变量

程序处理的数据有变量和常量两种。在程序运行过程中，值可以被改变的是变量；值不能被改变的是常量。变量有名字、类型和值。在程序对数据进行读、写、运算等操作的过程中，当需要保存某些值或结果时，就需要用到变量（Variable）。在计算机中，变量代表存储地址，变量的类型决定了存储在变量中数值的类型。变量可以在定义的同时赋值，也可以定义之后、使用之前实施赋值。

C#中有两种变量类型，分别是值类型和引用类型。值类型存储实际值，而引用类型为对存储在内存中某处值的引用。值类型在堆栈上分配，大多数程序语言都能应用它。引用类型在堆上分配，通常代表类实例。在C#语言中允许用户定义自己的值类型和引用类型。

所有值类型和引用类型都由一个名为object的基本类继承而来。在C#中还可以通过隐性转换（不会造成数据丢失）或显性转换（可能造成数据丢失或精确度降低）来改变已经定义的数据类型。

C#的值类型进一步划分为简单类型（Simple Type）、枚举类型（Enum Type）和结构类型（Struct Type）。C#的引用类型进一步划分为类类型（Class Type）、接口类型（Interface Type）、数组类型（Array Type）和委托类型（Delegate Type）。

以下分别通过表2-2和表2-3展示值类型和引用类型。

表2-2　C#的值类型

值类型名称	说　明
sbyte	存储8位带符号整数。sbyte中的s代表带符号（signed），意味着变量可为正值或负值。sbyte变量的最小可能值为-128，最大可能值为127

（续表）

值类型名称	说　明
byte	存储 8 位无符号整数。与 sbyte 变量不同，byte 变量不带符号，并且只能存储正数值。byte 变量的最小可能值为 0，最大可能值为 225
short	存储 16 位带符号整数。short 变量的最小可能值为 32 768，最大可能值为 32 767
int	存储 32 位带符号整数。int 变量的最小可能值为 －2 147 483 648，最大可能值为 2 147 683 647
uint	存储 32 位无符号整数。unit 中的 u 代表无符号，uint 变量的最小可能值为 0，最大可能值为 4 294 967 295
long	存储 64 位带符号整数。long 变量的最小可能值为 －9 223 372 036 845 775 808，最大可能值为 9 223 372 036 845 775 807
ulong	存储 64 位无符号整数。ulong 中的 u 代表无符号。ulong 变量的最小可能值为 0，最大可能值为 18 446 744 073 709 551 615
char	存储 16 位 Unicode 字符。char 变量的最小可能值为值为 0 的 Unicode 字符，最大可能值为值为 655 535 的 Unicode 字符
float	存储 32 位带符号的浮点值。float 变量的值介于 ±1. 5 ×10 －45 到 ±3. 4 ×1 038 之间
double	存储 64 位带符号的浮点值。double 变量的值介于 ±5. 0 ×10 －324 到 ±1. 7 ×10 308 之间
decimal	存储 128 位带符号浮点值。decimal 类型变量适用于金融计算，其值介于 ±1. 0 x 10 －28 到 ±7. 9 x 1 028 之间
bool	存储两个可能值（真或假）中的一个。应用 bool 类型变量是 C#与 C 和 C ++不同的一个地方。在 C 和 C ++中，整数值 0 与假同义，而任何非零值与真同义。但在 C#中，这些类型不再同义，不能将一个整数变量转换成一个等同的 bool 值。如果需要应用一个表示真或假条件的变量，应使用 bool 变量而非 int 变量
枚举类型	每个枚举类型有一个底层的类型，它必须是 8 个整型类型之一。枚举类型的值集与底层类型的值集相同
结构类型	表示带有数据成员和函数成员的结构

表 2-3 C#的引用类型

引用类型名称	说　明
类类型	所有其他类型的最终基类：object Unicode 字符串：string 用户自定义类型 class C{...}
接口类型	用户自定义类型 interface I{...}
数组类型	单维与多维数组，例如，int[ ] 与 int[,]
委托类型	用户自定义类型 delegate T D(...)

2.1.4 常量

常量就是其值固定不变的量。从数据类型角度来看，常量的类型可以是任何一种值类型或引用类型。一个常量的声明，就是声明程序中要用到的常量的名称和它的值。和变量一样，可以同时声明一个或多个给定类型的常量。

在 C#中声明常量的方式有两种，一种叫做静态常量（Compile-time Constant），另一种叫做动态常量（Runtime Constant）。前者用"const"来定义，后者用"readonly"来定义。

静态常量的声明格式如下：

```
constant-modifiers const type constant-declarerators;
```

其中，常量修饰符 constant-modifier 可以如下：

```
new, public, internal 或 private
```

静态常量的类型 type 必须是以下之一：

```
sbyte, byte, short, ushort, int, uint, long, ulong, char, float, double, decimal,
bool, string,枚举类型(enum-type)或引用类型(reference)
```

constant-declarators 表示常量的名字。例如：

```
public const int height = 100;
```

该语句中的"height"就是静态常量。

如果声明为：

```
public readonly int height = 10;
```

那么，该语句中的"height"就是动态常量。

从两个声明语句可以看出，动态常量的声明与静态常量极为相似。静态常量和动态常量具体的区别如表 2-4 所示。

表 2-4　静态常量和动态常量的区别

静态常量（const 常量）	动态常量（readonly 常量）
const 可用于修饰 class 的 field 或者一个局部变量（Local Variable）	readonly 仅仅用于修饰 class 的 field
const 常量的值必定在编译时就已明确并且恒定的	readonly 常量的值可以在运行时编译，但它也必须遵守作为常量的约束，那就是值必须恒定不变
const 常量必须在声明的同时对其进行赋值，并且确保该值在编译时可确定并恒定	readonly 常量则可以根据情况选择在声明的同时对其赋予一个编译时确定并恒定的值，或者将其值的初始化工作交给实例构造函数（Instant Constructor）完成
const 常量属于类级别（Class Level），而不是实例对象级别（Instant Object Level），并且它不能跟 static 结合一起使用，该常量的值将由整个类的所有实例对象共同分享	readonly 常量既可以是类级别，也可以是实例对象级别的，这取决于它的声明以及初始化工作怎么实施。readonly 可以与 static 结合使用，用于指定该常量属于类级别，并且把初始化工作交由静态构造函数（Static Constructor）完成
能被 const 修饰声明为常量的类型必须是以下的简单类型（Primitive Type）：sbyte，byte，short，ushort，int，uint，long，ulong，char，float，double，at，bool，decimal，string，object。不能被声明为 const 常量的简单类型有数组（Array）和结构（Struct）	无该限制

最后，需要提醒读者注意的一点是，常量必须在声明时初始化。

2.1.5 注释

注释不是严格意义上的C#代码，它是对C#代码进行说明的文字。在程序当中添加注释可以使程序更加适于阅读和维护。

在C#中添加注释的方法有三种：

（1）"//"，单行注释语句；

（2）"/* */"，跨行注释语句；

（3）"///"，XML文档注释语句。

例2.1 C#的注释语句。

```
/*
Author:nihuo
Version:1.0
Date:: 2009/7/20
Description:构建一个 DB 类
*/
public class DB
{
   public DB()
   {
      //
      //TODO: 在此处添加构造函数逻辑
      //
   }
   public static SqlConnection createConnection()
   {
      //创建连接对象
      SqlConnection conn = new SqlConnection("server = localhost;database = de-
      vicemanage;integrated security = true;");
      return conn;
   }
}
```

在例2.1所示的简单程序中使用了两种注释方法。"/* */"为跨行注释，用于程序体首部的描述性文字说明。而以"//"开始的单行注释语句，其有效范围仅从该符号至该行末尾。"//"符号不只可以放置在行首，亦可以在这一行的任意位置。

例2.2示意了C#专用的XML文档注释的使用方法。C#引用的这种注释方法，原则上与原有的"//"相兼容，也是一种单行注释方法，但由于其新增加了一些注释语句，并且在开发工具VisualStudio. Net当中进行了相应的集成，使其功能更加强大。

例2.2 C#XML文档注释语句。

```
/// <summary>
///一个数据库连接类
/// </summary>
public class DB
{
   public DB()
   {
      //
      //TODO: 在此处添加构造函数逻辑
      //
```

```
    }
    public static SqlConnection createConnection()
    {
        //创建连接对象
        SqlConnection conn = new SqlConnection("server = localhost;database = de-
        vicemanage;integrated security = true;");
        return conn;
    }
}
```

例 2.2 中的“/// <summary>”和“/// </summary>”为 C#专用 XML 文档注释语句，其中，“<summary> </summary>”成对出现为指定标识符，用于说明该注释语句的作用是对整段程序代码的用途进行概要性描述，介于“<summary> </summary>”之间的内容为具体注释。这种注释方法可以生成一个中间的 XML 数据文件，利用开发工具 VisualStudio. Net提供的强大功能，这个 XML 数据文件会形成一个强大的说明文件。甚至在团队开发当中，只要写清楚这些注释语句，就可以自动产生一个详细设计文档，而不必在写完程序后自己再动手写这样一份文档。

Microsoft 还提供了其他的注释标识符，分别用于不同的注释意图，参考表 2-5。

表 2-5　C#专用注释语句的标识符

标识符	描述及示例	应用于
<summary>	对整体进行概要性描述： <summary> Description </summary>	类、属性（不推荐）、方法等
<para>	跟在 summary 之后，对方法所涉及的入口参数进行有效地解释：<param name = username>本参数是用户的账号</param>	方法的入口参数
<returns>	对方法的返回值进行解释：<returns>返回值零代表操作成功，-1 代表操作不成功</returns>	方法的返回值
<remarks>	对一些语句进行备注性描述：<remarks>本类需要调用另外一个 User 类相关方法</remarks>	类、方法、属性等
<see>	在生成的文档中产生一个连接到其他描述的超链接： <see cref = “[member]”/>	可以在其他注释标识符中加入
<seealso>	与 see 的区别是本标识符显示超链接在一个文档的尾部的“See Also”区域，而前者在文档之中： <seealso cref = “[member]”/>	不可以在其他注释标识符中加入
<value>	对一个属性进行概要性解释：<value>这是一个 public 属性</value>	属性

<code>	如果需要置入一部分源代码段，可以使用本标识符将其标记出来：
	<code>
	public int add (int a, b)
	{
	return a + b;
	}
	</code>
		可以在其他注释标识符中加入

（续表）

标识符	描述及示例	应用于
<exception>	对程序中可能抛出的异常做解释：<exception cref = "System. Exception">抛出的异常情况</exception>	在方法当中如果有抛出异常（如"try…catch 结构）时，可以使用本标识符作为解释
<permission>	对方法的访问权限做一些解释：<permission cref = "System. Security. PermissionSet" >这是公共方法</permission>	方法，属性
<c>	与<code>标识符基本相同，但本标识符仅用于单行代码：<c>return a + b；</c>	可以在其他标识符中插入使用

<example>	举例说明，通常与<code>配套使用：
	<example> 以下示例说明如何调用 Add 方法：
	<code>
	class MyClass
	{
	public static int Main（）
	{
	return Add（1 + 2）；
	}
	}
	</code>
	</example>
		可以在其他标识符中插入

<paramref>	在其他地方引用一个入口参数： <paramref cref = "a">请注意，这是一个整型参数</paramref>	

关于<list>标识符在此没有做解释，有兴趣的读者可以阅读 ASP. NET 的 SDK 或者其他相关材料。

综上所述，Microsoft 在 Visual Studio. Net 中新增加的如表 2-5 所示的注释方法，给团队开发提供了更加方便的手段，有益于增强团队成员之间的联系，同时个体编程人员也从中得到了更多的益处。因此，在编写程序的时候，最好在自己的程序中加入这些类型格式的注释。

2.1.6 运算符

运算符是用来指定在表达式中执行何种操作的符号。C# 提供了大量运算符，预定义了常用的算术运算符和逻辑运算符，以及其他运算符。此外，很多运算符可被用户重载。运算符重载的含义，是对已有的运算符重新进行定义，赋予其另一种功能，以适应不同的数据类型。

表 2-6 到表 2-10 列出了 C#的基本运算符及对应的用途。

表 2-6　赋值运算符（把运算符右边表达式的值赋给左边的变量）

赋值运算符	用　　途
=	将右边表达式的值直接赋给左边的变量
+=	用左边的变量加上右边表达式的值后赋给左边的变量
-=	用左边的变量减掉右边表达式的值后赋给左边的变量
*=	用左边的变量乘以右边表达式的值后赋给左边的变量
/=	用左边的变量除以右边表达式的值后赋给左边的变量
++	将左边或右边的变量加 1，如 a++ 或 ++a
–	将左边或右边的变量减 1，如 a-- 或 --a

表 2-7　算术运算符

算术运算符	用　　途
+	用左边的值加上右边的值
-	用左边的值减去右边的值
*	用左边的值乘以右边的值
/	用左边的值除以右边的值
%	用左边的值对右边的值取余数

表 2-8　关系运算符

关系运算符	用　　途
==	左右两边的值相等
!=	左右两边的值不相等
>	左边的值大于右边的值
<	左边的值小于右边的值
>=	左边的值大于等于右边的值
<=	左边的值小于等于右边的值

表 2-9　逻辑运算符

逻辑运算符	用　　途
&&	与（AND）
||	或（OR）
!	非（NOT）

表 2-10 位运算符

位运算符	用途
&	按位与（AND）
|	按位或（OR）
~	按位取反（NOT）
^	按位异或（XOR）

除了上述介绍的基本运算符以外，C#还支持下列运算符，其中有 4 个运算符（sizeof、*、->、&）只能用于不安全的代码（这些运算符绕过了 C#类型安全性的检查）。

表 2-11 其他 C#运算符

移位运算符运算符	用途
<<	<<是左移运算符，移动一位代表原数的 2 倍，移动 n 位为原数的 2 的 n 次方倍
>>	>>是右移运算符，移动 n 位为原数的 2 的 n 次方分之一
成员访问运算符	**用途**
.	用于访问对象和结构中的属性或方法
索引运算符	**用途**
[ ]	用于指定数组的索引或范围、索引器和属性，也可用于指针
数据类型转换运算符	**用途**
( )	用于类型转化
条件运算符	**用途**
?:	例：表达式 1？表达式 2：表达式 3 条件表达式的执行顺序为先求解表达式 1，若为真，则求解表达式 2，此时，表达式 2 的值就作为整个表达式的值。若表达式 1 的值为假，则求解表达式 3，表达式 3 的值就是整个条件表达式的值
委托连接和删除运算符	**用途**
+	添加一个事件处理函数
–	减少一个事件处理函数
对象创建运算符	**用途**
new	创建对象
类型信息运算符	**用途**
sizeof	确定堆栈中值类型需要的长度（单位是字节）
is	检查对象是否与特定的类型兼容
typeof	返回一个表示特定类型的 Type 对象
as	用于执行引用类型的显式类型转换。如果要转换的类型和指定的类型兼容，转换就会成功进行；如果类型不兼容，as 运算符就会返回值 null

（续表）

溢出异常控制运算符	用　途
checked	用于整型算术运算时控制当前环境中的溢出检查
unchecked	用于整型算术运算时控制当前环境中的溢出检查
间接导址运算符	**用　途**
*	指针间接寻址并且用于获取指针所指向的变量
->	只用于不安全代码
&	只用于不安全代码
命名空间别名限定符	**用　途**
::	全局命名空间限定符可指定根命名空间
空接合运算符	**用　途**
??	空接合运算符为处理可空类型和引用类型时表示 null 值的可能性提供了一种快捷方式。这个运算符放在两个操作数之间，第一个操作数必须是一个可空类型或引用类型；第二个操作数必须与第一个操作数的类型不同，或者可以隐含地转换为第一个操作数的类型。空接合运算符的计算如下：如果第一个操作数不是 null，则整个表达式就等于第一个操作数的值；但如果第一个操作数是 null，则整个表达式就等于第二个操作数的值

2.2 控制流语句

控制流语句用于实现程序结构，决定程序语句的执行流程。最基本的程序流程为顺序结构，其次为选择结构和循环结构。选择结构有条件地执行指定程序语句，循环结构有条件地实现对指定语句的重复执行。顺序、选择和循环结构嵌套组合，构成现代的结构化程序。其中，顺序结构是程序的基本结构，选择和循环结构均以顺序结构为基础构建程序。

2.2.1 选择语句

选择语句，也称条件语句。根据某个条件是否为 true 来将程序控制权移交给特定的流。选择语句中使用下列关键字：

- `if`
- `else`
- `switch`
- `case`
- `default`
- `continue`
- `goto`
- `return`

1. if，else 关键字

if 语句主要是用来做选择的，它也可以结合 else 子句使用，其声明语法如下：

```
if(布尔表达式)
  //区段1,符合布尔表达式执行的代码
else
  //区段2,不符合布尔表达式执行的代码
```

if 语句会根据布尔表达式的值决定执行哪一个区段的程序代码，若为 true，则执行区段 1 中的程序代码；反之，则执行区段 2 中的代码。如果在 if 语句中用来判断的条件有多个，可以使用 else…if 阶梯语句。所有的 else…if 语句的条件都是互斥的。

例 2.3 定义一个 boolean 类型的变量 flag，并为其赋值为 true，当程序运行到 if 语句时，则开始判断 flag 值的状态。如果为 true，则输出"The flag is true."，否则输出"The flag is false."。

程序代码如下所示

```
bool flag = true;
if (flag == true)
{
   Console.WriteLine("The flag is true.");
}
else
{
   Console.WriteLine("The flag is false.");
}
```

因为 flag 的值为"true"，满足第一个 if 判断语句，所以本例程序输出结果的屏幕显示为：

```
The flag is true.
```

如果想要执行的语句不止一个，可以通过使用"{}"将多个语句包含在块中，有条件地执行多个语句。

测试条件时，执行的语句可以是任何种类的，包括嵌套在原始 if 语句中的另一个 if 语句。在嵌套的 if 语句中，else 子句按最近原则与 if 相匹配。

例 2.4 嵌套 if 语句的使用。

程序代码如下所示：

```
int x = 15
if (x > 10)
   if (y > 20)
      Console.Write("one");
   else
     Console.Write("two");
```

本例运行结果将显示"two"。但如果要使 two 与条件（x > 10）相关联，则使用大括号，代码如下所示：

```
if (x > 10)
{
   if (y > 20)
      Console.Write("one ");
}
else
   Console.Write("two");
```

如果条件（x > 10）计算为 false，将显示 two。

例 2.5 示例多分支 if…else 语句的使用。

程序检查变量是否为字母字符。如果是字母字符，则程序检查是大写还是小写字符，并显示检查结果。在任何一种情况下，都能显示适当的信息。

程序代码如下所示：

```
using System;
class IfTest
{
    static void Main()
    {
        Console.WriteLine("输出结果为:");
        char c = 'D';
        if (Char.IsLetter(c))
        {
          if (Char.IsLower(c))
          {
            Console.WriteLine("这是一个小写字母");
          }
          else
          {
            Console.WriteLine("这是一个大写字母");
          }
        }
        else
        {
          Console.WriteLine("这不是字母");
        }
        Console.ReadLine();
    }
}
```

因为本例字符变量 c 初始值为“D”，所以运行结果的屏幕显示为：

输出结果为:这是一个小写字母

例 2.6　else…if 阶梯语句的使用。

利用 else…if 阶梯语句检查字符变量 c 是否是小写字符、大写字符或数字。如果是，则给出提示；反之，提示输入的字符不是字母。

程序代码如下所示：

```
using System;
public class IfTest
{
    static void Main()
    {
        Console.Write("输出结果为:");
        char c ='2';
        if (Char.IsUpper(c))
        {
          Console.WriteLine(c + "为大写字符");
        }
        else if (Char.IsLower(c))
        {
          Console.WriteLine(c + "为小写字符");
        }
        else if (Char.IsDigit(c))
```

```
        {
            Console.WriteLine(c + "为数字");
        }
        else
        {
            Console.WriteLine("请输入有效字符");
        }
        Console.ReadLine();
    }
}
```

因为本例变量 c 的初始值为“2”，所以运行结果的屏幕显示为：

```
输出结果为:2 为数字
```

这里需要注意的是，写代码的时候要避免太深的嵌套 if…else 语句。在许多情况下，程序员理解多于 3 到 4 级的嵌套 if…else 语句时就会感到吃力。深度嵌套可以通过如下的方法避免：

（1）重新设计布尔表达式，可以使用逻辑操作符来完成条件过滤；

（2）将代码分解成更简单的方法。

2. switch，break，default 关键字

switch 语句是一个控制语句，通过将控制传递给其体内的一个 case 语句来处理多个选择和枚举。switch 语句中有很多 case 区段，每一个 case 标记后可以指定一个常数作为标准，不能将一组常数放在一个 case 标记之后。声名 case 语句的语法如下所示：

```
switch(判断条件)
{
    case 判断式:
    //区段,符合条件执行的代码
    break;
    ……
    [default:]
}
```

switch 语句可以包括任意数目的 case 实例，但是任何两个 case 语句都不能具有相同的值。语句体从选定的语句开始执行，直到 break 将控制传递到 case 体以外。在每一个 case 块的后面，都必须有一个跳转语句（如 break）。但有一个例外，（与 C ++ 中的 switch 语句不同）C#不支持从一个 case 标签显式贯穿到另一个 case 标签，这个例外通常在某个 case 实例中没有代码时发生。

如果没有任何 case 表达式与开关值匹配，则控制传递给跟在可选 default 标签后的语句。如果没有 default 标签，则控制传递到 switch 以外。

例 2.7 利用空 case 语句检查数字在什么范围内。

程序代码如下所示：

```
using System;
class SwitchTest
{
    static void Main()
    {
        Console.Write("输出结果为:");
```

```
        int n = 1;
        switch (n)
        {
          case 1:
          case 2:
          case 3:
            Console.WriteLine("输入的是1,2,or 3.");
            break;
          default:
            Console.WriteLine("不能确定输入值的范围.");
            break;
        }
        Console.ReadLine();
    }
}
```

因为本例 n 的值为“1”，所以运行结果的屏幕显示为：

输出结果为:输入的是1,2,or 3.

注意，将 default（默认）部分放在最后。虽然 case 部分和 defalut 部分的出现顺序没有限制，但将 default 部分放在 swith 语句的结尾处是一种更好的方式。

3. continue 关键字

continue 语句使执行流程跳过循环体的剩余部分而继续执行下一次循环。

例 2.8　Continue 语句的使用。

计数器最初是从 1 到 6 进行计数，但通过将 continue 语句与表达式（i<4）一起使用，跳过了 continue 与 for 循环体末尾之间的语句。

程序代码如下所示：

```
using System;
class ContinueTest
{
  static voidMain()
  {
    Console.Write("输出结果为:");
    for(inti=1;i<=6;i++)
    {
      if(i<4)
      {
        continue;
      }
      Console.Write(i);
    }
    Console.Read();
  }
}
```

本例运行结果的屏幕显示为：

输出结果为:456

注意　continue 语句不会像 break 语句一样干涉循环体重复的次数，它只是影响某特定重复中的流程控制。

4. goto 关键字

goto 语句属于无条件的跳转语句，因为 C#允许为代码行加上标签，这样就可以用 goto 语句直接跳转到这些代码行上。

例 2.9 使用 goto 跳转语句。

程序代码如下所示：

```
using System;
class ContinueTest
{
   staticvoidMain()
   {
      int i = 9;
      if (i % 2 == 0)
         goto Found;
      else
        goto NoFound;
        NoFound:
          Console.Write(i.ToString() + "不是偶数");
          goto finish;//出口点
        Found:
          Console.Write(i.ToString() + "为偶数");
          goto finish; //出口点
        finish:
          Console.Read();
   }
}
```

因为本例 i 的值为“9”，所以运行结果的屏幕显示为：

9 不是偶数

注意 过多地使用 goto 语句将降低代码的可读性，破坏程序的结构。结构化编程，着重解决如何编写计算机程序单个方法中的详细部分，其基本思想是“只使用单一入口及单一出口的控制结构”，而 goto 语句的使用违反这一基本原则。限制或尽可能避免使用 goto 语句是良好的编程习惯，符合现代程序结构的要求。

5. return 关键字

程序里的方法执行到 return 语句所在的位置将终止执行，并将控制返回给调用方法。另外，return 还可以返回一个可选值。如果方法为 void 类型，则可以省略 return 语句。

例 2.10 return 语句的使用。

通过 return 语句把 CalculateArea( ) 方法的结果值返回给变量 area。

程序代码如下所示：

```
using System;
class ReturnTest
{
   static double CalculateArea(int r)
   {
      double area = r * r * Math.PI;
```

```
        return area;
    }
    static void Main()
    {
        int radius = 5;
        Console.Write ("输出结果为:The area is {0:0.00}", CalculateArea(radius));
        Console.Read();
    }
}
```

本例运行结果的屏幕显示为:

```
输出结果为:The area is 78.54
```

注意　写程序时，如需要根据一定的条件判断该方法是否有执行下去的必要，可以通过 return 语句的特性来完成，即可以使用 return 语句终止程序的执行。它可以返回任何类型，无返回结果也可以。

2.2.2　循环语句

循环语句将作用于指定重复条件的代码块，直到指定的条件满足后结束。循环语句使用如下关键字:

- while
- do-while
- for
- foreach

1. while 关键字

while 语句是最常见的、用于执行重复程序代码的语句，在循环次数不固定时相当有效，声明 while 语句的语法如下所示:

```
while(布尔表达式)
{
  循环体
}
```

在布尔表达式为 true 的情况下，会重复执行 while 循环体中的程序代码。由于 while 表达式的测试在每次执行循环前发生，因此，while 循环执行零次或更多次。

例 2.11　while 语句的使用，利用 while 语句循环输出 5 个数字。

程序代码如下所示:

```
using System;
class WhileTest
{
    static void Main()
    {
        Console.Write("输出结果为:");
        int n = 1;
        while (n <2)
        {
            Console.Write("循环第{0}次", n);
            n ++;
        }
```

```
        Console.Read();
    }
}
```

本例运行结果的屏幕显示为：

输出结果为:循环第 1 次

注意 当 break、goto、return 或 throw 语句将控制权转移到 while 循环之外时，可以终止该循环。若要将控制权传递给下一次迭代但不退出循环，请使用 continue 语句。

将循环的初始化放在循环的前一个位置，这并不是统一规定，但却是一条重要的经验，循环初始化应该总是放在循环的正前方。这不仅会让读者容易把握循环中的重要代码，还能在对此循环做修改时给予提示。

2. do-while 关键字

do-while 循环与 while 循环类似，只要布尔表达式为 true，循环体就会不断地重复执行，但 do-while 语句会先执行一次内嵌的语句，然后判断布尔表达式是 true 或 false。它对应的循环体执行一次（至少一次）或若干次，其语法如下所示：

```
do
{
  循环体
}
while(布尔表达式);
```

注意 while（布尔表达式）后的分号“;”一定要写，否则会出现语法错误。

其实，while 循环非常类似于 do-while 循环，但有一个重要的区别，就是 while 循环中的布尔测试是在循环开始而不是最后时进行的。如果测试结果为 false，就不会执行循环，程序会直接跳转到循环后面的代码。

例 2.12 do-while 语句的使用，利用 do-while 语句循环一次。

程序代码如下所示：

```
using System;
class WhileTest
{
    static void Main()
    {
        Console.Write("输出结果为:");
        int n = 1;
        do
        {
            Console.Write("循环{0}次", n);
            n++;
        }
        while (n < 0);
        Console.Read();
    }
}
```

本例运行结果的屏幕显示为：

输出结果为:循环 1 次

注意　选择 while 循环还是 do-while 循环应取决于所解决的计算问题。不过，大部分情况下，应选择入口条件 while 循环。例如，如果循环用于遍历一个数字列表，此列表可能为空，在这种情况下，循环语句决不能执行一次。如果在此时使用 do-while，就会导致程序错误。

3. for 关键字

for 循环重复执行一个语句或语句块，直到指定的表达式计算为 false 值。for 循环对于迭代数组和顺序处理非常方便。for 将初始值、布尔判断和更新值都编写在同一行程序中。for 语句的语法如下所示：

```
for(初始值;布尔表达式;更新值)
{
  程序代码块
}
```

注意，可以使用逗号"，"来分隔多于一个的初始化语句。如果更新语句多于一个，同样也可以用逗号来分隔。分号"；"用于分隔循环语句与循环条件、循环条件与更新语句。初始化语句、循环条件和更新语句都是可选的。所以 for（;;）{} 构建了一个有效的 for 循环，值得注意的是，必须包括两个分号。

逗号操作符能将两个或多个表达式压缩到一个语句行中。逗号操作符的作用如下所示

```
for(i =0,j =10;i < =j;i ++,j--)
```

逗号操作符将两个或多个语句组合，可只看作一条语句。因此，它所放置的地方从语法上讲也只能放置一条语句。应避免将逗号操作符与下面应用场合混淆。

```
for(int i =0,j =10;i < =j;i ++,j--)//合法
for(int i =0,int j =10;i < =j;i ++,j--)//不合法
```

在不合法的 for 语句中，最左边的逗号既可以是一个逗号分隔符，也可以是一个逗号操作符，编译器将无法分辨。

例 2.13　for 语句的使用，利用 for 语句循环输出信息。

程序代码如下所示：

```
static void Main()
{
   for (int i =0,j =10;i < =j;i ++,j--)
   {
      Console.Write("{0},{1}", i, j);
   }
   Console.Read();
}
```

运行结果的屏幕显示为：

```
0101928374655
```

注意　循环初始化和循环更新只用于属于循环条件部分的变量。通过逗号操作符可以在循环初始和循环更新处插入无限多的表达式，另外，还可以在这里填充大量的初始代码和更新语句，而不是与循环条件中的变量直接连接。由于条件表达式的测试在循环执行之前发生，因此 for 语句执行零次或更多次。

4. foreach 关键字

foreach 语句是一条新语句，该语句能够对实现 Ienumerable 接口的容器进行遍历，并

提供一个枚举器来实现 Ienumerable 接口。foreach 语句为数组或对象集合中的每个元素重复一个嵌入语句组，它可用于循环访问集合以获取所需信息，但不能应用于更改集合内容，以避免产生不可预知的副作用。foreach 语句的语法如下所示：

```
foreach(类型  变量名  in  集合对象)
{
  语句体
}
```

嵌入语句为数组或集合中的每个元素重复执行的语句。当为集合中的所有元素完成迭代后，控制传递给 foreach 块之后的下一条语句。

例 2.14 foreach 语句的使用，利用 foreach 输出整数数组的内容。

程序代码如下所示：

```
using System;
class ForEachTest
{
   static void Main(string[] args)
   {
      Console.Write("输出结果为:");
      int[] fibarray = new int[] {0,1,2,3,5};
      foreach (int i in fibarray)
      {
         System.Console.Write(i);
      }
      Console.Read();
   }
}
```

本例运行结果的屏幕显示为：

```
输出结果为:01235
```

注意 对具有相同特性的对象操作时，可以使用 foreach 语句，如对同一容器(groupBox) 内的控件 (Button) 的统一操作。

2.3 命名空间

命名空间提供了一种组织相关类和其他类型的方式。命名空间是一种逻辑组合，而不是物理组合，这点与文件或组件不同。

在 C#中定义类时，可以为该类指定命名空间。同一个命名空间中可以包含不同的类。通常，定义在同一命名空间中的类具有某种相关性。例如，可将与图形相关的类 Line，Square 和 Circle 等定义在同一命名空间 Graphic 中，当需要引用这些类时，应先引用其命名空间 Graphic。在 ASP. NET 中，. NET 框架提供了丰富的基类，为了能在程序中引用这些基类，必须先引用这些基类的命名空间。

例 2.15 引用命名空间 Graphic 中的 Line 类。

```
//命名空间 Graphic
namespace Graphic
{
   using System;
   class Line()
```

```
    {
      //Code for the class here...
    }
    ……
  }
```

在需要用到 Line( ) 类的时候，需要写成 Graphic. Line( )。

在 C#中，不仅可以将相关类组织在同一命名空间中，相关的其他类型的数据也可以命名空间的方式组织。定义在命名空间中的类型，具有全程限定名称。全程限定名由该类型的命名空间和类型名称组成，以“.”分隔。例如：

```
namespace CustomerPhoneBookApp
{
  using System;
  public struct Subscriber
  {
    //Code for struct here...
  }
}
```

上述代码段中的 Subscriber 结构的全名是 CustomerPhoneBookApp. Subscriber。

命名空间不只是对相关类的一种逻辑组织方式，同时也很好地避免了许多命名冲突问题。例如：

```
namespace EmployeePhoneBookApp
{
  using System;
  public struct Subscriber
  {
    //Code for struct here...
  }
}
```

在同一段程序中引用 EmployeePhoneBookApp. Subscriber 和 CustomerPhoneBookApp. Subscriber 并不会引起冲突。

命名空间中可以嵌套其他命名空间，为类型创建层次结构，代码如下所示：

```
namespace Nihuo
{
  namespace ProCSharp
  {
    namespace Basics
    {
      class NamespaceExample
      {
        //Code for the class here...
      }
    }
  }
}
```

定义在命名空间中的类的全程限定名称是由起始命名空间开头、直至类名称的字符串组成，中间以句点“.”分隔。命名空间中的其他类型，或者嵌套的命名空间的全程限定名称的道理相同。因此，ProCSharp 命名空间的全名是 Nihuo. ProCSharp，NamespaceExample 类的全名是 Nihuo. ProCSharp. Basics. NamespaceExample。

全程限定名称的方式也可用于定义命名空间，所以上面的代码也可以写作：

```
namespace Nihuo.ProCSharp.Basics
{
   class NamespaceExample
   {
      //Code for the class here...
   }
}
```

命名空间与程序集无关。同一个程序集中可以有不同的命名空间，也可以在不同的程序集中定义同一个命名空间中的类型。

显然，全程限定名称很长，以这种方式直接引用某个特定的类会很繁琐，而且不必要。如本章开头所述，C#允许简写类的全名。为此，要在文件的顶部列出类的命名空间，前面加上 using 关键字。在文件的其他地方，就可以使用其类型名称来引用命名空间中的类型，例如：

```
using System;
using Nihuo.ProCSharp;
```

如前所述，所有的 C#源代码都以语句“using System;”开头，这仅是因为 Microsoft 提供的许多有用的类都包含在 System 命名空间中。

这样，只有在 using 指令引用的两个命名空间包含同名的类时，才需要全程限定类名（或者至少是半程限定），确保编译器知道访问哪个类型，例如，在类 Nihuo. ProCSharp. Basics 和 Nihuo. ProCSharp. OOP 命名空间中，都存在名为 NamespaceExample 的类，如果要在命名空间 Nihuo. ProCSharp 中创建一个类 Test，并在该类中实例化一个 NamespaceExample 类，就需要指定使用哪个 NamespaceExample 类，例如：

```
using Nihuo.ProCSharp;
class Test
{
   public static int Main()
   {
      Basics.NamespaceExample nSEx = new Basics.NamespaceExample();
      //半程限定 NamespaceExample 类
         //do something with the nSEx variable
      return 0;
   }
}
```

因为 using 语句在 C#文件的开头，C 和 C ++ 也把#include 放在这个位置，所以从C ++ 迁移到 C#的程序员常把命名空间与 C ++ 风格的头文件相混淆。这样的理解是错误的，using语句在这些文件之间并没有真正建立物理链接，C#也没有对应于 C ++ 头文件的部分。

using 关键字不仅可以引用命名空间，另一个用途是给类和命名空间指定别名。如果命名空间的名称非常长，又要在代码中使用多次，但不希望该命名空间的名称包含在using 指令中（例如，避免类名冲突），就可以给该命名空间指定一个别名，其语法如下

```
using alias = NamespaceName;
```

下面的例子给 Nihuo. ProCSharp. Basics 命名空间指定别名 Introduction，并使用这个别名实例化一个 NamespaceExample 对象，这个对象是在该命名空间中定义的。它有一个方

法 GetNamespace( )，该方法调用每个类都有的 GetType( ) 方法，以访问表示类的类型的 Type 对象。使用这个对象来返回类的命名空间名，代码程序如下所示：

```
using System;
using Introduction = Wrox.ProCSharp.Basics;
class Test
{
   public static int Main()
   {
      Introduction.NamespaceExample NSEx
       =new Introduction.NamespaceExample();
      Console.WriteLine(NSEx.GetNamespace());
      return 0;
   }
}

namespace Wrox.ProCSharp.Basics
{
   class NamespaceExample
   {
      public string GetNamespace()
      {
         return this.GetType().Namespace;
      }
   }
}
```

2.4　类　处　理

类是面向对象的程序设计的基本构成模块。从定义上讲，类是一种数据结构，这种数据结构可能包含数据成员、函数成员以及其他的嵌套类型。其中，数据成员类型有常量、域和事件。函数成员类型有方法、属性、索引指示器、操作符、构造函数和析构函数。

2.4.1　类的声明

1. 类的声明格式

```
attributes class-modifiers class identifier class-base class-body ;
```

其中，attributes class-modifiers class-base 和 class-body 为可选项，attributes 为属性集，class-modifiers 为类的修饰符，关键字 class 后跟随类的名称 identifier class-base 和 class-body 表示继承方式和基类名。例如：

```
public class man extend person
```

2. 类的修饰符

类的修饰符可以是以下几种之一或者是它们的组合，在类的声明中同一修饰符不允许出现多次。C#语言中类的修饰符名称和作用如下：

- new 仅允许在嵌套类声明时使用，表明类中隐藏了由基类中继承而来的与基类中同名的成员；
- public 表示不限制对该类的访问；
- protected 表示只能从所在类和所在类派生的子类进行访问；
- internal 只有其所在类才能访问；
- private 只有对包 . NET 中的应用程序或库才能访问；
- abstract 抽象类不允许建立类的实例；
- sealed 密封类不允许被继承。

例 2. 16 用 new 关键字建立类的一个实例。

```
class A {}
class B
{
   void F
   {
     A a = new A();
   }
}
```

例 2. 16 在类 B 的方法 F 中创建了一个类 A 的实例。

例 2. 17 类的继承声明

```
class A {}
class B: A {}
```

例 2. 17 的代码表示类 B 继承类 A。

2. 4. 2 类的成员

类的成员可以分为两大类，分别是类本身所声明的以及从基类中继承而来的。

类的成员有以下类型：
- 成员常量，代表与类相关联的常量值；
- 域，即类中的变量；
- 成员方法，执行类中的计算和其他操作；
- 属性，用于定义类中的值 并对它们进行读写；
- 事件，用于说明发生了什么事情；
- 索引指示器，允许像使用数组那样为类添加路径列表；
- 操作符，定义类中特有的操作；
- 构造函数和析构函数，分别用于对类的实例进行初始化和销毁。

包含有可执行代码的成员被认为是类中的函数成员。这些函数成员有方法、属性、索引指示器、操作符、构造函数和析构函数。

1. 对类的成员的访问

编写程序时，可以对类的成员使用不同的访问修饰符，从而定义它们的访问级别，具体的访问级别如下所述。

（1）公有成员。C#中的公有成员提供了类的外部界面，允许类的使用者从外部进行访问。公有成员的修饰符为 public，这是限制最少的一种访问方式。

（2）私有成员。C#中的私有成员仅限于类中的成员可以访问，从类的外部访问私有成员是不合法的。如果在声明中没有出现成员的访问修饰符，则按照默认方式成员为私有的，私有成员的修饰符为 private。

（3）保护成员。为了方便派生类的访问，又希望成员对于外界是隐藏的，这时可以使用 protected 修饰符 声明成员为保护成员。

（4）内部成员。使用 internal 修饰符的类的成员是一种特殊的成员，这种成员对于同一包中的应用程序或库是透明的，而在包 . NET 之外是禁止访问的。

例 2.18 类成员的访问修饰符的用法。

```
using System;
class Vehicle//定义汽车类
{
   public int wheels;//公有成员,表示轮子个数
   protected float weight; //保护成员,表示重量
   public void F()
   {
      wheels = 4;//正确,允许访问自身成员
      weight = 10; //正确,允许访问自身成员
   }
}
class train //定义火车类
{
   public int num; //公有成员,表示车厢数目
   private int passengers; //私有成员,表示乘客数
   private float weight; //私有成员,表示重量
   public void F()
   {
      num = 5; //正确,表示允许访问自身成员
      weight = 100; //正确,表示允许访问自身成员
      Vehicle v1 = new Vehicle();
      v1.wheels = 4; //正确,表示允许访问 v1 的公有成员
      //v1.weight = 6;错误,表示不允许访问 v1 的保护成员
      weight = 6;
   }
}
class Car:Vehicle //定义轿车类
{
   int passengers; //私有成员,表示乘客数
   public void F()
   {
      Vehicle v1 = new Vehicle();
      V1.wheels = 4; //正确,表示允许访问 v1 的公有成员
      V1.weight = 6; //正确,表示允许访问 v1 的保护成员
   }
}
```

2. this 关键字

关键字 this 仅限于在构造函数、类的方法和类的实例中使用，有以下含义：

（1）在类的构造函数中出现的 this 作为一个值类型，它表示对正在构造的对象本身的引用；

（2）在类的方法中出现的 this 作为一个值类型，它表示对调用该方法的对象的引用；

（3）在结构的构造函数中出现的 this 作为一个变量类型，它表示对正在构造的结构的引用；

（4）在结构的方法中出现的 this 作为一个变量类型，它表示对调用该方法的结构的引用。

除此以外，在其他地方使用 this 关键字都是不合法的。

例 2. 19 使用 this 关键字。

```
using System;
class A
{
   public int x;
   public void Main()
   {
      x = 5;
      Console.WriteLine("The value of x is: {0}",x);
      Console.WriteLine("The value of this.x is: {0}", this.x);
   }
}
```

程序运行的结果是

```
The value of x is: 5
The value of this.x is: 5
```

2. 4. 3 构造函数和析构函数

1. 构造函数

构造函数用于执行类的实例的初始化。每个类都有构造函数，即使没有声明它，编译器也会自动提供一个默认的构造函数。在访问一个类的时候，系统将最先执行构造函数中的语句。任何构造函数的执行都隐式地调用了系统所提供默认的构造函数 base( )，即如果在类中声明了如下的构造函数：

```
C(…)
{
  …
}
```

该构造函数等价于：

```
C(…): base()
{
  …
}
```

使用构造函数需要注意以下几个问题：

（1）一个类的构造函数通常与类名相同；

（2）构造函数不声明返回类型；

（3）通常构造函数是 public 类型的，如果是 private 类型的，则表明类不能被实例化，这通常用于只含有静态成员的类；

（4）在构造函数中不要做除对类的实例进行初始化以外的事情，也不要尝试显式地调用构造函数。

下面的代码示范了构造函数的使用：

```
class A
{
   int x = 0;
   y = 0;
   count;
   public A()
   {
     count = 0;
   }
   public A(int vx,int vy)
   {
     x = vx;
     y = vy;
   }
}
```

2. 构造函数的参数

构造函数可以不带参数，在这种情况下，类实例的初始化被固定了。如果要实现对类实例化是可变的，那么可以使用带参数的构造函数，在需要传递一定的数据初始化类的各种数据时应用。

在带参数的构造函数中，类在实例化时必须传递参数，否则该构造函数不被执行。

例 2.20 验证构造函数中参数的传递。

```
using System;
class Vehicle//定义汽车类
{
   public int wheels;//公有成员,表示轮子个数
   protected float weight; //保护成员,表示重量
   public Vehicle()
   {
     ;
   }
   public Vehicle(int w,float g)
   {
     wheels = w;
     weight = g;
   }
   public void Show()
   {
     Console.WriteLine("the wheel of vehicle is:{0}",wheels);
     Console.WriteLine("the weight of vehicle is:{0}",weight);
   }
}
class train //定义火车类
{
   public int num; //公有成员,表示车厢数目
   private int passengers; //私有成员,表示乘客数
   private float weight; //私有成员,表示重量
   public Train()
```

```
    {
        ;
    }
    public Train(int n,int p,float w)
    {
        num = n;
        passengers = p;
        weight = w;
    }
    public void Show()
    {
        Console.WriteLine("the num of train is:{0}",num);
        Console.WriteLine("the weight of train is:{0}",weight);
        Console.WriteLine("the Passengers train car is:{0}", Passengers);
    }
}
class Car:Vehicle //定义轿车类
{
    int passengers; //私有成员,表示乘客数
    public Car(int w,float g,int p) : base(w,g)
    {
        wheels = w;
        weight = g;
        passengers = p;
    }
    new public void Show()
    {
        Console.WriteLine("the wheel of car is:{0}",wheels);
        Console.WriteLine("the weight of car is:{0}",weight);
        Console.WriteLine("the Passengers of car is:{0}", Passengers);
    }
}
class Test
{
    public static void Main()
    {
        Vehicle v1 = new Vehicle(4,5);
        Train t1 = new Train();
        Train t2 = new Train(10,100,100);
        Car c1 = new Car(4,2,4);
        v1.show();
        t1.show();
        t2.show();
        c1.show();
    }
}
```

程序的运行结果为：

```
the wheel of vehicle is:0
the weight of vehicle is: 0
the num of train is:0
the weight of train is:0
the Passengers of train is:0
the num of train is:10
```

```
the weight of train is:100
the Passengers of train is:100
the wheel of car is:4
the weight of car is:2
the Passengers of car is 4
```

3. 析构函数

析构函数专门用于释放被占用的系统资源。析构函数的名字与类名相同，只是在前面加了一个符号“～”。析构函数不接受任何参数，也不返回任何值。试图声明其他任何一个以符号“～”开头而不与类名相同的方法和试图让析构函数返回一个值这两种情况下，编译器都会产生一个错误。

析构函数不能是继承而来的，也不能显式地调用。当某个类的实例被认为不再有效，符合析构的条件，析构函数就可能在某个时刻被自动执行。

在C++语言中，程序员经常需要在析构函数中写上一系列delete语句来释放存储，而在C#语言中，垃圾收集器会自动完成这些工作。

2.5　变量作用域和生命周期

变量的作用域是指可以使用该变量的代码区域。一般情况下，确定作用域有如下规则。

（1）只要变量所属的类在某个作用域内，其字段（也叫做成员变量）也在该作用域中。

（2）局部变量存在于声明该变量的块语句或方法结束的大括号之前的作用域。

（3）在for、while循环中声明的变量，只存在于该循环体内。

C#中不同的变量作用域对应的生命周期具体如下。

（1）静态变量作用域。带有“static”修饰符声明的成员变量为静态成员变量。当静态成员变量所属类被装载后，静态成员变量的生命周期开始，直到包含该所属类的程序运行结束后，静态成员变量的生命周期结束。在C#中不存在类似其他语言的全局变量，使用公共静态成员变量可以实现类似的效果。

（2）实例变量作用域。不带“static”修饰符声明的变量为实例成员变量。当一个类的实例被创建，其实例成员变量生命周期开始，直到该实例不再被使用且所占用内存空间被释放，其实例成员变量生命周期结束。实例成员变量和该类的具体实例具有相同的生命周期。

（3）方法参数作用域。方法参数变量的生命周期只在该方法的语句块内存在，方法被调用时，它的生命周期开始，方法执行完毕，它的生命周期结束。

（4）局部变量作用域。局部变量在其被定义的位置生命周期开始，直到该局部变量被定义的语句块执行结束后，该局部变量的生命周期结束。

（5）异常处理参数作用域。异常处理参数变量的生命周期只在错误处理语句块内（即catch语句块内）存在。

变量的访问修饰符限制了变量的可见性，可以用public | protected | private | internal | protected internal等来限制，如果不使用修饰符，默认情况下为private。

2.6 小　结

本章把 C#语言的基本元素分为 6 个不同的部分来介绍，分别是标识符、关键字、变量、常量、注释和运算符。其中，前 4 个部分除了 C#自有的规则外，整体来看与其他语言大体相当。比较有特色的是在注释部分里，除了常见的行注释和段落注释方法，ASP. NET 中创建了 XML 注释法。虽然这并不是 ASP. NET 的重点，但是使用好这种注释方法将有助于完善整个程序的可读性和维护性。

控制流语句部分，需要掌握选择（条件）语句中 if、else、swich、case、default、continue、goto、return 这 8 个关键字的用法，以及循环语句中 while、do…while、for、foreach 这 4 个关键字的用法（do…while 不能算作关键字，这里只是为了方便介绍说明）。其中的 foreach 语句比较新颖，它为数组或对象集合中的每个元素重复循环体。

其他几个小节的内容在本章仅做简单的介绍，因为它们属于在初学 C#的时候不易理解和掌握的部分。读者在后续的学习中将通过实践来增强对这些概念的理解。

2.7 练　习

1. 编写完成下列任务的语句：

（1）声明变量 i 为整型变量；

（2）提示用户输入一个整数 9；

（3）判断如果输入的变量值不为 9，则在控制台打印一行字“Please input again”。

2. 编写一个程序，让用户输入两个整数，取得这两个数并打印其和、差、积、商。

3. 编写一个程序，读两个整数，确定第一个数是否为第二个数的倍数，打印结果。

4. 简述命名空间的作用是什么。

5. 探讨基类中用 protected 与 private 的利弊。

6. 写一个简单的“车”类，并用该类创建几个不同类型车的实例。

第3章　构建 ASP. NET Web 站点

本章教学目标

- 了解 Web 站点的设计原则；
- 了解 VS2008 使用环境；
- 掌握构建 Web 站点的基本步骤；
- 理解 ASP. NET 页面结构；
- 了解应用程序文件夹的概念。

构建一个好 Web 站点需要了解相关的设计原则。同时，选择好的工具能够更好更快地建立 Web 站点。VS2008 作为微软新近开发的重要工具，使用了最新和最前沿的技术，而且可视化界面非常友好，选择它作为 Web 站点的设计工具可以为开发带来很多便利。本章主要介绍如何使用 VS2008 开发工具，以及开发过程中相关的基本概念和注意事项。

3. 1　Web 站点的设计原则

Web 作为出版物的一种，同其他出版物（如报纸、杂志等）在设计上有许多共同之处，也要遵循一些设计的基本原则；不同之处在于，Web 的交互性。因此，熟悉一些设计的基本原则，再对 Web 的特殊性做一些考虑，便不难设计出美观大方的页面来。如果有美术设计基础，对 Web 页面的设计会很有益处。如果不具备这方面的背景知识，那么下面的一些原则将会对读者有所帮助。

通常，设计中需遵循 3C 原则，是指简洁（Concision）、一致性（Coherence）和好的对比度（Contrast）。Web 页面设计也需要遵循这 3 条原则。

1. 简洁

设计并不再现具体的物象和特征，它要表达的是一定的意图和要求，在适当的环境里为人们所理解和接受。设计与绘图有内在联系，但又不同于绘画，它以满足人们的实用和需求为目标，因而它比绘画更单纯、清晰和精确。页面设计属于设计的一种，同样要求简练，准确。

保持简洁的惯常做法是起个醒目的标题。从人记忆能力的角度来说，由于人的大脑一次最多可记忆 5 到 7 条信息，因此如果希望人们在看完你的 Web 后能留下印象，最好用一个简单的关键词语或图像为标题吸引人们的注意力，如天极网的“YESKY”，醒目易记。标题常常采用图形来表示，但图形同样要求简洁。

另一种保持简洁的做法是限制所用的字体和颜色的数目。一般每页使用的字体不超过 3 种，一个页面中使用的颜色少于 256 种。页面上所有的元素都应当有明确的含义和用途，不要试图用无关的图片把页面装点起来。初学者容易犯的一个错误是把页面搞的花里呼哨，却不能让人明白要突出表达的是什么内容、主题和意念。

2. 一致性

一致性是表现一个 Web 站点的独特风格的重要手段之一。

（1）排版一致性。各个页面使用相同的页边距和文本，图形之间保持相同的间距；主要图形、标题或符号旁边留下相同的空白；如果在第一页的顶部放置了公司标志，那么在其他各页面都放上这一标志；如果使用图标导航，则各页面应当使用相同的图标。

（2）风格一致性。页面中的每个元素与整个页面以及 Web 站点的色彩和风格应保持一致，所有的图标都应当采用相同的设计风格。例如，全部使用图象的线条剪辑画或全部使用写实的照片等。

（3）外观的一致性。文字的颜色要同图像的颜色保持一致并注意色彩搭配的和谐。一个 Web 站点通常只使用一到两种标准色，为了保持外观上的一致性，标准色的选择应一致或相近。例如，Web 站点的主题色彩如果为红色，可能就需要将链接的色彩也改为红色。需要提醒注意的是，设计页面时常常会只注意到未被访问的链接的色彩，而忽视了访问过的链接的色彩，后者设计不当，也会使链接的文字难以辨认。

3. 对比度

使用对比是强调和突出关键内容的最有效的办法之一，好的对比度使内容更易于辨认和接受。实现对比的方法很多，最常用的是颜色对比，例如，内容提要和正文使用不同颜色的字体，内容提要使用蓝色，而正文采用黑色等；面积对比也是常用的方法，如关键内容使用大的标题；图像对比是另一种常用方法，例如题头的图像应不同于其他的页面图像，以明确传达本页的主题。此外，还有一种实现对比的方法是使用字体变化。在文字排版中，可以使用斜体和黑体突出关键内容，但是注意不要滥用，否则就达不到应有的强调效果。使用对比突出关键内容的目的是吸引浏览者，鼓励他去发掘更深层次的内容。

Web 站点上的内容包罗万象，版式丰富多彩，但无论怎样的变化多端，好的 Web 站点总是有许多共同之处。以下 3 点是作为优秀的 Web 站点必需具备的，应该牢牢记住。

（1）尽量将信息与其表示分隔开。开发人员设计的页面标题、布局和格式等用于信息的表示。而具体的信息则通过在页面上布局配置好的控件来获取和显示（例如，网站新闻列表）。将信息与其表示分开，开发人员可以分别对每个部分进行更新而不会影响到其他部分。例如，当网站增加一条新闻时，关于该新闻的信息将保存在数据库中，页面将自动显示新的新闻列表而无需修改表示层。

（2）尽量保证 Web 站点具有一致的外观。通过使用相同的色彩、图标和屏幕布局，使浏览者一看到这种色彩就感觉像到了家一样。回访用户可以利用已经掌握的经验使用该 Web 站点。

（3）尽量简化 Web 站点导航。所有页面上的菜单条有助于简化从 Web 站点的一个部分跳转到另一个部分的导航。ASP. NET 支持用户查看当前的页面位于 Web 站点中的具体位置。

3.2 用 VS 2008 创建 Web 站点

本节介绍 VS 2008 创建网站的步骤，说明 VS 2008 的基本环境。

3. 2. 1　用 VS 2008 创建网站

具体步骤如下所述。

（1）打开 VS 2008（Microsoft Visual Studio 2008 的简称）。

（2）在“文件”菜单中单击“新建网站”，将显示“新建网站”对话框，如图3-1 所示。

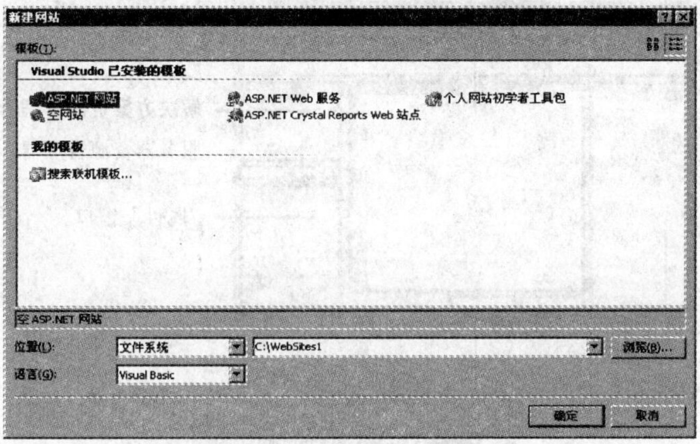

图3-1　“新建网站”对话框

（3）在“Visual Studio 已安装的模板”下单击“ASP. NET 网站”。

（4）在“位置”列表中，选择“文件系统”，然后输入要保存网站页面的文件夹的名称。例如，键入文件夹名“D：\website”。

（5）在“语言”列表中，选择“Visual Basic”或“Visual C#”，以选择将在 Web 项目中使用的编程语言。

（6）单击“确定”按钮。

VS 2008 将创建该文件夹和名为 Default. aspx 的新页。默认情况下，VS 2008 在创建新页时会将其显示在“源”视图中。在此视图下，可以查看该页的 HTML 元素。图3-2 显示了“源”视图中的一个默认 Web 页面。

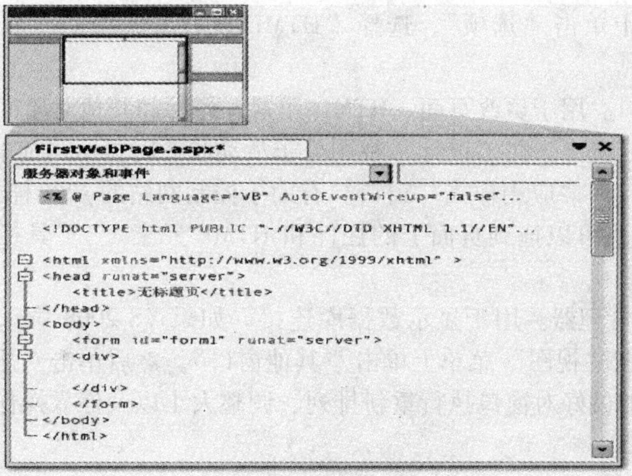

图3-2　源代码视图

3.2.2 VS 2008 的基本环境说明

VS 2008 环境中各元素间的相互关系如图 3-3 所示。

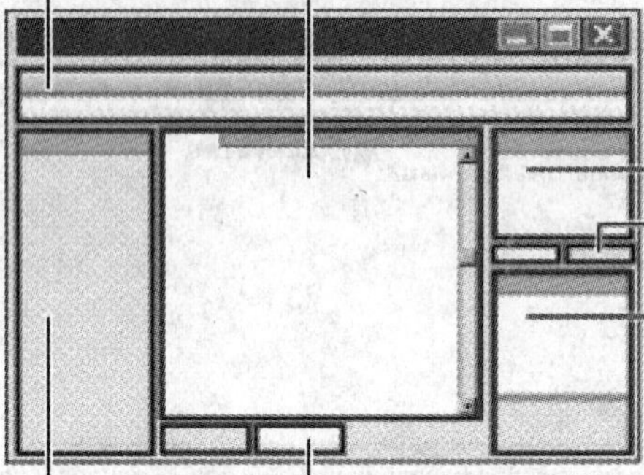

图 3-3 VS 2008 环境图

以下列表描述了最常用的窗口和工具，请结合上图阅读这些内容（此处并未列出图 3-3中显示的所有窗口和工具，而只是列出了已标记的那些窗口和工具）。

- 工具栏。提供用于格式化文本、查找文本等的命令。一些工具栏只有在“设计”视图下才可用。
- 解决方案资源管理器。用于显示网站中的文件和文件夹。
- “文档”窗口。显示正在选项卡式窗口中处理的文档，单击选项卡可以实现在文档间切换。
- “视图”选项卡。用于提供同一文档的不同视图。“设计”视图是一种近似 WYSI-WYG（所见即所得）的编辑界面。“源”视图是显示标记的页面编辑器。“拆分”视图可同时显示文档的“设计”视图和“源”视图。如果要在“设计”视图中打开 Web 页面，请在“工具”菜单上单击“选项”，选择“HTML 设计器”节点，然后更改“起始页位置”选项。
- “属性”窗口。用于更改页面、HTML 元素、控件和其他对象的设置。
- “CSS 属性”窗口。在“设计”视图处于活动状态时显示当前的 CSS 样式。
- “管理样式”和“应用样式”窗口。有助于控制网站的 CSS 样式。
- 工具栏。提供可以拖到页面上的控件和 HTML 元素。“工具栏”元素按常用功能分组。
- 服务器资源管理器。用于显示数据库连接。如果 VS 2008 中未显示“服务器资源管理器”窗口，请在“视图”菜单上单击“其他窗口”，然后单击“服务器资源管理器”。

用户根据自己的偏好对窗口执行重新排列、调整大小以及停靠操作。使用“视图”菜单可以显示其他窗口。

3.3　操作 Web 站点中的文件

本节描述创建和运行 ASP. NET Web 页面。

3.3.1　创建 ASP. NET Web 页面

创建新网站时，VS 2008 会添加一个名为 Default. aspx 的 ASP. NET Web 页面（Web 窗体页），这个默认命名的页面可被用作网站的主页。

创建新的页面的步骤如下所述。

（1）在“解决方案资源管理器”中，右击该网站（例如“D: \website”），然后单击“添加新项”，显示“添加新项”对话框，如图 3-4 所示。

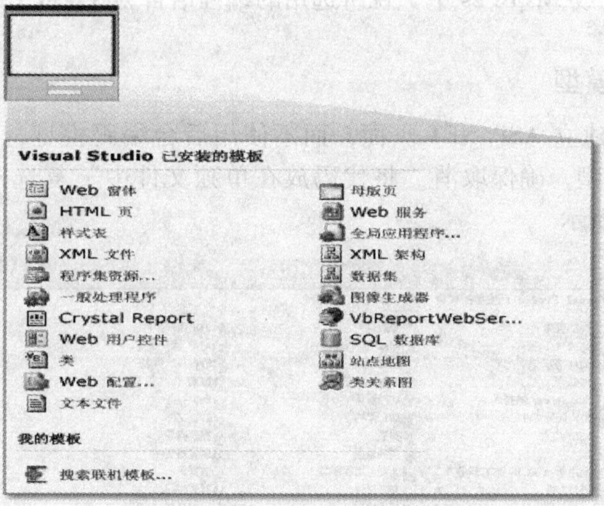

图 3-4　“添加新项”对话框

（2）在“Visual Studio 已安装的模板”下单击“Web 窗体”。

（3）在“名称”框中键入“test. aspx”。

（4）在“语言”列表中，选择想使用的编程语言（例如“Visual Basic”或“Visual C#”）。

（5）单击“添加”按钮，VS 2008 将创建该新页。在默认情况下，该页将显示在“源”视图中。

3.3.2　ASP. NET Web 页面的运行

（1）先向 test. aspx 页中添加一些静态文本。在文档窗口的底部，单击“设计”选项卡以切换到“设计”视图。在该页上，键入“欢迎来到 VS 2008 的界面!”。

（2）要运行该页面，需要一个 Web 服务器。在成品网站中，可使用 IIS 作为 Web 服务器。但是要测试页，可以使用 ASP. NET Development Server，它在本地运行，因此不需要 IIS。对于文件系统网站，VS 2008 中的默认 Web 服务器是 ASP. NET Development Server。

（3）按 Ctrl + F5 运行该页。

（4）Visual Web Developer 将启动 ASP. NET Development Server。“窗口”工具栏上将

出现一个运行图标，指示 Visual Web Developer Web 服务器正在运行。

（5）该页显示在浏览器中。虽然创建的页的扩展名为 . aspx，但它可以像任何 HTML 页一样运行。

（6）关闭浏览器。

3.4 ASP. NET 页面结构介绍

VS 2008 为构建 ASP. NET 页面的代码提供了两种途径。第一种途径利用内联编码模型。传统的开发人员多数很熟悉这个模型，因为所有的代码都包含在一个 . aspx 页面中。第二种途径利用 ASP. NET 的后台编码模型，它允许将页面的业务逻辑代码与显示逻辑代码分开。在这个模型中，页面的显示逻辑存储在 . aspx 页面中，而业务逻辑存储在一个独立的类文件 . aspx. vb 或 . aspx. cs 中，视所选用的编程语言为 VB 或 C#所有不同。

3.4.1 内联编码模型

VS 2008 要内联建立 ASP. NET 页面，而不使用后台编码模型，只需从”添加新项”对话框中选择页面类型，确保取消“将代码放在单独文件中”复选框的选择（默认是选中状态）。如图 3-5 所示。

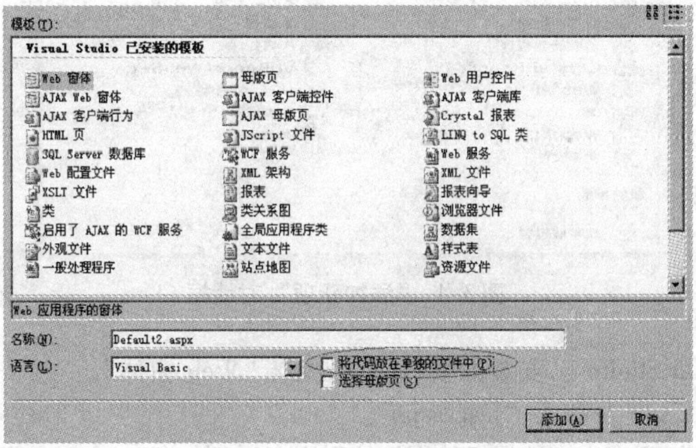

图 3-5 “添加页面”对话框

实际上，许多页面都有内联编码和后台编码选项，表 3-1 列出了从这个对话框中选择文件时的内联选项。

表 3-1 文件选项表

使用内联编码的文件选项	创建的文件
Web Form	. aspx 文件
AJAX Web Form	. aspx 文件
Master Page	. master 文件
AJAX Master Page	. master 文件
Web User Control	. ascx 文件
Web Service	. asmx 文件

内联模型的特点是业务逻辑和显示逻辑包含在同一个文件中。一些开发人员发现，把所有的代码放在同一个可见的实例中，更便于处理ASP. NET页面。但缺点是不便于维护，开发人员必须对业务层和显示层的代码比较了解，并能够区分。

3.4.2 后台编码模型

要在使用后台编码模型的ASP. NET解决方案中创建一个新页面，可以从”添加新项”对话框中选择需要的页面类型，确保选中“将代码放在单独文件中”复选框。表3-2列出了使用后台编码模型的页面选项。

表3-2 页面选项表

使用后台编码的文件选项	创建的文件
Web Form	. aspx文件、. aspx. vb或. aspx. cs文件
AJAX Web Form	. aspx文件、. aspx. vb或. aspx. cs文件
Master Page	. master文件、. master. vb或. master. cs文件
AJAX Master Page	. master. vb或. master. cs文件
Web User Control	. ascx文件、. ascx. vb或. ascx. cs文件
Web Service	. asmx文件. vb或. cs文件

使用后台编码模型的理念是把业务逻辑和显示逻辑分别放在不同的文件中，这更便于处理页面。尤其是在团队环境下，可视化设计人员处理页面的显示逻辑，程序员处理显示逻辑后面的业务逻辑。这种方式已经成为主流的设计方式，建议采用这种方法，比较利于网站维护和分工协作。

3.4.3 页面指令

ASP. NET指令包含在每个ASP. NET页面中，使用这些指令可以控制ASP. NET页面的行为。下面是页面指令的一个例子：

```
<%@ Page Language="C#" AutoEventWireup="false" CodeFile="Default.aspx.cs"
Inherits="_Default" %>
```

ASP. NET页面或用户控件可使用11个指令。无论页面是使用后台编码模型还是内联编码模型，都可以在应用程序中使用这些指令。这些指令基本上是编译器编译页面时使用的命令，可以合并到页面中，用下面的格式编写指令：

```
<%@ [Directive] [Attribute=Value] %>
```

指令以“<%”开头，以“%>”结束。最好把这些指令放在页面或控件的开头，因为开发人员习惯在这个地方看到这些指令。

表3-3描述了ASP. NET的指令。

表 3-3 指令表

指令	说明
Assembly	把一个程序集链接到与它相关的页面或用户控件上
Control	表示使用用户控件（. ascx）
Implements	执行指定的 . NET Framework 接口
Import	将指定的名称空间导入页面或用户控件
Master	允许指定 master 页面——在解析或编译页面时使用的特定属性和值。这个指令只能用于 master 页面（. master）
MasterType	把一个类名关联到页面上，以获得强类型化的引用或包含在指定 master 页面上的成员
OutputCache	控制页面或用户控件的输出缓存策略
Page	在解析或编译页面时，允许定义专用于页面的属性或值。这个指令只能用于 ASP. NET 页面（. aspx）
PreviousPageType	允许 ASP. NET 页面使用应用程序中另一个页面的回送信息
Reference	把页面或用户控件链接到当前的页面或用户控件上
Register	将名称空间和类名与别名关联起来，作为定制的服务器控件语法中的记号

3. 4. 4 ASP. NET 页面事件

ASP. NET 开发人员一直在服务器端代码中使用各种事件，他们使用的许多事件都与特定的服务器控件相关。例如，如果在终端用户单击 Web 页面上的一个按钮时，要执行某个操作，就应在服务器端代码中创建一个按钮单击事件。

除了服务器控件之外，开发人员还可以在创建或删除 ASP. NET 页面时执行操作。ASP. NET 页面总是为这些情况包含许多事件。下面列出了可以在 ASP. NET 中使用的所有页面事件：AbortTransaction、CommitTransaction、DataBinding、Disposed、Error、Init、Load、PreRender、Unload、InitComplete、LoadComplete、PreInit、PreLoad、PreRenderComplete。

其中，常用页面事件 Load，在 C#中的用法如下：

```
protected void Page_Load(object sender, EventArgs e)
{
  Response.Write("This is the Page_Load event")
}
```

Page_Load 事件是在 Web 页面加载的时候一定会被执行的事件。在 Page_Load 事件中，一般都需要使用 IsPostBack 来判断用户是否进行了操作，因为 IsPostBack 指示该页是否正为响应客户端回发而加载，或者它是否正被首次加载和访问，示例代码程序如下所示：

```
protected void Page_Load(object sender, EventArgs e)
{
   if (!IsPostBack)
      {
        Label1.Text = "OK";           //第一次执行的代码块
```

```
    }
  else
    {
      Label1.Text = "IsPostBack"; //如果用户提交表单等,不是第一次执行
    }
  }
```

上述代码示例了 Page_Load 事件的一般用法，在页面被创建时，系统会自动在代码隐藏页模型的页面中增加此方法。如果当用户执行了操作，页面响应了客户端回发，则 IsPostBack 为 true，于是执行 else 中的操作。

如果创建一个 ASP. NET 页面，打开跟踪功能，就可以看到页面事件的发生顺序：

（1）PreInit

（2）Init

（3）InitComplete

（4）PreLoad

（5）Load

（6）LoadComplete

（7）PreRender

（8）PreRenderComplete

（9）Unload

有了事件选项之后，就可以在页面编译过程的许多不同地方处理页面和页面上的控件。

3.4.5　页面生命周期

ASP. NET 页面同类的对象一样，有自己的生命周期。当 ASP. NET 页面运行时，ASP. NET 页面将经历一个生命周期。在生命周期内，该页面将执行一系列的步骤，包括控件的初始化、控件的实例化、还原状态和维护状态等，以及通过 IIS 反馈给用户呈现成 HTML。

ASP. NET 页面生命周期是 ASP. NET 中非常重要的概念，了解 ASP. NET 页面的生命周期，就能够在合适的生命周期内编写代码，执行事务。同样，熟练掌握 ASP. NET 页面的生命周期，可以开发高效的自定义控件。通常情况下，ASP. NET 生命周期需要经历如下几个阶段。

（1）页请求。页请求发生在页生命周期开始之前。当用户请求一个页面，ASP. NET 将确定是否需要分析或者编译该页面，或者是否可以在不运行页的情况下直接请求缓存响应客户端。

（2）开始。发生了请求后，页面就进入了开始阶段。在该阶段，页面将确定是“发回请求”还是“新的客户端请求”，并设置 IsPostBack 属性。

（3）初始化。在页面开始后，进入了初始化阶段。初始化期间，页面可以使用服务器控件，并为每个服务器控件进行初始化。

（4）加载。页面加载控件。

（5）验证。调用所有的验证程序控件的 Vailidate 方法，来设置各个验证程序控件和页

的属性。

（6）回发事件。如果是“回发请求”，则调用所有事件处理的程序。

（7）呈现。在呈现期间，视图状态被保存并呈现到页。

（8）卸载。服务器端在完全呈现页面后，将页面发送到客户端并准备丢弃该页面，此时将调用卸载。

3.5 ASP. NET 应用程序文件夹

在创建 ASP. NET 应用程序时，使用的是文件管理方式。在应用程序中，可以添加任意多个文件和文件夹，且每次在解决方案中添加新文件时，都无须重新编译它们。ASP. NET 可以自动、动态地预编译 ASP. NET 应用程序。

使用 ASP. NET 中定义好的文件夹，可以自动编译代码，下面就介绍这些文件夹。

1. \App_Code 文件夹

\App_Code 文件夹存储了类、. wsdl 文件和类型化的数据集。存储在这个文件夹中的所有对象都自动应用于解决方案中的所有页面。\App_Code 文件夹的优点是，把某个对象放在其中时，VS2008 会自动检测到它，如果它是一个类（例如 . cs 文件），就编译它，自动创建 XML Web 服务代理类（在 . wsdl 文件中），或者在 . xsd 文件中自动创建类型化的数据集。

自动编译了文件后，这些对象就可以应用于同一个解决方案中的所有 ASP. NET 页面。下面看看如何通过 \App_Code 文件夹在解决方案中使用一个简单的类。

要创建 \App_Code 文件夹，可以右击解决方案，选择增加 ASP. NET 文件夹 \App_Code 菜单项。注意，VS2008 对待此文件夹的方式不同于解决方案中的其他文件夹。\App_Code 文件夹用另一种颜色显示（灰色），在文件夹的图标旁边有一个文档图片，如图 3-6 所示。

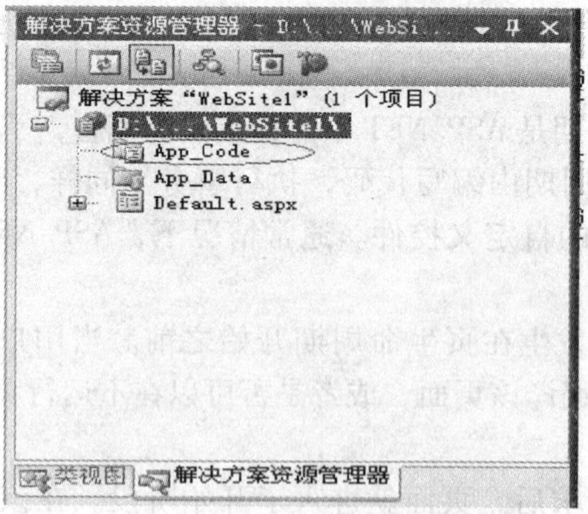

图 3-6 \App_Code 文件夹图

有了 \App_Code 文件夹后，右击该文件夹，选择“添加新项”菜单项。打开“添加新项”对话框，其中显示可以放在该文件夹中的几个文件类型选项，包括支持 AJAX 的 WCF 服务、类文件、LINQ to SQL 类、文本文件、数据集、报表和类图。

2. \App_Data 文件夹

\App_Data 文件夹包含应用程序使用的数据库，它很适合于集中存储应用程序可能使用的所有数据库。\App_Data 文件夹可以包含 Microsoft SQL Express 文件（. mdf 文件）、Microsoft Access 文件（. mdb 文件）、XML 文件等。

应用程序使用的用户账户可以读写 \App_Data 文件夹包含的所有文件，该账户默认为 ASPNET。在这个文件夹中存储所有数据文件的另一个原因是，许多 ASP. NET 系统都使用 \App_Data 文件夹，如成员和角色管理系统、ASP. NET MMC 插件、新的 IIS Manager 和 ASP. NET Web 站点 Administration Tool 等 GUI 工具。

3. \App_Themes 文件夹

主题是为 Web 站点上每个页面提供相同的外观和操作的一种新方法。要实现主题，应使用 . skin 文件和 CSS 文件，这些元素可用于创建主题，它们存储在解决方案的 \App_Themes 文件夹中。这样，就可以确保解决方案中的所有页面都可以利用该主题，将它的元素应用于页面的控件和标记。

4. \App_GlobalResources 文件夹

资源文件是一些字符串表。当应用程序需要根据文化改变其内容时，这些字符串表可以用作应用程序的数据字典。在 \App_GlobalResources 文件夹中可以添加程序集资源文件（. resx），它们会动态编译，成为解决方案的一部分，供应用程序中的所有 . aspx 文件使用。在使用 ASP. NET 1. 0/ 1. 1 时，必须使用 resgen. exe 工具，将资源文件编译为 . dll 或 . exe 才能在解决方案中使用，而在 ASP. NET 3. 5 中使用资源文件已经大大简化了，只需把应用程序资源放在这个文件夹中，就可以立即使用它们。

5. \App_LocalResources 文件夹

如果对使用 \App_GlobalResources 文件夹构建可在整个应用程序内使用的资源不感兴趣，可以让资源用于单个 . aspx 页面。为此，只需使用 \App_LocalResources 文件夹。

要把页面专用的资源文件添加到 \App_LocalResources 文件夹中，只需以如下方式构建 . resx 文件名：

- Default. aspx. resx
- Default. aspx. fi. resx
- Default. aspx. ja. resx
- Default. aspx. en-gb. resx

在 Default. aspx 上使用的资源声明可以从 \App_LocalResources 文件夹的相应文件中检索。如果没有找到其他匹配，就默认使用 Default. aspx. resx 资源文件；但如果客户在使用文化 fi-FI（芬兰），就使用 Default. aspx. fi. resx 文件。

6. \App_WebReferences 文件夹

\App_WebReferences 文件夹是 ASP. NET 以前版本使用的 Web References 文件夹的新

名称。使用 \App_WebReferences 文件夹，可以访问应用程序引用的远程 Web 服务。

7. \App_Browsers 文件夹

\App_Browsers 文件夹包含 . browser 文件，. browser 文件是 XML 文件，可以标识向应用程序发出请求的浏览器，并理解这些浏览器的功能。在 C:\Windows\Microsoft. NET\Framework\v2. 0. 50727\CONFIG\Browsers 中有一个可全局访问的 . browser 文件列表。另外，如果要修改这些默认的浏览器定义文件，只需将 Browsers 文件夹中的对应 . browser 文件复制到应用程序的 \App_Browsers 文件夹，修改其定义即可。

3.6 创建简单的用户登录 Web 站点

本节通过一个简单的登录例子来更好地了解 VS 2008 的使用环境和具体操作方法，同时也能更好地体会 ASP. NET 的页面运行情况以及原理。

例 3.1 新建一个 Web 站点 website1，在 Web 站点中新建两个页面 Default. aspx 和 Receive. aspx，实现简单的登录并显示用户信息，如图 3-7、3-8 所示。

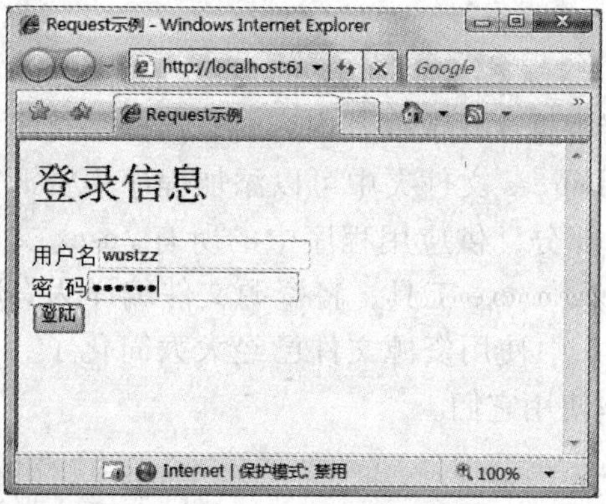

图 3-7 Default. aspx 页面的运行图

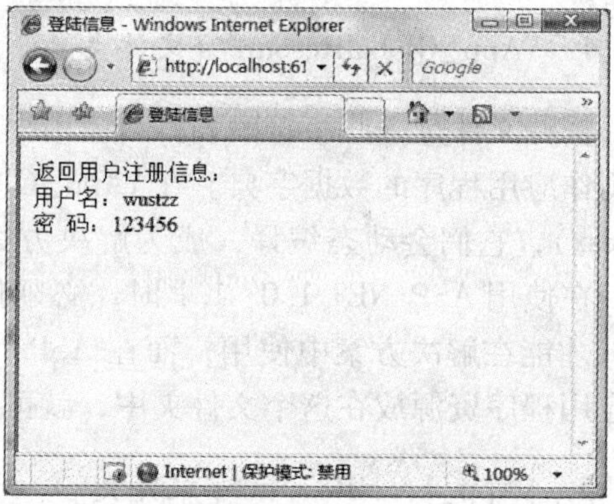

图 3-8 Receive. aspx 页面的运行图

具体步骤如下所述。

（1）新建网站。打开 VS 2008，单击“文件”菜单中的“新建”，选择“网站”，然后命名为“website1”。

（2）用户登录页面 Default. aspx。在“解决方案资源管理器”中，右击该网站（例如“website1”），打开默认已经新建的页面 Default. aspx，在页面添加图 3-7 所示的文字以及两个文本框和按钮控件。具体代码如下：

```
<head runat = "server">
    <title>Asp.Net 程序设计</title>
</head>
<body>
    <form id = "form1" runat = "server">
      <div>
        登录信息<br />
        用户名:<asp:TextBox ID = "s_name" runat = "server" Width = "138px">
        </asp:TextBox><br />    //添加一个名为 s_name 的文本框控件,服务器控件
```

```
密 码:<asp:TextBox ID="s_password" runat="server"></asp:TextBox>
<br />
//添加一个名为 s_password 的文本框控件,服务器控件
<asp:Button ID="Button1" runat="server" Text="登录"
PostBackUrl="Receive.aspx" />  //添加一个名为 Button1 的按钮控件,服务
器控件
      </div>
    </form>
  </body>
```

(3) 显示用户信息页面 Receive. aspx。在"解决方案资源管理器"中，右击该网站（例如"D:\website"），然后单击"添加新项"，显示"添加新项"对话框，增加新项"Receive. aspx"，在该页面增加两个标签控件。具体代码如下：

```
<head runat="server">
    <title>无标题页</title>
</head>
<body>
    <form id="form1" runat="server">
        <div>
          返回用户注册信息:<br />
          <asp:Label ID="Label1" runat="server" Text="Label"></asp:Label>
            <br />
            //添加一个名为 Label1 的标签控件,服务器控件
          <asp:Label ID="Label2" runat="server" Text="Label"></asp:
            Label>
            //添加一个名为 Label2 的标签控件,服务器控件
        </div>
    </form>
</body>
```

在 Receive. aspx. cs 文件中输入如下代码：

```
protected void Page_Load(object sender, EventArgs e)
//在页面加载事件中编写代码
{
   string strname, strpassword; //定义两个字符串变量

   strname = Request.Form["s_name"]; //获取 s_name 的文本框控件的值
   strpassword = Request.Form["s_password"];//获取 s_password 的文本框控件的值
   this.Label1.Text = "用户名:" + strname; //在 Label1 上显示用户名
   this.Label2.Text = "密码:" + strpassword; //在 Label2 上显示密码
}
```

(4) 运行。选择 Default. aspx，按 Ctrl + F5 运行该页，将出现如图 3-7 所示的效果。

在例 3. 1 中，Default. aspx 和 Receive. aspx 两个页面都用到了 ASP. NET 的服务器控件。服务器控件是 ASP. NET 的重要内容，在进行页面相关设计中经常会使用到，在接下来的章节中将详细进行介绍。

Receive. aspx 页面的代码采用了后台编码模型，页面中的业务逻辑代码与显示逻辑代码被分开存储。页面的显示逻辑存储在 Receive. aspx 文件中，而业务逻辑存储在 Receive. aspx. cs 文件中，这将有利于代码的管理以及后续维护升级。本书的例子都将采用后台编码模型。

3.7 小 结

本章主要介绍了如何在 VS2008 环境中新建并运行 ASP. NET 页面，并介绍了有关 ASP. NET 页面的结构、运行原理、应用程序文件夹以及页面生命周期。

页面生命周期是 ASP. NET 中非常重要的概念，熟练掌握 ASP. NET 生命周期能对 ASP. NET 开发起到促进作用。

本章通过一个简单的用户登录 Web 站点，详细讲解了如何利用 VS 2008 进行 Web 站点开发，帮助读者更好地熟悉开发环境和流程。例子中使用了一些服务器控件，在以后的的章节将进行详细介绍。此外，例子采用了后台编码模型，使业务逻辑与显示逻辑分离，有利于代码管理和 Web 站点维护。

通过本章的学习，使读者熟悉 VS 2008 环境，了解设计、建立 Web 站点的流程，对在 Web 站点中新建并运行 ASP. NET 页面形成良好的感性认识，为后面章节的学习打下坚实的基础。

本章内容具有综合和概括的特点，可在后续学习中逐渐加深理解。

3.8 练 习

1. 进行 Web 站点设计时一般应该遵循什么原则？
2. 简单介绍一下 ASP. NET 页面编程的两种方式，并说明各有什么优缺点。
3. 利用 VS 2008 新建一个 ASP. NET 页面并运行，了解 VS 2008 的基本环境的使用。

第 4 章　ASP. NET 控件

本章教学目标

- 了解 ASP. NET 控件类型；
- 了解控件命名规范。

控件是图形用户界面（GUI）上的一种对象，用户可操作该对象来执行某一行为。通过控件，用户可以输入或操作数据。ASP. NET 中提供了数量众多、类型丰富的控件。这些控件的存在使得构建 Web 站点变得更加方便、快速。在 B/ S 模式下，运行在客户端的控件称为客户端控件，运行在服务器端的控件称为服务器控件。

ASP. NET 有一组强大的控件库，包括 HTML 控件、HTML 服务器控件和 Web 服务器控件。HTML 控件运行在客户端，而 HTML 服务器控件和 Web 服务器控件运行在服务器端。其中，Web 服务器控件是 ASP. NET 特有的，又称为 ASP. NET 服务器控件。本章将依次介绍这 3 类控件的概念、区别与联系，其中重点介绍 Web 服务器控件。

4.1　HTML 服务器控件

HTML 服务器控件由 Web 窗体上普通 HTML 控件转换而来，两者保持了外观的基本一致。

1. HTML 控件

HTML 控件就是通常说的 HTML 语言标记。这些语言标记在已往的静态页面和其他 Web 页面里存在，是无法在服务器端进行控制的。这些语言标记只能在客户端通过 javascript 和 vbscript 等程序语言来控制。例如：

```
<input type = "button" id = "btn" value = "button"/ >.
```

2. HTML 服务器控件

在默认情况下，服务器无法使用 Web 窗体页上的 HTML 控件。但是，将 HTML 控件转换为 HTML 服务器控件之后，就可以在服务器上进行编程。因为 HTML 服务器控件的对象模型紧密映射到相应 HTML 控件的对象模型，所以 Web 窗体上的任意 HTML 控件都可以转换为 HTML 服务器控件。

HTML 控件转换是一个只涉及几个属性的简单过程。作为最低要求，通过添加代码 runat = "server" 属性，HTML 控件即可转换为 HTML 服务器控件。

具有 runat = "server" 属性之后，程序在分析期间将提醒 ASP. NET 页框架创建该控件的实例，以便在服务器端页处理期间使用。另外，如果希望在代码中以成员形式引用该控件，则在将 HTML 控件转换为 HTML 服务器控件时还需要为控件分配 ID 属性。

最经常使用到的 HTML 服务器控件有窗体、HTML < INPUT > 元素（文本框、复选框、“提交”按钮等）、列表框（<SELECT>）、表、图像等。这些 HTML 服务器控件具有一般控件的基本属性，此外，每个控件具有自己的属性集和事件。

除了上述介绍的 HTML 服务器控件具有的特性以外，HTML 服务器控件还具有以下功能。

（1）可在服务器上使用熟悉的面向对象技术对其进行编程。每个服务器控件都公开一些属性，这些属性使得可以在服务器代码中通过编程操作该控件的 HTML 属性。

（2）提供一组事件，可以为其编写事件处理程序，方法与在基于客户端的窗体中大致相同，所不同的是事件处理是在服务器代码中完成的。

（3）在客户端脚本中处理事件的能力。

（4）自动维护控件状态。在窗体到服务器往返期间，用户在 HTML 服务器控件中输入的值将在页发送回浏览器时自动维护。

（5）与验证控件进行交互，便于验证用户是否在控件输入了适当的信息。

（6）数据绑定到一个或多个控件属性。

（7）如果 Web 窗体页显示在支持层叠样式表的浏览器中，则支持 HTML 4.0 样式。

（8）直接可用的自定义属性。在将任何需要的属性添加到 HTML 服务器控件后，页框架将读取并呈现它们而不更改其任何功能，这将允许向控件添加浏览器特定的属性。

4.2 Web服务器控件

Web 服务器控件是 Web 表单编程模型的重要元素，构成了基于控件的表单程序的基础。这种新技术可以简化 Web 应用程序的开发，提高应用程序的开发效率。

1. Web 服务器控件概念及功能

在 ASP. NET 中，Web 服务器控件是指在服务器上执行程序逻辑的组件。这个组件可能生成一定的用户界面，也可能不包括用户界面（例如数据源控件主要功能是读取信息，在运行的 Web 页面中是看不见数据源控件具体外观的）。每个 Web 服务器控件都包含一些成员对象，以便开发人员调用，例如，属性、事件、方法等。Web 服务器控件被定义为抽象控件，与 HTML 服务器控件不存在一对一映射关系，也就是说，Web 服务器控件在页面中呈现的实际 HTML 与编程针对的模型可能大相径庭。例如，RadioButtonList 控件可在表中呈现，也可呈现为其他 HTML 的文本。

Web 服务器控件不仅包括传统的窗体控件（例如按钮、文本框和表等复杂控件），还包括在网格中显示数据、选择日期等常用窗体功能的控件。

除了提供 HTML 服务器控件的上述所有功能外，Web 服务器控件还提供以下功能。

（1）提供功能丰富的对象模型，该模型具有类型安全编程功能。

（2）自动浏览器检测。控件可以检测浏览器的功能，并为基本型和丰富型（HTML 4.0）浏览器创建适当的输出。

（3）对于某些控件，可以使用模板来自定义控件的外观。

（4）对于某些控件，可以指定控件的事件是立即发送到服务器，还是先缓存，然后在提交窗体时引发。

（5）可将事件从嵌套控件（例如表中的按钮）传递到容器控件。

2. Web服务器控件类型

依据控件所提供的功能，ASP. NET服务器控件可分为以下类型。

（1）标准控件。主要是指传统的Web窗体控件，如TextBox、Button、Panel等。这些控件有一组标准化的属性、事件和方法，使开发工作变得简单易行。具体内容将在第5章详细介绍。

（2）登录控件。这类控件可快速实现用户登录及相关功能，如显示登录状态、密码恢复、创建新用户等。具体内容将在第6章详细介绍。

（3）导航控件。该类控件可与Web站点导航数据结合，实现Web站点导航功能。具体内容将在第7章介绍。

（4）验证控件。完成用户输入验证功能的控件，用来检验用户输入的数据是否合法，如果合法，则页面可正常提交数据，否则验证控件会将定义好的错误提示显示出来。具体内容将在第8章介绍。

（5）数据控件。ASP. NET引入了一系列可以改善数据访问的新控件，这些新控件统称为数据控件。数据控件包括数据源控件和数据绑定控件。数据源控件用于指定数据的来源，负责为数据绑定控件提供数据，充当数据中介的角色；数据绑定控件用于显示数据。具体内容将在第9章介绍。

4.3　Web服务器控件和HTML服务器控件的区别

Web服务器控件和HTML服务器控件有许多相似之处，也有许多区别。主要的区别在于以下几点。

（1）ASP. NET服务器控件提供更加统一的编程接口，如每个ASP. NET服务器控件都有Text属性。隐藏客户端的不同，这样程序员可以把更多的精力放在业务上，而不用去考虑客户端的浏览器是IE还是Firefox，或者是移动设备。

（2）ASP. NET服务器控件可以保存状态到ViewState里，这样页面在从客户端回传到服务器端或者从服务器端下载到客户端的过程中都可以保存。

（3）事件处理模型不同，HTML标注和HTML服务器控件的事件处理都是在客户端的页面上，而ASP. NET服务器控件则是在服务器上，例如：

```
<input id = "Button4" type = "button" value = "button" runat = "server"/ >
```

它是HTML服务器控件，此时单击此按钮，页面不会回传到服务器端，原因是没有为其定义鼠标单击事件。例如：

```
<input id = "Button4" type = "button" value = "button" runat = "server" onserver-
click = "test" / >
```

它为HTML服务器控件添加了一个onserverclick事件，单击此按钮页面会发回服务器端，并执行test（object sender，EventArgs e）方法。

```
<asp:Button ID = "Button2" runat = "server" Text = "Button" / >
```

它是ASP. NET服务器控件，没有为其定义click事件，但是单击时，页面也会发回到服务器端。

由此可见，HTML 控件和 HTML 服务器控件的事件是由页面来触发的，而 ASP. NET 服务器控件则是由页面把表单发回到服务器端，由服务器来处理。

4.4 控件的通用提示

无论是 HTML 服务器控件，还是 Web 服务器控件，在命名时都有一些通用的规范可循，而使用时也有一些经验可供借鉴。遵循命名规范，程序代码将具有更好的可读性；借鉴经验将益于更有效使用控件。本节内容是关于服务器控件的一些规范和经验的介绍。

4.4.1 控件的命名规范

制作 Web 页面时，常常会用到许多控件，这与编程时会使用许多变量是一样的。为了让程序清晰可读，在命名变量的时候制定了一系列的规则。同理，为了让页面上的控件不至于引发混乱，也应该在为其命名时遵循一定的规范。

在 ASP. NET 中，对控件进行命名似乎没有一个非常严格的标准，但是广大程序员在长期的具体工作中形成了较为统一的认识标准。下面在表 4-1 ～4-6 中列出常用控件通常的命名方式，供大家学习参考。

（1）Standar Control（标准控件）。

表 4-1 Standar Control 命名方式

类 型	命名前缀	命名示例
Adrotator	adrt	adrtTopAd
BulletedList	blst	blstCity
Button	btn	btnSubmit
Calendar	cal	calMettingDates
CheckBox	chk	chkBlue
CheckBoxList	chkl	chklFavColors
DropDownList	drop	dropCountries
FileUpLoad	fup	fupImage
HiddenField	hfld	hfldName
HyperLink	hlk	hlkDetails
Image	img	imgAuntBetty
ImageButton	ibtn	ibtnSubmit
ImageMap	imap	imapSite
Label	lbl	lblResults
LinkButton	lbtn	lbtnSubmit
ListBox	lst	lstCountries

（续表）

类　　型	命名前缀	命名示例
Literal	ltl	ltlTitle
Localize	loc	locChina
MultiView	mvw	mvwForm1
Panel	pnl	pnlForm2
PlaceHolder	plh	plhFormContents
RadioButton	rad	radFemale
RadioButtonList	radl	radlGender
Repeater	rpt	rptQueryResults
SubStitution	subs	subsTime
TextBox	txt	txtFirstName
Table	tbl	tblCountryCodes
TableCell	tblc	tblcGermany
TableRow	tblr	tblrCountry
View	vw	vwCity
Wizard	wiz	wizRegister
Xml	xml	xmlAdrress

（2）Login Control（登录控件）。

表 4-2　Login Control 命名方式

类　　型	命名前缀	命名示例
ChangePassword	cpwd	cpwdUser1
CreateUserWizard	cuw	cuwLogin
Login	log	logCenter
LoginName	logn	lognUser
LoginStatus	logs	logsUser
LoginView	logv	logvUser
PasswordRecovery	pwdr	pwdrUser

（3）Navigation Control（导航控件）。

表 4-3　Navigation Control 命名方式

类　　型	命名前缀	命名示例
Menu	mnu	mnuUser1
SiteMapPath	smp	smpSite1
TreeView	trvw	trvwMenu

（4）Validation Control（验证控件）。

表 4-4　Validation Control 命名方式

类　型	命名前缀	命名示例
CompareValidator	valc	valcValidAge
CustomValidator	valx	valxDBCheck
RangeValidator	valg	valgAge
RegularExpressionValidator	vale	valeEmail
RequiredFieldValidator	valr	valrFirstName
ValidationSummary	vals	valsFormErrors

（5）Data Control（数据控件）。

表 4-5　Data Control 命名方式

类　型	命名前缀	命名示例
AccessDataSource	ads	adsPubs
DataList	dlst	dlstTitles
DetailView	dvw	dvwTitles
FormView	fvw	fvwFonts
GridView	gvw	gvwCity
ObjectDataSource	ods	odsMenus
Repeater	rpt	rptQueryResults
ReportViewer	rvw	rvwRecord
SiteMapDataSource	smds	smdsSite
SqlDataSource	sds	sdsBooks
XmlDataSource	xds	xdsTitles

（6）WebParts Control（Web 页面空间控件）。

表 4-6　WebParts Control 命名方式

类　型	命名前缀	命名示例
AppearanceEditorPart	paed	paedPart1
BehaviorEditorPart	pbed	pbedPart2
CatalogZone	zca	zcatCity
ConnectionsZone	zcon	zconDataBase
DeclarativeCatalogPart	pdca	pdcaPart1
EditorZone	zed	zedNews

（续表）

类　型	命名前缀	命名示例
ImportCatalogPart	pica	picaPart
LayoutEditorPart	pled	pledNews
PageCatalogPart	ppca	ppcaMail
PropertyGridEditorPart	ppge	ppgeServer
ProxyWebPartManager	mpwp	mpwpWeb
WebPartManager	mwp	mwpSite1
WebPartZone	zwp	zwpSite2

4.4.2　一些有用的经验

1. 控件试用

在学习控件的使用过程中，必须用一定的时间试用各种不同的控件。虽然很多控件会在本书中多次用到和讨论到，但是最好知道应如何使用以及如何操作。学习时用几个示例页面练习使用，在以后的章节中再出现这些控件时就会有更深刻的理解。

2. ViewState 属性的应用

重点考虑一下如何关闭有些控件的 ViewState。在很多情况下，是否关闭 ViewState 属性几乎看不出差别。但是遇到数据驱动控件时，禁用 ViewState 可以大大缩小 Web 页面的大小，结果就使得加载时间缩短，从而使用户感觉更好。

3. 设计辅助

在用多个控件设计一个复杂 Web 表单来接受用户输入时，从计算机旁离开，拿出一张纸和一支笔，写出必需的功能。在开始拖放或编码前，思考一下应用程序的（技术）设计，这样就更容易创建一致且经过严密思考的用户界面。在以后发现弄错了再对页面做大量修改，比一开始就纠正潜在的错误要花多得多的时间。

4.5　小　　结

ASP. NET 控件库包含了 HTML 控件、HTML 服务器控件和 Web 服务器控件，其中，Web 服务器控件是 ASP. NET 特有的。Web 服务器控件包含了标准控件、登录控件、导航控件、验证控件和数据控件等，这些控件将在后面的章节中依序详细介绍。

HTML 服务器控件其实就是在 HTML 控件的基础上加上 runat = "server" 属性所构成的控件。这两种控件的主要区别是运行方式不同，HTML 控件运行在客户端，而 HTML 服务器控件是运行在服务器端的。

当 ASP. NET Web 页面执行时，会检查 HTML 标注有无 runat 属性。如果没有设定，那么 HTML 标注就会被视为字符串，并被送到字符串流等待送到客户端，客户端的浏览器会对其进行解释；如果 HTML 标注设定了 runat = "server" 属性，Page 对象会将该控件放入控制器，服务器端的代码将对其进行控制，等到控制执行完毕后再将 HTML 服务器控件的执行结果转换成 HTML 标注，然后当成字符串流发送到客户端进行解释。例如：

```
<input id = "Button" type = "button" value = "button" runat = "server" / >.
```

控件在使用中有一些惯例需要遵守，例如控件的命名。遵循惯例能使得程序具有更良好的可读性。

4.6 练 习

1. 简述 HTML 控件与 HTML 服务器控件的区别与联系。
2. 简述 HTML 服务器控件与 Web 服务器控件的区别与联系。
3. Web 服务器控件具有哪些功能？
4. 回顾控件命名时应当注意的要点，尝试用规范的方式命名常用的 Web 控件。

第5章　标 准 控 件

本章教学目标

- 了解标准控件的功能和用途；
- 掌握标准控件的常用属性和事件；
- 能使用不同控件组合搭配实现 Web 页面常见功能。

ASP. NET 中的标准控件全部运行于服务器端，所以它们在 Web 页面的源代码中都有声明 runat = "server"。这些控件在服务器端都以符合 HTML 语法规范的特殊标签标识，具体的语法形式为：

<asp：控件名称> </ 控件名称>

当页面运行于客户端时，这些控件标识语句就会自动生成相应的 HTML 控件标签。

5.1　标准控件概览

按照控件的用途，可将 ASP. NET 的标准控件分类为文本类控件、按钮类控件、列表框类控件、选择框类控件、图像类控件和一些其他功能的控件。表 5-1 分类综列了 ASP. NET 的标准控件及其主要用途，5.2～5.6 节将分述各类控件的使用方式。

表 5-1　标准控件

分　类	控件名称	控件用途
文本类	Label	用于显示用户无法直接编辑的文本
	Literal	在 Web 页面上保留显示静态文本的位置
	TextBox	用于在页面中键入并编辑文本信息
按钮类	Button	普通按钮，执行任务
	LinkButton	具有超级链接外观的按钮（不能链接到另一个页面）
	ImageButton	包含图像的按钮
列表框类	DropDownList	下拉列表框
	ListBox	允许单选或多选的列表框
选择框类	CheckBox	复选框，用户可单击以打开和关闭它
	CheckBoxList	创建一组复选框
	RadioButton	单选按钮
	RadioButtonList	创建一组单选按钮，一次只能选择一个按钮
图像类	Image	在页面上显示图像
	ImageMap	创建在页面上显示图像的控件。单击在控件内定义的作用点区域时，该控件生成到服务器的回发或导航到指定的 URL

（续表）

分　类	控件名称	控件用途
其他控件	HyperLink	创建一个 Web 链接
	Table	在页面中创建表格
	BulletedList	用于创建一个无序或有序的项目列表
	HiddenField	在页面存储信息但不显示信息
	Calendar	显示图形日历供用户选择日期
	AdRotator	随机并循环显示一组广告图片
	FileUpload	显示一个文本框控件和一个浏览按钮，使用户可以选择要上载到服务器的文件
	Wizard	在页面上显示多个步骤的向导控件
	XML	在页面上显示 XML 文档内容
	View、MultiView	View 是一种控件容器，MultiView 是 View 控件的容器
	Panel	常用于在页面中对控件和标记进行分组或作为动态生成控件的容器
	PlaceHolder	常用于在页面中实现运行时动态添加或移除控件的操作
	Substitution	指定输出缓存 Web 页面上免于缓存的部分
	Localize	它与 Label 控件的不同在于，Localize 控件不能设置文本的样式

每种控件都有许多自己的属性，每种属性都有自己的名称，并具有确定的意义和用途。但是，不同的控件也可能拥有一些名称相同的属性，例如“ID”，“AutoPostBack”，“CssClass”等。这些不同控件中的同名属性，通常具有相同的意义和用途。因此，本书将同名属性分散在最为合适的控件中介绍，以避免重复说明。读者在学习某个控件的过程中，如果发现自己想要了解的某个属性的用途没有介绍，或许在其他控件的介绍中能够查找到。

5.2 文本类控件

文本类控件包含 Label 控件、Literal 控件和 TextBox 控件，它们主要用于显示文本信息或接收用户的文本输入。

5.2.1 Label 控件

Label 控件主要用于动态显示文本，即可以通过编程来改变页面所要显示的内容。表 5-2 列出了 Label 控件的常用属性。

表 5-2　Label 控件常用属性

属性名	说　明
ID	控件编程的唯一标识符
Text	获取或设置控件的文本内容
Font	获取或设置控件的文本字体
ForeColor	获取或设置控件的文本颜色
BackColor	获取或设置控件的背景色
BorderColor	获取或设置控件的边框颜色
BorderStyle	获取或设置控件的边框样式
ToolTip	获取或设置当鼠标指针悬停在控件上时显示的文本
Visible	指示控件是否呈现在页面上

例 5.1　通过编程提供 Label 控件的文本。

新建一个 Default. aspx 文件，在 Default. aspx 文件中添加一个 Label 控件，生成的代码如下：

```
<asp:Label ID = "Label1" runat = "server" Text = "Label">
</asp:Label>
```

在页面的 Page_Load 的事件中添加代码如下：

```
protected void Page_Load(object sender, EventArgs e)
{
  Label1.Text = "欢迎光临本站";
}
```

浏览器运行 Default. aspx 文件，可以看到如图 5-1 所示的效果。

图 5-1　例 5.1 运行效果图

例 5.1 通过编程控制页面所要显示的内容为"欢迎光临本站"。

注意　如果仅仅需要在 Web 页面上显示内容固定不变的文字，通常情况下不使用 Label 控件，而是直接把需要显示的文字输入 Web 页面即可。原因在于，Label 是服务器控件，使用时会占用一定的服务器资源，而网站设计的原则是尽可能减少对服务器资源不必要的消耗。

5.2.2　Literal 控件

Literal 控件也用于动态显示文本，即通过编程方式动态地改变页面显示内容。Literal

控件与 Label 控件的不同之处主要体现在 Literal 控件具有的 Mode 属性。

Mode 属性有 3 个值：Transform/ PassThrough / Encode。

(1) Mode 属性值为 Transform（默认值）的时候，添加到控件中的任何标记都将进行转换，以适应请求浏览器的协议。

(2) Mode 属性值为 PassThrough 的时候，添加到控件中的任何标记都将按原样呈现在浏览器中，把 HTML 代码（例如一个表格的 HTML 代码）放 Literal 控件中，此时在浏览器中显示出来的就是一个表格。

(3) Mode 属性值为 Encode 的时候，添加到控件中的任何标记都将使用 HtmlEncode 方法进行编码，该方法将把 HTML 编码转换为其文本表示形式。把 HTML 代码（例如一个表格的 HTML 代码）放在 Literal 控件中，此时在浏览器中显示出来的就是原始的 HTML 代码。

当希望浏览器显示而不解释标记时，编码将很有用。编码也将提高安全性，有助于防止在浏览器中执行恶意标记。在显示来自不受信任源的字符串时推荐使用此设置。

在 Default. aspx 文件中添加一个 Literal 控件，生成的代码如下所示：

```
<asp:Literal ID="Literal1" runat="server"></asp:Literal>
```

Literal 控件与 Label 控件的不同之处还表现在，当浏览者请求一个具有 Label 控件的 aspx 页面时，查看浏览器中的源文件，将会发现 Lable 控件在浏览器中是以 <span> </span>标签替代的。而当浏览者请求一个具有 Literal 控件的 aspx 页面的时候，查看浏览器中的源文件将会发现没有<span>标签，说明 Literal 控件在浏览器中并没有以<span>标签替代，而是直接显示其内容。

使用 Literal 控件时把文本放在<asp：Literal></ asp：Literal>标签之间与放在 Text 属性中效果是一样的。在这点上，Label 控件与 Literal 控件相同。

5.2.3 TextBox 控件

TextBox 控件允许用户在指定位置进行文本输入，通过 TextBox 控件输入的文本通常提交到服务器。在较少数情况下也用 TextBox 控件来显示文字。

表 5-3 列出了 TextBox 控件的常用属性。

表 5-3 TextBox 控件的常用属性

属性名	说　明
AutoPostBack	详细说明见文中叙述
CssClass	详细说明见文中叙述
Text	获取或设置控件的文本内容
MaxLength	获取或设置最多允许的字符数（单行或密码模式下适用）
ReadOnly	指示能否更改控件中的文本内容
TextMode	获取或设置控件的显示模式（单行、多行或密码）
Wrap	指示多行模式下文本内容能否换行
Rows	获取或设置多行模式下文本框显示的行数（不设置 Height 属性）

下面介绍 TextBox 控件的常用属性、方法和事件。

（1）AutoPostBack 属性。AutoPostBack 属性用于确定用户当前光标焦点离开该控件的时候是否向服务器发送信息。AutoPostBack 属性有两个值：True/ False。

在默认情况下，该控件的 AutoPostBack 属性设置为 False，表示焦点离开的时候不向服务器发送信息，如果值为 True，则发送。

（2）CssClass 属性。CssClass 属性用于指定该控件的外观受控于哪一个伪类。当然，前提是在 CSS 文件中曾定制伪类。

（3）MaxLength 属性。MaxLength 属性用于限制用户向文本框中输入字符的长度。一般情况下，类似用户名、密码、邮箱等信息的长度是有限的，为避免用户输入过长字符，常常使用这个属性来限制输入的长度。

（4）ReadOnly 属性。ReadOnly 属性用于确定文本框中的文字是否允许被用户修改。ReadOnly 属性有两个值：True/ False。

当使用文本框来显示某些文本信息，并且这些信息不希望被用户修改时，就可以设置 ReadOnly 属性为 True。不过在默认情况下，该属性值为 False，毕竟文本框用于输入信息的情况多于专用于显示信息。

（5）TextMode 属性。TextMode 用于确定文本输入模式。TextMode 属性有 3 个值：SingleLine/ MultiLine/ Password。

- TextMode 属性值为 SingleLine，将显示一个单行文本框；
- TextMode 属性值为 MultiLine，将显示多行文本框；
- TextMode 属性值为 Password，将屏蔽用户输入的文本框，用户输入的字符将以“●”号代替，主要用于密码输入。

表 5-4 中列出了 TextBox 控件的常用方法和事件。

表 5-4　TextBox 控件的常用方法和事件

方法/ 事件名称	说　明
Focus	为控件设置输入焦点
TextChanged	触发 TextChanged 事件

（1）Focus( )。用于把用户的光标动态的放置在某个指定的窗体元素上，它是 TextBox 控件常用的方法之一。例如，页面上有一个 ID 属性为 TextBox1 的 TextBox 控件，当希望页面载入后用户光标动态放置在该文本框内，则在 TextBox 的 Page_ Load 事件中添加如下代码：

```
protected void Page_Load(object sender, EventArgs e)
{
    this.TextBox1.Focus();
}
```

（2）TextChanged 事件。当用户光标移出文本框时触发 TextChanged 事件。要实现该效果，需要同时把 TextBox 控件的 AutoPostBack 属性值设置为 True。

例 5.2　当前文本框焦点转移，触发 TextChanged 事件。

在 Default. aspx 文件中添加一个 TextBox 控件，生成的代码如下：

```
<asp:TextBox ID = "TextBox1" runat = "server">
</asp:TextBox>
```

在 TextBox1 控件的 TextChanged 事件中添加代码如下：

```
protected void TextBox1_TextChanged(object sender, EventArgs e)
{
  Response.Write("您输入完毕");
}
```

运行 Default. aspx，在文本框中输入字符“abc”后，光标离开文本框，页面上出现了文字“您输入完毕”，运行效果如图 5-2 所示。

图 5-2 例 5. 2 运行效果图

例 5. 3 TextBox 不同 Mode 属性值的不同效果。

在例 5. 2 的 Default. aspx 文件中已经存在一个 TextBox 控件，将用于输入用户名。现在再添加两个 TcxtBox 控件，分别用于输入密码和说明。两个新加的 TextBox 控件的 TextMode 属性使用默认值。运行 Defult. aspx 文件，并且在 TextBox 控件中输入字符，在浏览器中将看到如图 5-3 所示的效果。

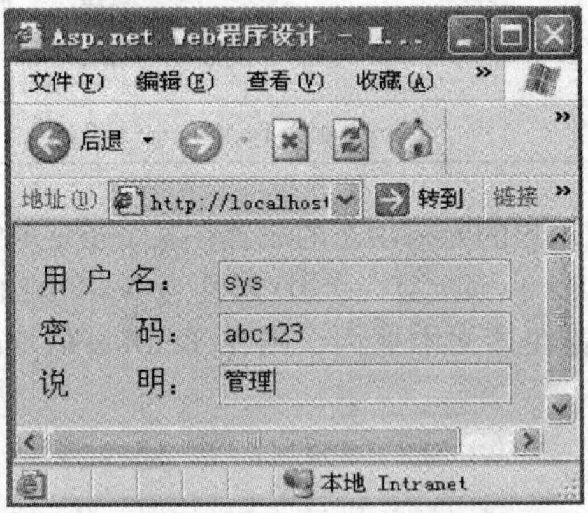

图 5-3 TextBox 使用默认 TextMode 属性值的运行效果

将用于密码和说明的 TextBox 的 TextMode 属性依次分别更改为 Password 和 MultiLine。再次运行 Default. aspx 文件。当在 3 个文本框中输入相同的内容时，浏览器中将看到如图 5-4 所示的效果。

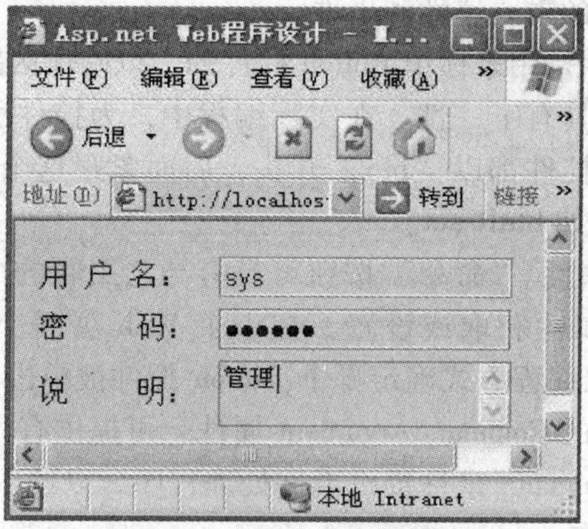

图 5-4　TextBox 修改 TextMode 属性值后的运行效果

从例 5.3 可以看到，当 TextBox 的 TextMode 属性值为 Password 的时候，用于输入密码的文本框中的明码字符将被“●”取替，保证用户在输入密码的时候不会被人眼或拍摄设备获取，提高了系统的安全性。当 TextBox 的 TextMode 值为 MultiLine 的时候，文本框的外观发生了变化，其最右端出现了上下移动箭头的滚动条，表示可以输入多行字符。

5.3　按钮类控件

按钮类控件包含 Button 控件、LinkButton 控件和 ImageButton 控件，它们的主要作用是为用户提供单击按钮提交页面、或单击按钮在当前客户端获得某类事件响应的功能。

5.3.1　Button 控件

Button 控件既可以创建“提交”按钮，也可以创建“命令”按钮。在默认情况下，Button 控件是“提交”按钮，它只是将 Web 页面回发到服务器。

表 5-5 列出了 Button 控件的几个常用属性。

表 5-5　Button 控件常用属性

属性名	说　明
ID	详细说明见文中叙述
CommandName	详细说明见文中叙述
OnClientClick	详细说明见文中叙述
CausesValidation	用于确认是否引发验证
CommandName	获取或设置命令名，该命令名与传递给 Command 事件的 Button 控件相关联
Text	获取或设置在 Button 控件中显示的文本
ImageURL	获取或设置 ImageButton 控件显示图像的 URL
AlternateText	获取或设置 ImageButton 控件图像失效时所显示的文本
PostBackUrl	获取或设置单击控件时从当前页发送到的 Web 页面的 URL

下面介绍 Button 控件的重要属性和事件。

（1）ID 属性。ID 属性是用来标识 Button 控件的，以确保区别于同页面上的其他按钮，使其在同页的同类控件中具有唯一性。在实际编程中，为控件所起的 ID 名应遵循规范的命名规则，例如按钮类的控件都以“btn”开头，后面紧跟这个按钮所起作用的英文描述（是否缩写看具体情况），如 btnReset。

（2）CommandName 属性。“命令”按钮可具有与之关联的命令名，例如 btnColor，命令名通过 CommandName 属性获取或设置。在一个 Web 页面上可创建多个 Button 控件，CommandName 值可用于以编程方式确定哪个 Button 控件被单击。

另外，设置命令按钮的 CommandArgument 属性，可提供有关执行命令的附加信息，例如 Ascending，可以为 Command 事件提供事件处理程序，以便以编程方式控制在用户单击“命令”按钮时执行的操作。

（3）CausesValidation 属性。用于确认是否引发验证，CausesValidation 属性有两个值，True/ False。

在默认情况下，该属性值为 True，此时单击 Button 控件时将执行页验证。页验证确定页上与验证控件关联的输入控件是否均通过该验证控件所指定的验证规则。若要禁止执行页验证，则需将属性设置为 false。

（4）OnClientClick 属性。OnClientClick 属性的作用是在按钮被单击时触发客户端事件，在按钮的 OnClick 事件上执行指定的客户端脚本。这个属性的加入大大地方便了程序的开发，不用像以前那样通过代码添加属性的方式来实现客户端脚本。

（5）PostBackUrl 属性。设置 PostBackUrl 属性，可以通过 Button 控件执行当前 Web 页面到送达 Web 页面的跨页发送。在用户单击 Button 控件时，PostBackUrl 属性的值为送达 Web 页面的 URL。PostBackUrl 属性的默认值为空，即传回当前页的 URL。

（6）UseSubmitBehavior 属性。UseSubmitBehavior 属性用于确定回发机制。UseSubmit-Behavior 属性有两个属性值：True/ False。

当 UseSubmitBehavior 属性值为 true 的时候，Button 控件使用基于客户端脚本的回发；当其值为 false 时，则 Button 控件使用基于 ASP. NET 回发机制（调用_doPostBack 函数实现）。

（7）CssClass 属性。CssClass 属性用于指定控件的外观。

例 5.4 应用 CssClass 属性改变 Button 控件外观。

在 Default. aspx 文件中添加一个 Button 控件，生成的代码如下：

```
<asp:Button ID = "Button1" runat = "server" Text = "Button" / >
```

首先，在 SkinFile 文件夹中设置 css 外观文件。其中，包含伪类 . buttonStyle，用于对按钮外观的具体设置，具体代码如下：

```
//定义伪类的名称
.buttonStyle
{
//定制具体的样式
  background-color:#1e90ff;
font-family:Arial,@ 宋体;
font-size:12px;
border:1 solid #ff6633;
```

```
line-height:normal;
FONT-WEIGHT: normal;
}
```

同时，需要在 Web 站点的 web. config 文件的 <system. web> 与 </ system. web> 节点中添加代码：

```
<pages theme = "SkinFile"/ >,
```

最后，设置 Button 控件的 CssClass 属性值为 buttonStyle，运行 Default. aspx 文件将明显地看到按钮的外观发生了改变，运行效果如图 5-5 所示。

图 5-5　指定 Button 控件的 CssClass 属性改变外观

例 5.5　设置 OnClientClick 属性，实现单击按钮弹出对话框。

在仅具有一个按钮控件的 . aspx 文件的源代码页面中增加一个 javascript 函数 Alert ( )，同时把 Button 控件的 OnClientClick 属性值设置为 "Alert( )"，源代码清单如下：

```
<%@ Page Language = "C#" AutoEventWireup = "true" CodeFile = "Default.aspx.cs"
   Inherits = "_Default" % >
<!DOCTYPE html PUBLIC "-//W3C//DTD XHTML 1.0 Transitional//EN"
   "http://www.w3.org/TR/xhtml1/DTD/xhtml1-transitional.dtd" >
<script language = "javascript" type = "text/javascript" >
   function Alert()
   {
     alert('Welcom to here');
   }
</script >
<html xmlns = "http://www.w3.org/1999/xhtml" >
<head runat = "server" >
    <title >Asp.net 程序设计 </title >
</head >
<body >
<form id = "form1" runat = "server" >
    <div >
        <asp:Button ID = "btnConfirm" runat = "server" Text = "Button"
OnClientClick = "Alert()" / > <br / >
   </div >
</form >
</body >
</html >
```

此时运行 Default. aspx 文件并且单击按钮，可以看见单击按钮后页面弹出的对话框，运行效果如图 5-6 所示。

图 5-6 单击按钮弹出对话框效果图

Click 事件是 Button 控件的重要事件，用于实现单击按钮时所要触发的事件。

例 5.6 应用 Click 事件，实现单击按钮显示文字信息。

在 visual studio 2008 的集成开发环境中，双击页面的 Button 控件，进入 Click 事件，增加如下代码：

```
protected void btnConfirm_Click(object sender, EventArgs e)
{
   Response.Write("欢迎光临本站");
}
```

运行 Default. aspx 文件，看到如图 5-7 所示的效果。

图 5-7 单击按钮显示的文字效果图

5.3.2 LinkButton 控件

LinkButton 控件同 Button 控件类似，不同之处在于 LinkButton 控件没有 UseSubmitBehavior 属性，其外观也不同于 Button 控件。LinkButton 控件的外形像超级链接，而 Button 控件的保持传统的按钮外形。

在 Default. aspx 文件中添加一个 LinkButton 控件，生成的代码如下：

```
<asp:LinkButton ID = "LinkButton1" runat = "server" >LinkButton
</asp:LinkButton >
```

运行 Default. aspx 的效果如图 5-8 所示。

图 5-8　LinkButton 控件的运行效果图

从图 5-8 可以看见该控件带有下划线。当鼠标移到文字"LinkButtion"上的时候，鼠标光标会变成手形，其运行效果非常类似一个超链接，但实际上它只是一个按钮，并不具备超链接功能。

5.3.3　ImageButton 控件

ImageButton 控件同 Button 控件类似，其重要区别在于，ImageButton 控件可以指定图片作为按钮外观。同时，ImageButton 控件没有 UseSubmitBehavior 属性。ImageButton 控件的常用属性是 ImageUrl 属性，ImageUrl 属性允许用户为按钮指定作为外观的图片位置。

在 Default. aspx 文件中添加一个 ImageButton 控件，生成的代码如下：

```
<asp:ImageButton ID="ImageButton1" runat="server" />
```

在它的 ImageUrl 属性中为其指定一幅图片所在的路径，运行 Default. aspx 文件，效果如图 5-9 所示。如果将鼠标移到图 5-9 所示的图片上，光标将会呈现手形。

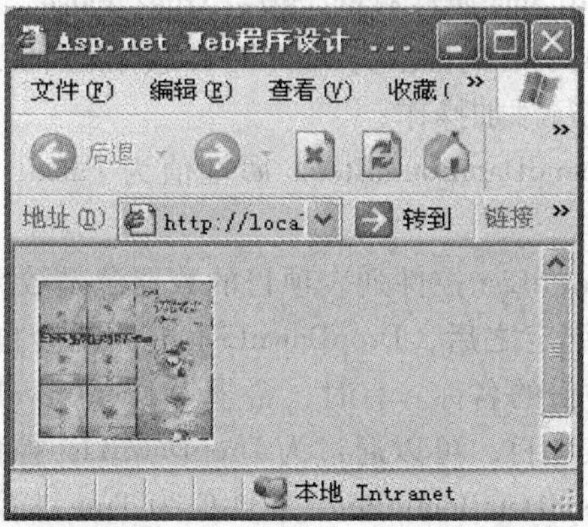

图 5-9　设置 ImageUrl 属性后运行的效果图

如果没有为 ImageButton 控件指定其显示图形，运行后它将在 Web 页面上对应位置显示一个内部为打叉图样的方框。方框中打叉表示控件没有找到要显示的图片。

5.4　列表框类控件

列表框类控件包含 DropDownList 控件和 ListBox 控件，主要用于为用户列表显示已经存在的项目，供其进行选择操作。

5.4.1 DropDownList 控件

DropDownList 控件用于创建一个下拉列表框。可以通过输入指定值，创建静态的下拉框内容；也可以为其指定数据源，以动态读取的数据作为下拉框中的内容。

表 5-6 列出了 DropDownList 控件的常用属性。

表 5-6 DropDownList 控件常用属性

属性名	说　明
DropDownList	详细说明见文中叙述
AutoPostBack	详细说明见文中叙述
DataSourceID	详细说明见文中叙述
DataTextField	详细说明见文中叙述
DataValueField	详细说明见文中叙述
Items	获取列表控件项的集合
SelectedIndex	获取或设置 DropDownList 控件选定项的索引
SelectedValue	获取 DropDownList 控件选定项的值，或选择指定值的项
SelectedItem	获取 DropDownList 控件索引值最小的选定项

下面介绍 DropDownList 控件的常用属性。

（1）AppendDataBoundItems 属性。AppendDataBoundItems 属性用于决定是添加还是清除数据项。AppendDataBoundItems 属性有两个值：True/ False。

- 当 AppendDataBoundItems 属性值为 True 时，意味着下拉列表控件将不会在绑定数据之前清除列表项，而是执行添加操作；
- 在默认情况下，AppendDataBoundItems 属性值为 False，意为执行数据绑定之前清除列表项集合。

举例来说，如果 DropDownList 控件列表项目的数据源是数据库中的某字段（如全国各省份的名称），在执行数据绑定之后，DropDownList 控件就会自动绑定该数据项，此时下拉框中有且只有全国各个省份的名称。有时，希望为 DropDownList 控件加入“ = 请选择省份 = ”等字样为第一个列表项目，可以通过为 DropDownList 控件的 Items 属性输入“ = 请选择省份 = ”，并设置 AppendDataBoundItems 属性值为 True 来实现。这样，程序运行时就会在下拉框中首先显示“ = 请选择省份 = ”，紧跟在下面的才是各省份名称。

（2）AutoPostBack 属性。AutoPostBack 属性用于指定是否向服务器提交页面。AutoPostBack 属性有两个值：True/ False。

- 当 AutoPostBack 属性为 True 时，用户对当前下拉列表选项的选择发生变化，Web 页面信息将被发送到服务器。
- 在默认情况下，DropDownList 控件的 AutoPostBack 属性设置为 False，表示选择发生变化的时候不向服务器发送信息。

（3）DataSourceID 属性。当 DropDownList 控件下拉框中的项是由数据绑定控件提供的时候，需要为 DropDownList 控件指明是由哪个绑定控件提供的，也就是要在 DropDownList 控件的 DataSourceID 属性中输入数据绑定控件的 ID 名称。

（4）DataTextField 属性。DataTextField 属性用来获取或设置为列表项提供文本内容的数据源字段。

（5）DataValueField 属性。DataValueField 属性用来获取或设置为各列表项提供值的数据源字段。

DataTextField 属性与 DataValueField 属性是 DropDownList 控件极为重要的两个属性。DataTextField 属性指定了下拉框中用来显示的字段名；DataValueField 属性用来存放唯一性的字段值，一般是主键。

举例来说，在数据库中存有全国各个省份的名称，其字段名为 Province，对应省份名称的唯一标识（主键）字段为 ProvinceID，通常希望下拉列表中显示的是各省份的名称。在这种情况下，就应当设置 DataTextField 属性值为 Province，而 DataValueField 属性值为 ProvinceID。

例 5.7　静态添加 DropDownList 控件的列表项目。

在 Default. aspx 页面中，添加一个 DropDownList 控件，生成的代码如下：

```
<asp:DropDownList ID="DropDownList1" runat="server" Width="82px">
</asp:DropDownList>
```

通过下拉列表框的属性面板上的 Items 属性为其增加下拉项目，如图 5-10 所示。

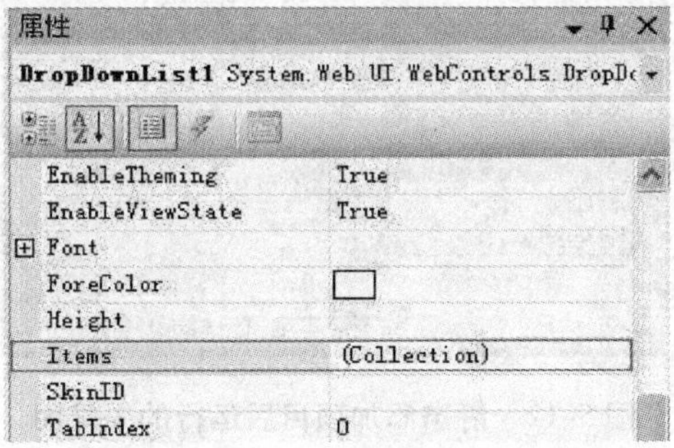

图 5-10　Items 在属性面板中的位置

单击 Collection 后面的输入按钮，将会跳出 ListItem 集合编辑器，如图 5-11 所示。

通过“添加”和“移除”按钮，就可以为下拉列表框控件增加或减少列表项目。

例如，通过集合编辑器面板输入“新浪”、“腾讯”、“中华网”3 个项目后，系统将为该控件自动生成如下源代码：

```
<asp:DropDownList ID="DropDownList1" runat="server">
    <asp:ListItem>新浪</asp:ListItem>
    <asp:ListItem>腾讯</asp:ListItem>
    <asp:ListItem>中华网</asp:ListItem>
</asp:DropDownList><br />
```

运行 Default. aspx 文件，在浏览器中将看见如图 5-12 所示的效果。

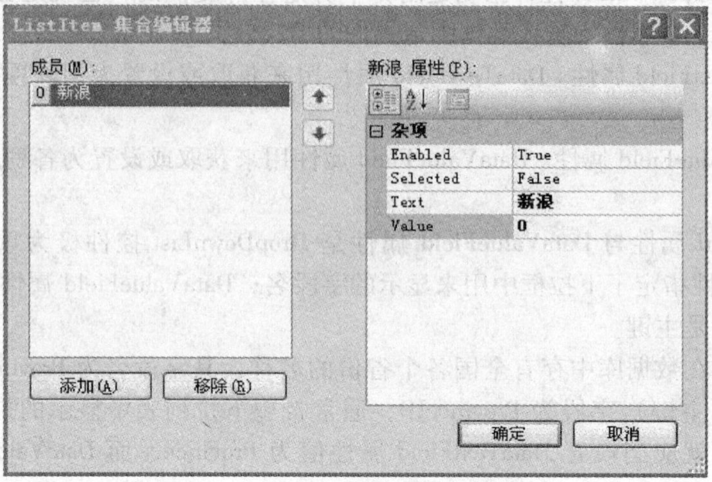

图 5-11　ListItems 集合编辑器面板

图 5-12　静态添加项目后运行的效果图

通过上述这种方式生成的下拉列表项目，在页面程序运行时是不会发生变化的，适合用于列表项目固定不变的情况。如果列表项目经常发生变化，通常应使用绑定数据源的方式来为其动态提供下拉列表项目，这样可以减少网站的维护工作量。

通过绑定数据源的方式提供下拉列表项目，首先需要单击 DropDownList 控件右上角的黑色小箭头，如图 5-13 所示。

图 5-13　DropDownList 控件任务面板

单击“选择数据源”将出现“数据源配置向导”对话框，如图 5-14 所示。

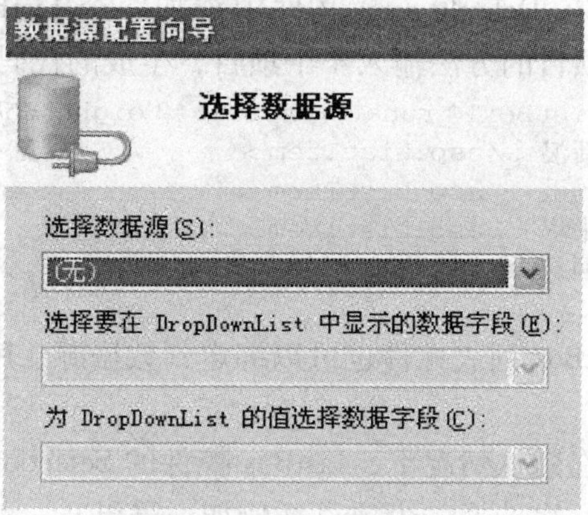

图 5-14　选择数据源

选择好数据源，并设置好显示字段和值字段，整个下拉列表框的配置就算完成。在实际运行的时候，不管是通过输入 Items 属性值还是绑定数据源，页面显示效果都是一样的。

5.4.2　ListBox 控件

ListBox 控件与 DropDownList 控件基本相同，区别在于 ListBox 控件可通过项目设置实现一次选择多项。

表 5-7 列出了 ListBox 控件的常用属性。

表 5-7　ListBox 控件常用属性

属性名	说　明
Rows	获取或设置 ListBox 控件中显示的行数
SelectionMode	获取或设置 ListBox 控件的选择模式（Single | Multiple）
SelectedIndex	获取或设置 DropDownList 控件选定项的索引
SelectedValue	获取 DropDownList 控件选定项的值，或选择指定值的项
SelectedItem	获取 DropDownList 控件索引值最小的选定项

表 5-8 列出了 ListBox 控件 Items 的常用方法。

表 5-8　Items 常用方法

方　法	作　用
ListBox1. Items. Count（）	获取列表项总数
ListBox1. Items. Add（项目名）	添加一个新项目
ListBox1. Items. Remove（项目名）	删除一个指定的项目
ListBox1. Items. Insert（索引值，项目名）	在指定索引位置添加一个新项目
ListBox1. Items. RemoveAt（索引值）	删除指定索引项
ListBox1. Items. Clear（）	清除所有项目

下面介绍 ListBox 控件的使用方法。

（1）静态添加项目。在 Default. aspx 文件中添加一个 ListBox 控件，对照类似 DropDownList 控件的静态添加项目的方法输入 4 个项目，生成的代码如下：

```
<asp:ListBox ID = "ListBox1" runat = "server" Height = "79px" Width = "77px" >
    <asp:ListItem >新浪 </asp:ListItem >
    <asp:ListItem >腾讯 </asp:ListItem >
    <asp:ListItem >中华 </asp:ListItem >
    <asp:ListItem >网易 </asp:ListItem >
</asp:ListBox >
```

（2）绑定数据源。ListBox 列表控件也可以绑定到数据源，用法与 DropDownList 下拉列表控件相似。

（3）选择多个项目。在默认情况下，ListBox 控件的 SelectionMode 属性值为 Single，也就是说只允许在列表框中一次选择一个项目（例如：腾讯）。运行效果如图 5-15 所示。

图 5-15 SelectionMode 属性为 Single 时的选择效果图

当设置 SelectionMode 属性值为 Multiple 时，列表框将允许一次选择多个项目。选择时按住 CTRL 键或者 Shift 键（例如：可同时选择腾讯、中华、网易），运行效果如图 5-16 所示。

图 5-16 SelectionMode 属性为 Multiple 时的选择效果图

例 5.8　在两个 ListBox 控件中动态添加与减少项目。

如图 5-17 所示，现在要实现通过单击“左箭头”按钮和“右箭头”按钮在左右两个列表框中转移所选中的项目。

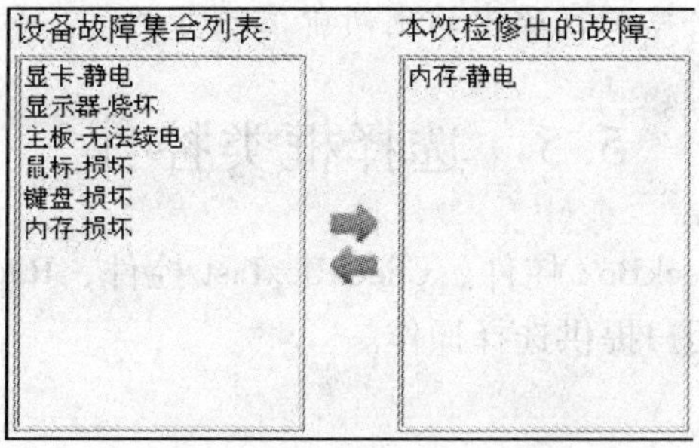

图 5-17　例 5.8 运行效果图

左边列表框的 ID 命名为 lboxProblems，表示已经收录的设备故障名称集合列表。右边列表框的 ID 命名为 lboxCheckOut，表示检修出的设备故障名称列表。

双击“右箭头”按钮，在其 Click 事件中添加如下代码：

```
//i 为循环控制变量
int i = 0;
//只要左边设备故障集合列表中存在项目
//就允许往右边的列表中转移项目
while (i < = this.lboxProblems.Items.Count-1)
{
   //判断故障集合列表中是否有选中项目
   if (this.lboxProblems.Items[i].Selected)
   {
      //往右边列表转移左边列表中选中的项目
      this.lboxCheckOut.Items.Add (new ListItem (this.lboxProblems.Items [i]
      .Text));
      this.lboxProblems.Items.Remove(this.lboxProblems.Items[i]);
   }
   i = i + 1;
}
```

双击“左箭头”按钮，在其 Click 事件中添加如下代码：

```
//i为循环控制变量
int i = 0;
//只要本次检修出的列表框中有存在项目
//就允许从右边列表转移回左边列表
while (i < = this.lboxCheckOut.Items.Count-1)
{
   //判断右边列表中是否有选中项目
   if (this.lboxCheckOut.Items[i].Selected)
   {
      //往左边列表转移右边列表选中的项目
      this.lboxProblems.Items.Add (new ListItem (this.lboxCheckOut.Items [i]
      .Text));
      this.lboxCheckOut.Items.Remove(this.lboxCheckOut.Items[i]);
   }
   else
```

```
    {
        i = i + 1;
    }
}
```

注意 控件的名称需要按照代码中的重新命名才可运行。

5.5 选择框类控件

选择框类控件包含 CheckBox 控件、CheckBoxList 控件、RadioButton 控件和 RadioButtonList 控件，主要用于为用户提供选择操作。

5.5.1 CheckBox 控件

CheckBox 控件选择的结果为 bool 型，当选中状态发生改变时，会触发 CheckedChanged 事件。

表 5-9 列出了 CheckBox 控件的常用属性。

表 5-9 CheckBox 控件常用属性

属性名	说 明
Checked	获取或设置一个值（true ∣ false)，该值指示 CheckBox 控件是否被选中
Text	获取或设置 CheckBox 显示的文本

例 5.9 CheckBox 控件的 CheckedChanged 事件。例子实现的目标是通过单击选择框，在 Web 页面上显示文字“感谢您的选择”。

在 Default. aspx 文件中添加一个 CheckBox 控件，生成的标准代码如下：

```
<asp:CheckBox ID = "CheckBox1" runat = "server" />
```

修改 CheckBox 的 Text 属性值为“请选择”，然后双击 CheckBox 控件进入后台代码文件，在 CheckedChanged 事件增加如下代码：

```
protected void CheckBox1_CheckedChanged(object sender, EventArgs e)
{
    Response.Write("感谢您的选择");
}
```

设置 CheckBox 的 AutoPostBack 属性为“True”，运行 Default. aspx 文件，并且选中复选框，效果如图 5-18 所示。

图 5-18 例 5.9 的运行效果图

5.5.2　CheckBoxList 控件

CheckBoxList 控件是一组被封装在一起的 CheckBox 控件集合，可以通过编辑 Items 属性手工设置选择项，操作方法同 DropDownList 控件。当 CheckBoxList 控件的选中状态发生改变时，会触发 SelectedIndexChanged 事件。CheckBoxList 控件也可以通过将控件绑定到数据源动态创建，它包含一个 Items 集合，集合中的成员与列表中的各项相对应。若要确定选中了哪些项，则可以通过循环访问该集合并测试列表中每一项的 Selected 属性达到目的。

在 Default. aspx 文件中添加一个 CheckBoxList 控件，生成的标准代码如下：

```
<asp:CheckBoxList ID = "CheckBoxList1" runat = "server">
</asp:CheckBoxList>
```

表 5-10 列出了 CheckBoxList 控件的常用属性。

表 5-10　CheckBoxList 控件常用属性

属性名	说　明
RepeatColumns	获取或设置 CheckBoxList 控件要显示的列数
RepeatDirection	获取或设置一个值，该值指示 CheckBoxList 控件排列方向
RepeatLayout	获取或设置一个值，该值指示 CheckBoxList 控件的布局（Table I Flow）

下面介绍 CheckBoxList 控件的常用属性。

（1）RepeatDirection 属性。用于指定列表的显示方式是垂直还是水平。RepeatDirection 属性有两个值：Vertical/ Horizontal。

- RepeatDirection 属性值为 Vertical（默认设置）时，列表将垂直显示；
- RepeatDirection 属性值为 Horizontal 时，列表将水平显示。

（2）RepeatLayout 属性。RepeatLayout 属性指定列表的显示方式是呈现在表中，还是以不具有任何表结构的方式呈现。RepeatLayout 属性有两个值：Table/ Flow。

- RepeatLayout 属性值为 Table（默认设置）时，列表将呈现在表中；
- RepeatLayout 属性值为 Flow 时，列表将以不具有任何表结构的方式呈现。

改变 CheckBoxList 中的选项可以通过“选择数据源”或“编辑项”两种方法来实现。如图 5-19 所示。

图 5-19　通过数据源绑定项目

CheckBoxList 中最重要的事件就是 SelectedIndexChanged 事件，用法类似 CheckBox 控件的 CheckedChanged 事件，这里就不再赘述。

5.5.3 RadioButton 控件

RadioButton 控件为单选按钮控件。表 5-11 列出了 RadioButton 控件的常用属性。

表 5-11 RadioButton 控件常用属性

属性名	说　明
Checked	获取或设置一个值（true | false），该值指示 RadioButton 控件是否被选中
Text	获取或设置 RadioButton 控件显示的文本
GroupName	获取或设置单选按钮所属的组名

RadioButton 控件的 Checked 属性用于判断 RadioButton 控件的选择状态。Checked 属性有两个值：True/ False。

（1）Checked 属性值为 True 时，表示 RadioButton 控件被选中；

（2）Checked 属性值为 False 时，表示 RadioButton 控件未被选中。

在 Default. aspx 文件中添加一个 RadioButton 控件，生成的的标准代码如下：

```
<asp:RadioButton ID = "RadioButton1" runat = "server" / >
```

5.5.4 RadioButtonList 控件

RadioButtonList 控件为封装一组 RadioButton 单选按钮控件的列表控件。与 CheckBoxList 控件的主要区别在于，RadioButtonList 控件中的选项一次只能被选中一个，几个选项间存在互斥关系，而 CheckBoxList 控件则允许一次选择一个、多个或全部的选项。

表 5-12 列出 RadioButtonList 控件的常用属性。

表 5-12 RadioButtonList 控件常用属性

属性名	说　明
Items	获取列表控件项的集合
RepeatColumns	获取或设置 RadioButtonList 控件要显示的列数
RepeatDirection	获取或设置一个值，该值指示 RadioButtonList 控件的排列方向
RepeatLayout	获取或设置一个值，该值指示 RadioButtonList 控件的布局

Items 集合中的成员与列表中的各项相对应。若要确定选择了哪一项，通过测试列表的 SelectedItem 属性得到。

在 Default. aspx 文件中添加一个 RadioButtonList 控件，生成的标准代码如下：

```
<asp:RadioButtonList ID = "RadioButtonList1" runat = "server" >
    < /asp:RadioButtonList >
```

例 5.10 RadioButtonList 控件的 SelectedIndexChanged 事件。

为 Web 页面中的 RadioButtonList 控件增加项目——“新浪”、“腾讯”、“中华”和“网易”。

设置 RadioButtonList 控件的 AutoPostBack 属性为 True，并且在后台 . cs 文件中的 SelectedIndexChanged 事件里增加如下代码：

```
protected void RadioButtonList1_SelectedIndexChanged(object sender,
  EventArgs e)
{
  Response.Write("您选择了" + RadioButtonList1.SelectedItem.Text);
}
```

对 RadioButtonList 控件的项目进行选择的时候，可以看见每当选中某个项目，页面就会通过 SelectedItem 属性列出所选项目的名称，运行效果如图 5-20 所示。

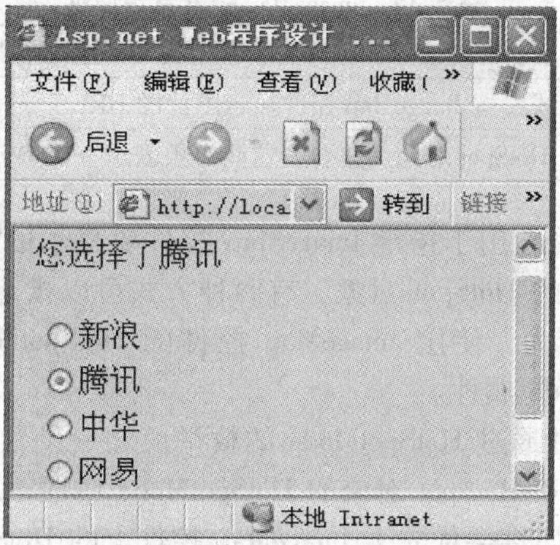

图 5-20　例 5.10 的运行效果图

5.6　图像类控件

图像类控件包含 Image 控件和 ImageMap 控件，主要用于为用户提供图像操作。

5.6.1　Image 控件

Image 控件用于显示图像。它可以确定图像如何显示在浏览器屏幕上。

表 5-13 列出了 Image 控件常用属性。

表 5-13　Image 控件常用属性

属性名	说　明
ImageURL	获取或设置 Image 控件显示图像的 URL
AlternateText	获取或设置 Image 控件图像失效时所显示的文本
ImageAlign	获取或设置 Image 控件相对于 Web 页面上其他元素的对齐方式
Height	获取或设置 Image 控件的高度
Width	获取或设置 Image 控件的宽度

在 Default. aspx 文件中添加一个 Image 控件，生成的标准代码如下：

```
<asp:Image ID = "Image1" runat = "server" / >
```

5.6.2 ImageMap 控件

ImageMap 控件由两个部分组成：第一个部分是要显示的图像；第二个部分是热区控件集合，对于每个热区需要设置位置和大小坐标。ImageMap 控件可以创建一个图像，该图像含有多用户可以单击的热区，每个热区都可以是一个单独的超链接或回送事件。当用户单击作用点区域时，此控件可以生成到服务器的回发，也可以导航到指定的 URL。

表 5-14 列出了 ImageMap 控件的常用属性。

表 5-14 ImageMap 控件常用属性

属性名	说明
ImageURL	获取或设置 ImageMap 控件显示图像的 URL
HotSpots	获取 HotSpot 对象的集合，这些对象表示 ImageMap 控件中定义的热区区域

（1）使用 ImageUrl 属性用于指定 ImageMap 控件要显示的图像的路径。在 ImageMap 控件内，可定义任意数目的 HotSpot 对象。有两种方式可以指定单击 HotSpot 后 ImageMap 控件中 HotSpot 对象的行为，使用 ImageMap 控件的 HotSpotMode 属性，或者使用单个 HotSpot 对象的 HotSpotMode 属性。

（2）HotSpotMode 属性通过 HotSpotMode 的枚举值之一设置。如果同时设置 ImageMap 控件的 HotSpotMode 属性和 HotSpot 对象的 HotSpotMode 属性，那么每个单独的 HotSpot 对象上指定的 HotSpotMode 属性会优先于 ImageMap 控件上的 HotSpotMode 属性。

若要导航到 URL，请将 ImageMap. HotSpotMode 或 HotSpot. HotSpotMode 属性设置为 HotSpotModc. Navigate，而使用 NavigateUrl 属性可以指定要导航到的 URL。

在 Default. aspx 文件中添加一个 ImageMap 控件，生成的标准代码如下：

```
<asp:ImageMap ID = "ImageMap1" runat = "server" >
</asp:ImageMap >
```

5.7 其他控件

除了上述控件，本书把剩余的 ASP. NET 标准控件归入其他控件介绍。

5.7.1 HyperLink 控件

HyperLink 控件用于创建到其他 Web 页面的链接。表 5-15 列出了 HyperLink 控件的一些常用属性。

表 5-15 HyperLink 控件常用属性

属性名	说明
Text	获取或设置 HyperLink 控件显示的文本
ImageURL	获取或设置 HyperLink 控件显示图像的 URL
NavigateURL	获取或设置 HyperLink 控件链接到的 URL
Target	获取或设置单击 HyperLink 控件时显示链接到的 Web 页面内容的目标窗口或框架

下面介绍 HyperLink 控件的常用属性。

（1）ImageUrl 属性。ImageUrl 属性值指向用于显示的图片的 URL。HyperLink 控件通常显示为 Text 属性指定的文本，也可以显示为 ImageUrl 属性指定的图像。如果同时设置了 Text 和 ImageUrl 属性，则 ImageUrl 属性优先。在 ImageUrl 属性优先的情况下，如果图像不可用，则显示 Text 属性中的文本。

（2）NavigateUrl 属性。NavigateUrl 属性用于为 HyperLink 控件指定所欲链接的其他 Web 页面的具体 URL 地址。

（3）Target 属性。Target 属性用于指定浏览器在何位置打开链接的页面。

Target 属性有 5 个值：_blank/ _parent/_search/ _self/ _top。

- 当 Target 属性值为_blank 时，浏览器将在一个新打开、未命名的窗口中载入目标文档；
- 当 Target 属性值为_parent 时，浏览器将在父框架集中打开被链接文档。如果这个引用是在窗口或者在顶级框架中，那么它与目标 _self 等效；
- 当 Target 属性值为_search 时，将打开搜索栏；
- 当 Target 属性值为_self 时，浏览器将在相同的框架中打开被链接文档；
- 当 Target 属性值为_top 时，浏览器将在在整个窗口中打开被链接文档。

HyperLink 控件既可以用于文本，也可以用于图像。当它应用于图像的时候，不能使用 Text 属性，而只能使用 ImageUrl 属性。

在 Default. aspx 文件中添加一个 HyperLink 控件，生成的标准代码如下：

```
<asp:HyperLink ID = "HyperLink1" runat = "server">HyperLink </asp:HyperLink>
```

5. 7. 2　Table 控件

Table 控件包含 TableRow（行）和 TableCell（单元格）两个子控件。Table 控件与 TableCell 子控件和 TableRow 子控件配合，用于创建表格。声明一个表并允许以编程方式对其进行操作。

表 5-16 列出了 Table 控件的常用属性。

表 5-16　Table 控件常用属性

属性名	说　明
BackColor	获取或设置 Table 控件背景色
BackImageUrl	获取或设置 Table 控件背景图像 URL
BorderColor	获取或设置 Table 控件的边框颜色
BorderStyle	获取或设置 Table 控件边框类型
BorderWidth	获取或设置 Table 控件的边框宽度
Caption	获取或设置要在 Table 控件内的 HTML 标题元素中呈现的文本
CaptionAlign	获取或设置 Table 控件中的 HTML 标题元素的水平或垂直位置

（续表）

属性名	说　　明
CellPadding	获取或设置 Table 控件单元格的内容与单元格边框间的距离
CellSpacing	获取或设置 Table 控件单元格之间的间距
GridLine	获取或设置 Table 控件网格线类型
HorizontalAlign	获取或设置 TableRow 控件中文字的水平布局
Rows	TableRow 控件集合

在 Default. aspx 文件中添加一个 Table 控件，生成的代码如下：

```
<asp:Table ID = "Table1" runat = "server">
</asp:Table>
```

例 5. 11　静态输入表格项。

通过 Table 控件属性面板上的 Rows 属性来输入页面 Table 控件的行列项，其属性面板如图 5-21 所示。

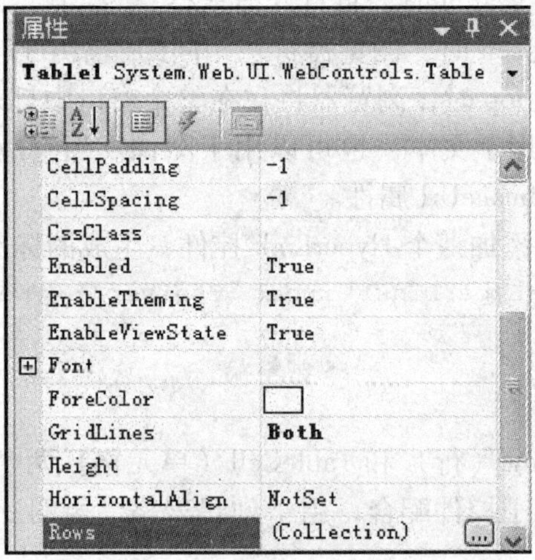

图 5-21　Rows 属性在属性面板上的位置

单击 Collection 后面的选择按钮，进入 TableRow 集合编辑器，如图 5-22 所示。

图 5-22　TableRow 集合编辑器

通过编辑器左边的"添加"、"移除"按钮可以改变 Table 的行组成。如果要改变 Table 的列组成，通过单击编辑器右边 Cells 属性 Collection 后面的选择按钮进入 TableCell 集合编辑器，如图 5-23 所示。

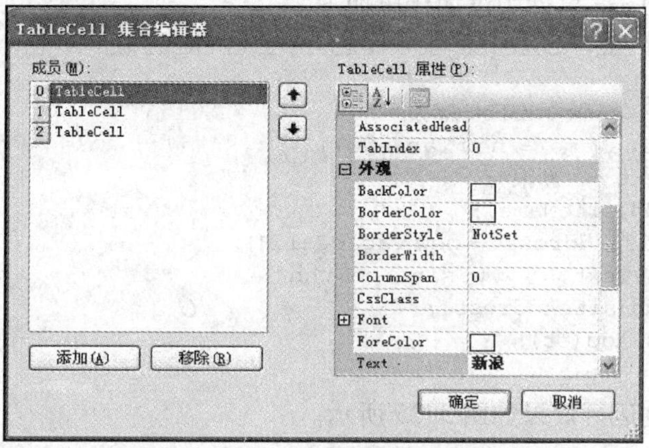

图 5-23 TableCell 集合编辑器面板

通过编辑器左边的"添加"、"移除"按钮，就可以改变 Table 的列组成。该实例对应的源代码如下所示：

```
<asp:Table ID = "Table1" runat = "server" GridLines = "Both" >
   <asp:TableRow runat = "server" >
      <asp:TableCell runat = "server" >新浪</asp:TableCell >
      <asp:TableCell runat = "server" >腾讯</asp:TableCell >
      <asp:TableCell runat = "server" >中华</asp:TableCell >
   </asp:TableRow >
   <asp:TableRow runat = "server" >
      <asp:TableCell runat = "server" >网易</asp:TableCell >
      <asp:TableCell runat = "server" >搜狐</asp:TableCell >
      <asp:TableCell runat = "server" >当当</asp:TableCell >
   </asp:TableRow >
</asp:Table >
```

运行效果如图 5-24 所示。

图 5-24 例 5.11 的运行效果图

表格控件虽然可以按照如上方法输入行列项，但是这样的方法不是创建该控件的本意，在多数情况下，它更适合用于满足行列值动态变化的需求。

例 5.12 编程动态改变表格项。

在页面的 Page_Load 事件中添加代码如下：

```
protected void Page_Load(object sender, EventArgs e)
{
    TableRow tr = new TableRow();
    TableCell siteName = new TableCell();
    siteName.Text = "新浪";
    tr.Cells.Add(siteName);
    TableCell siteAddress = new TableCell();
    siteAddress.Text = "www.sina.com.cn";
    tr.Cells.Add(siteAddress);
    Table1.Rows.Add(tr);
}
```

该段代码对应的实例运行效果如图 5-25 所示。

图 5-25 例 5.12 的运行效果图

5.7.3 BulletedList 控件

BulletedList 控件用于创建一个无序或有序（编）的项列表，它们分别呈现为 HTML <ul>（无序）或 HTML <ol>（有序）元素。可以指定项、项目符号或编号的外观。可以静态定义列表项或通过将控件绑定到数据源来定义列表项，也可以在用户单击项时做出响应。BulletedList 与 ListBox、DropDownList 及其他 ASP. NET 列表控件派生自相同的 ListControl 类，因此其用法与这些控件的用法类似。

表 5-17 列出了 BulletedList 控件的常用属性。

表 5-17 BulletedList 控件常用属性

属性名	说　明
BulletSytle	获取或设置 BulletedList 控件的项目符号样式
DisplayMode	获取或设置 BulletedList 控件列表内容显示模式
FirstBulletNumber	获取或设置排序 BulletedList 控件中开始列表项编号的值

（续表）

属性名	说　明
BulletImageUrl	获取或设置为 BulletedList 控件中每个项目符号显示图像的 URL
SelectedIndex	获取或设置 BulletedList 控件选定项的索引
SelectedItem	获取或设置 BulletedList 控件当前选定项
SelectedValue	获取或设置 BulletedList 控件选定项的值

下面介绍 BulletedList 控件的常用属性。

（1）BulletStyle 属性。BulletSytle 属性用来指定编号的样式。BulletSytle 属性有 10 个属性值：NotSet/ Numbered / LowerAlpha / UpperAlpha / LowerRoman / UpperRoman / Disc / Circle / Square / CustomImage。

- 当 BulletSytle 属性值为 NoSet 时，不设置项目符号样式；
- 当 BulletSytle 属性值为 Numbered 时，编号为阿拉伯数字（1, 2, 3…）；
- 当 BulletSytle 属性值为 LowerAlpha 时，编号为小写英文字母（a, b, c…）；
- 当 BulletSytle 属性值为 UpperAlpha 时，编号为大写英文字母（A, B, C…）；
- 当 BulletSytle 属性值为 LowerRoman 时，编号为小写罗马数字（i, ii, iii…）；
- 当 BulletSytle 属性值为 UpperRoman 时，编号为大写罗马数字（I, II, III…）；
- 当 BulletSytle 属性值为 Disc 时，编号为实心小黑圆；
- 当 BulletSytle 属性值为 Circle 时，编号为空心小圆；
- 当 BulletSytle 属性值为 Square 时，编号为实心小正方形；
- 当 BulletSytle 属性值为 CustomImage 时，还必须设置 BulletImageUrl 属性以指定图像文件的位置。

（2）DisplayMode 属性。DisplayMode 属性用于定义显示模式。DisplayMode 属性有 3 个值：Text/HyperLink /LinkButton。

- 当 DisplayMode 属性值为 Text 时，显示的为普通文本。
- 当 DisplayMode 属性值为 HyperLink 时，单击超链接将定位到相应的 URL。使用 Value 属性指定超链接定位到的 URL；使用 Target 属性指定框架或窗口，单击超链接时，将在该框架或窗口显示定位到的 Web 页面。
- 当 DisplayMode 属性值为 LinkButton 时，BulletedList 控件将列表项显示为链接，单击这些链接将回发到服务器。若要以编程方式控制单击链接按钮时执行的操作，则请为 Click 事件提供事件处理程序。

注意　SelectedIndex 和 SelectedItem 属性是从 ListControl 类继承而来的，并且不适用于 BulletedList 控件。一般使用 BulletedListEventArgs 类的事件数据来确定单击的 BulletedList 中的链接按钮的索引。

在 Default. aspx 文件中添加一个 BulletedList 控件，生成的标准代码如下：

```
<asp:BulletedList ID = "BulletedList1" runat = "server" >
</asp:BulletedList >
```

例 5. 13　设置 BulletStyle 属性值为 Numbered。

在这里，仅举一个 BulletedList 控件的设置实例。设置 BulletStyle 属性值为 Numbered

并且设置 FirstBulletNumber 值为 1，运行 Default. aspx 文件可以看见如图 5-26 所示的效果。

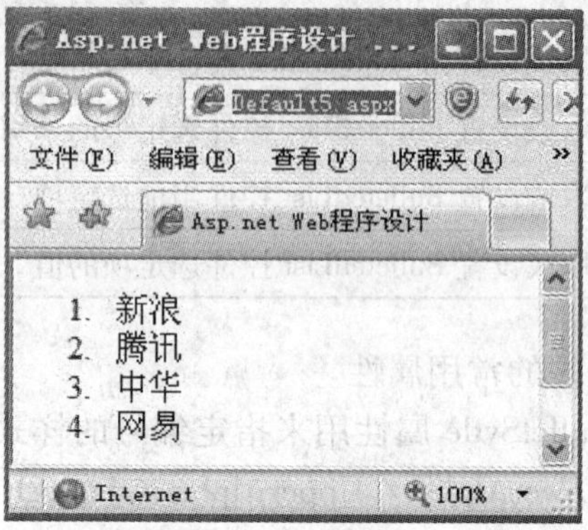

图 5-26 例 5. 13 的运行效果图

5. 7. 4 HiddenField 控件

HiddenField 控件提供了一种在页面中存储信息但不显示信息的方法。例如，可以在 HiddenField 控件中存储用户首选项设置。若要将信息放入 HiddenField 控件中，则可在两次回发之间将其 Value 属性设置为要存储的值。该控件相当于 <input type = " hidden" >。

<input type = " hidden" >元素非常适合于没有安全要求的项，这些项只是数据的占位符。只要在 Web 页面上放置了隐藏字段，它就不能以任何方式在浏览器上显示；但如果终端用户查看 HTML 页面的源码，就可以看到隐藏字段。

在 Default. aspx 文件中添加一个 HiddenField 控件，生成的标准代码如下：

```
<asp:HiddenField ID = "HiddenField1" runat = "server" / >
```

5. 7. 5 Calendar 控件

Calendar 控件用于创建日历。表 5-18 列出了 Calender 控件的常用属性。

表 5-18 Calender 控件常用属性

属性名	说　明
Caption	获取或设置日历标题的文本
DayNameFormat	获取或设置日历星期中各天的名称格式
FirstDayOfWeek	获取或设置日历中每周第一天显示星期几
NextMonthText	获取或设置为下一个月导航控件显示的文本
PreMonthText	获取或设置为上一个月导航控件显示的文本
SelectedDate	获取或设置为选定的日期（返回值是 DateTime 结构，见后）
SelectedDates	获取选定的日期集合
SelectionMode	获取或设置日期选择模式，可以选择单日（默认）、一周或整月
TodaysDate	获取或设置今天的日期的值

（续表）

属性名	说　明
TitleFormat	获取或设置日历标题格式，可以选择月或月、年
VisibleDate	获取或设置在日历上要显示的月份的日期

表 5-19 列出了 Calendar 控件的外观样式。

表 5-19　Calendar 控件外观样式

属性名	说　明
DayHeaderStyle	为显示一周中各天的部分指定样式
DayStyle	为显示的月份中的日期指定样式
NextPrevStyle	为标题部分中的导航控件指定样式
OtherMonthDayStyle	为不在当前显示的月份中的日期指定样式
SelectedDayStyle	为日历中的选定日期指定样式
SelectorStyle	为周和月份日期选择列指定样式
TitleStyle	为标题部分指定样式
TodayDayStyle	为今天日期指定样式
WeekendDayStyle	为周末日期指定样式
DayHeaderStyle	为显示一周中各天的部分指定样式

在 Default. aspx 文件中添加一个 Calendar 控件，生成的标准代码如下：

```
<asp:Calendar ID="Calendar1" runat="server">
</asp:Calendar>
```

例 5. 14　Calendar 控件的外观设置。

运行含有 Calendar 控件的 Default. aspx 文件，效果如图 5-27 所示。

图 5-27　未格式化外观日历控件效果图

从运行效果来看，该日历控件显得非常“朴素”，没有任何的外观修饰。ASP. NET 2. 0 本身为日历控件提供有许多定制好的外观，允许用户进行选择，单击日历控件右上角的小箭头，出现自动套用格式链接按钮，如图 5-28 所示。

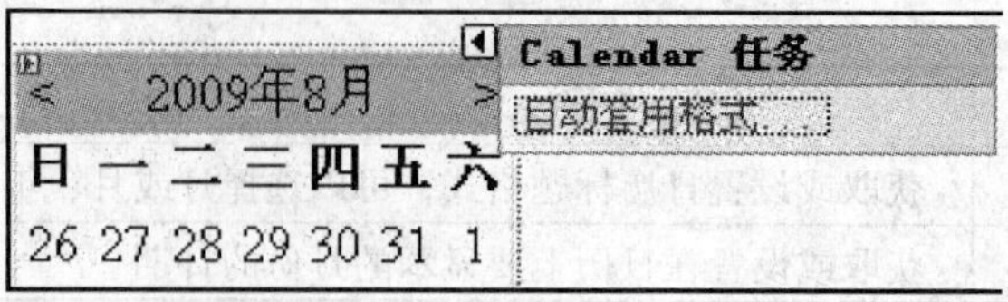

图 5-28 Calendar 任务选择面板

单击自动套用格式链接按钮，就进入自动套用格式选择框，用户可以自行选择满意的外观，如图 5-29 所示。

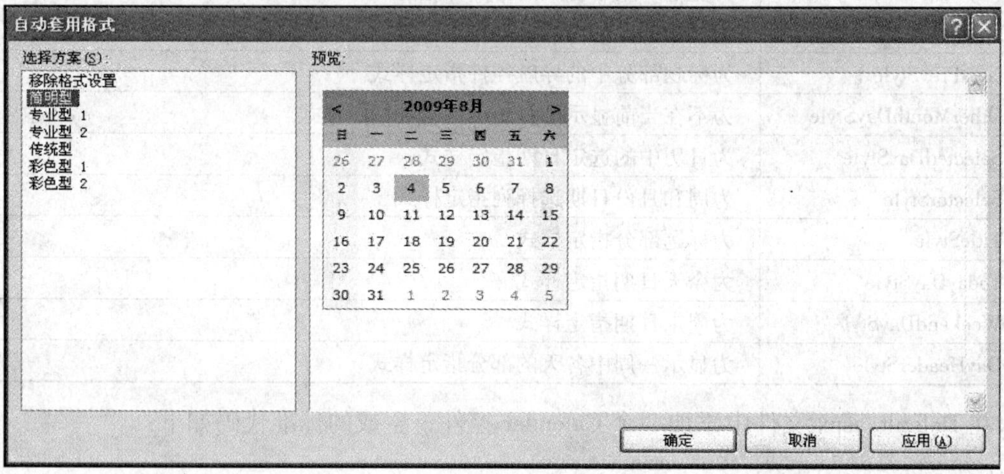

图 5-29 自动套用格式选择面板

通过上面的设置后，日历控件的源代码如下所示：

```
<asp:Calendar ID = "Calendar1" runat = "server"
BackColor = "White"
BorderColor = "#999999"
CellPadding = "4"
DayNameFormat = "Shortest"
Font-Names = "Verdana"
Font-Size = "8pt"
ForeColor = "Black"
Height = "180px"
OnSelectionChanged = "Calendar1_SelectionChanged"
Width = "200px" >
   <SelectedDayStyle BackColor = "#666666" Font-Bold = "True" ForeColor = "White" />
   <TodayDayStyle BackColor = "#CCCCCC" ForeColor = "Black" / >
   <SelectorStyle BackColor = "#CCCCCC" / >
   <WeekendDayStyle BackColor = "#FFFFCC" / >
   <OtherMonthDayStyle ForeColor = "#808080" / >
   <NextPrevStyle VerticalAlign = "Bottom" / >
   <DayHeaderStyle BackColor = "#CCCCCC" Font-Bold = "True" Font-Size = "7pt" / >
   <TitleStyle BackColor = "#999999" BorderColor = "Black" Font-Bold = "True" / >
 < /asp:Calendar >
```

重新运行程序，运行效果如图 5-30 所示。

图 5-30　格式化日历控件外观

Calendar 控件提供了 3 个事件，它们并不是从其他控件类继承而来。通过为事件提供事件处理程序，可以看到日历是如何运行的。这 3 个事件分别是：SelectionChanged 事件，DayRender 事件，VisibleMonthChanged 事件。

下面详细介绍这些事件。

（1）SelectionChanged 事件。当用户在 Calender 控件中选择一天、一周或整个月份时，将触发 SelectionChanged 事件。以编程方式选择时，并不触发该事件。该事件处理程序传递一个 EventArgs 类型参数。当选择一个新日期时，它将显示今天的日期、选中的日期或选中的天数。

在设计视图中选择 Calendar 控件，并双击属性窗口的事件图标，为 SelectionChanged 事件添加具有默认名称的事件处理程序。这样，将在内容文件的 Calendar 控件声明中添加一个 OnSelectionChanged 属性。同时，打开代码隐藏文件，代码中已经包含了事件处理程序的框架。可以在该方法框架中输入自己的代码。

例 5.15　Calender 控件的 SelectionChanged 事件。

双击 Calender 控件，在 SelectionChanged 事件中添加代码如下：

```
protected void Calendar1_SelectionChanged(object sender, EventArgs e)
{
  Response.Write("您选择的是" + this.Calendar1.SelectedDate.ToString());
}
```

程序运行效果如图 5-31 所示。

（2）DayRender 事件。Calendar 控件不直接支持日期绑定。然而，可以修改单个日期单元格的内容和格式。这样可从数据库中获取数据，以便进行一些处理后把它们置于指定的单元格中。在 Calendar 控件呈现到客户端浏览器之前，将组成创建该控件的所有组件。随着创建每个单元格，将引发 DayRender 事件。DayRender 事件允许控制日历中的一个日期或所有的日期如何显示。

图 5-31　例 5.15 的运行效果图

例 5.16　Calendar 控件的 DayRender 事件。

在 Calendar 控件的属性面板上选择进入 DayRender 事件，添加代码如下：

```
protected void Calendar1_DayRender(object sender, DayRenderEventArgs e)
{
    if (e.Day.DayNumberText == "30")
    {
        e.Cell.VerticalAlign = VerticalAlign.Top;
        e.Cell.Controls.Add(new LiteralControl("新浪直播"));
        e.Cell.BackColor = System.Drawing.Color.CadetBlue;
    }
}
```

运行效果如图 5-32 所示。

(3) VisibleMonthChanged 事件。Calendar 控件还提供了一个事件 VisibleMonthChanged 用来确定用户是否更改了月份。

例 5.17　Calendar 控件的 VisibleMonthChanged 事件。

进入 Calendar 控件的 VisibleMonthChanged 事件，添加代码如下：

```
protected void Calendar1_VisibleMonthChanged(object sender,
MonthChangedEventArgs e)
{
    if (e.NewDate.Month > e.PreviousDate.Month)
    {
        Response.Write("新的一个月");
    }
    else
    {
        Response.Write("旧的一个月");
    }
}
```

当用户单击运行后浏览器中日历控件的月份按钮时，运行效果如图 5-33 所示。

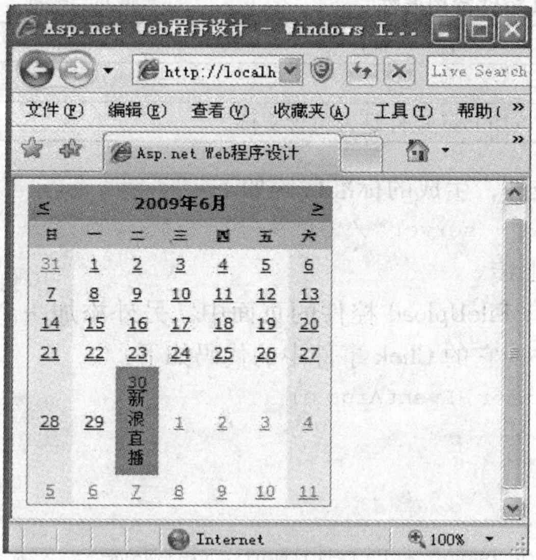

图5-32　例5.16的运行效果图

图5-33　例5.17的运行效果图

5.7.6　AdRotator 控件

AdRotator 控件用于在页面中随机并循环显示一组广告图片。当用户单击广告时，系统将跳转到指定目标的 URL。

表5-20列出了 AdRotator 控件的常用属性。

表5-20　AdRotator 控件常用属性

属性名	说　明
AdvertisementFile	获取或设置包含广告信息的 XML 文件的路径
KeywordFilter	获取或设置从广告文件中筛选广告的类别关键字
Target	获取或设置单击 AdRotator 控件时显示链接到的 Web 页面内容的目标窗口或框架

在 Default.aspx 文件中添加一个 AdRotator 控件，生成的标准代码如下：

```
<asp:AdRotator ID = "AdRotator1" runat = "server" / >
```

5.7.7　FileUpload 控件

FileUpload 控件本身只提供文件的选取操作，而实际的文件上传功能需要创建一个 Buttion 按钮来触发 Click 事件。把文件上传到服务器之后，还可以提取上传文件的属性，把它们显示给终端用户，或者在页面的后台编码中使用这些值。

表5-21列出了 FileUpload 控件的常用属性。

表 5-21　FileUpload 控件常用属性

属性名	说　明
FileName	获取上传文件的文件名
HasFile	获取一个值，该值指示 FileUpload 控件是否包含文件

在 Default. aspx 文件中添加一个文件上传控件，生成的标准代码如下：

```
<asp:FileUpload ID="FileUpload1" runat="server" />
```

例 5. 18　用 FileUpload 控件实现简单文件上传。

本例演示 FileUpload 控件的使用，需要含有 FileUpload 控件的页面中，另外添加一个 Button 控件，一个 Label 控件。双击 Button 控件，它的 Click 事件中的代码如下：

```
protected void Button1_Click(object sender, EventArgs e)
  {
    if (FileUpload1.HasFile)
       try
       {
          FileUpload1.SaveAs("c:\\Uploads\\" + FileUpload1.FileName);
          Label1.Text = "文件名：" +
          FileUpload1.PostedFile.FileName + "<br>" +
          FileUpload1.PostedFile.ContentLength + "kb<br>" +
          "内容类别:" +
          FileUpload1.PostedFile.ContentType;
       }
       catch (Exception ex)
       {
          Label1.Text = "错误:" + ex.Message.ToString();
       }
    else
    {
       Label1.Text = "您尚未选择文件";
    }
 }
```

从例子可以看出 FileUpload 控件的上传过程需要通过另外一个按钮控件的 Click 事件来启动。程序运行效果如图 5-34 所示。

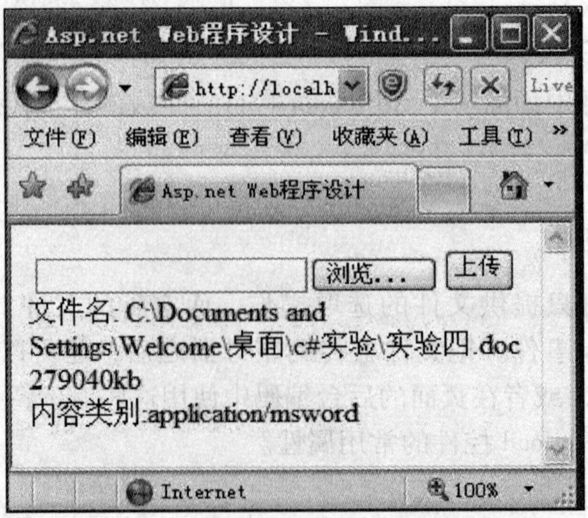

图 5-34　用 FileUpload 控件实现文件上传

5.7.8　Wizard 控件

Wizard 控件使用多个步骤来描绘用户操作过程，用户可在各个步骤之间前后移动，每个步骤都是一个 WizardStep 控件。

例 5.19　WizardStep 控件的简单使用。

在 Default. aspx 文件中添加一个 Wizard 控件，生成的代码如下：

```
<asp:Wizard ID = "Wizard1" runat = "server">
  <WizardSteps>
    <asp:WizardStep runat = "server" Title = "Step 1">
    </asp:WizardStep>
    <asp:WizardStep runat = "server" Title = "Step 2">
    </asp:WizardStep>
  </WizardSteps>
</asp:Wizard>
```

Wizard 控件的最简单形式是只包含一个 <asp：Wizard> 元素，其中可以包含任意多个数量的 <asp：WizardStep> 元素。

修改上面的代码，修改后的代码如下：

```
<asp:Wizard ID = "Wizard1" runat = "server">
  <WizardSteps>
    <asp:WizardStep runat = "server" Title = "Step 1">
    这是第一步
    </asp:WizardStep>
    <asp:WizardStep runat = "server" Title = "Step 2">
    这是第二步
    </asp:WizardStep>
  </WizardSteps>
</asp:Wizard>
```

运行程序，效果如图 5-35 所示。

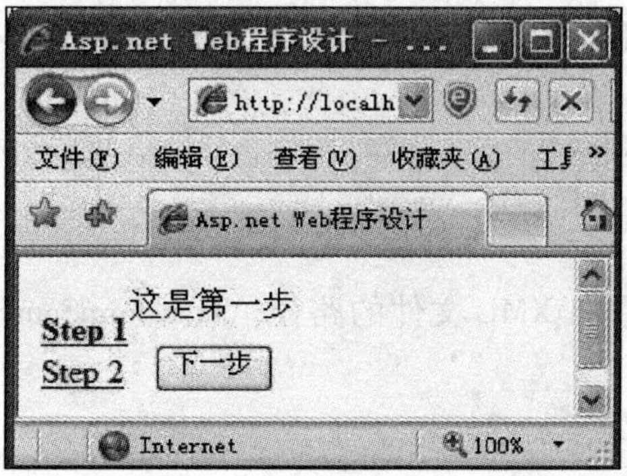

图 5-35　例 5.19 的初步运行效果图

单击“下一步”按钮，效果图如 5-36 所示。

图 5-36 例 5.19 的最后运行效果图

5.7.9 XML 控件

XML 控件用于显示 XML 文档或 XSL 转换的结果。表 5-22 列出 XML 控件的常用属性。

表 5-22 XML 控件的常用属性

属性名	说 明
Document	用 System. Xml. XmlDocument 对象设置 XML 文档
DocumentSource	用文件设置 XML 文档
Thansform	用 System. Xml. Xsl. XslTransform 对象格式化 XML 文档
ThansformSource	用指定的 XSL 转换样式表文件格式化 XML 文档

在 Default. aspx 文件中添加一个 Wizard 控件，生成的标准代码如下：

```
<asp:Xml ID = "Xml1" runat = "server">
</asp:Xml>
```

Xml 控件可以用两种不同的方式操作 XML。

（1）第一种方式。

```
<asp: Xml ID = "Xml1" runat = "server" DocumentSource = "~/myXmlfile.xml"
TransformSource = "myXslFile.xslt">
</asp:Xml>
```

DocumentSource 属性指向 XML 文件的路径，TransformSource 属性提供了在转换 XML 文档时使用的 XSLT 文件。

（2）第二种方式。

```
XmlDocument MyXmlDoc = new XmlDocument();
MyXmlDoc.Load(Server.MapPath("Customers.xml"));
XslTransform MyXsltDoc = new XslTransform();
MyXsltDoc.Load(Server.MapPath("CustomersSchema.xslt"));
Xml1.Transform = MXmlDoc;
Xml1.Document = MyXslDoc;
```

这种方式是把XML加载到一个对象中，再把对象传送给XML控件。

5.7.10　MultiView 和 View 控件

View控件只能放置在MultiView控件内部；在MultiView控件中，一次只能将一个View控件定义为活动视图，只有活动视图会呈现到客户端。MultiView和View服务器控件用作其他控件和标记的容器，并提供了一种可方便地显示信息的替换视图的方式。使用MultiView和View控件可以执行如下任务。

（1）可以使用MultiView和View控件作为创建多个Panel控件的一种替代方法。

（2）创建多页窗体。MultiView和View控件可以提供与Wizard控件相似的行为。Wizard控件尤其适合于创建用户分步骤填写的窗体。Wizard控件还支持更多内置UI元素（如页眉和页脚）、“上一页”和“下一页”按钮以及模板。如果要创建根据条件（而不是按顺序）更改的显示，或者如果不需要Wizard控件支持的额外功能，则可以使用MultiView控件来代替Wizard。

表5-23列出了MultiView和View控件的常用属性。

表5-23　MultiView 和 View 控件的常用属性

属性名	说　明
ActiveViewIndex	获取或设置MultiView控件的活动View控件的索引
Views	获取MultiView控件的View控件的集合

可以使用两种方法实现多个View之间的切换。

（1）第一种方法是，可以向每个View控件添加一个按钮控件（Button、LinkButton或ImageButton）。然后可以将每个按钮的CommandName和CommandArgument属性设置为保留值，以使MultiView控件移动到另一个视图。

（2）第二种方法就是代码控制的方式，通过MultiView. ActiveViewIndex和MultiView. SetActiveView方法实现View之间的切换，它们的区别在于，MultiView. ActiveViewIndex方法是设置View的索引值，View控件的索引是由它在MultiView控件中的声明顺序确定的。例如，在MultiView控件中声明的第一个View控件的索引为0。MultiView. SetActiveView方法是将指定的View控件设置为MultiView控件的活动视图。

在Default. aspx文件中添加一个MutiView控件，并在其内部添加一个View控件，生成的标准代码如下：

```
<asp:MultiView ID = "MultiView1" runat = "server" >
    <asp:View ID = "View1" runat = "server" >
    </asp:View >
</asp:MultiView >
```

5.7.11　Panel 控件

Panel控件是其他控件的容器。当要以编程方式生成控件、隐藏或显示一组控件或本地化一组控件时，该控件尤其有用。

表 5-24 列出了 Panel 控件的几个常用属性。

表 5-24　Panel 控件常用属性

属性名	说　明
BackImageUrl	获取或设置 Panel 控件背景图片的 URL
Direction	获取或设置 Panel 控件中包含控件的显示方向
GroupingText	获取或设置 Panel 控件显示的组标题
ScrollBars	获取或设置 Panel 控件的滚动条
Visible	获取或设置一个值，该值指示 Panel 控件是否可见
Controls	获取 ControlCollection 对象，该对象表示 Panel 控件内的子控件集合

ScrollBars 属性用于控制面板滚动条的外观（把 GridView 放入面板上，可以很简单地实现带滚动条的 GridView）。可以将 TextBox 控件和 Button 控件放置在 Panel 控件中，然后通过将 Panel 控件的 DefaultButton 属性设置为面板中某个按钮的 ID 来定义一个默认的按钮。如果用户在面板内的文本框中进行输入时按 Enter，这与用户单击特定的默认按钮具有相同的效果，有助于用户更有效地使用项目窗体。

Panel 控件的标准代码如下：

```
<asp:Panel ID = "Panel1" runat = "server" Height = "50px" Width = "125px" >
</asp:Panel >
```

5.7.12　PlaceHolder 控件

PlaceHolder 控件动态存储 Web 页面上添加的服务器控件，它不产生任何可见输出并且只能用作 Web 页面上其他控件的容器。可以使用 Control. Controls 集合添加、插入或移除 PlaceHolder 控件中的控件。

表 5-25 列出了 PlaceHolder 控件的常用属性。

表 5-25　PlaceHolder 控件常用属性

属性名	说　明
Controls	获取 ControlCollection 对象，该对象表示 PlaceHolder 控件内的子控件集合
Visible	获取或设置一个值，该值指示 PlaceHolder 控件是否可见

PlaceHolder 控件的标准代码如下：

```
<asp:PlaceHolder ID = "PlaceHolder1" runat = "server" > </asp:PlaceHolder >
```

下面的代码说明了它的用法：

```
TextBox1 NewLabelControl = new TextBox();
NewLabelControl.Text = "新浪";
PlaceHolder1.Controls.Add(NewLabelControl);
```

本例创建了一个 Label 控件的新实例并赋值，再添加到 PlaceHolder 控件中。在 Place-

Holder 控件的一个实例中可以添加多个控件。

5.7.13　Substitution 控件

Substitution 控件指定输出缓存 Web 页面上免于缓存的部分，在此位置，会检索动态内容，并以动态内容替换 Substitution 控件。

表 5-26 列出了 Substitution 控件的常用属性。

表 5-26　Substitution 控件常用属性

属性名	说　明
MethodName	获取或设置 Substitution 控件回送服务器时调用的方法

当 Substitution 控件执行时，会调用一个返回字符串的方法，该方法返回的字符串即为要在页中的 Substitution 控件的位置上显示的内容。使用 MethodName 属性指定要在 Substitution 控件执行时调用的回调方法的名称，指定的回调方法必须是包含 Substitution 控件的页或用户控件的静态方法。该回调方法接受 HttpContext 参数并返回字符串。

Substitution 控件的标准代码如下：

```
<asp:Substitution ID = "Substitution1" runat = "server" / >
```

5.7.14　Localize 控件

Localize 控件在 Web 页面上显示本地化文本的位置。Localiza 控件是从 Literal 控件继承而来的，功能与 Literal 控件完全相同。使用 Label 控件可以对所显示的文本应用样式，但使用 Localize 控件则不行。

表 5-27 中列出了 Localize 控件的几个常用属性。

表 5-27　Localize 控件常用属性

属性名	说　明
Mode	获取或设置 Localize 控件文本显示模式
Text	获取或设置 Localize 控件显示的文本

Localize 控件的标准代码如下：

```
<asp:Localize ID = "Localize1" runat = "server" > < /asp:Localize >
```

5.8　小　结

本章将 ASP. NET 中的标准控件分成了文本类、按钮类、列表框类、选择框类、图像类和其他类控件集。并按照分类，对所有标准控件的主要功能、常用属性和基本用法进行了详细的介绍。

文本类控件包含 Label 控件、Literal 控件和 TextBox 控件，主要用于显示文本信息，或接收用户的文本输入。

按钮类控件包含 Button 控件、LinkButton 控件和 ImageButton 控件，它们的主要作用是为用户提供单击按钮提交页面，或单击按钮在当前客户端获得某类事件响应的功能。

列表框类控件包含 DropDownList 控件和 ListBox 控件，可为用户列表显示已经存在的项目，供其进行选择操作。

选择框类控件包含 CheckBox 控件、CheckBoxList 控件、RadioButton 控件和 RadioButtonList 控件，主要用于为用户提供选择操作。

图像类控件包含 Image 控件和 ImageMap 控件，主要用于为用户提供图像操作。

其他控件包括 HyperLink 控件、Table 控件、BulletedList 控件、HiddenField 控件、Calendar 控件、AdRotator 控件、FileUpload 控件、Wizard 控件、XML 控件、MultiView（View 控件）、Panel 控件、PlaceHolder 控件、Substitution 控件和 Localize 控件等，不同的控件所起的作用各不相同。

例如，HyperLink 控件用于创建到其他 Web 页面的链接；Table 控件与 TableCell 子控件和 TableRow 子控件配合，用于创建表格；HiddenField 控件提供了一种在页面中存储信息但不显示信息的方法；Calendar 控件用于创建日历；AdRotator 控件用于在页面中随机并循环显示一组广告图片，等等。

每种控件都有自己的属性，每种属性都有自己的名称并具有确定的意义和用途。不同控件的同名属性，通常具有相同的意义和用途，可在学习和使用中相互借鉴。

ASP. NET 丰富的标准控件，有助于构建满足各种设计意图的 Web 页面。掌握控件的正确方法应是“纵观世界、学以致用”。所谓“纵观世界”，是指应对 ASP. NET 的标准控件有一个全局性的了解，这样才能做到在正确的地方、用正确的控件、实现正确的设计。所谓“学以致用”是指对需要使用的控件进行详细学习，以充分发挥控件具备的功能。ASP. NET 的控件较多，每个控件又有很多的属性和方法，很难一次性地牢记其功能并学会使用它们，需要在不断地实践中逐渐掌握并积累经验。

因此，初始学习控件时不需追求全面、细致，而应在了解控件分类的同时重点关注常用的主要控件。通过对这些控件的学习，熟悉控件属性的意义，掌握控件的方法，为学习其他控件的使用奠定基础。

限于篇幅，本章无法对标准控件的所有用法展开介绍，因此，读者需要在学习本章的基础上多加练习，以进一步扩展对标准控件的认识。

5.9 练 习

1. 简述标准控件的概念和作用。

2. 设计并实现学生个人信息登记页面，用户能够在该页面上输入学生姓名、性别、出生年月、家庭住址、联系方式及备注等信息，最后单击按钮能将数据写入数据库中。

3. 设计实现用户通过单击按钮能在两个 ListBox 控件中互相转移所选中的项目。转移的具体方式有，在选中项目状态下转移选中项目和在非选中状态下一次性把其中一个 ListBox 控件中的项目转移到另外一个 LstBox 控件中。

4. 利用静态绑定方法，在 DropDownList 控件中实现单击下拉按钮时显示 4 个项目，分别为“语文”，“数学”，“英语”，“政治”。并且在未进行操作时，可以看见 DropDownList

控件上显示“请选择科目”的字样。

5. 用动态绑定方式让 CheckBox 控件显示 4 个选项分别为“中国”，“美国”，“俄罗斯”，“德国”。单击按钮后在页面上显示所选择项目对应的文字。

6. 利用 FileUpload 上传控件，设计并实现简单的文件上传功能的页面。

7. 利用 Calendar 控件，实现简单的日历功能的页面，选择对应的日期时可以查看对应设置的提示信息。

第6章　登 录 控 件

本章教学目标

- 理解 ASP. NET 登录中的用户和角色；
- 了解登录控件的功能和用途；
- 能使用登录控件实现网站的登录验证；
- 了解 ASP. NET 在登录中的安全性；
- 使用网站管理工具进行成员和角色的管理。

用户的身份验证和授权是许多 Web 站点和基于浏览器的应用程序的重要功能。登录控件是一组服务器控件，它为认证和授权事务提供了公用的用户界面。成员和角色管理器都是用基于提供程序的模型设计的。当成员、角色管理器特性和窗体认证一起工作的时候，ASP. NET 就可以为创建、认证和授权用户提供端对端的支持。本章主要介绍如何使用登录控件以及使用网站管理工具对成员和角色的管理。

6.1　身份验证和授权

对于 Web 站点而言，验证用户身份并授权是必需的。ASP. NET 包含身份验证和授权管理服务，用来处理登录、身份验证和授权，管理需要访问 Web 页面或应用程序的用户。这个杰出的成员和角色管理服务是一个易于实现的架构，它使用 Microsoft SQL Server 作为后端数据库。这个新架构也包含一个 API，提供编程访问成员和角色管理服务的功能。另外，许多用于成员和角色管理的服务器控件简化了 Web 应用程序的创建，将这些服务提供的功能组合在一起。

在介绍 ASP. NET 的成员和角色管理功能之前，简单回顾身份验证和授权的概念。

6.1.1　身 份 验 证

身份，是对“我是谁”的标识。身份可以用若干独有的特性来描述，例如，“我是一个头发金黄的女人，喜欢看科幻电影和组装 PC。”而“头发金黄的女人、喜欢看科幻电影、喜欢组装 PC”这些身份验证信息，于那些只对某个人的羽毛球技术感兴趣的 Web 站点来说并不是必需的。因此，实际保存在 Web 站点中的身份信息很可能只与一个人的某些方面相关。例如，一个购物 Web 站点会保存用户的姓名、电话号码、电子邮件地址和家庭地址等，这些信息都与商品的销售有关。这些 Web 站点可能不会关心个人兴趣或爱好，所以它们并不需要保存用户这方面的信息。不过，当网站具有相当规模时，就会期望收集多方面的信息以利于数据分析和数据挖掘，发现和发展潜在的客户。例如 Amazon，它要求较全面的身份认证信息。

因此，身份也就是“我是谁”的概念，是一组范围很广的实际情况的集合。例如，一份个人简历里可能包含方方面面的个人实际情况，这些情况大多与应聘单位所需信息有关。在简历中留存或删除哪些信息，由自己依据雇主关心的问题来决定。在保存一个 Web 站点成员的信息时，情况也是一样的。一个 Web 站点必须在其开发阶段就确定要保存成员的那些实际情况。

身份验证的过程，就是证明自己是自己所声明的那个人的过程。在试图登录一个网站的时候，用户被要求输入某些证书以进行身份验证。网站通过证书判断用户是否就是自己声明的那个人。很多 Web 站点，不论它们是销售零售商品还是提供社区服务，都使用邮件地址和口令的组合作为身份验证方法。身份验证要求用户输入的邮件地址和口令的组合，必须与保存在服务器文件中相对应的邮件地址和口令组合相匹配。

邮件地址和口令组合的身份验证方法，是一种经过反复考验的方法。虽然这种方法不是绝对安全的，但是只要选择一个足够可靠的口令并严格保密，同时 Web 站点的代码经过严格的测试，就可以保证用户证书相关的配置文件将只能由用户本人使用。

总之，身份验证是确定用户身份的过程。在用户通过身份验证后，开发人员就可以确定用户权限。在 ASP.NET 中，通过成员服务来提供身份验证。只有经过身份验证过程，才能够授予用户实体权限。

6.1.2　授　权

身份验证之后的下一个步骤是授权，这个步骤将检索所拥有的用户账户类型的更多信息。在向网站输入用户名和口令之后，Web 服务器不仅会验证口令和用户名是否匹配，还将查看 Web 站点管理员给用户授予了什么权限。

例如，以一个银行网站为例。在用户的登录信息通过验证之后，服务器将查看用户在该 Web 站点上的权限。大多数用户可以查询账户、在账户之间转账或者支付账单。然而，如果银行受到某个安全方面的恐吓（类似于 Internet 上到处流传的网络钓鱼（Phishing）电子邮件），用户可能会发现自己突然无法通过这个在线应用程序添加任何订单，直到安全危机解除为止。这些功能的关闭，很可能是由管理员通过为一些或所有用户设置一个特殊的标记而进行控制的，在页面上告诉用户不再有权限修改他们账户的详细信息。

登录 Web 站点的过程，从用户的角度看，就是输入一组证书，然后根据自己的配置文件看到不同用户界面的过程。通常，用户所使用的证书是用户名加口令的组合；然而，对于安全性更高的 Web 站点，例如银行 Web 站点，可以使用其他的方式登录，包括 PIN 和安全认证。如果不考虑向服务器传送身份验证的证书的方法，那么身份验证的基本原则是一样的。一旦验证完成之后，通过身份验证机制查询用户具有什么样的权限就比较简单了。

总之，授权可以确定已经通过身份验证的用户可以访问应用程序的所有部分、访问应用程序的特定部分、只访问应用程序提供的特定数据集或无权访问。在 ASP.NET 中，授权是使用角色管理服务来提供的。

6.2　使用 Web 站点管理工具

ASP.NET 通过工具实现网站配置，达到管理 Web 站点的目的。网站配置存储在一个名为 web.config 的 XML 文件中，该文件位于网站的根文件夹中。网站管理工具使得无需手动编辑 web.config 文件而更改 Web 站点配置。

第一次使用网站管理工具以管理某个特定的网站时，如果 web. config 文件不存在，则网站管理工具会创建一个 web. config 文件。在默认情况下，网站管理工具还会在网站的 App_Data 文件夹中创建一个数据库，以存储应用程序服务数据，如成员资格和角色的信息。对于大多数设置，在网站管理工具中所做的更改将立即生效，并反映到 web. config 文件中。

打开菜单→网站，选择 ASP. NET 配置，就可以打开 Web 站点管理工具了，具体如图 6-1 所示。

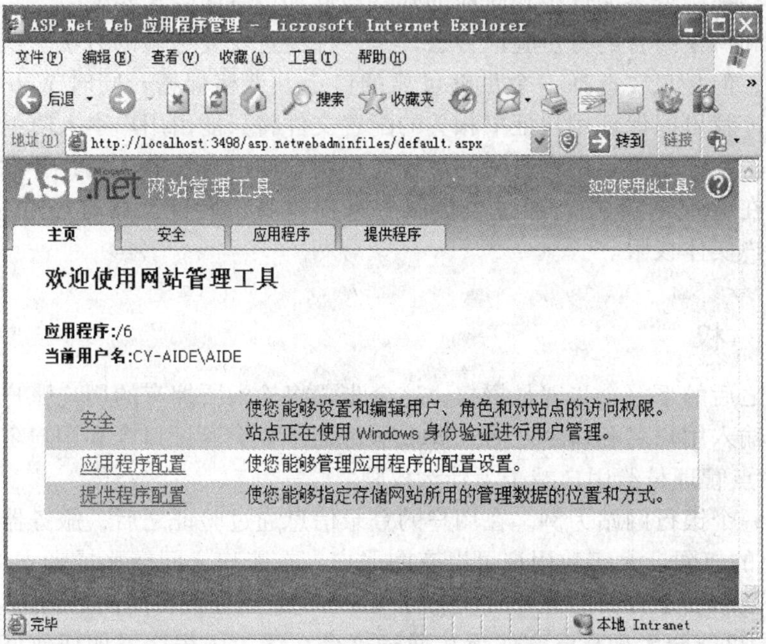

图 6-1 ASP. NET Web 应用程序管理界面

网站管理工具提供一个选项卡式界面，该界面在每个选项卡中对相关的配置设置进行分组。在下面的内容中，将介绍这些选项卡及选项卡管理的配置。

6.2.1 “安全”选项卡

使用“安全”选项卡管理访问规则，以便帮助保证网站中特定资源的安全，并对用户账户和角色进行管理。可以指定如何使用网站——要么从 Internet 中使用，要么从 Intranet 中使用（在局域网上），进而可指示网站将使用的身份验证模式的类型。Internet 网站使用 ASP. NET 成员资格系统，即定义单个的用户账户。ASP. NET 使用一个安全系统，以限制对一些特定的用户账户或这些用户账户所属的角色的访问。Intranet 网站使用 Windows 身份验证，即用户由 Windows 登录信息标识。

ASP. NET 的安全性建立在用户账户、角色和访问规则这些概念的基础之上，并可以限制只有指定的用户账户才能访问 Web 应用程序的资源。安全设置是通过结合使用配置设置与存储在数据库（或其他数据存储区）中的数据来建立的。创建的用户账户和角色存储在数据库中，而访问规则存储在 web. config 文件中。

访问网站的方式一般有以下两种方式。

- 基于窗体的身份验证（“通过 Internet”）

基于窗体的身份验证，用于可通过 Internet 访问的网站。基于窗体的身份验证使用 ASP. NET 成员资格系统，以管理各个用户账户和组（角色）。用户账户信息存储在本地数据库或 Microsoft SQL Server 数据库中。可以使用 ASP. NET 登录控件来创建一个登录页，用户可以在该页上输入他们的证书。

- 集成 Microsoft Windows 身份验证（“通过本地网络”）

Windows 身份验证使用用户在登录到 Windows 时提供的登录凭据，与 Windows 安全性交互。因此，Windows 身份验证适用于 Intranet 方案，即用户登录到基于 Windows 的网络的方案。不必创建登录页，因为用户可使用 Windows 凭据自动登录到应用程序。

在打开网站管理工具以后，选择“安全”选项，具体如图 6-2 所示。

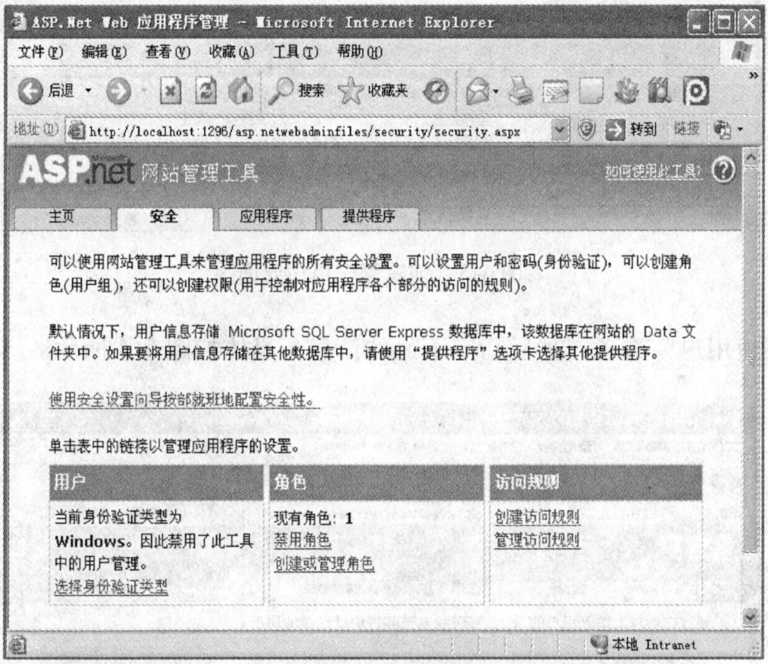

图 6-2　“安全”选项界面

（1）使用“安全”选项卡的“用户”部分来完成下面的任务：

- 创建、编辑和删除网站的注册用户账户；
- 查看网站所有注册用户账户的列表；
- 更改网站使用的身份验证方法。

如果选择“通过 Internet”选项作为身份验证类型（基于窗体的身份验证），则可以创建并管理用户账户。如果选择“通过本地网络”选项作为身份验证类型（使用集成 Windows 身份验证），则不能够管理每个用户账户。如果更改身份验证的类型，将丢失任何已创建的用户信息。此外，访问规则可能将不再以配置的方式工作。通常，只应该在第一次配置网站的时候选择身份验证类型。

“通过 Internet”创建并管理用户账户的具体过程，如图 6-3 所示。

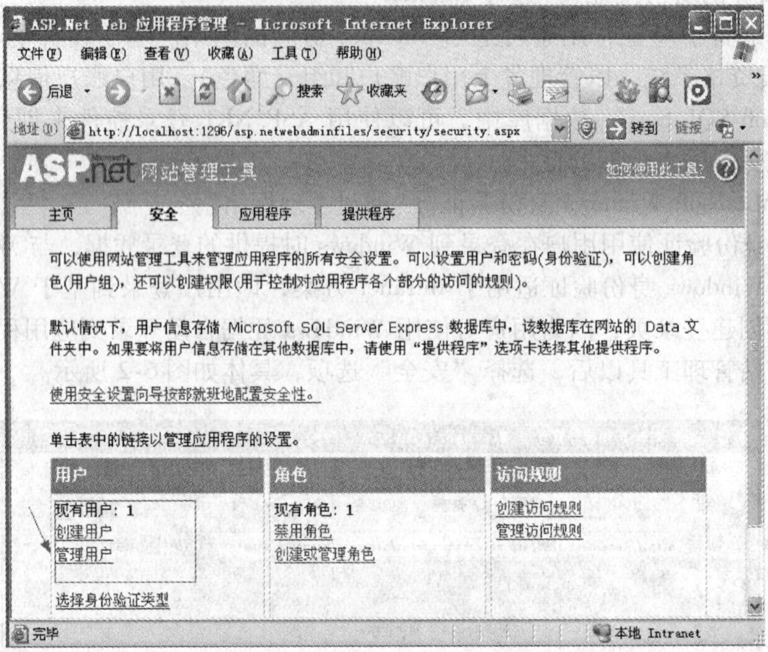

图 6-3 创建管理用户界面

单击“创建用户”选项，然后指定下面的信息，具体如图 6-4 所示。

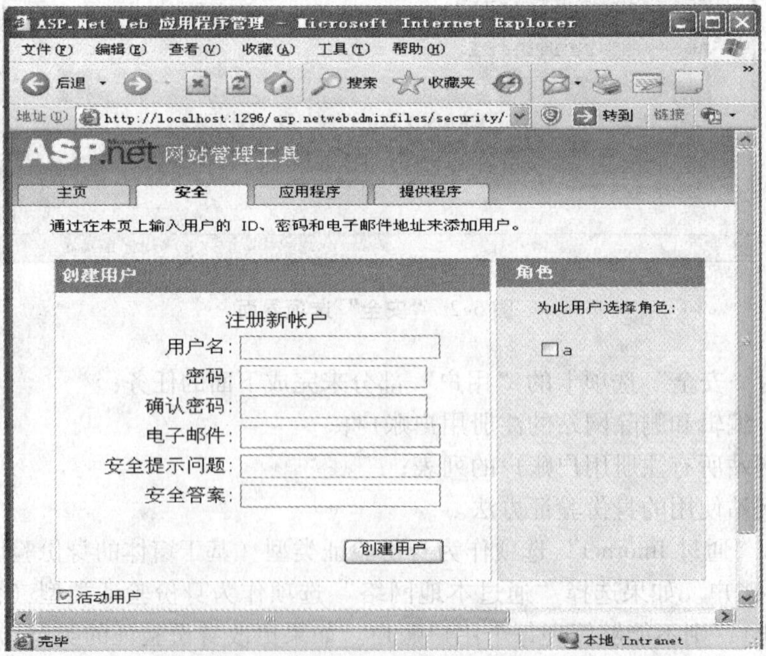

图 6-4 创建用户界面

- 用户名。输入要创建的用户账户的名称。
- 密码。为“用户名”输入密码，其中密码是区分大小写的。
- 确认密码。再次输入“密码”。
- 电子邮件。为“用户名”输入电子邮件地址。

网站管理工具并不会确认所输入的是否为有效的电子邮件地址，但是会验证该电子邮件地址是否符合电子邮件地址的正确格式。

- 安全提示问题。安全提示问题是在用户请求重置或恢复密码时，系统向用户所询问的问题。
- 安全答案。输入“安全提示问题”的答案。
- 活动用户。选择此选项，以启用此用户账户作为 Web 站点的活动（当前）用户。如果不选择此选项，则用户信息将存储在数据库中，但用户无法登录网站。
- 角色。选择“用户名”的角色。可以单独创建角色。

(2) 使用“安全”选项卡的“角色”部分。使用“安全”选项卡的“角色”部分对用户账户分组，这可使分配权限（授权）的过程更加简单。

在图 6-2“安全”选项界面中，选择创建或管理角色，具体如图 6-5 所示。

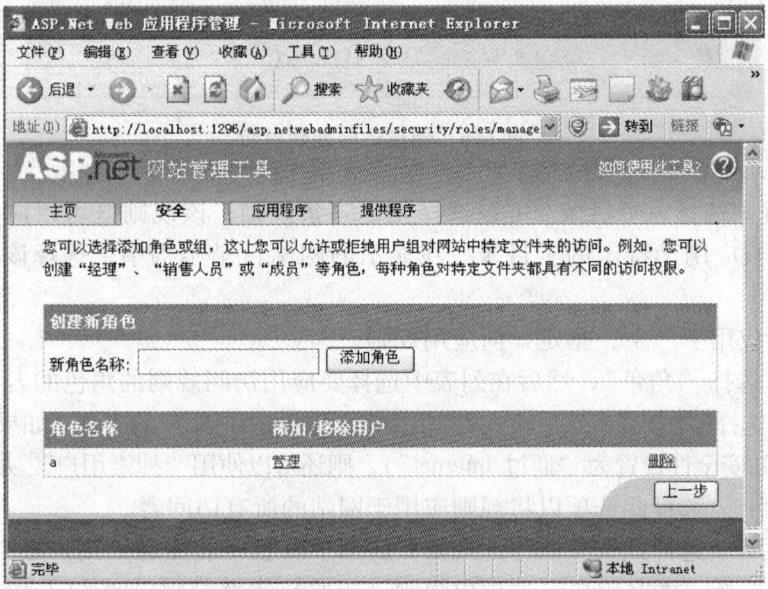

图 6-5　创建管理角色界面

在“新角色名称”框中，输入要创建的角色的名称，例如“Administrator”、“Member”或“Guest”，然后单击“添加角色”按钮。

如果要向角色添加用户账户，在“安全”选项卡上，单击“管理”用户，再单击“编辑用户”按钮。

在“角色”下选择用户账户的角色。

(3) 使用“安全”选项卡的“访问规则”部分。使用“安全”选项卡的“访问规则”部分，以允许或拒绝特定的用户账户或属于指定角色的所有用户账户对指定页进行访问。

通常，可以使用访问规则以限制一些用户账户对页的访问。

在图 6-2 “安全” 选项界面中，选择创建访问规则，具体如图 6-6 所示。

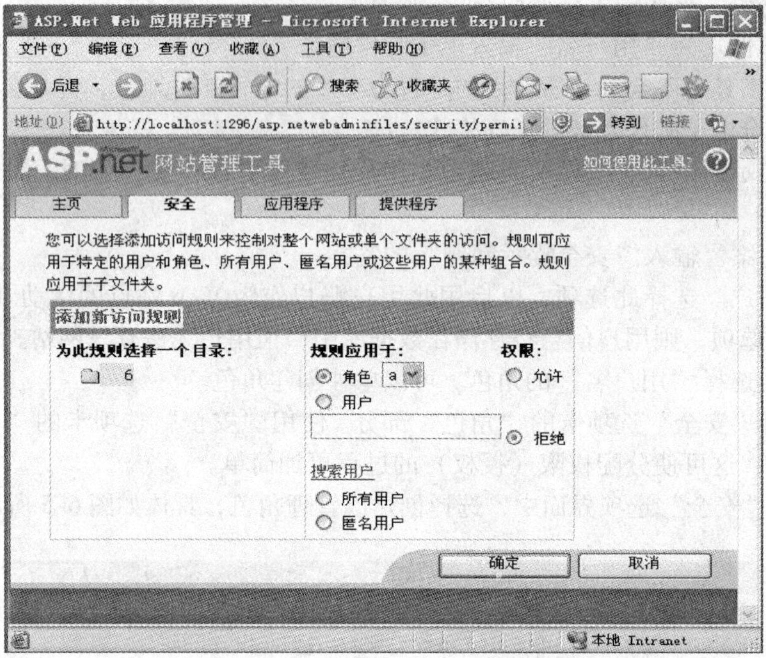

图 6-6　创建访问规则界面

● 为此规则选择一个目录。可以选择创建一条规则，该规则既可以应用于整个 Web 站点，也可以只应用于特定的子目录。在显示的网站目录结构中，选择该规则要应用的目录。

在 “规则应用于” 下，指定如何应用规则。

● 角色。选择 “角色”，然后在列表中选择要应用访问规则的角色的名称。

● 用户。选择 “用户”，然后输入要应用访问规则的用户账户的名称。如果使用 ASP. NET 成员资格（网站安全性设置为 “通过 Internet”），则还可以使用 “搜索用户” 功能。

● 所有用户。选择此选项以将规则应用于网站的所有访问者。

● 匿名用户。选择此选项以将此规则只应用于匿名（非注册）用户账户。

通常，可选择 “匿名用户” 选项以限制（拒绝）未登录用户的访问。

● 权限。

选择 “允许”，以允许指定的用户账户或角色对指定目录的访问。

选择 “拒绝”，以拒绝指定的用户账户或角色对指定目录的访问。

例如，若要防止未登录（匿名）用户查看一个文件夹中的页，请单击该文件夹，选择 “匿名用户”，再选择 “拒绝”。

有时，可能需要为同一个文件夹创建多条规则，以便建立正确的权限。例如，可能会创建一条规则，该规则拒绝对匿名用户账户的访问，同时创建第二条规则，该规则拒绝对 Guest 角色中的用户账户的访问。那样，只有 Guest 组之外的其他组中的已登录用户才能访问该文件夹。

6.2.2 “应用程序”选项卡

使用网站管理工具（网站管理工具）的“应用程序”选项卡，以管理与 Web 应用程序和 Web 站点相关的常用设置，具体参见图6-7。

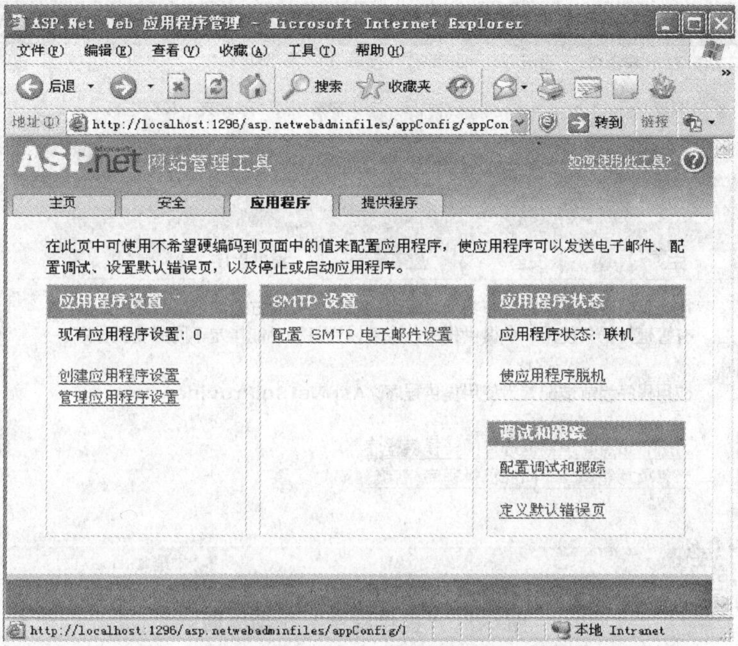

图6-7 “应用程序”选项界面

使用“应用程序”选项卡可以管理以下内容。

● 应用程序设置的名称/值。应用程序设置是一些名称/值对，这些“对”表示 Web 应用程序中可配置的值文本。使用应用程序设置来存储自定义的应用程序配置信息，例如，文件路径、XML Web services 的 URL、常用文本或需要集中维护且能够容易更改的任何信息。

应用程序设置以纯文本格式存储在配置文件中。因此，使用应用程序设置时，必须采取适当的安全性措施。不要将敏感信息（如用户名、密码或数据库连接字符串）存储在应用程序设置中。

● 简单邮件传输协议（SMTP）设置。如果网站需要发送电子邮件的功能（例如，向用户发送密码），则必须指定 Web 站点使用的 SMTP 服务器。

● 应用程序状态。可以使应用程序脱机（将其关闭）以执行维护，或使一个新的 Microsoft SQL Server 速成版的数据库联机。

● 调试和跟踪。调试和跟踪能够诊断并修复 Web 应用程序的问题，主要在开发过程中使用。启用调试将导致网站中的页在编译时带入一些信息，.NET Framework 或 Microsoft Visual Studio 调试器可以使用这些信息，以逐句检查代码。启用跟踪也将导致页生成一些信息，这些信息包括单个 Web 请求、与请求一起发送的 HTTP 标头、页上控件的状态和其他有关页处理的详细信息。

6.2.3 “提供程序”选项卡

使用网站管理工具的“提供程序”选项卡，以管理 ASP.NET 存储应用程序的数据，如用户账户、角色和其他设置。具体如图 6-8 所示。

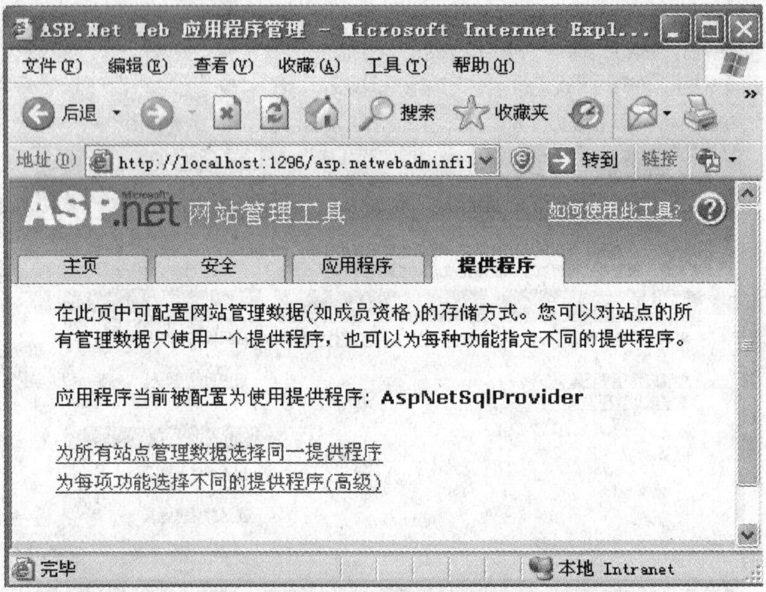

图 6-8 “提供程序”选项界面

ASP.NET 通过“提供程序”类管理对应各种功能的数据的存储，这些功能包括成员资格和角色管理等。提供程序类是一个组件，该组件提供特定的 ASP.NET 功能，例如“管理成员资格中的用户账户”的 ASP.NET 功能，这些 ASP.NET 功能需要各自的数据存储。虽然每个提供程序类可执行同样的 ASP.NET 功能，但是每个提供程序类可以按不同方式存储数据。例如，用于 ASP.NET 成员资格的不同提供程序类，可以按下面不同的方式存储用户账户信息：

- 在 Microsoft SQL Server 数据库中；
- 在 Microsoft Windows Active Directory 目录服务中；
- 在自定义用户数据库中。

ASP.NET 在“管理成员资格中的用户账户”时，相关提供程序类各自仍执行相同的一组核心任务以管理用户账户，并且可在应用程序中以相同方式与这些提供程序类交互。

6.2.4 网站管理工具的工作原理

网站管理工具提供一个 Web 界面以管理网站的配置。

基于 Microsoft .NET Framework 网站配置信息存储 XML 格式的 .config 文件中，名为 web.config。

Web 服务器的根文件夹（例如，\inetpub\wwwroot）可能包含一个 web.config 文件，该文件的设置应用于服务器上运行的所有网站。当对默认的配置做出更改时，网站管理工具会自动修改根文件夹中的 web. config 文件。如果修改配置时该 web. config 文件不存在，则将被创建。

基于 Microsoft . NET Framework 的应用程序的配置存储也存储在 XML 格式的 . config 文件中，这些文件与应用程序在相同的文件夹中。换句话说，在应用程序级别，可能存在另一个 web. config 文件，该文件定义此应用程序的设置。

实际上，在应用程序的子目录中还可能存在其他的 web. config 文件，这些文件指定的设置应用于这些子目录中包含的资源。

除了对 web. config 文件进行创建和操作外，网站管理工具还会创建默认的 Web 站点数据库提供程序，该提供程序为网站的 App_Data 文件夹中的一个本地数据库。

配置文件的根元素为 configuration 元素，它包含一些原子元素，这些元素存储各种用途的设置。例如，如果创建应用程序设置，则这些设置存储在 appSettings 元素中，该元素是 configuration 元素的子元素。

配置文件被组织为层次结构，形成配置系统。一个网站的关于应用程序等的配置将从层次结构的上层配置文件逐级继承而得到。在配置系统中，层次结构的根是 Machine. config 文件，该文件存储的配置应用于整个系统，也将应用于系统上运行的所有应用程序。

注意　通常网站开发人员不能更改网站管理工具的 Machine. config 文件中的设置，只有 Web 服务器管理员拥有更改系统设置的权限。

使用网站管理工具，能够管理应用程序及其子目录的 web. config 文件中的设置。网站管理工具将自动在当前 web. config 配置文件中，显示由配置层次中的超类继承来的配置信息。从超类继承所得的配置，可以对其重写以使其使用。但是，超类也可以将某项配置定义为不可重写，这时网站管理工具会将继承来的配置处理为灰色显示。

6.3　登录控件的使用

ASP. NET 登录控件为 ASP. NET Web 应用程序提供了一种可靠的、无需编程的登录解决方案。在默认情况下，登录控件与 ASP. NET 成员资格和 Forms 身份验证集成，以帮助实现网站的用户身份验证过程的自动化。

6.3.1　Login 类控件

（1）Login 控件。Login 控件显示用于执行用户身份验证的用户界面。Login 控件包含用于用户名和密码的文本框和一个复选框，该复选框让用户指示是否需要服务器使用 ASP. NET 成员资格存储他们的标识，并且当用户下次访问该 Web 站点时自动进行身份验证。

Login 控件包含自定义显示、自定义消息的属性和指向其他页的链接，在那些页面中用户可以更改密码或找回忘记的密码。Login 控件可用作主页上的独立控件，或者还可以在专门的登录页上使用它。

如果一同使用 Login 控件和 ASP. NET 成员资格，将不需要编写执行身份验证的代码。然而，如果想创建自己的身份验证逻辑，则可以处理 Login 控件的 Authenticate 事件并添加自定义身份验证代码。

（2）LoginView 控件。使用 LoginView 控件，可以向匿名用户和登录用户显示不同的信息。该控件显示以下两个模板之一：AnonymousTemplate 或 LoggedInTemplate。在这些模板中，可以添加标记和控件，分别为匿名用户或经过身份验证的用户显示适当信息。

LoginView 控件还包括 ViewChanging 和 ViewChanged 的事件，可以为这些事件编写用户登录时或更改用户状态时的处理程序。

（3）LoginStatus 控件。LoginStatus 控件为没有通过身份验证的用户显示登录链接，为通过身份验证的用户显示注销链接。登录链接将用户带到登录页，注销链接将当前用户的身份重置为匿名用户。

可以通过设置 LoginText 和 LoginImageUrl 属性自定义 LoginStatus 控件的外观。

（4）LoginName 控件。如果用户已使用 ASP. NET 成员资格登录，LoginName 控件将显示该用户的登录名。或者，如果 Web 站点使用集成 Windows 身份验证，该控件将显示用户的 Windows 账户名。

例 6.1 使用成员资格和用户登录控件创建网站，具体效果如图 6-9～6-11 所示。

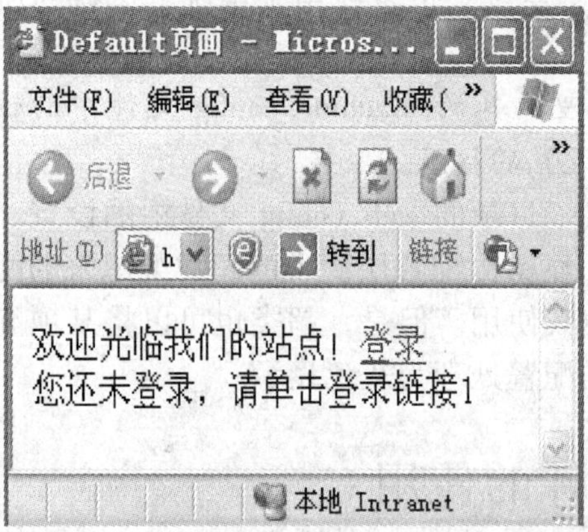

图 6-9 第一次访问 default. aspx 页面的界面

图 6-10 登录的界面

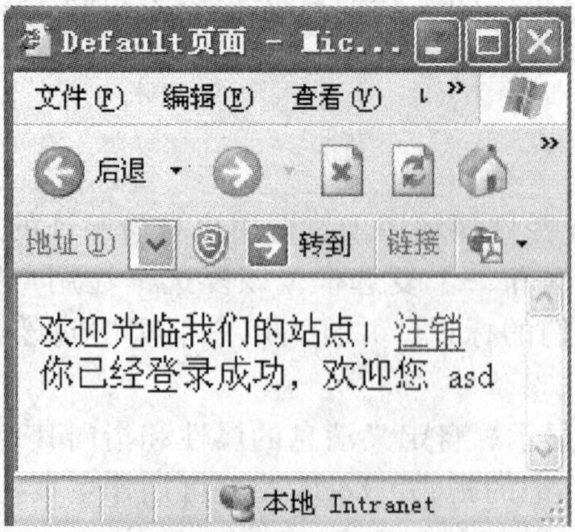

图 6-11 登录完，第二次进入 default. aspx 的界面

具体操作如下。

(1) 打开 visual studio，选择新建网站。

(2) 新建 default. aspx 页面。

(3) 打开或切换到 Web 站点的 Default. aspx 页（如果没有 Default. aspx 页，则可以添加该页或使用其他页)，切换到“设计”视图。

(4) 键入静态文本（如“欢迎访问我们的 Web 站点”)，从“工具箱”的“登录”组中，将 LoginStatus 控件拖动到页面上。

(5) 从“工具箱”的“登录”组中，将 LoginView 控件拖动到页面上。

在 LoginView 控件的 AnonymousTemplate 模板的编辑区域中，键入“您还未登录，请单击登录链接。”

在“LoginView 任务”面板的“视图”列表中，单击“LoggedInTemplate”。然后键入“你已经成功登录，欢迎您”。并从“工具箱”的“登录”组中，将 LoginName 控件拖动到该文本后面。

(6) 新建 login. aspx 页面，切换到“设计”视图。从“工具箱”的“登录”组中，将 Login 控件拖动到页面上。

(7) 创建登录的用户，可以参考 6. 2. 1 节中的内容。

① 在“网站”菜单上单击“ASP. NET 配置”。

② 选择“安全”选项卡，单击指向“使用安全设置向导按部就班地配置安全性。”的链接，再单击“下一步”按钮。

③ 继续执行向导的第 2 步并选择“通过 Internet”选项。

④ 该向导显示一页，从该页中可以选择网站使用的身份验证方法。该选项指定应用程序将使用 Forms 身份验证，意味着用户将使用在例子中稍后部分创建的登录页登录应用程序。

⑤ 单击“下一步”按钮。

该向导会显示一条消息，表明将使用“高级提供程序设置”存储用户信息。在默认情况下，成员资格信息存储在网站上 App_Data 文件夹的 Microsoft SQL Server 速成版数据库文件中。

⑥ 单击“下一步”按钮。

该向导显示创建角色的选项。将在例 6. 1 的稍后部分中单独执行此步骤。因此，不要选择“为此网站启用角色”复选框。

⑦ 单击“下一步”按钮。

该向导显示一页，可以在该页中创建新用户，输入定义应用程序用户的信息。

单击“创建用户”按钮，得到确认信息，显示已经成功新建用户。

(8) 运行 default. aspx 页面，出现如图 6-9 所示的效果。

通过例 6. 1，采用 Login 类的控件，不需要编写任何代码，就可以非常快速地完成网站的登录模块，实现快速开发的目的，而且安全性也比较高。

如果想保护网站中的一页或多页，以便只有登录用户可以查看这些页，可以在网站管理工具的“安全”选项卡中设置访问规则，规定可以访问的用户和不能访问的用户。设置完成后，一旦浏览者浏览到受限页面，就会跳转登录页面，要求访问者进行登录。只有被授权的用户，才可以访问。

6.3.2 用户管理类控件

（1）PasswordRecovery 控件。PasswordRecovery 控件允许根据创建账户时所使用的电子邮件地址来找回用户密码。PasswordRecovery 控件会向用户发送包含密码的电子邮件，可以配置 ASP. NET 成员资格，以使用不可逆的加密来存储密码。在这种情况下，PasswordRecovery 控件将生成一个新密码，而不是将原始密码发送给用户。

PasswordRecovery 控件还可以配置成员资格，以包括一个用户为了找回密码必须回答的安全提示问题。如果这样做，PasswordRecovery 控件将在找回密码前提问该问题并核对答案。

PasswordRecovery 控件要求应用程序能够将电子邮件转发给简单邮件传输协议（SMTP）服务器。可以通过设置 MailDefinition 属性自定义发送给用户的电子邮件的文本和格式。

下面的代码段演示了一个在 ASP. NET 页中声明的 PasswordRecovery 控件，其 MailDefinition 属性设置用来自定义电子邮件。

```
<asp:PasswordRecovery ID="PasswordRecovery1" Runat="server"
    SubmitButtonText="Get Password" SubmitButtonType="Link">
  <MailDefinition From="administrator@Contoso.com"
    Subject="Your new password"
    BodyFileName="PasswordMail.txt" />
</asp:PasswordRecovery>
```

（2）CreateUserWizard 控件。CreateUserWizard 控件收集潜在用户提供的信息。在默认情况下，CreateUserWizard 控件将新用户添加到 ASP. NET 成员资格系统中。

CreateUserWizard 控件收集下列用户信息：用户名、密码、密码确认、电子邮件地址、安全提示问题、安全答案。

此信息用来对用户进行身份验证并找回用户密码。

下面的代码段演示了 CreateUserWizard 控件的一个典型 ASP. NET 声明：

```
<asp:CreateUserWizard ID="CreateUserWizard1" Runat="server"
    ContinueDestinationPageUrl="~/Default.aspx">
  <WizardSteps>
    <asp:CreateUserWizardStep Runat="server"
      Title="Sign Up for Your New Account">
    </asp:CreateUserWizardStep>
    <asp:CompleteWizardStep Runat="server"
      Title="Complete">
    </asp:CompleteWizardStep>
  </WizardSteps>
</asp:CreateUserWizard>
```

（3）ChangePassword 控件。通过 ChangePassword 控件，用户可以更改其密码。用户必须首先提供原始密码，然后创建并确认新密码。如果原始密码正确，则用户密码将更改为新密码。该控件还支持发送关于新密码的电子邮件。

ChangePassword 控件包含显示给用户的两个模板化视图。第一个模板是 ChangePasswordTemplate，它显示用来收集更改用户密码所需的数据的用户界面。第二个模板是 SuccessTemplate，它定义当用户密码更改成功以后显示的用户界面。

ChangePassword 控件由通过身份验证和未通过身份验证的用户使用。如果用户未通过身份验证，则该控件将提示用户输入登录名。如果用户已通过身份验证，则该控件将以用户的登录名填充文本框。

6.4　登录的安全性

用 ASP. NET 建立的每个页面并不对 Internet 上的每个人都开放。有时，应用程序中的页面或部分页面只能由一组拥有访问权限的用户访问。因此，需要采取这里介绍的安全措施，它们可以保护应用程序中的数据，防止应用程序被误用。

安全性是一个含义非常广泛的术语。毫无疑问，在建立应用程序的每一步中，都必须仔细考虑怀有恶意的终端用户可能试图绕过安全措施的方式。必须采取措施确保没有人能接管应用程序或者访问其资源。无论是涉及到基本服务器控件，还是数据库的访问，都应考虑采取安全措施保护。下面介绍保护应用程序的一些安全措施。

6.4.1　设置身份验证的方法

ASP. NET 提供了许多不同类型的身份验证措施供应用程序使用，包括基本身份验证、摘要身份验证、Form 身份验证、Passport 身份验证和集成的 Windows 验证。除此之外，还可以开发自己的验证方法。

注意　*如果没有给资源请求应用验证过程，千万不要授予对资源的访问权限。*

不同的身份验证模式是通过设置来建立的，而这些设置可以在应用程序的 web. config 文件中应用，或与应用程序服务器的 Internet 信息服务（Internet Information Services，IIS）实例一起使用。

ASP. NET 通过应用程序服务器上的一系列 . config 文件来配置，这些配置文件基于 XML 的文件，通过修改文件内容可以很容易地改变 ASP. NET 的操作方式，这是操作所需配置设置的理想方式。ASP. NET 配置文件以层次结构的方式来应用。

如前所述，. NET Framework 提供了一个服务器级别的配置文件 machine. config，它位于 C：\ Windows \ Microsoft . NET \ Framework \ v3. 5xxxxx \ CONFIG。该文件夹包含 machine. config 和 machine. config. comments 文件。这些文件提供了服务器级别的 ASP. NET 应用程序设置，也就是说，这些设置应用于服务器上的每个 ASP. NET 应用程序。

web. config 文件是另一个基于 XML 的配置文件，它位于 Web 应用程序的根目录下。web. config 文件中的设置会重写上一级 machine. config 文件中的设置，甚至还可以嵌套 web. config 文件，这样，主应用程序的 web. config 文件位于应用程序的根目录下，而其他 web. config 文件位于应用程序的子目录下，如图 6-12 所示。子目录中的 web. config 文件会重写根目录下的

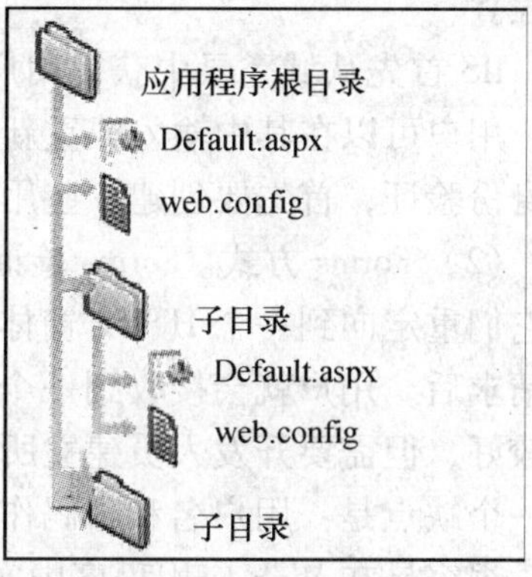

图 6-12　web. config 文件目录截图

web. config 文件。因此，子目录下的 web. config 文件中的设置会改变应用程序的主 web. config 文件中的设置。

在应用程序的 web. config 文件中使用 <authentication> 节点，可以设置 ASP. NET 应用程序需要的身份验证类型：

```
<system.web>
    <authentication mode = "Windows | Forms | Passport | None">
    </authentication>
</system.web>
```

<authentication> 节点用 mode 属性设置要使用的身份验证模式，其选项包括 Windows、Forms、Passport 和 None。表 6-1 解释了这些选项。

表 6-1 身份验证模式表

提供程序	说 明
Windows	Windows 身份验证与 IIS 身份验证一起使用。IIS 以如下方式进行验证：basic、digest 或 Integrated Windows Authentication。IIS 验证完成后，ASP. NET 就使用已验证的身份授予访问权限。这是默认设置
Forms	未通过验证的请求使用 HTTP 客户端重定向功能重定向到一个 HTML 窗体上。用户要提供登录信息，并提交该窗体。如果应用程序验证该请求，系统就发送一个窗体，该窗体包含重新获得身份的凭证或密钥
Passport	这是 Microsoft 提供的一个集中式身份验证服务，它为成员 Web 站点提供了一个登录和核心配置服务。Microsoft 从 2004 年末开始不再强调这种验证模式
None	不使用任何身份验证模式

一般可以使用 Windows 和 Forms 两种方式，为 ASP. NET 应用程序建立身份验证和授权模型。

（1）Windwos 方式。基于 Windows 的身份验证在 ASP. NET 应用程序所在的 Windows 服务器和客户机之间处理。在基于 Windows 的身份验证模型中，请求直接发送给 IIS，进行验证过程。这种类型的身份验证在内联网环境中非常有用，在该环境下，可以让服务器处理这个验证过程，尤其是用户已登录到网络上时，只需获取并利用已有的凭证完成验证过程。

IIS 首先从域登录中获得用户的凭证。如果这个过程失败，IIS 就显示一个弹出的对话框，用户可以在其中输入或重新输入登录信息。要让 ASP. NET 应用程序使用基于 Windows 的身份验证，首先要创建一些用户和组。

（2）Forms 方式。Forms 验证可以获取未验证的请求，使用 HTTP 客户端重定向功能，把它们重定向到一个 HTML 窗体上。用户提供登录信息，然后提交窗体。应用程序验证了该请求后，用户就会接收到一个 HTTP cookie，用于后续的请求。这种验证在许多方面都比较好，但需要开发人员建立所有的元素，甚至管理整个系统的后端机制。这种身份验证的一个缺点是：用户名和密码作为明文传送，除非使用了 SSL。

很容易在 Web 应用程序中实现基于窗体的身份验证。首先修改应用程序的 web. config 文件，程序代码如下：

```
<system.web>
    <authentication mode="Forms">
        <forms name="Asp.Net" loginUrl="Login.aspx" path="/" />
    </authentication>
    <authorization>
        <deny users="?" />
    </authorization>
</system.web>
```

这个结构必须应用于 web. config 文件。首先使用前面介绍的 <authorization> 元素，可以拒绝所有匿名用户访问应用程序。这样，只有验证用户才能访问应用程序包含的页面。

如果请求者未通过验证，就执行 <authentication> 元素中定义的内容。mode 属性的值设置为 Forms，为 Web 应用程序使用基于窗体的身份验证。下一个指定的属性是 loginUrl，它指向包含应用程序的登录窗体的页面。在例 6.1 中，该页面指定为 Login. aspx。如果试图访问应用程序的终端用户未通过身份验证，他的请求就会被重定向到 Login. aspx，以便对该用户进行验证和授权。在提供了有效的凭证后，用户就会返回到他在应用程序中最初发出请求的地方。这里使用的最后一个属性是 path，它指定了保存 cookie 的位置，该 cookie 用于保存授权用户的访问令牌。在大多数情况下，该值默认为“/”。表 6-2 列出了 <forms> 元素的属性。

表 6-2　forms 元素的属性表

属　性	说　明
name	这是赋予 cookie 的名称，该 cookie 用于在请求之间保存用户。其默认值是 . ASPXAUTH
loginUrl	如果没有找到有效的验证 cookie，就指定将请求重定向到的 URL。其默认值是 Login. aspx
protection	指定要应用于验证 cookie 的保护级别。它有 4 个设置： ● All：应用程序使用数据有效性验证和加密机制来保护 cookie。这是默认设置 ● None：不加密 cookie ● Encryption：加密 cookie，但不对它进行数据有效性验证。以这种方式使用的 cookie 可能会受到纯文本攻击 ● Validation：与 Encryption 设置相反，进行数据有效性验证，但不加密 cookie
path	指定应用程序所用 cookie 的路径。在大多数情况下应使用“/”，它是默认设置
timeout	指定 cookie 过期后的时间（分钟），其默认值是 30
cookieless	指定在进行验证和授权过程中，基于窗体的身份验证过程是否使用 cookie
defaultUrl	指定默认的 URL
domain	指定要与窗体身份验证 cookie 一起发送的域名
slidingExpiration	指定是否给 cookie 应用可变的过期时间。如果该属性设置为 True，就对发送给服务器的每个请求重新设置 cookie 的过期时间。其默认值是 False
enableCrossAppsRedirect	指定是否允许跨应用程序的重定向
requireSSL	指定在传输身份验证信息时是否需要 SSL 连接

（3）Passport 方式。验证终端用户的另一种方法是使用 Microsoft 的 Passport 标识系统。有 Passport 账户的用户可以有一个签名解决方案，也就是说，用户只需这些凭证就可以登录到 Internet 的 Web 站点和其他支持 Passport 的 Web 站点和应用程序上。

当应用程序支持 Passport 身份验证时，请求会被重定向到 Microsoft Passport Web 站点上，在该 Web 站点上，用户可以输入凭证。如果验证成功，用户就可以获得授权，请求被重定向回应用程序。很少有 Internet Web 站点和应用程序使用 Microsoft 的 Passport 技术。实际上，Microsoft 在 2005 年完全抛弃了 Passport，大多数对全局身份验证和授权标准感兴趣的公司都转而使用 Project Liberty 作为其解决方案（具体解决方案可登录 www. projectliberty. org 网站查询）。

6.4.2 设置保护特定的文件和文件夹

假如有一个公共 Internet Web 站点，其中的页面即使没有凭证也可以访问，但有一些管理页面作为应用程序的一部分，它需要身份验证和授权措施。

URL 授权允许使用 web. config 文件来应用需要的设置。使用 URL 授权，可以给特定的文件或文件夹应用任意验证措施。下面的程序代码为锁定单个文件的示例。

```
<configuration>
  <system.web>
    <authentication mode = "None" />
    <!--The rest of your web.config file settings go here-->
  </system.web>
  <location path = "AdminPage.aspx">
    <system.web>
      <authentication mode = "Windows" />
      <authorization>
        <allow users = "ReutersServer \EvjenB" />
        <deny users = "*" />
      </authorization>
    </system.web>
  </location>
</configuration>
```

这个 web. config 文件使 Web 应用程序对一般公众开放，同时锁定了应用程序中的一个文件：AdminPage. aspx 页面。这是通过 <location>元素完成的。<location>元素包含一个属性 path，它指定了在 web. config 文件的 <system. web>块中定义的资源。

在这个例子中，<authentication>和 <authorization>元素用于为 AdminPage. aspx 页面提供身份验证和授权信息。这个页面使用了 Windows 身份验证，唯一允许访问它的用户是 ReutersServer 域中的 EvjenB。在 web. config 文件中可以有任意多个 <location>块。

6.4.3 通过 IIS 进行保护

通常，ASP. NET 和 IIS 一起工作，这不仅可以在 ASP. NET 上直接应用安全性设置（通过代码或配置文件），还可以在 IIS 中应用其他安全措施。IIS 允许使用用户和组，受限的 IP 地址、文件扩展名等来应用访问方法。

（1）IP 地址和域名限制。在 Windows Server 2003、Windows 2000 Server 或 Windows NT

中，可以使用 IP 地址和域名的限制功能。通过 IIS，可以根据单个计算机的 IP 地址、一组计算机、甚至指定的域名来应用某些限制。不仅可以限制特定的 IP 地址和域名，还可以限制每个人的权限，根据相同的项只允许特定的实体访问。

要获得这个功能，可以打开 IIS 管理器，右击感兴趣的 Web 站点或 Default Web 站点节点，把设置应用于服务器上的每个 Web 应用程序。从菜单中选择属性，再选择目录安全选项卡。

单击 IP 地址和域名限制对话框中的 Edit 按钮，会打开一个对话框。该对话框可以根据 IP 地址或域名授予或限制访问权限，根据域名来限制权限时要三思而行。在每个检查域的请求上逆向查找 DNS 时，会降低性能。

（2）使用文件扩展名。在 ASP. NET 中可以使用许多类型的文件。这些文件用其扩展名定义。例如，. aspx 是一般的 ASP. NET 页面，. asmx 是 ASP. NET Web 服务文件的扩展名。这些文件都由 IIS 映射给 ASP. NET DLL，即 aspnet_isapi. dll。在处理 Web 站点的安全性时，必须记住未包含在默认映射表中的所有文件，并把需要的文件添加到同一个安全结构中。

（3）使用 ASP. NET MMC 管理单元。ASP. NET MMC 控制台允许使用易用的 GUI 来编辑 web. config 和 machine. config 文件，而不是对这些文件的文本进行必要的修改。Web 应用程序在 IIS 中运行时，MMC 管理单元就在 ASP. NET 选项卡中，当直接在该对话框中修改时，就可以对配置文件进行编码的修改。

6.5 小　结

本章主要介绍了登录控件的使用以及利用网站管理工具进行成员和角色的管理，最后介绍了提高网站安全性的一些办法。

登录控件是一组自定义的服务器控件，方便用户进行登录界面以及登录功能的设计，它为 Web 站点的基于认证和授权的 UI（例如登录窗体、创建用户窗体、密码取回、已登录用户或角色的定制 UI）提供了基本模块，这些控件利用 ASP. NET 中的内建的成员和角色服务与 Web 站点所定义的用户和角色信息交互操作。成员和角色管理服务集成为 ASP. NET 的一部分，大大简化了用户及其角色的管理，利用网站管理工具可以实现非常方便的管理，当然也可以直接编程实现。

总之，登录控件的出现，让开发人员更容易、也更方便地对 Web 站点进行登录以及 Web 站点文件权限的管理，大大提高了开发效率。

6.6 练　习

1. 新建一个 Web 站点 website1，整个 Web 站点允许匿名访问，但是禁止某个指定的用户账号访问。

2. 在 website1 的 Web 站点中，添加一个名为 admin 的子文件夹，在此文件夹中，添加一个名称为 admin. aspx 的页面，这个页面带有一个 loginname 控件以及任何想要的控件的页面。更改该特定文件夹的权限，只有 administrators 组的成员才能查看该页面。

第7章　导 航 控 件

本章教学目标

- 理解 ASP. NET 支持的 Web 站点导航和 Web 站点地图；
- 使用 XML 数据源实现 Web 站点地图；
- 了解导航控件的功能和用途；
- 掌握导航控件的常用属性和事件；
- 能使用导航控件实现网站的导航。

Web 站点上用户面临的主要问题之一就在于如何能有效地在 Web 站点上进行导航。实际应用中的 Web 站点常常分成了很多等级并且有时候页面之间也进行了很深的嵌套。用户可能会常常对自己提问，如“现在我是在 Web 站点的哪个位置?”以及“从当前页面位置我能导航到哪里?”。本章主要介绍对 ASP. NET 中的 Web 站点导航控件的使用。

7.1　基于 XML 的 Web 站点地图

开发的 Web 应用程序一般都有多个页面，通常要以某种方式创建许多相互连接的 Web 页面。如果在页面之间建立导航系统，终端用户就很容易以直观的方式操作应用程序。

目前在 Web 应用程序中建立导航的方法是在页面上设置超链接。在页面之间移动或修改页面名称时，导航的难度会加大。有时开发人员不得不进入应用程序中的每个页面，修改导航的某些方面。

ASP. NET 引入了一个导航系统来解决这个问题，从而使终端用户使用应用程序的管理变得非常简单。ASP. NET 中的这个功能可以深入控制它的各个方面。

这个导航系统可以在一个 XML 文件中定义整个 Web 站点，该 XML 文件称为 Web 站点地图。在定义了新的 Web 站点地图后，就可以使用 SiteMap 类来编程处理它。

Web 站点地图并不是一个必需的元素，但在使用 ASP. NET 的导航系统时，首先要进行的第一个步骤是为应用程序建立 Web 站点地图。Web 站点地图是对 Web 站点结构的 XML 描述。

使用这个 Web 站点地图可以定义应用程序中所有页面的导航结构，以及它们的相互关系。如果根据 Web 站点地图标准来定义，就要使用新的 SiteMap 类或 SiteMapDataSource 控件与这个导航信息交互。使用 SiteMapDataSource 控件可以把 Web 站点地图文件中的信息绑定到各种数据绑定控件上，包括 ASP. NET 提供的导航服务器控件。

要为应用程序创建新的 Web 站点地图文件，可以将 Web 站点地图或 XML 文件添加到应用程序中，把 XML 文件命名为 Web. sitemap。如果选择了 SiteMap 选项，这个文件就已经添加了。该文件命名为 Web，新的扩展名是 . sitemap。下面的程序演示了 . sitemap 文件的一个例子。

```
<?xml version = "1.0" encoding = "utf-8" ?>
<siteMap xmlns = "http://schemas.microsoft.com/AspNet/SiteMap-File-1.0" >
   <siteMapNode url = "default.aspx" title = "学校主页" description = "home
```

```
    page">
      <siteMapNode url="xygk.aspx" title="学校概况" description="学校概况">
        <siteMapNode url="xkjj.aspx" title="学校简介" description="" />
        <siteMapNode url="xkjs.aspx" title="学科建设" description="" />
        <siteMapNode url="szdw.aspx" title="师资队伍" description="" />
        <siteMapNode url="xyfg.aspx" title="校园风光" description="" />
      </siteMapNode>
      <siteMapNode url="jgsz.aspx" title="机构设置" description="机构设置">
        <siteMapNode url="dzbm.aspx" title="党政部门" description="" />
        <siteMapNode url="jxky.aspx" title="教学科研单位" description="" />
      </siteMapNode>
      <siteMapNode url="rcpy.aspx" title="人才培养" description="人才培养">
        <siteMapNode url="bkjy.aspx" title="本科生教育" description="" />
        <siteMapNode url="yjjy.aspx" title="研究生教育" description="" />
        <siteMapNode url="lxjy.aspx" title="留学生教育" description=" " />
      </siteMapNode>
    </siteMapNode>
  </siteMap>
```

这个文件有什么功能呢？它提供了逻辑结构，ASP. NET 现在可以在导航系统的其他地方使用该结构，下面看看这个文件的构成。

这个 XML 文件的根节点是 <siteMap>元素。该文件中只能有一个 <siteMap>元素。在这个 <siteMap>元素中，有一个 <siteMapNode>元素。这一般是应用程序的起始页面。在程序代码的文件中，根 <siteMapNode>指向起始页面 Default. aspx：

```
<siteMapNode url="default.aspx" title="学校主页" description="home page">
```

表 7-1 描述了 <siteMapNode>元素中最常见的一些属性。

表 7-1　<siteMapNode>元素的常用属性

属　性	说　明
title	title 属性提供链接的文本描述。这里使用的 String 值是用于链接的文本
description	description 属性不仅说明该链接的作用，还用于链接上的 ToolTip 属性。ToolTip 属性是终端用户把光标停留在链接上几秒后显示出来的黄框
url	url 属性描述了文件在解决方案中的位置。如果文件在根目录下，就使用文件名，例如，“Default. aspx”。如果文件位于子文件夹下，就在这个属性的 String 值中包含该文件夹，例如，“MySubFolder/ Markets. aspx”

添加了第一个 <siteMapNode>后，就可以添加任意多个 <siteMapNode>元素。还可以在结构中通过为父 <siteMapNode>创建子元素 <siteMapNode>，生成更多的链接级别。

以上程序代码的例子给应用程序提供了如下导航结构：

学校主页
　学校概况
　　学校简介
　　学科建设
　　师资队伍
　　校园风光
　机构设置

党政部门
教学科研单位
人才培养
本科生教育
研究生教育
留学生教育

从上面的结构可以看出，这个结构有 3 级。使用该文件的最简单方式是利用 ASP. NET 中的 SiteMapPath 服务器控件，它是专门为处理 . sitemap 文件而设计的。

7.2 SiteMapPath 控件

SiteMapPath 控件用于显示一条导航路径（链接之间以特殊符号进行分隔），以链接的方式显示当前页面返回到主页的路径。例如，在页面中的显示 Home > Services > Training。SiteMapPath 对于维护一个层次结构较深的 Web 站点是非常有用的。

7.2.1 使用 SiteMapPath 控件

首先创建网站，它包含 7.1 节中创建的 Web. sitemap 文件。之后创建一个 Web 窗体 lxjy. aspx 页面，这个页面在 Web. sitemap 文件中定义为留学生教育栏目的文件。接下来，只需把一个 SiteMapPath 控件拖放到 lxjy. aspx 页面上。最后，得到如下程序代码：

```
<html xmlns = "http://www.w3.org/1999/xhtml" >
<head runat = "server" >
    <title >Asp.net Web 程序设计 </title >
</head >
<body >
    <form id = "form1" runat = "server" >
    <div >
        <asp:SiteMapPath ID = "SiteMapPath1" runat = "server" >
        </asp:SiteMapPath >
    </div >
    </form >
</body >
```

运行这个页面，结果如图 7-1 所示。

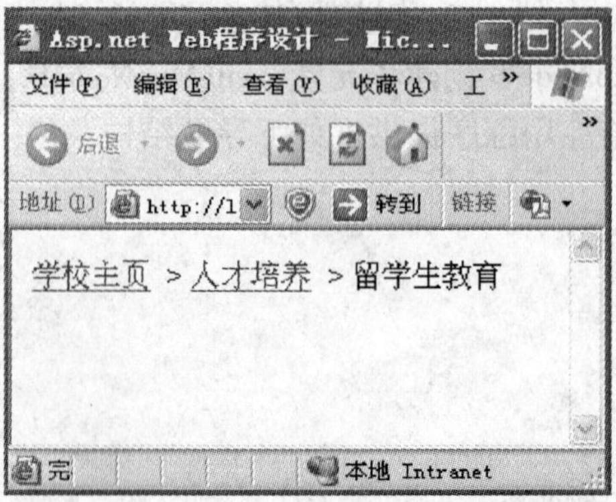

图 7-1 lxjy. aspx 页面运行效果图

SiteMapPath 控件会自动工作，不需要用户的参与。只需把基本控件添加到页面上，该控件就会自动创建刚才的导航系统。接下来介绍如何改变控件的属性、外观和行为。

7.2.2　SiteMapPath 控件的常用属性

SiteMapPath 控件可以通过以下几个重要属性来改变控件的外观和设置，具体如表 7-2 所示。

表 7-2　SiteMapPath 控件的常用属性

属性名	说　明
PathSeparator	设置菜单的分隔链接元素
PathDirection	设置改变输出中生成的链接的方向
ParentLevelsDisplayed	显示指定深度的页面
ShowToolTips	是否显示链接文本的提示

（1）PathSeparator 属性。SiteMapPath 控件默认使用大于号“ > ”分隔链接元素。给 PathSeparator 属性重新指定一个新值，就可以改变这一点。例如设置 PathSeparator = “ | ”，这样就可以将图 7-1 中“ > ”符号替换为“ | ”。还可以通过设置 PathSeparator-Template 元素，在 SiteMapPath 控件编辑模板中选择 PathSeparatorTemplate，增加“ | ”，同样也可以实现一样的效果。

使用 PathSeparator 属性或 <PathSeparatorTemplate>元素时，很容易指定要使用什么符号分隔导航系统中的链接。也可以通过 <PathSeparatorStyle>元素给对应的符号指定一些可视化样式。例如修改 7.2.1 节中 lxjy. aspx 页面中的代码，给 PathSeparator 属性添加样式。

```
<asp:SiteMapPath ID = "SiteMapPath1" runat = "server" PathSeparator = " | " >
  <PathSeparatorStyle BackColor = "#003399" ForeColor = "#0099CC"/>
</asp:SiteMapPath>
```

运行这个页面，结果如图 7-2 所示。

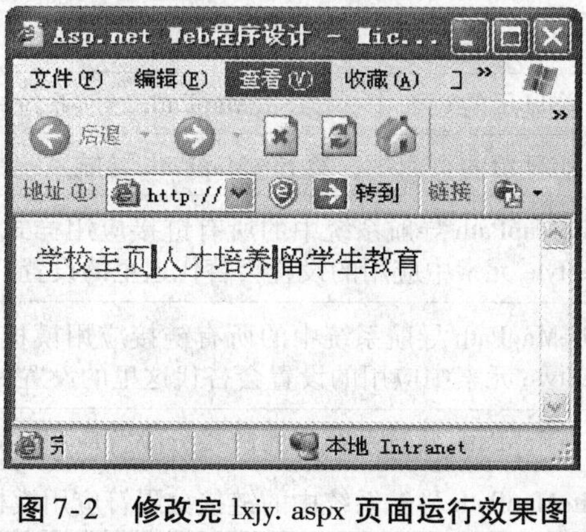

图 7-2　修改完 lxjy. aspx 页面运行效果图

如果使用 PathSeparatorTemplate，还可以把图像添加为分隔符，例如以下代码：

```
<asp:SiteMapPath ID = "SiteMapPath1" runat = "server" >
  <PathSeparatorTemplate >
```

```
        <asp:Image ID="Image1" runat="server" ImageUrl="divider.gif" />
    </PathSeparatorTemplate>
</asp:SiteMapPath>
```

在该元素中放置一个 Image 控件。实际上，可以在 SiteMapPath 控件生成的导航链接之间放置任意类型的控件。

（2）PathDirection 属性。这个属性改变输出中生成的链接的方向。这个属性只有两个值：RootToCurrent 和 CurrentToRoot。Root 链接是显示中的第一个链接，它通常是主页。Current 链接是当前显示页面的链接，这个属性默认设置为 RootToCurrent。

（3）ParentLevelsDisplayed 属性。在一些情况下，导航系统的路径会相当深。在这种情况下，可以使用 SiteMapPath 控件中的 ParentLevelsDisplayed 属性。该属性设置后，会只显示指定深度的页面，例如，属性的值设置为 3，那么只显示到 3 级的页面深度。该属性的默认值是全部显示的。

（4）ShowToolTips 属性。在默认情况下，如果在 Web. sitemap 文件中使用了 description 属性，SiteMapPath 控件会为每个链接生成 description 属性的文本提示。

如果不希望 SiteMapPath 控件为它生成的链接显示文本提示，此时，可以用两种方式关闭这个功能。第一种方式是忽略 . sitemap 文件中的 description 属性。如果从文件中删除了这些属性，SiteMapPath 就不会在页面上显示文本提示。

关闭文本提示功能的另一种方式是把 ShowToolTips 属性设置为 False，这样就会关闭文本提示功能，但仍可以使用 . sitemap 文件中的 description 属性。可能还要使用 description 属性，因为它可以跟踪文件中链接的作用。当在应用程序中处理成千上万个链接时，这是很有帮助的。

7.2.3 SiteMapPath 控件的子元素

前面已经介绍过 SiteMapPath 控件的 <PathSeparatorStyle> 和 <PathSeparatorTemplate> 子元素，但 SiteMapPath 控件还包含其他子元素，表 7-3 中列出了它的所有子元素。

表 7-3 SiteMapPath 控件的子元素

子元素	说　明
CurrentNodeStyle	在当前显示的页面中，给 SiteMapPath 导航系统中的链接应用样式
CurrentNodeTemplate	在当前显示的页面中，给 SiteMapPath 导航系统中的链接应用模板
NodeStyle	给 SiteMapPath 导航系统中的所有链接应用样式。在 CurrentNodeStyle 或 RootNodeStyle 元素中应用的设置会替代这里的设置
NodeStyleTemplate	给 SiteMapPath 导航系统中的所有链接应用模板。在 CurrentNodeStyle 或 RootNodeStyle 元素中应用的设置会替代这里的设置
PathSeparatorStyle	给 SiteMapPath 导航系统中的链接分隔符应用样式
PathSeparatorTemplate	给 SiteMapPath 导航系统中的链接分隔符应用模板
RootNodeStyle	给 SiteMapPath 导航系统中的第一个链接（根链接）应用样式
RootNodeTemplate	给 SiteMapPath 导航系统中的第一个链接应用模板

为了更好地更改 SiteMapPath 控件的外观，具体还可以根据以上元素进行对应的修改，设计出符合要求，美观漂亮的导航系统。

7.3　Menu 控件

Menu 控件显示应用程序的自定义菜单，很适合让用户在较大的选项层次结构中导航，在这个过程中很少利用浏览器的资源。同时它使用十分方便，极大提高了用户开发项目的速度和效率。

7.3.1　使用 Menu 控件

首先创建网站，它包 7.1 节中创建的 Web. sitemap 文件。之后创建一个 Web 窗体 menu1. aspx，这个页面在 Web. sitemap 文件中定义为留学生教育栏目的文件。接下来，只需把一个 Menu 控件和一个 SiteMapDataSource 控件拖放到 menu1. aspx 页面上，并将 Menu 控件的数据源指定为 SiteMapDataSource1。最后，得到如下程序代码：

```
<html xmlns="http://www.w3.org/1999/xhtml">
<head runat="server">
    <title>Asp.net Web 程序设计</title>
</head>
<body>
    <form id="form1" runat="server">
    <div>
    <asp:Menu ID="Menu1" runat="server" DataSourceID="SiteMapDataSource1">
    </asp:Menu>
        <asp:SiteMapDataSource ID="SiteMapDataSource1" runat="server"/>
    </div>
    </form>
</body>
</html>
```

运行这个页面，结果如图 7-3 所示。

图 7-3　menu1. aspx 页面运行的效果图 1

从图 7-3 中可以看出，所显示的 Menu 控件是学校主页链接，在该链接的右边有一个小箭头，这个箭头表示在层次结构中，这个顶级链接还包含更多的选项。Menu 控件具有两种显示模式：静态模式和动态模式。静态显示意味着 Menu 控件始终是完全展开的，整个结构都是可视的，用户可以单击任何部位。在动态显示的菜单中，只有指定的部分是静态的，而只有用户将鼠标指针放置在父节点上时，才会显示其子菜单项。

（1）静态显示行为。使用 Menu 控件 StaticDisplayLevels 属性可控制静态显示行为。StaticDisplayLevels 属性指示从根菜单算起，静态显示菜单的层数。例如，如果将 StaticDisplayLevels 设置为 3，菜单将以静态显示的方式展开其前 3 层。静态显示的最小层数为 1，如果将该值设置为 0 或负数，该控件将会引发异常。

例如，将 menu1. aspx 页面 menu1 控件的 StaticDisplayLevels 属性设置为 3，重新运行，则显示如图 7-4 所示。

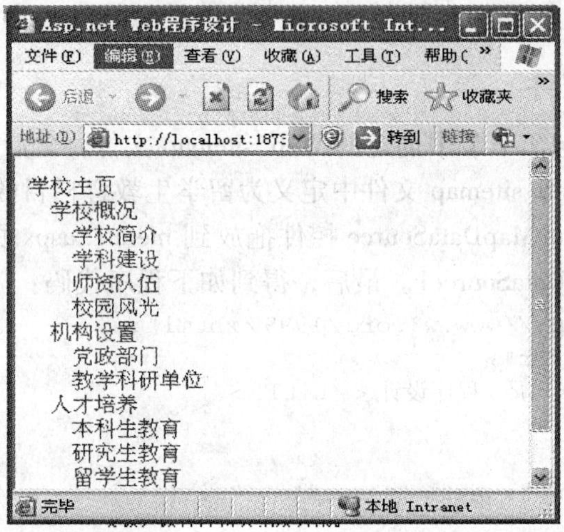

图 7-4　menu1. aspx 页面运行的效果图 2

（2）动态显示行为。MaximumDynamicDisplayLevels 属性指定在静态显示层后应显示的动态显示菜单节点层数。例如，如果菜单有 3 个静态层和 2 个动态层，则菜单的前 3 层静态显示，后两层动态显示。如果将 MaximumDynamicDisplayLevels 设置为 0，则不会动态显示任何菜单节点；如果将 MaximumDynamicDisplayLevels 设置为负数，则会引发异常。

例如，将 menu1. aspx 页面 menu1 控件的 MaximumDynamicDisplayLevels 属性设置为 1，StaticDisplayLevels 属性设置为 2，重新运行该页面，则显示如图 7-5 所示。

图 7-5　menu1. aspx 页面运行的效果图 3

Menu 控件中的内容可以直接配置，也可通过将该控件绑定到数据源的方式来指定其内容。例如，menu1. aspx 页面中使用了 SiteMapDataSource 数据源，也可以指定为 XML 的数据源，还可以来自数据库中的数据源，但需要自己编写对应的代码。对于 ASP. NET Menu 控件的外观、方向和内容，无需编写任何代码便可控制。接下来介绍如何改变控件的属性、外观和行为。

7.3.2 设计 Menu 控件的外观

Menu 控件默认显示为平面外观。如果要保留这个外观，则可以使用该控件的默认属性设置，也可以改变字号和样式，使之符合 Web 站点的要求。实际上，修改这个控件有许多方式，使它的外观比较新颖独特，并与 Web 站点的其他内容相匹配。可以定制这个控件的外观，也可以使用该控件的预定义样式。

(1) 使用自动套用格式选项。Visual Studio 2008 包含一些可以用于 Menu 控件的预定义样式，把它的外观和操作方式快速应用于菜单项。所提供的样式有传统型和彩色型等。要应用这些预定义样式，可以在页面的设计视图上使用 Menu 控件。在设计视图中，突出显示 Menu 控件，展开该控件的智能标记，此时可以看到处理该控件的一列选项。要改变该控件的外观和操作方式，可单击自动套用格式链接，选择一个样式。

执行这个操作会应用一系列样式属性，改变该控件的代码。例如，如果将 menu1. aspx 页面中的 menu 控件选择传统型选项，得到如下程序代码：

```
<asp:Menu ID = "Menu1" runat = "server" DataSourceID = "SiteMapDataSource1"
   BackColor = "#B5C7DE" DynamicHorizontalOffset = "2" Font-Names = "Verdana"
   Font-Size = "0.8em" ForeColor = "#284E98" MaximumDynamicDisplayLevels = "1"
   StaticDisplayLevels = "2" StaticSubMenuIndent = "10px" >
    <StaticSelectedStyle BackColor = "#507CD1"/>
    <StaticMenuItemStyle HorizontalPadding = "5px" VerticalPadding = "2px"/>
    <DynamicHoverStyle BackColor = "#284E98" ForeColor = "White"/>
    <DynamicMenuStyle BackColor = "#B5C7DE"/>
    <DynamicSelectedStyle BackColor = "#507CD1"/>
    <DynamicMenuItemStyle HorizontalPadding = "5px" VerticalPadding = "2px"/>
    <StaticHoverStyle BackColor = "#284E98" ForeColor = "White"/>
</asp:Menu>
```

通过这种方式就可以快速的为 menu 控件更改外观，并且不需要了解对应的属性，适合快速开发的要求。

(2) 改变静态项和动态项的样式。Menu 控件把层次结构中的项看作静态或动态的。要把某个样式应用于静态链接，必须给 Menu 控件添加一个静态样式元素。Menu 控件包含如下静态样式元素：<StaticHoverStyle>、<StaticMenuItemStyle>、<StaticMenuStyle>、<StaticSelectedStyle>、<StaticTemplate>

比较重要的选项有 <StaticHoverStyle> 和 <StaticMenuItemStyle> 元素。<StaticHoverStyle>元素用于定义当终端用户把鼠标停留在菜单中的静态项上时该静态项的样式，<StaticMenuItemStyle>元素用于定义当终端用户不把鼠标停留在菜单中的静态项上时该静态项的样式。

例如，如果将 menu1. aspx 页面中的 menu 控件静态项添加一个 hover 样式，得到如下程序代码：

```
<asp:Menu ID="Menu1" runat="server" DataSourceID="SiteMapDataSource1"
  MaximumDynamicDisplayLevels="1" StaticDisplayLevels="2">
   <StaticHoverStyle BackColor="#0099CC" BorderColor="#003399"
  BorderStyle="Solid" BorderWidth="1px" />
</asp:Menu>
```

重新该页面运行，则显示如图 7-6 所示。

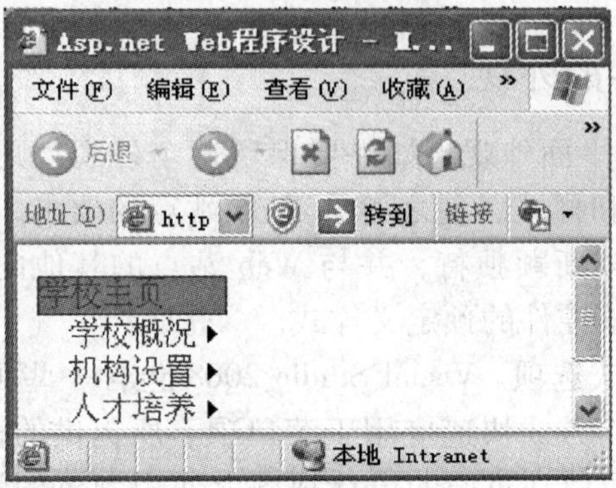

图 7-6 menu1. aspx 页面的运行效果图 4

给 Menu 控件的动态项添加样式与给静态项添加样式一样。可用于修改动态项的外观的元素有：< DynamicHoverStyle >、< DynamicMenuItemStyle >、< DynamicMenuStyle >、< DynamicSelectedStyle >、< DynamicTemplate >。

（3）修改菜单项的布局。在默认情况下，动态的菜单项从左到右显示。也就是说，菜单中的项在展开时，会以垂直方式显示。实际上，可以控制这种行为，也可以通过把第一级菜单项显示在第一个静态项的下面（水平）的方式来实现。使用 Menu 控件的 Orientation 属性可以改变这种行为，程序代码如下：

```
<asp:Menu ID="Menu1" runat="server" DataSourceID="SiteMapDataSource1"
  MaximumDynamicDisplayLevels="1" Orientation="Horizontal"
  StaticDisplayLevels="2">
</asp:Menu>
```

重新该页面运行，则显示如图 7-7 所示。

图 7-7 menu1. aspx 页面的运行效果图 5

Orientation 属性的值只能是 Horizontal 或 Vertical，其默认值是 Vertical。

7.4　TreeView 控件

在上网浏览时经常可以看到一些网站在左边采用类似资源管理器的树形结构，如果在树形结构中单击，则在右边会显示内容，层次清晰且方便快捷。ASP. NET 中提供了 TreeView 控件，使得可以简单快捷地创建树形导航结构。

7.4.1　使用静态的 TreeView 控件导航

TreeView 控件是一个树形结构的控件，该控件用于显示分层数据，如文件目录。TreeView 控件的每个节点是一个 TreeNode 对象，具有 Text 属性和 Value 属性，Text 属性指定在节点显示的文字，Value 属性是获取节点的值。每个节点有选定和导航这两种状态，NavigateUrl 属性决定节点的状态，当该属性不为空字符串（""）值时，为导航状态，否则为选择状态。在默认情况下，会有一个节点处于选择状态。

TreeView 控件的 Nodes 包含所有节点的集合，可以用设计器为 TreeView 控件添加节点，也可以使用编程的方式动态添加节点。如果当 TreeView 控件需要显示的节点非常多，则一次性加载可能会影响效率。在这种情况下，可以设置 TreeView 控件的 PopulateOnDemand 属性为 true，那么展开节点时将会引发 TreeNodePopulate 事件，在这个事件中使用编程的方式加载子节点。例 7. 1 将演示如何使用 TreeView 控件的静态节点实现页面导航。

例 7. 1　新建一个 treeviewtest. aspx 的页面，并添加一个 TreeView 控件，实现如图 7-8 的效果。

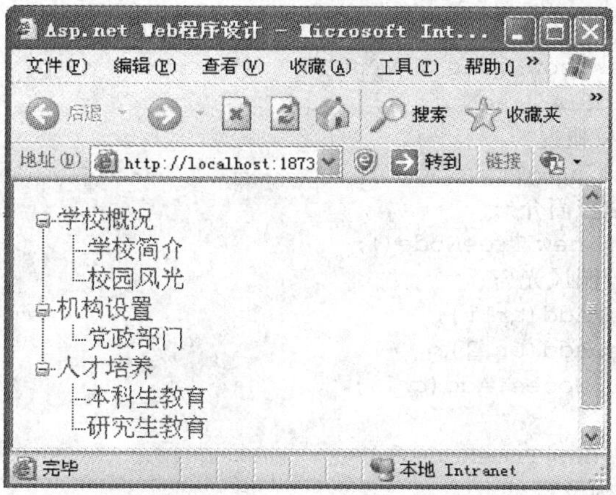

图 7-8　例 7. 1 的运行效果图

（1）采用设计器为 TreeView 控件添加节点。打开 treeviewtest. aspx 的页面，在设计视图中，突出显示 TreeView 控件，展开该控件的智能标记，此时可以看到处理该控件的一列选项，选择编辑节点进行操作，弹出节点编辑器进行添加节点，如图 7-9 所示。

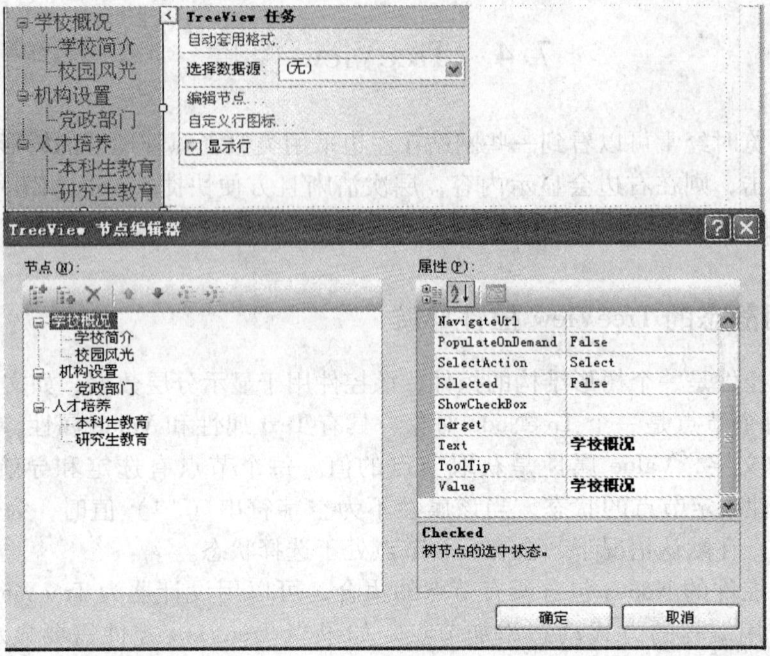

图 7-9 节点编辑器截图

在图 7-9 的节点编辑器中，可以非常容易地对需要生成的树型导航进行设计。

（2）使用编程的方法为 TreeView 控件添加节点。打开 treeviewtest. aspx 的页面，在设计视图中，双击该页面的空白位置，进入 treeviewtest. aspx. cs 页面，写入以下代码，并运行该页面。

```
if (!IsPostBack)
{
    this.TreeView1.ShowLines = true;
    TreeNode tr1 = new TreeNode();
    tr1.Text = "学校概况";
    TreeNode tr11 = new TreeNode();
    tr11.Text = "学校简介";
    TreeNode tr12 = new TreeNode();
    tr12.Text = "校园风光";
    tr1.ChildNodes.Add(tr11);
    tr1.ChildNodes.Add(tr12);
    this.TreeView1.Nodes.Add(tr1);

    TreeNode tr2 = new TreeNode();
    tr2.Text = "机构设置";
    TreeNode tr21 = new TreeNode();
    tr21.Text = "党政部门";
    tr2.ChildNodes.Add(tr21);
    this.TreeView1.Nodes.Add(tr2);

    TreeNode tr3 = new TreeNode();
    tr3.Text = "人才培养";
    TreeNode tr31 = new TreeNode();
```

```
    tr31.Text = "本科生教育";
    TreeNode tr32 = new TreeNode();
    tr32.Text = "研究生教育";
    tr3.ChildNodes.Add(tr31);
    tr3.ChildNodes.Add(tr32);
    this.TreeView1.Nodes.Add(tr3);
}
```

在以上的代码中，ShowLines 属性确定各节点之间是否显示连线，TreeNode 对象代表 TreeView 控件的一个节点，该对象的 ChildNodes 属性包含节点的子节点。

7.4.2 使用数据源绑定的 TreeView 控件导航

TreeView 控件可以绑定 web.sitemap 之类的 XML 文件，形成层次数据非常便捷。也可以直接使用 XML 文档作为数据源，根据 XML 文档的层次结构显示节点。而 XML 文档的访问由 XmlDataSource 控件来完成，从 XmlDataSource 控件的 DataFile 属性中指定 XML 文档路径，然后在 TreeView 控件中设置与 XML 文档中节点的对应关系。例 7.2 将演示如何把 TreeView 控件绑定到 web.sitemap 的 XML 数据源。

例 7.2　新建一个 treeviewtest1.aspx 的页面，并添加一个 TreeView 控件，使用 Web 站点文件 Web.sitemap 作为数据源，实现如图 7-10 所示的效果。

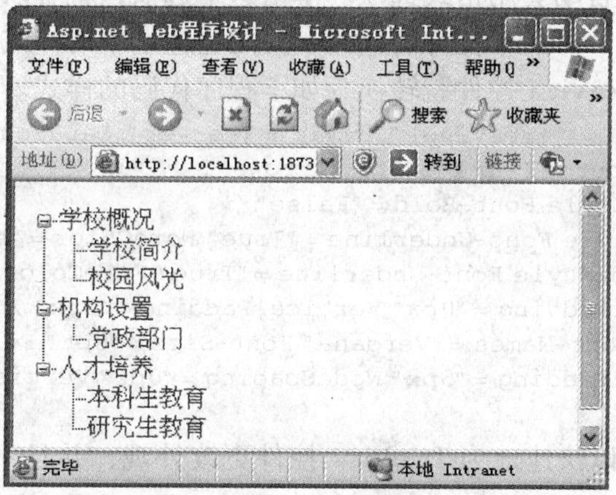

图 7-10　例 7.2 的运行效果图

要完成以上效果，只需把一个 TreeView 控件和一个 SiteMapDataSource 控件拖放到 treeviewtest1.aspx 页面上，并将 TreeView 控件的数据源指定为 SiteMapDataSource1。最后，得到如下程序代码：

```
<html xmlns = "http://www.w3.org/1999/xhtml">
<head runat = "server">
    <title>Asp.net Web 程序设计</title>
</head>
<body>
    <form id = "form1" runat = "server">
<asp:TreeView ID = "TreeView1" runat = "server" DataSourceID = "SiteMapData-
Source1"> </asp:TreeView>
<asp:SiteMapDataSource ID = "SiteMapDataSource1" runat = "server"/>
```

```
</form>
  </body>
  </html>
```

因此使用 TreeView 控件可以非常方便地绑定 Web. sitemap 之类的 XML 文件，也可以很好地显示出网站的 Web 站点结构，在实际应用中带来非常重要的作用。

要填充 TreeView 控件的节点，不仅可以使用 . sitemap 文件，还有许多其他方式。一种比较好的方式是使用 XmlDataSource 控件（而不是 SiteMapDataSource 控件），从 XML 文件中填充 TreeView 控件，具体的操作和使用 SiteMapDataSource 控件与此类似，就不在重复了。

另一种比较常用的方式是需要绑定关系数据库，毕竟关系数据库是最常用、操作最方便的存储形式。具体实现办法要通过写代码的方式进行，也就是在 page_load 事件中首先添加第一级节点，然后在 TreeView 的 SelectedNodeChanged 事件中进行判断添加下一级节点。这些内容将在数据库操作部分进行讲解。

7. 4. 3　设计 TreeView 控件导航的外观

（1）使用自动套用格式选项。TreeView 控件有许多预置的样式，利用这些预定义样式的最佳方式是在页面的设计视图中进行。在 Visual Studio 2008 的设计视图中，右击页面上的 TreeView 控件，找到自动套用格式选项。单击这个选项，就可以使用许多样式了。选择其中一个样式就会修改 TreeView 控件的代码，使之适应选中的样式。例如，从选项列表中选择箭头，所创建的 TreeView 控件就转换为如下程序代码的样式。

```
<asp:TreeView ID = "TreeView1" runat = "server" DataSourceID = "SiteMapData-
            Source1" ImageSet = "Arrows">
    <ParentNodeStyle Font-Bold = "False"/>
    <HoverNodeStyle Font-Underline = "True" ForeColor = "#5555DD"/>
    <SelectedNodeStyle Font-Underline = "True" ForeColor = "#5555DD"
      HorizontalPadding = "0px" VerticalPadding = "0px" />
    <NodeStyle Font-Names = "Verdana" Font-Size = "8pt" ForeColor = "Black"
      HorizontalPadding = "5px" NodeSpacing = "0px" VerticalPadding = "0px"/>
</asp:TreeView>
```

通过这种方式就可以快速地为 TreeView 控件更改外观，并且不需要了解对应的属性，适合快速开发的要求。

通过指定一个内置样式，很容易定制 TreeView 控件的外观和操作方式。应用其中一个样式，会显著改变该控件的外观。还可以把自己的图标应用于节点层次结构列表中的节点，但这不如选择 TreeView 控件中内置的样式那么简单。

TreeView 控件包含如下所示的属性。这些属性可以为控件的节点指定自己的图像。

- CollapseImageUrl 属性。如果展开后节点显示出有子节点，且可以折叠，就给该节点应用定制的图像。
- ExpandImageUrl 属性。如果节点可以展开，显示其子节点，就给该节点应用定制的图像。
- LeafImageUrl 属性。如果节点没有子节点，且位于节点层次结构链的最后，就给该节点应用定制的图像。
- NoExpandImageUrl 属性。如果编程时节点不能展开，或者它本身是叶节点，就给该节点应用定制的图像。它主要用于加上空格，使叶节点与其父节点对齐。

- ParentNodeImageUrl 属性。仅对 TreeView 控件中的父节点应用定制的图像。
- RootNodeImageUrl 属性。仅对 TreeView 控件中的根节点应用定制的图像。

通过以上属性，就可以方便的为 TreeView 控件自己定义外观和操作方式。

7.5 小　结

在 Web 应用程序中建立导航的方法是在页面上设置大量的超级链接。但当开发大型 Web 工程时，这种简单而原始的方法显得极为复杂而且很难进行修改。为此，ASP. NET 引入了一个导航系统来解决整个问题。这种导航系统通过一个 XML 文件来定义整个 Web 站点的导航系统，该 XML 文件称为“Web 站点地图”。用来显示 Web 站点地图的控件包括 Menu、TreeView 和 SiteMapPath 控件。它们使用和显示导航数据的时候都是不考虑数据存储的特定细节问题的，Menu 和 TreeView 控件还可以使用 XML 文件的数据和 XMLDataSource 控件的数据。3 个控件有自己的特点和适用范围，具体描述如下。

- SiteMapPath 控件。检索用户的当前页面并显示页面的层次结构。这让用户可以导航回层次中其他的页面。SiteMapPath 只能与 SiteMapProvider 一起使用，需要设置控件的 SiteMapProvider 属性。
- Menu 控件。提供水平的或垂直的用户界面，当用户把鼠标放在一项上的时候会弹出子菜单。Menu 控件可以编程设置数据元素或数据源控件。但是如果使用 SiteMapDataSource 控件，数据绑定就是自动进行的。
- TreeView 控件。在 Web 页面上提供垂直的用户界面，它可以展开和收缩选中的节点，也可以提供检查框功能以供用户选择数据项。TreeView 控件可以编程设置数据元素和数据源控件。如果使用 SiteMapDataSource 控件，那么数据绑定就是自动进行的。

总之，ASP. NET 引入的导航系统大大方便了在 Web 应用程序中建立导航的问题，让开发者节省更多的时间和精力，也让后续维护得到了很大的帮助，是 ASP. NET 的一个重要特性。

7.6 练　习

1. 编写一个 Web. sitemap 文件，具体结构如下所示。

书籍
　计算机类
　　计算机文化基础
　　计算机组成原理
　文学类
　　论语
　　唐诗宋词

2. 利用以上 Web. sitemap 文件，分别使用 SiteMapPath 控件，Menu 控件和 TreeView 控件显示出 Web. sitemap 文件的内容。

第 8 章　验 证 控 件

本章教学目标

- 了解客户端验证与服务器端验证；
- 掌握服务器验证控件的基本使用方法。

从 ASP. NET 2. 0 起，微软在其中推出了一系列服务器验证控件，用来检验用户输入的数据是否合法。如果合法，则页面可正常提交数据，否则验证控件会将定义好的错误提示显示在所要提交的页面上。使用这些服务器验证控件可以为程序员省去许多原本编写验证代码所需要的时间和精力，可以极大地提高 Web 页面制作的效率。除此之外，对于不熟悉编写验证代码的程序员来说，使用好这些服务器验证控件能够让 Web 站点更规范，更安全。

8.1　有效性验证概述

Web 页面上数据的有效性是指数据符合程序员在 Web 页面上设置的规范和要求。有效性验证就是对数据是否符合规范和要求进行验证。

Web 页面的开放性决定了它面对的用户数量通常多于普通应用软件面对的用户数量。Web 页面经常需要面对来自用户输入的各种数据，而它所面对的用户中既有熟悉计算机和互联网的，也有对计算机和互联网比较陌生的。因此，不同的用户输入页面中的数据将具有不同的特点。熟悉计算机和互联网的用户有可能会非常规范地在 Web 页面上输入信息，但也有可能利用掌握的知识在 Web 页面上输入具有攻击破坏性的信息。而对计算机和互联网陌生的用户，则往往不能按要求输入规范信息。

正因为可能出现上述各种不可预料的情况，所以网站设计者通过设置数据输入规则，也称为有效性验证来控制网站访问者输入到某些表单域中的内容，例如，对下拉框、文本框、文本区和选项按钮等控件应用数据输入规则。这里列举几个常见的输入规则设置，例如，对用户提交的文本框中的数据进行去空格处理，然后判断是否输入为空、判断用户输入的密码长度是否在有效范围之内、判断 Email 的格式是否有效，以及判断用户名是否重复等。

有效性验证有不同的严格程度。验证的严格程度完全取决于需求和开发人员。不存在绝对完美的验证，只有相对完美的验证。因为无论建立什么样的规则，总有用户可以想法绕过去。而且，过于严格的验证将降低程序的可用性。因此有效性设计的关键就在于，使验证规则的严格程度和程序的可用性保持最佳的平衡。

8.2　客户端和服务器端的验证

数据有效性验证既可以放在客户端进行，也可以放在服务器端进行，或者在两边同时进行。通常为了系统的安全，服务器端的有效性验证是必须的，而客户端的验证则可有可无。

8.2.1　客户端数据的有效性验证

虽然在客户端进行数据有效性验证可有可无，但是如果在适当的情况下应用客户端数据的有效性却能带来很大的益处。因为在客户端进行数据有效性验证，客户端将在数据被提交给服务器之前排除用户可能存在的许多输入错误。如果有错误，则页面不会被提交，从而减少网络流量，减轻了服务器的负担。同时，因为不需要把页面提交到服务器，也加快了验证的速度，从而提升了系统的性能。

在客户端进行数据有效性验证需要使用客户端的脚本语言进行编程，客户端的脚本语言通常有 VBScript、JavaScript 和 JScript 可以选用。在功能上，JavaScript 基本是 JScript 的一个子集，选择何者取决于开发人员的习惯。但需要注意的是，VBScript 和 JScript 只有 IE 浏览器支持，而 JavaScript 则被大多数浏览器支持。

例 8.1　JavaScript 示例语句。

```
<!--以下是一段客户端运行的 JavaScript 脚本代码-->
<script language ='javascript'>
<!--
  alert('第一个 C#程序');
-->
</script>
```

在例 8.1 中，客户端的脚本块由 <script>标签包含，并由该标签的 language 属性指明所使用的脚本语言。本例指定使用 JavaScript 语言，具体的 JavaScript 代码一般会用 <! -- 和-- >括起来，这是为了使不支持 JavaScript 的浏览器忽略这段内容。由于现在的绝大多数浏览器都支持 JavaScript，所以这并非十分必要。一般而言，客户端的脚本块最好放在 Web 页面源代码的 <head>与</head>之间，尤其是类定义或者函数定义等不立即执行的代码。

本例中的 alert() 函数是 JavaScript 中使用最频繁的函数之一，其作用是弹出一个提示对话框，在实际编程中经常用它来提示用户的输入或操作错误。

限于篇幅，对于 JavaScript 的基本语法在此不讨论。

8.2.2　服务器端数据的有效性验证

服务器端的数据有效性验证相对于客户端的验证来说，更多的是出于对安全性的考虑。正因为安全方面的原因，使得服务器端的验证更为重要。黑客们有种种办法可以跳过客户端的数据验证而直接把数据提交给服务器端，因此绝对不能因为进行了客户端的验证而忽略服务器端的验证。

(1) 两种验证方式的的区别。客户端验证包含在已下载的页面中。当用户提交表单时，它直接在已下载到本地的页面中调用脚本来进行验证，为用户提供快速反馈，这样可以减少服务器端的运算。服务器端的验证则是将页面提交到服务器处理，服务器上的 .aspx 页面先执行对表单的验证，然后再把结果返回到客户端。

(2) 两种验证方式的关联。很多 Web 页面只在客户端进行验证，事实表明这样是很不安全的。通常，客户端验证对大部分的用户来说是可行的。然而，一旦用户设置浏览器禁止运行脚本代码，则所有客户端的验证都会失效。而服务器端验证是构建安全 Web 应用程序所必需的，只有服务器端验证才可以提供真正应用程序级的安全。

对于大部分的正常浏览者来说，客户端验证都不会被屏蔽。如果只进行服务器端验证，通不过验证返回错误的几率将大增，导致消耗时间较长，将对服务器产生很大的压力。而如果在客户端先设置一个检测屏障，让送至服务器端的数据顺利通过检验，将使服务器端的负担大为减轻。所以二者的特性决定了 Web 页面设计者应当根据需求在安全和性能之间取得一个科学的平衡才能达到最好的效果。

8.3 ASP. NET 服务器验证控件

在 ASP. NET 2. 0 之前，网站开发人员经常需要花费许多时间在数据验证设计方面。为了提高开发网站的速度，微软提供了一套 ASP. NET 的服务器验证控件。

8. 3. 1 服务器验证控件概述

验证控件用于验证与其关联的输入控件的值，当用户的输入不能通过验证时，将会显示预定义的错误提示信息。验证控件放置的位置并没有规定，可以在页面的任意位置放置，但是一般为了直观起见，尽量将验证控件靠近所要验证的控件的位置。

表 8-1 列出了 ASP. NET 3. 5 中的 6 种验证控件。

表 8-1 验证控件

控件名称	说　明
RequiredFieldValidator	确保用户输入数据时不会跳过必填字段
CompareValidator	将用户输入值与某一指定值进行比较，看是否符合要求
RangeValidator	验证用户输入值是否在指定的范围内
RegularExpressionValidator	验证用户输入值是否符合正则表达式指定的模式
CustomValidator	验证用户输入值是否符合自定义的验证逻辑
ValidationSummary	用于收集以上所有未通过验证控件的 ErrorMessage 属性值，并显示在同一页面

表 8-2 列出了验证控件的共有常用属性。

表 8-2 验证控件的共有常用属性

属性名	说　明
ControlToValidate	待验证的控件的 ID
Display	错误信息的显示方式，有 None、Static 和 Dynamic，默认为 Static
EnableClientScript	是否启用客户端验证
Enabled	是否启用验证控件
ErrorMessage	验证失败时显示的信息
IsValid	关联的控件是否通过验证
SetFocusOnError	当验证失败时是否将焦点移动到关联的控件上
Text	验证失败时在验证控件中要显示的信息
ValidationGroup	验证控件所在的分组名

下面详细介绍表 8-2 中列出的验证控件的共有常用属性。

(1) ControlToValidate 属性值用于指定验证控件所要验证的对象控件。该属性是必须指定的，即属性值不能为空，否则在其所在页面运行的时候将会报错。

(2) Display 属性用于决定如何显示错误消息。

Display 属性有 3 个值：Static/ None/ Dynamic。

- Display 属性值默认是 Static，即始终为错误信息分配显示空间；
- 当 Display 属性值为 None 时，是将错误信息集中到 ValidationSummary 控件中显示；
- 当 Display 属性值为 Dynamic 时，是表示只在需要的时候才为错误信息分配显示空间；

(3) ErrorMessage 属性用于显示待验证的控件，当无法通过验证的时候，在 ValidationSummary 控件中所要显示的信息；

(4) Text 属性是当验证控件无法通过验证时在验证控件中显示的信息。注意，如果只设置了 ErrorMessage 属性而没有设置 Text 属性并且 Display 方式不为 None 时，将会显示 ErrorMessage 属性的值。

验证控件并非可以验证所有 ASP. NET 中所提供的控件。可以验证的控件类型只能是 ASP. NET 服务器控件和 HTML 服务器控件，而不能验证普通 HTML 控件。而且即使是可以进行验证的控件也只是针对这些控件的部分属性值进行验证。

表 8-3 列出了 ASP. NET 验证控件可以进行验证的对象控件及对应的可验证属性。

表 8-3　ASP. NET 验证控件可以验证的控件名称及其属性

可验证对象控件名称	验证属性	说　明
DropDownList	SelectedValue	验证选中项的值
FileUpload	FileName	验证要上传的文件名
ListBox	SelectedItem. Value	验证选中的第一项的值
RadioButtonList	SelectedItem. Value	验证选中项的值
TextBox	Text	验证文本框的值
HtmlInputFile	Value	验证 HTML 服务器上传控件中的文件名
HtmlInputPassword	Value	验证 HTML 服务器文本控件的值
HtmlInputText	Value	验证 HTML 服务器文本控件的值
HtmlSelect	Value	验证 HTML 服务器下拉控件选中的值
HtmlTextArea	Value	验证 HTML 服务器多行文本控件的值

在默认情况下，ASP. NET 服务器控件将首先在客户端进行验证，然后再发送到服务器端进行验证，当然也可以设置它的 EnableClientScript 属性来指定是否需要在客户端进行验证。

8. 3. 2　RequiredFieldValidator 控件

RequiredFieldValidator 控件中文名称叫必填验证控件，也就是与 RequiredFieldValidator

控件关联的控件的值在默认设置下必须填写。RequiredFieldValidator 控件通常用于验证用户是否在 TextBox 等输入控件中输入了数据，或在 DropDownList 控件中是否选定了下拉项等，从而确保用户输入或选择数据时不会跳过必填字段。

RequiredFieldValidator 控件的标准代码如下：

```
<asp:RequiredFieldValidator ID = "RequiredFieldValidator1" runat = "server"
   ErrorMessage = "RequiredFieldValidator">
</asp:RequiredFieldValidator>
```

表 8-4 中列出了该控件的常用属性。

表 8-4　RequiredFieldValidator 控件常用属性

属性名称	说　明
ControlToValidate	获取或设置要验证的输入控件的 ID
Display	控件在页面上出现的方式，Static 表示控件的错误信息在页面中占有肯定位置；Dymatic 表示控件错误信息出现时，才占用页面控件；None 表示错误出现时不显示，但是可以在 ValidatorSummary 中显示
InitialValue	获取或设置要验证的输入控件的初始值
IsValid	获取或设置一个值，该值指示要验证的输入控件是否通过验证
ErrorMessage	获取或设置验证失败的错误信息
Text	获取或设置验证失败时在控件中显示的文本

下面详细介绍表 8-4 中 RequiredFieldValidator 控件的几个常用属性。

（1）InitialValue 属性作用在于，当用户提交数据时，要验证的控件输入值若与 InitialValue 值相同，则验证也无法通过。

（2）Text 属性如果验证失败，Text 属性设置的文本信息将在验证控件的位置上显示出来，如果没有设置 Text 属性值，则由 ErrorMessage 属性设置的信息替代 Text 显示。

（3）ErrorMessage 属性中的值还会被 ValidationSummary 控件收集。

例 8.2　用 RequiredFieldValidator 控件验证 TextBox 控件值是否为空。

在 Default. aspx 文件中添加一个 RequiredFieldValidator 控件、一个文本框控件和一个按钮控件，生成的 RequiredFieldValidator 控件代码如下：

```
<asp:RequiredFieldValidator
   ID = "RequiredFieldValidator1" runat = "server"
   ErrorMessage = "RequiredFieldValidator" ControlToValidate = "TextBox1">
</asp:RequiredFieldValidator>
```

其中的 ErrorMessage 属性值可设置为希望在用户错过输入内容时给予的提示信息，例如“请输入”或“必填”。很多时候为考虑页面布局美观也把该值设置为“ * ”，表示必填字段。

上述代码片段中的 ControlToValidate =" TextBox1" 这句代码表示，设置该验证控件的验证对象为文本框控件 TextBox1。

注意　一个 RequiredFieldValidator 控件只能针对一个控件进行验证。

在 Default. aspx 文件中添加上述两个控件后，页面上的显示情况如图 8-1 所示。

图 8-1　控件布局

(1) 设置 ErrorMessage 属性。选中验证控件，可找到对应的 ErrorMessage 属性，如图 8-2所示。

修改 ErrorMessage 属性值为“请输入”。

(2) 设置 ControlToValidate 属性。在 ControlToValidate 属性值的下拉框中选择验证对象，本例选择文本框控件 TextBox1，如图 8-3 所示。

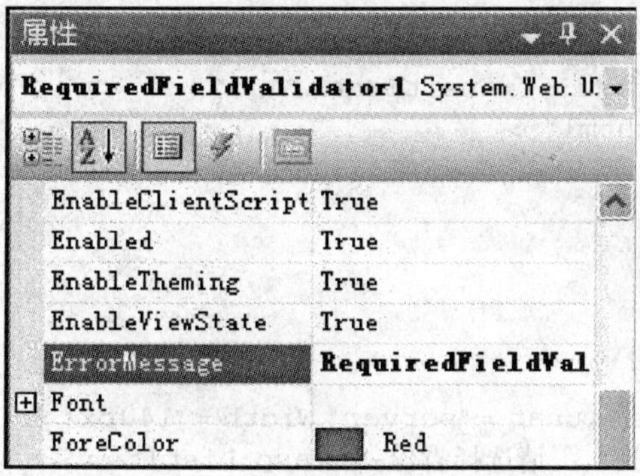

图 8-2　设置 ErrorMessage 属性

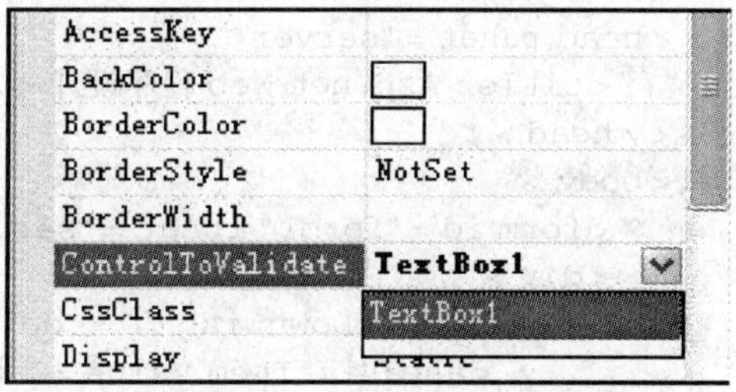

图 8-3　选择要验证的对象控件

运行 Default. aspx 页面，并直接单击按钮控件，效果如图 8-4 所示。

图 8-4　例 8.2 的运行效果图

从图 8-4 中可以看见，文本框在无任何输入字符的情况下如果单击按钮，页面将无法通过验证，此时，RequiredFieldValidator 验证控件将给予信息提示“请输入”。如果在页面文本框中输入任意字符后再单击按钮，则页面将通过验证，此时，RequiredFieldValidator 验证控件不会给予提示信息。

例 8.3 用 RequiredFieldValidator 控件验证 DropDownList 控件是否选择了项。

在页面上添加一个 DropDownList 控件，DropDownList 控件的下拉项为 4 个省份的名称。本例中的 DropDownList 控件在用户未进行选择时，在项显示区域设置显示提示信息“-请选择省份-”。页面不希望用户在没有选择具体省份名称的情况下，直接单击按钮提交。因此，在页面上使用验证控件对 DropDownList 控件进行验证，使其变成一个必需的窗体元素，用户只有在选择省份之后，才能提交数据。为达到这个效果，设置 RequiredFieldValidator 控件的 InitialValue 属性值为“-请选择省份-”。

设置完成后，详细页面程序代码如下所示：

```
<%@ Page Language="C#" AutoEventWireup="true" CodeFile="Default.aspx.cs"
  Inherits="_Default" %>
<!DOCTYPE html PUBLIC "-//W3C//DTD XHTML 1.0 Transitional//EN"
  "http://www.w3.org/TR/xhtml1/DTD/xhtml1-transitional.dtd">
<html xmlns="http://www.w3.org/1999/xhtml">
<head runat="server">
  <title>Asp.net Web 程序设计</title>
</head>
<body>
  <form id="form1" runat="server">
  <div>
     <asp:DropDownList ID="ddlprovince" runat="server" Width="140px">
        <asp:ListItem Value="-请选择省份-">-请选择省份-</asp:ListItem>
        <asp:ListItem Value="河北">河北</asp:ListItem>
        <asp:ListItem Value="福建">福建</asp:ListItem>
        <asp:ListItem Value="浙江">浙江</asp:ListItem>
        <asp:ListItem Value="云南">云南</asp:ListItem>
     </asp:DropDownList>
     <asp:RequiredFieldValidator ID="valeProvince" runat="server"
        ControlToValidate="ddlprovince"
        ErrorMessage="请选择省份" InitialValue="-请选择省份-">
</asp:RequiredFieldValidator><br />
     <br />
     <asp:Button ID="btnOK" runat="server" Text="确定" /></div>
   </form>
</body>
</html>
```

运行 Default. aspx 文件，如图 8-5 所示如果用户未对下拉框进行选择，那么下拉框将停留在第一项“-请选择省份-”。直接单击“确定”按钮，RequiredFieldValidator 控件将提示“请选择省份”。

可见 RequiredFieldValidator 控件利用它的 InitialValue 属性成功验证了下拉列表框控件中提交的值。

如果用户在下拉框里选择“河北”。则单击“确定”按钮可以看见页面刷新了一次，没有验证错误信息提示，表示页面成功提交，运行效果分别如图 8-6 和 8-7 所示。

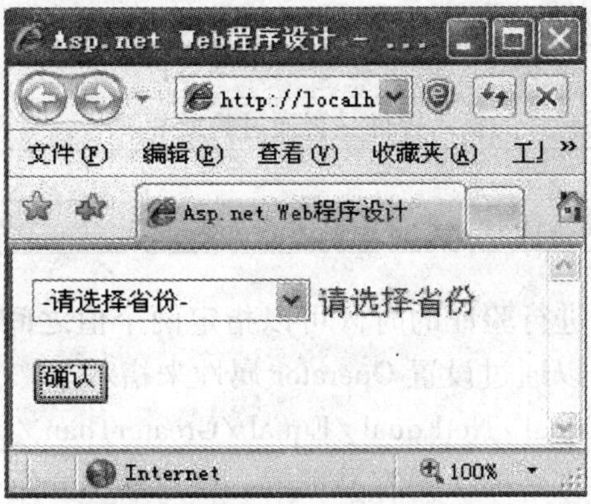

图 8-5 DropDownList 控件未通过验证

图 8-6 用户选择下拉项

图 8-7 页面成功提交

8.3.3 CompareValidator 控件

CompareValidator 控件的中文名称叫比较验证控件，它是用来验证两个控件的值是否一致或者验证控件与某个值之间的关系。

CompareValidator 控件的标准代码如下：

```
<asp:CompareValidator ID = "CompareValidator1" runat = "server"
  ErrorMessage = "CompareValidator" >
</asp:CompareValidator >
```

表 8-5 列出了 CompareValidator 控件的常用属性。

表 8-5 CompareValidator 控件的常用属性

属性名称	说明
ControlToValidate	获取或设置要验证的输入控件的 ID
Operator	获取或设置比较运算符
ValueToCompare	获取或设置要比较的数据常量值
Type	获取或设置要比较的数据的类型（String丨Integer丨Double丨Date丨Currency）
ControlToCompare	获取或设置要与验证的输入控件进行比较的输入控件

（续表）

属性名称	说　明
IsValid	获取或设置一个值，该值指示要验证的输入控件是否通过验证
ErrorMessage	获取或设置验证失败的错误信息
Text	获取或设置验证失败时在 CompareValidator 控件中显示的文本

（1）Operator 属性。CompareValidator 控件在进行验证的时候可以指定两个值之间在满足什么关系的情况下不能通过验证，这个关系可以通过设置 Operator 属性来指示。

Operator 属性有 6 个值：LessThan/LessThanEqual /NotEqual /Equal /GreaterThan /GreaterThanEqual。这 6 个不同属性值的具体含义从英文字面上很容易理解，这里就不介绍了。

（2）可验证的数据类型。因为在输入控件中可以输入货币、浮点数、整数及字符串等不同数据类型，所以在使用 CompareValidator 控件的时候需要设置控件按照什么类型的值进行验证。

CompareValidator 控件可以进行验证的数据类型如表 8-6 所示。

表 8-6　CompareValidator 控件可以验证的类型

可验证数据类型	说　明
Currency	按货币类型比较，小数点后最多两位数字
Date	按日期类型比较（不带时、分、秒）
Double	按浮点数类型比较
Integer	按整数类型比较
String	按字符串类型比较

例 8.4　用 CompareValidator 控件对设定值的验证。

本例所用 Default. aspx 页面上有一个文本框，使用比较验证控件来验证该文本框是否输入指定名称“张三”。如果是，则通过验证，否则不通过。

对属性 Operator 和 ValueToCompare 的设置如图 8-8 所示。

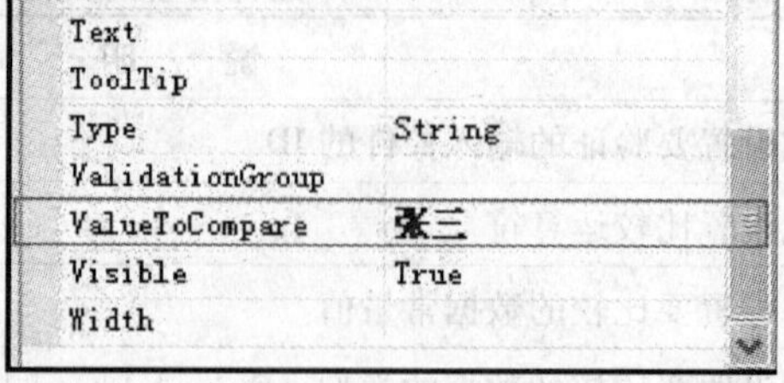

图 8-8　属性 Operator 和 ValueToCompare 的设置

设置完成后，页面程序代码如下所示：

```
<%@ Page Language = "C#" AutoEventWireup = "true" CodeFile = "Default.aspx.cs"
   Inherits = "_Default" %>
<!DOCTYPE html PUBLIC "-//W3C//DTD XHTML 1.0 Transitional//EN"
   "http://www.w3.org/TR/xhtml1/DTD/xhtml1-transitional.dtd">
<html xmlns = "http://www.w3.org/1999/xhtml" >
<head runat = "server" >
   <title >Asp.net Web 程序设计 </title >
</head >
<body >
   <form id = "form1" runat = "server" >
   <div >
    请在文本框中输入:张三 <br />
     <asp:TextBox ID = "txtName" runat = "server" Width = "165px" >
</asp:TextBox >
    <asp :CompareValidator ID = "valcName" runat = "server"
        ControlToValidate = "txtName" ErrorMessage = "不相等"
        ValueToCompare = "张三" > </asp:CompareValidator > <br />
    <br/>
    <asp:Button ID = "btnOK" runat = "server" Text = "确定" />
</div >
    </form >
</body >
</html >
```

往文本框中输入"张三"后单击"确定"按钮，页面正常刷新提交。往文本框中输入"李四"后单击"确定"按钮，验证控件提示错误信息，如图 8-9 所示。

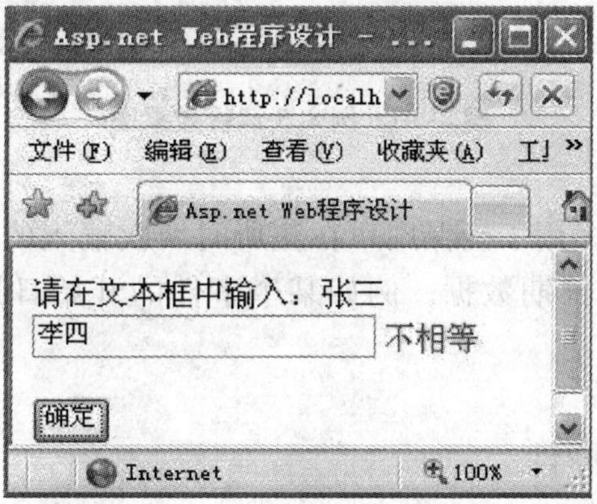

图 8-9　例 8.4 的运行效果图

注意　不要同时设置 ControlToCompare 属性和 ValueToCompare 属性，如果同时指定了这两个属性，则 ValueToCompare 属性优先。

初学者通常容易把 ControlToValidate 属性和 ControlToCompare 属性搞混淆。ControlTo-Validate 属性指的是要验证的对象控件。ControlToCompare 属性指的是该控件所要比较的对象。

例 8.5　两个 TextBox 控件值的比较验证。

本例要实现的是用 CompareValidator 控件验证 TextBox2 里输入的内容是否和 TextBox1

中输入的内容相一致。

在 Default. aspx 文件中再增加一个文本框控件 TextBox2 和一个 CompareValidator 控件，生成对应 CompareValidator 控件的代码如下：

```
<asp:CompareValidator ID = "CompareValidator1"
   runat = "server" ErrorMessage = "CompareValidator"
   ControlToCompare = "TextBox1"
   ControlToValidate = "TextBox2" >
</asp:CompareValidator>
```

由上述代码可见，ControlToValidate 属性本例中设置为”TextBox2”，ControlToCompare 属性设置为”TextBox1”。修改 ErrorMessage 属性值设置为“内容不一致”，然后运行 Default. aspx 文件，在文本框 1 和文本框 2 中分别输入“123”和“321”并单击“确定”按钮，效果如图 8-10 所示。

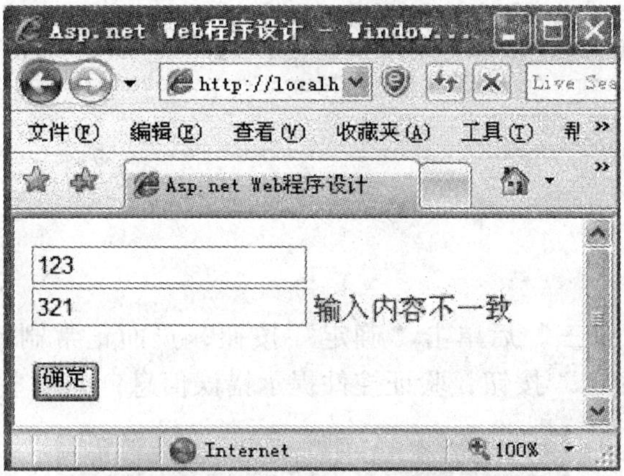

图 8-10 例 8.5 运行效果图

CompareValidator 控件多用于确保用户在注册时两次输入的密码一致，除此之外还可以验证有一定先后顺序的日期数据，例如某个事件的开始日期和结束日期，这里不再赘述。

8.3.4 RangeValidator 控件

RangeValidator 控件中文名称为范围验证控件，用于验证用户输入值是否在指定的范围内，验证范围取值由 MaximumValue 和 MinimumValue 两个属性指定。

RangeValidator 控件的标准代码如下：

```
<ASP:RangeValidator Runat = "Server"
   controlToValidate = "要验证的控件 ID"
   type = "Integer"
   MinimumValue = "最小值"
   MaximumValue = "最大值"
   errorMessage = "错误信息"
   Display = "Static | Dymatic | None" >
</ASP:RangeValidator>
```

表 8-7 列出 RangeValidator 控件的常用属性。

表 8-7　RangeValidator 控件的常用属性

属性名称	说　明
ControlToValidate	获取或设置要验证的输入控件的 ID
MaximumValue	获取或设置验证范围的最大值
MinimumValue	获取或设置验证范围的最小值
Type	获取或设置要比较的数据的类型（String | Integer | Double | Date | Currency）
IsValid	获取或设置一个值，该值指示要验证的输入控件是否通过验证
ErrorMessage	获取或设置验证失败的错误信息
Text	获取或设置验证失败时在 RangeValidator 控件中显示的文本

RangeValidator 控件验证的数据类型有多种，具体如图 8-11 所示。

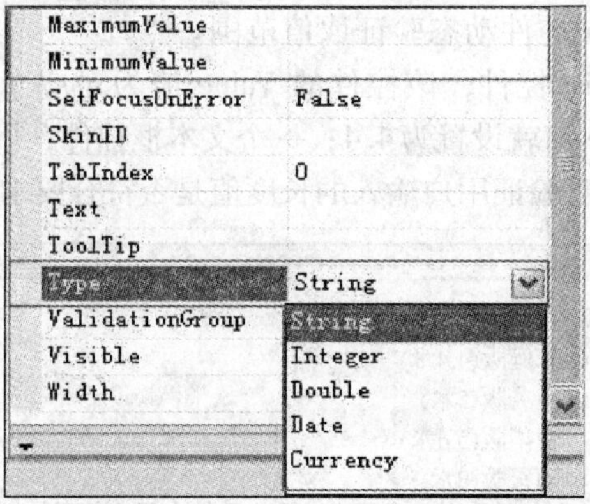

图 8-11　RangeValidator 控件验证的数据类型

从图 8-11 还可以看到 RangeValidator 控件的两个重要属性 MaximumValue 和 Minimum-Value。这两个属性是分别用来确定验证范围的上边界和下边界，即最大值和最小值。

例 8.6　用 RangeValidator 控件验证 TextBox 的值是否在要求范围内。

本例设定验证的数据类型为 Integer，验证对象为 TextBox1，出错提示信息设置为“范围不符”，最大值和最小值分别为 10 和 1。

在 Default. aspx 页面中添加一个 RangeValidator 控件、一个文本框控件和一个按钮控件，并按照如上设置，生成对应 RangeValidator 控件的代码如下：

```
<asp:RangeValidator ID = "RangeValidator1" runat = "server"
   ControlToValidate = "TextBox1 "
   ErrorMessage = "范围不符"
   MaximumValue = "10 "
   MinimumValue = "1 "
   Type = "Integer"
</asp:RangeValidator >
```

运行 Default. aspx 页面，并在 TextBox1 中输入“99”后单击“确定”按钮，输入的值“99”不在设定的 1 ～10 之间，因此范围验证控件提示“范围不符”。效果如图 8-12 所示。

图 8-12　例 8.6 的运行效果图

除了静态设定 RangeValidator 控件的验证值范围，也可以通过编程来动态指定它的最大值和最小值的范围。下面是一个 RangeValidator 控件动态验证取值范围的例子。

例 8.7　RangeValidator 控件动态验证取值范围。

添加一个 RadioButtonList 控件，该控件的 Value 值为对应车型的长度，例如“家庭版(4.4 米)”，那么对应 Value 值就设置为4.4；一个文本框控件，用于接收用户输入的长度值；一个 RangeValidator 控件用于验证用户输入的长度值是否符合要求。具体如图 8-13 所示。

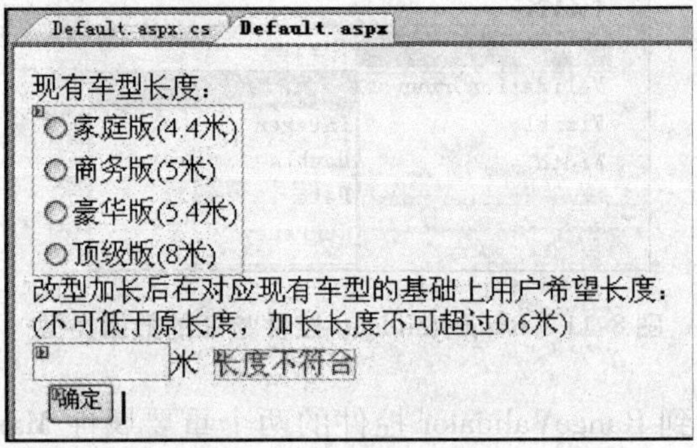

图 8-13　例 8.7 控件布局图

对应程序源代码如下所示：

```
<%@ Page Language = "C#" AutoEventWireup = "true" CodeFile = "Default.aspx.cs"
  Inherits = "_Default" %>
<!DOCTYPE html PUBLIC "-//W3C//DTD XHTML 1.0 Transitional//EN"
  "http://www.w3.org/TR/xhtml1/DTD/xhtml1-transitional.dtd">
<html xmlns = "http://www.w3.org/1999/xhtml" >
<head runat = "server">
    <title>Asp.net Web 程序设计</title>
</head>
<body>
    <form id = "form1" runat = "server">
    <div>
      现有车型长度:<br />
      <asp:RadioButtonList ID = "RadioButtonList1" runat = "server">
        <asp:ListItem Value = "4.4">家庭版(4.4 米)</asp:ListItem>
```

```
            <asp:ListItem Value="5">商务版(5 米)</asp:ListItem>
            <asp:ListItem Value="5.4">豪华版(5.4 米)</asp:ListItem>
            <asp:ListItem Value="8">顶级版(8 米)</asp:ListItem>
        </asp:RadioButtonList>改型加长后在对应现有车型的基础上用户希望长度:
 <br />
    (不可低于原长度,加长长度不可超过 0.6 米)<br />
        <asp:TextBox ID="txtCarLength" runat="server"
          Width="73px"></asp:TextBox>米
        <asp:RangeValidator ID="RangeValidator1" runat="server"
          ControlToValidate="txtCarLength"
          ErrorMessage="长度不符合"></asp:RangeValidator><br />
 <asp:Button ID="btnOK" runat="server" Text="确定"
    OnClick="btnOK_Click"
/>
 </div>
    </form>
 </body>
 </html>
```

后台.cs 文件代码如下所示:

```
protected void Page_Load(object sender, EventArgs e)
{
   this.RangeValidator1.MinimumValue = this.RadioButtonList1.SelectedValue;
   this.RangeValidator1.MaximumValue
   = Convert.ToString(Convert.ToInt32(this.RadioButtonList1.SelectedValue)
   + 0.6);
}
```

如果用户选择单选框第 4 项——顶级版（8 米），那么用户输入“7”或“8.8”，都因 7<8 和 8.8>8.6 而超出验证范围，将提示“长度不符合”。如果输入 8～8.6 之间的值，则能通过验证。

8.3.5 RegularExpressionValidator 控件

RegularExpressionValidator 控件的中文名称为正则表达式验证控件，用于验证用户输入值是否符合正则表达式指定的模式。例如，验证是否为合法邮件地址、电话号码或邮编等。

RegularExpressionValidator 控件的标准代码如下：

```
<ASP:RegularExpressionValidator RunAt="Server"
      ControlToValidate="要验证控件名"
      ValidationExpression="正则表达式"
      errorMessage="错误信息"
      display="Static">
</ASP:RegularExpressionValidator>
```

表 8-8 中列出了该控件的常用属性。

表 8-8 RegularExpressionValidator 控件常用属性

属性名称	说 明
ControlToValidate	获取或设置要验证的输入控件的 ID
ValidationExpression	获取或设置验证规则的正则表达式

（续表）

属性名称	说　明
IsValid	获取或设置一个值，该值指示要验证的输入控件是否通过验证
ErrorMessage	获取或设置验证失败的错误信息
Text	当获取或设置验证失败时，在 RegularExpressionValidator 控件中显示的文本

ASP. NET 为我们已经定义好了许多种常用正则表达式的规则以供选择，它们在 RegularExpressionValidator 控件的 ValidationExpress 属性里。单击该属性，进入正则表达式编辑器，如图 8-14 所示。

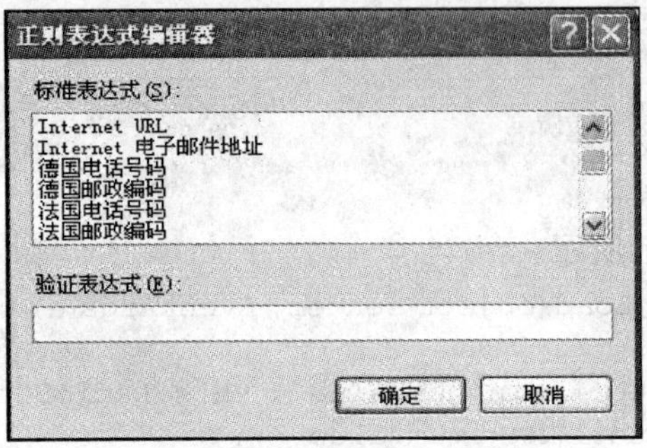

图 8-14　正则表达式编辑器面板

在正则表达式编辑器里，可以自定义正则表达式，也可以选择已经定义好的规则。

例 8.8　使用 RegularExpressionValidator 控件验证输入的邮件格式。

页面布局如图 8-15 所示。

图 8-15　例 8.8 的控件布局图

在正则表达式编辑器里选择“Internet 电子邮件地址”项，如图 8-16 所示。

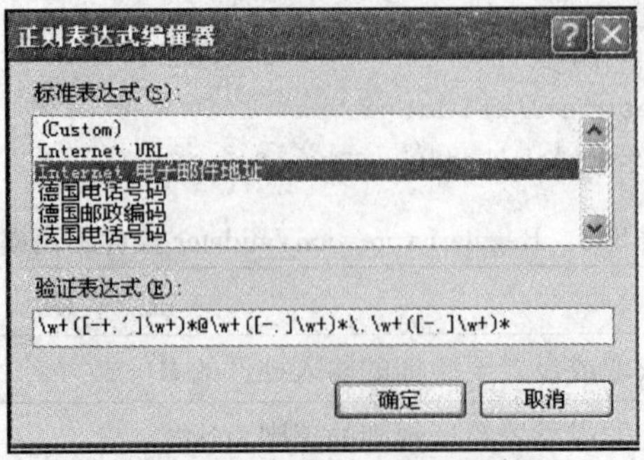

图 8-16　选择邮件正则表达式项

页面程序源代码如下:

```
<%@ Page Language = "C#" AutoEventWireup = "true" CodeFile = "Default3.aspx.cs"
  Inherits = "Default3" %>
<!DOCTYPE html PUBLIC "-//W3C//DTD XHTML 1.0 Transitional//EN"
  "http://www.w3.org/TR/xhtml1/DTD/xhtml1-transitional.dtd">
<html xmlns = "http://www.w3.org/1999/xhtml" >
<head runat = "server">
  <title>Asp.net Web 程序设计</title>
</head>
<body>
  <form id = "form1" runat = "server">
  <div>
    <asp:TextBox ID = "txtEmail" runat = "server"></asp:TextBox>
    <asp:RegularExpressionValidator ID = "RegularExpressionValidator1"
      runat = "server" ControlToValidate = "txtEmail"
      ErrorMessage = "邮件格式不对"
      ValidationExpression = "\w+([-+.']\w+)*@\w+([-.]\w+)*\.\w+
      ([-.]\w+)*">
</asp:RegularExpressionValidator><br />
   <asp:Button ID = "btnOk" runat = "server" Text = "确定" /></div>
  </form>
</body>
</html>
```

在文本框中输入“ww. qq. com”，单击“确定”按钮，可以看见当输入的邮件不符合邮件格式的时候，验证控件给出了出错信息提示。运行效果如图 8-17 所示。

图 8-17　例 8.8 的运行效果图

8.3.6　CustomValidator 控件

CustomValidator 控件的中文名称为自定义验证控件。为满足一些特殊的验证要求，ASP. NET 提供了 CustomValidator 控件，在这个控件中可以自己写验证规则。

CustomValidator 控件的标准代码如下:

```
<ASP:CustomValidator RunAt = "Server"
    controlToValidate = "要验证的控件"
    onServerValidateFunction = "验证函数"
    errorMessage = "错误信息"
```

```
        Display = "Static | Dymatic | None" >
    < /ASP: CustomValidator >
```

上述代码用户必须定义一个函数来验证输入。

该控件用自定义的函数界定验证方式。表 8-9 列出该控件的常用属性。

表 8-9 CustomValidator 控件常用属性

属性名称	说　明
ControlToValidate	获取或设置要验证的输入控件的 ID
IsValid	获取或设置一个值，该值指示要验证的输入控件是否通过验证
ErrorMessage	获取或设置验证失败的错误信息
Text	获取或设置验证失败时在 CustomValidator 控件中显示的文本
ClientValidationFunction	用于在客户端执行验证的客户端函数名
ValidateEmptyText	是否验证空文本，即当所验证控件值为空时执行客户端验证

CustomValidator 控件用于在客户端验证的函数有两个参数，第一个是表示被验证的控件，第二个表示事件数据。第二个参数有两个属性：IsValid 用于表示被验证控件是否通过验证，Value 属性表示被验证的控件的值。

除了客户端验证之外，在 CustomValidator 控件中还能自己写服务器端写验证方法，它有一个 OnServerValidate 事件，同它的客户端处理函数一样，处理这个事件的委托也需要两个参数，第一个是表示被验证的控件，第二个表示事件数据。第二个参数有两个属性，IsValid 用于表示被验证控件是否通过验证，Value 属性表示被验证的控件的值。

8.3.7 ValidationSummary 控件

ValidationSummary 控件中文名称为验证总结控件。用于收集本页的所有验证错误信息，并可以将它们组织以后再显示出来。

ValidationSummary 控件的标准代码如下：

```
<ASP: ValidationSummary RunAT = "Server"
     HeaderText = "头信息"
     ShowSummary = "True | False"
     DiaplayMode = "List | BulletList | SingleParagraph" >
< /ASP: ValidationSummary >
```

表 8-10 列出该控件的常用属性。

表 8-10 ValidationSummary 控件常用属性

属性名称	说　明
DisplayMode	获取或设置控件的显示模式（List/BulletList/SingleParagraph）
HeaderText	获取或设置控件的标题
ShowMessageBox	获取或设置一个值，该值指示是否用消息框形式显示 ErrorMessage 信息
ShowSummary	获取或设置一个值，该值指示是否在页面中显示 ErrorMessage 信息

例 8.9 用 ValidationSummary 控件收集错误信息。

在 Default.aspx 页面中的控件布局如图 8-18 所示。并且将所有验证控件的"Text"属性修改为"*"。

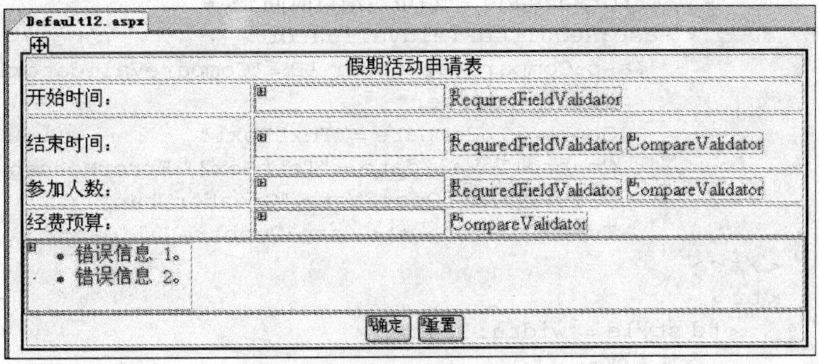

图 8-18 例 8.9 的控件布局图

页面的程序源代码如下:

```
<%@ Page Language = "C#" AutoEventWireup = "true" CodeFile = "Default12.aspx.cs"
   Inherits = "Default12" %>
<!DOCTYPE html PUBLIC "-//W3C//DTD XHTML 1.0 Transitional//EN" "http://
   www.w3.org/TR/xhtml1/DTD/xhtml1-transitional.dtd">
<html xmlns = "http://www.w3.org/1999/xhtml" >
<head runat = "server" >
    <title>Asp.net Web 程序设计</title>
</head>
<body>
    <form id = "form1" runat = "server" >
    <div>
        <table style = "width: 647px; border-right: black thin solid; border-top:
           black thin solid;
           border-left: black thin solid; border-bottom: black thin solid;">
            <tr>
                <td colspan = "3" style = "text-align: center" >
                   假期活动申请表</td>
            </tr>
            <tr>
                <td style = "width: 184px" >
                   开始时间:</td>
                <td colspan = "2" >
                    <asp:TextBox ID = "TextBox1" runat = "server" > </asp:TextBox>
                    <asp:RequiredFieldValidator ID = "RequiredFieldValidator1"
                       runat = "server"
                       ControlToValidate = "TextBox1"
                       ErrorMessage = "请填写开始时间" > *
                       </asp:RequiredFieldValidator>
                </td>
            </tr>
            <tr>
                <td style = "width: 184px; height: 44px" >
                   结束时间:</td>
```

```
        <td colspan = "2" style = "height: 44px" >
            <asp:TextBox ID = "TextBox2" runat = "server" > </asp:TextBox >
            <asp:RequiredFieldValidator ID = "RequiredFieldValidator2"
              runat = "server" ControlToValidate = "TextBox2"
              ErrorMessage = "请填写结束时间" > *
            </asp:RequiredFieldValidator >
              <asp:CompareValidator ID = "CompareValidator1"
                runat = "server"
                ControlToCompare = "TextBox1"
                ControlToValidate = "TextBox2" ErrorMessage = "结束时间需
                大于开始时间" Operator = "GreaterThan"
                Type = "Date" > * </asp:CompareValidator > </td >
    </tr >
    <tr >
        <td style = "width: 184px" >
            参加人数: </td >
        <td colspan = "2" >
            <asp:TextBox ID = "TextBox3" runat = "server" > </asp:TextBox >
            <asp:RequiredFieldValidator ID = "RequiredFieldValidator3"
              runat = "server"
              ControlToValidate = "TextBox3"
              ErrorMessage = "请填写参加人数" > *
            </asp:RequiredFieldValidator >
            <asp:CompareValidator ID = "CompareValidator3"
              runat = "server"
              ControlToValidate = "TextBox3"
              ErrorMessage = "团队人数需大于等于10"
              Operator = "GreaterThanEqual"
              Type = "Integer"
              ValueToCompare = "10" > * </asp:CompareValidator > </td >
    </tr >
    <tr >
        <td style = "width: 184px" >
            经费预算: </td >
        <td colspan = "2" >
            <asp:TextBox ID = "TextBox4" runat = "server" >, </asp:TextBox >
            <asp:CompareValidator ID = "CompareValidator2"
              runat = "server"
              ControlToValidate = "TextBox4"
              ErrorMessage = "超过预算" Operator = "LessThan"
              Type = "Double"
              ValueToCompare = "8000" > *
            </asp:CompareValidator > </td >
    </tr >
    <tr >
        <td colspan = "3" >
            <asp:ValidationSummary ID = "ValidationSummary1"
              runat = "server" />
        </td >
    </tr >
    <tr >
        <td colspan = "3" style = "text-align: center" >
            <asp:Button ID = "Button1" runat = "server" Text = "确定" />
```

```
                <asp:Button ID = "Button2" runat = "server" Text = "重置" /> </td>
            </tr>
        </table>
        <br />
        </div>
    </form>
</body>
</html>
```

运行页面，直接单击“确定”按钮，ValidationSummary 控件将首先列出所有必填控件给出的出错信息提示，效果如图 8-19 所示。

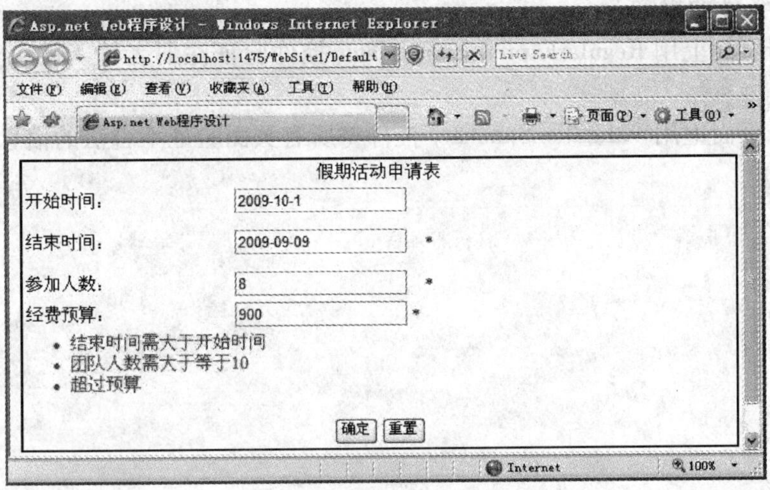

图 8-19　例 8.9 运行效果图

8.4　小　　结

检验用户填写的数据的有效性性有两种办法。第一种是采用传统办法，自己编写客户端脚本进行验证。另外一种是使用 ASP. NET 中的验证控件来进行验证。两种方法各有利弊，通过合理的使用搭配能最大限度地提高程序的安全性和可用性。

验证控件的使用能更加有效率地构建网站的安全性。验证控件中的 CompareValidator 控件、RangeValidator 控件和 RegularExpressionValidator 控件对所关联的验证的空值是不进行验证的（即能通过验证）。如果要求用户必须输入并且还要符合规则，就要结合 RequiredFieldValidator 控件共同验证。如果验证的规则比较复杂，则可以使用 CustomValidator 控件自己编写客户端验证代码来进行验证。如果要让 CustomValidator 控件对空值也进行客户端验证，则要设置它的 ValidateEmptyText 属性为 true。

至此，所有验证控件都介绍完了。当然，还有许多功能无法一一详细介绍，希望大家在以后的练习中能够通过自我学习来掌握。

8.5 练　　习

1. 设计一个登录页面，用 RequiredFieldValidator 控件验证登录者的用户名、密码是否输入为空。

2. 设计一个注册页面，用 CompareValidator 控件验证用户输入的密码和确认密码是否一致。

3. 设计一个旅游报名页面，用 RangeValidator 控件验证报名者年龄范围在 15～75 岁之间的为符合条件的报名者。

4. 在注册页面上用 RegularExpressionValidator 控件验证注册者输入的电子邮箱是否是合格的形式。

5. 在注册页面上用 ValidationSummary 控件将所有页面验证不合法的信息显示出来。

第9章　数据控件和数据绑定

本章教学目标

- 掌握数据控件的基本使用方法；
- 掌握数据绑定语法。

从 ASP. NET 2. 0 起引入了一系列可以改善数据访问的新控件，这些新控件统称为数据控件。数据控件包括数据源控件和数据绑定控件，数据绑定控件通过绑定数据源以取用数据。ASP. NET 中提供了 3 种不同的数据绑定方式。

9. 1　数据源控件

数据源控件用于指定数据的来源，充当数据中介的角色，为数据绑定控件提供数据。数据绑定控件用于读取并显示数据。数据绑定控件绑定数据源控件的过程，称为数据绑定。数据绑定之后，数据绑定控件将通过数据源控件读取并显示数据。数据绑定通过运行时动态地设置数据绑定控件的属性值来实现。ASP. NET 1. x 之后的版本中，新增种类的数据源控件可以很容易地将 SQL 语句或存储过程与数据源控件相关联，并且将数据绑定控件绑定到该数据源控件。

9. 1. 1　数据源控件概述

数据源控件没有特定的呈现形式，而是表示对特定后端数据的存储。存储的数据有数据库数据、业务对象、XML 文件或 XML Web Services。数据源控件还支持对其存储的数据进行排序、分页、筛选、插入、更新、删除的功能。设计者能根据需要决定是否让数据绑定控件开启这些功能。数据源控件的其他优点包括能够实现数据自动绑定功能，而无需再调用 DataBind 方法，从而大大减少了所需要的代码量。

表 9-1 列出了 ASP. NET 3. 5 中提供的数据源控件。

表 9-1　数据源控件

控件名称	控件用途
SqlDataSource	提供对 SQL Server、OLE DB、ODBC 或 Oracle 数据库的访问
AccessDataSource	用来从 Access 数据库中将数据提取至 ASP. NET（. aspx）页面
LinqDataSource	LINQ 提供一种用于在不同类型的数据源中查询和更新数据的统一编程模型，并将数据功能直接扩展到 C# 和 Visual Basic 语言中
ObjectDataSource	可以从 ASPX 页和表示层中抽象出特定于数据库的设置，并将它们移至多层体系结构中的较低层
XmlDataSource	绑定内存中或物理磁盘上的 XML 文档的一种简单方式，该控件有许多属性，便于指定包含数据的 XML 文件和用于把源 XML 转换为合适格式的 XSLT 转换文件。还可以提供一个 XPath 查询，以选择某个数据子集
SiteMapDataSource	可以处理存储在 Web 站点的 SiteMap 配置文件中的数据。在运行时，可根据用户的权限或状态改变 Web 站点地图数据

图 9-1 中的线框部分展示了在 Visual Studio 2008 开发环境中工具面板中的数据源控件。

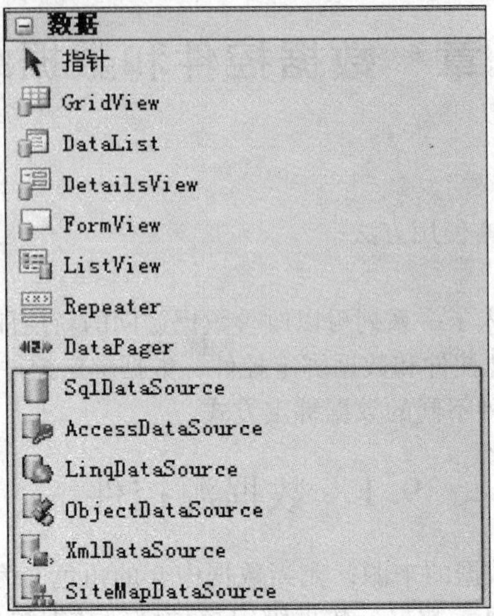

图 9-1 数据源控件

上述数据源控件能够从各自对应类型的数据源中检索数据，并且可以被绑定到不同的数据绑定控件（参见 9.2 节）。

SqlDataSource 控件、AccessDataSource 控件、ObjectDataSource 控件主要用于检索带有列和行的基于集合的数据，其中，SqlDataSource 控件不仅能从 SQL Server 数据库中读取数据，而且可以从任何 OLE DB 或符合 ODBC 的数据源中检索数据。而 AccessDataSource 控件则专门用于从 Access 数据库中检索数据。LinqDataSource 控件主要用于不同类型数据源的检索。

SiteMapDataSource 控件和 XmlDataSource 控件主要用于检索分层数据。

不同的数据源控件具有很多类似的属性，部分属性还设有命令和参数，利用这些属性可以与其各自的数据源进行交互。因为，数据源控件之间存在这样的相似性，容易举一反三地使用，所以这里仅详细介绍 SqlDataSource 控件，而对其他几个数据源控件进行概述。

9.1.2 SqlDataSource 控件

SqlDataSource 控件的标准代码如下：

```
<asp:SqlDataSource ID = "SqlDataSource1" runat = "server" >
</asp:SqlDataSource >
```

SqlDataSource 控件具有 4 个命令属性，可以设置这些属性以告诉 SqlDataSource 如何获得数据，或者对数据进行插入、更新和删除等操作。SqlDataSource 对应的属性面板如图 9-2所示。

可以将 SelectCommand、InsertCommand、UpdateCommand 和 DeleteCommand 属性设置为 SQL 语句或存储过程。

下面按步骤介绍如何使用 SqlDataSource 控件获取数据。

（1）启动 SqlDataSource 控件，如图 9-3 所示。

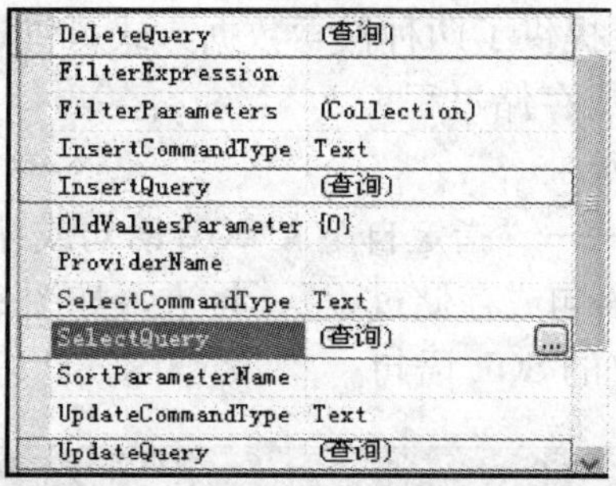

图 9-2　SqlDataSource 的 4 个命令属性

图 9-3　配置 SqlDataSource 数据源

（2）单击“配置数据源”进入配置面板，如图 9-4 所示。

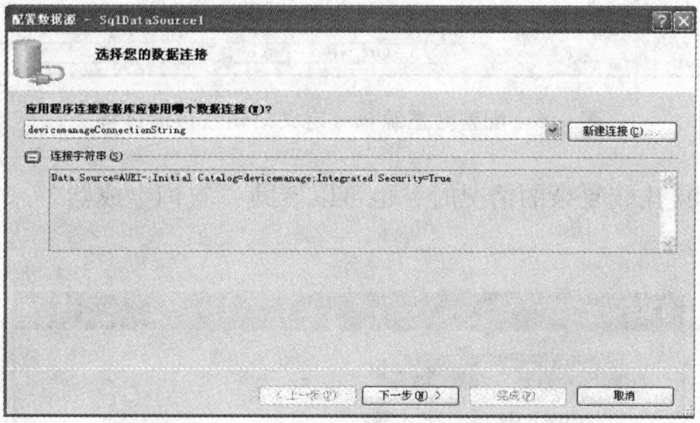

图 9-4　配置数据源——数据连接

单击“新建连接”按钮建立与可选数据库间的连接。数据库连接之后，系统会自动将连接字符串显示在面板上。单击“下一步”按钮，出现如图 9-5 所示的界面。

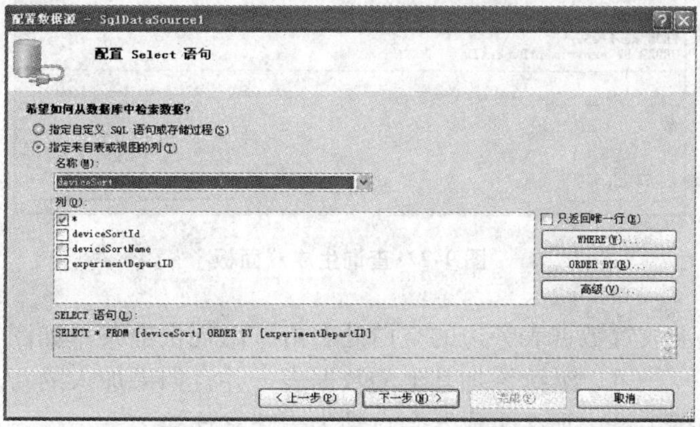

图 9-5　配置数据源- Select 语句

从图中可以看见，面板上提供了两种检索数据方式可供选择：

- 指定自定义 SQL 语句或存储过程；
- 指定来自表或视图的列。

① 选择第一种检索方式——“指定自定义 SQL 语句或存储过程”。

选择“指定自定义 SQL 语句或存储过程”，将进入如图 9-6 所示的界面。在 SQL 语句输入框中，可以自行输入需要的 SQL 语句。

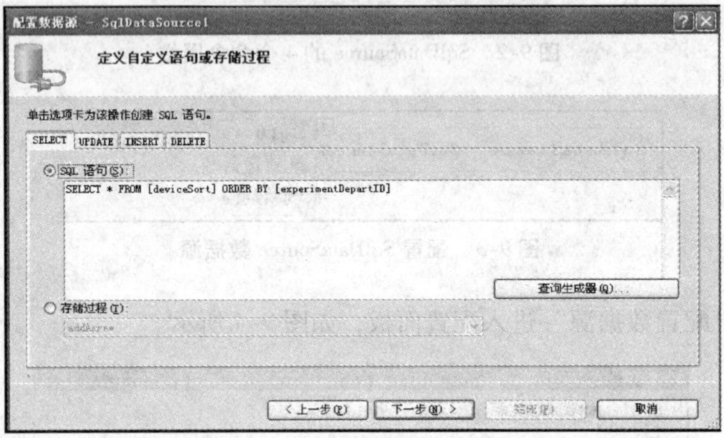

图 9-6　配置数据源——定义语句或存储过程

如果遇到表连接比较复杂的情况时，也可以借助“查询生成器”来实现。查询生成器面板如图 9-7 所示。

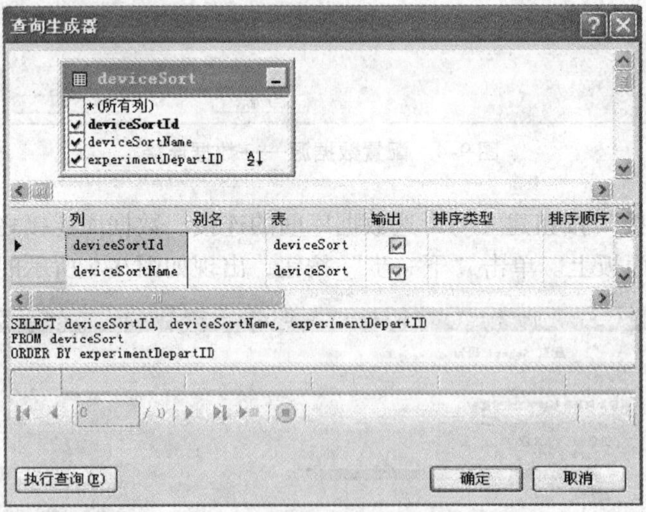

图 9-7　查询生成器面板

在生成器面板上放置数据表旁边的空白处右击，出现快捷菜单如图 9-8 所示。选择菜单“添加表（B）…”可以继续添加其他的数据表，并且如果加入的新表与面板上已经存在的表之间有主外键关系，那么生成器会自动为表建立连接。

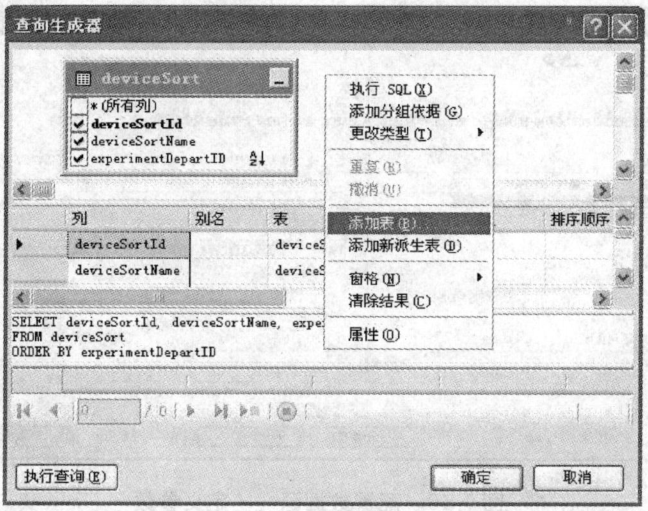

图 9-8　在查询生成器中添加表

② 选择第二种检索方式——“指定来自表或视图的列”。

单击图 9-5 中的“下一步”按钮，将进入如图 9-9 所示的界面。在存储过程下拉列表中可以选择数据库系统中已经存在的存储过程。

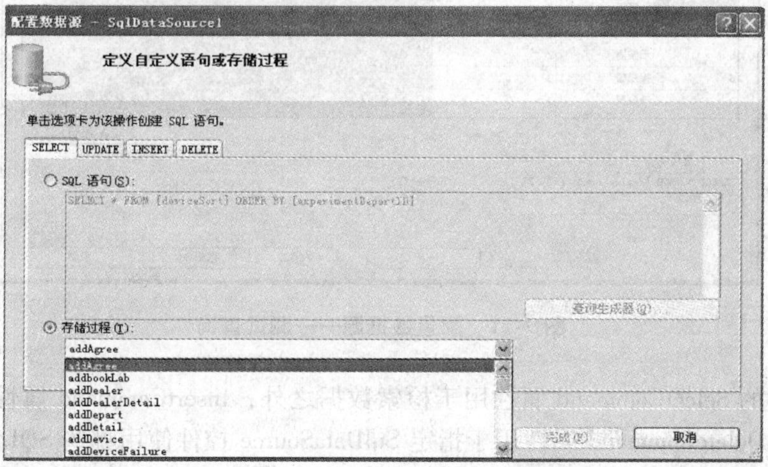

图 9-9 选择定义好的存储过程

选择好存储过程后，单击“下一步”按钮，将进入参数设置面板，如图 9-10 所示。

数据源控件可以使用来自其他控件的参数。例如，数据源控件可以检索指定客户的所有订单。在这种情况下，CustomerID 可以是传递给 SqlDataSource 控件的 SelectCommand 属性的 SQL 语句或存储过程的参数。

不论是通过哪种方式检索数据，系统都将提供数据连接是否成功的测试，如果成功连接，则在面板上将出现数据表中的数据（如果有设置参数，则还需要进一步输入参数值），如图 9-11 所示。

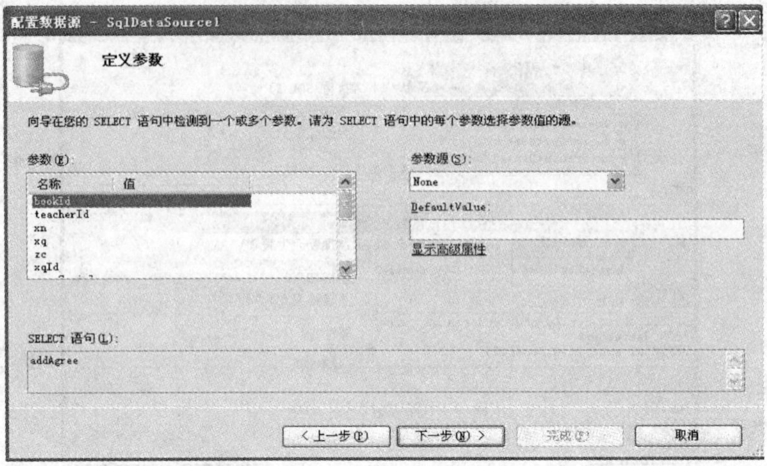

图 9-10　配置数据源——定义参数

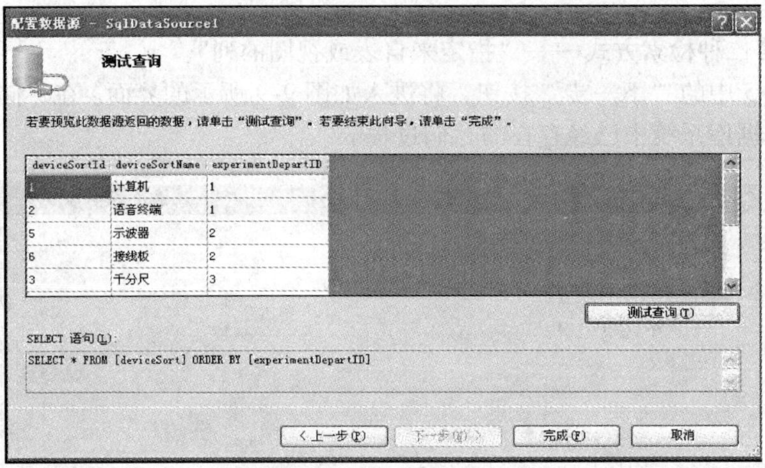

图 9-11　配置数据源——测试查询

除了上述的 SelectCommand 属性用于检索数据之外，InsertCommand 属性、UpdateCommand 属性 和 DeleteCommand 属性用于指定 SqlDataSource 控件使用哪些 SQL 语句（或存储过程）来修改数据库中的数据，这里就不一一介绍了。

9.1.3　AccessDataSource 控件

AccessDataSource 控件的标准代码如下：

```
<asp:AccessDataSource ID="AccessDataSource1" runat="server">
</asp:AccessDataSource>
```

AccessDataSource 控件用于从 Access 数据库中将数据提取至 ASP. NET（. aspx）页面。这个控件拥有的属性很简单，其最重要的属性是 DataFile 属性，用来指向硬盘上 MDB 文件的路径。AccessDataSource 拥有的其他属性还有 SelectCommand、InsertCommand、UpdateCommand 和 DeleteCommand，这 4 个属性和 SqlDataSource 控件类似。

9.1.4　LinqDataSource 控件

LinqDataSource 控件的标准代码如下：

```
<asp:linqdatasource runat = "server" >
</asp:linqdatasource >
```

LinqDataSource 控件通过 ASP.NET 数据源控件结构向 Web 开发人员公开语言集成查询（LINQ）。LINQ 提供一种用于在不同类型的数据源中查询和更新数据的统一编程模型，并将数据功能直接扩展到 C# 和 Visual Basic 语言中。LINQ 通过将面向对象编程的准则应用于关系数据，简化了面向对象编程与关系数据之间的交互。通过使用声明性标记，可以创建一个 LinqDataSource 控件，连接到数据库或内存中数据集合（如数组）中的数据。在声明文本中，可以编写对数据进行检索、筛选、排序和分组操作所需的所有条件。当从 SQL 数据库表检索数据时，也可以配置 LinqDataSource 控件以处理数据的更新、插入和删除。

9.1.5　ObjectDataSource 控件

ObjectDataSource 控件的标准代码如下：

```
<asp:ObjectDataSource ID = "ObjectDataSource1" runat = "server" >
</asp:ObjectDataSource >
```

与 SqlDataSource 不同的是，ObjectDataSource 控件可以从 ASPX 页面和表示层中抽象出特定于数据库的设置，并将抽象出来的设置移至多层体系结构中的较低层。SqlDataSource 控件的 ConnectionString、ProviderName 和 SelectCommand 属性在 ObjectDataSource 控件中不存在。相反，这些属性被替换为告诉 ObjectDataSource 控件实例化哪个业务类以及使用哪个方法来检索或修改数据的其他属性。

要设置 ObjectDataSource 控件以访问另一个层的业务类及其方法，必须首先将 ObjectDataSource 控件的 TypeName 属性设置为该业务类的名称（如 TypeName = "MSDN2005Jan_BLL.Orders"）。然后，将 SelectMethod 属性设置为该业务类中将用来检索数据源数据的方法的名称。该业务类的方法必须返回一个可枚举的列表，例如，集合、数组、DataSet 或 DataReader。为了让该方案能够工作，ObjectDataSource 必须能够执行指定的方法。如果它是静态方法，则不需要完成任何特殊的工作。如果该方法是实例方法，则 ObjectDataSource 必须能够创建该类的实例。要达到该目的，最简单的方法是将该业务类编写为包含默认的构造函数。另外，还可以处理 ObjectDataSource 的 ObjectCreating 事件，这使得可以用所需的任何构造函数来实例化该对象，然后将该对象实例传递给数据源控件。

9.1.6　XmlDataSource 控件

XmlDataSource 控件的标准代码如下：

```
<asp:XmlDataSource ID = "XmlDataSource1" runat = "server" >
</asp:XmlDataSource >
```

XmlDataSource 控件提供了绑定内存中或物理磁盘上的 XML 文档的一种简单方式。该控件有许多属性，便于指定包含数据的 XML 文件和用于把源 XML 转换为合适格式的 XSLT 转换文件。还可以提供一个 XPath 查询，以选择某个数据子集。

9.1.7 SiteMapDataSource 控件

SiteMapDataSource 控件的标准代码如下：

```
<asp:SiteMapDataSource ID = "SiteMapDataSource1" runat = "server" />
```

SiteMapDataSource 控件可以处理存储在 Web 站点的 SiteMap 配置文件中的数据，能在运行时根据用户的权限或状态改变 Web 站点地图数据。

关于 SiteMapDataSource 控件有两个地方值得注意。

（1）SiteMapDataSource 控件不支持其他数据源控件都有的任何数据高速缓存选项，所以不能高速缓存 Web 站点地图数据。

（2）SiteMapDataSource 控件没有像其他数据源控件那样配置向导，这是因为 SiteMap 控件只能绑定到 Web 站点的 SiteMap 配置数据文件上，所以不会有其他配置。

9.2 数据绑定控件

数据绑定控件用于从所绑定的数据源控件中读取并显示数据。表 9-2 列出了 ASP. NET 3.5 中提供的数据绑定控件。

表 9-2 数据绑定控件

控件名称	控件用途
GridView	GridView 控件以表的形式显示数据，并提供对列进行排序、翻阅数据以及编辑或删除单个记录的功能
DataList	DataList 控件可以使用不同的布局来呈现数据，DataList 控件本身不能使用数据源控件的数据修改功能，必须提供手工代码来实现
Repeater	Repeater 控件是一个基本模板数据绑定列表，它没有内置的布局或样式，因此必须在该控件的模板内显式声明，是唯一允许在模板间拆分标记的 Web 控件
DetailsView	DetailsView 控件一次呈现一条基于表格形式（数据记录的每个字段都显示为控件中的一行）的记录，并提供翻阅多条记录以及插入、更新和删除记录的功能，通常用在主/从方案中
FormView	FormView 控件与 DetailsView 控件类似，但它不指定用于显示记录的预定义布局，开发人员可以创建包含控件的模板，以显示记录中的各个字段
DataPager	DataPager 控件为数据绑定控件提供分页功能
ListView	ListView 控件可以使用自定义模板格式来显示数据源的数据，该模板包含有用于设置数据布局的格式、控件和绑定表达式

9.2.1 GridView 控件

GridView 控件的标准代码如下：

```
<asp:GridView ID = "GridView1" runat = "server">
</asp:GridView>
```

GridView 控件是 ASP. NET 的早期版本中提供的 DataGrid 控件的后继控件，是以表的形式来显示数据。在 ASP. NET 2. 0 中 MricroSoft 对 DataGrid 控件进行了改进，创建出了一个新的控件，即 GridView 控件。与 DataGrid 相比，GridView 控件在很多方面做了改进，同时也添加了许多新的功能。例如，使用绑定字段和模板自定义用户界面的新方法，以及用于处理或取消事件的新模型，增加了利用数据源控件和定义多个主键字段的功能等。

（1）GridView 控件的主要新特性。

- 与 DataSource 控件结合实现了显示与数据操作的分离，大大减化了代码的编写量；
- 实现" 双向绑定"，无需手动检索数据；
- 在列的类型上新增了 CheckBoxField 和 ImageField 两个类型列；
- 对排序和分页可以实现异步操作；
- 对其视图状态进行优化，使其运行效率更高。

（2）GridView 控件支持的主要功能。

- 绑定至数据源控件，如 SqlDataSource；
- 内置排序功能；
- 内置更新和删除功能；
- 内置分页功能；
- 内置行选择功能；
- 以编程方式访问 GridView 对象模型以动态设置属性、处理事件等；
- 多个键字段；
- 用于超链接列的多个数据字段；
- 可通过主题和样式进行自定义的外观；
- 可以实现多种样式的数据展示。

（3）GridView 控件的常用属性。表 9-3 中列出了 GridView 控件的常用属性及对应功能。

表 9-3　GridView 控件常用属性

属性名称	功　能
AllowPaging	设置是否启用分页功能
AllowSorting	设置是否启用排序功能
AutoGenerateColumns	设置是否为数据源中的每个字段自动创建绑定字段
Columns	获取 GridView 控件中列字段的集合
PageCount	获取在 GridView 控件中显示数据源记录所需的页数
PageIndex	获取或设置当前显示页的索引
PagerSetting	设置 GridView 的分页样式
PageSize	设置 GridView 控件每次显示的最大记录条数

（4）GridView 控件的用法。为 GridView 控件提供显示数据的常用方法有两种。其一是手动编写代码为 GridView 提供数据，其二是使用数据源控件为 GridView 提供数据。下面以后一种方法为例，介绍为 GridView 控件提供显示数据的方法。

选择数据源控件，在 Default. aspx 文件中添加一个 SqlDataSource 控件，通过该控件绑定数据库中已有的 deviceSort 表（数据源控件的详细操作请查阅 9. 1 节）。接下来需要将数据源控件 SqlDataSource 中的数据源提供给 GridView 控件。单击 GridView 控件的右上角小箭头，弹出 GridView 任务对话框，单击“选择数据源”下拉列表框，可以看见所设置的数据源控件 SqlDataSource1，如图 9-12 所示。

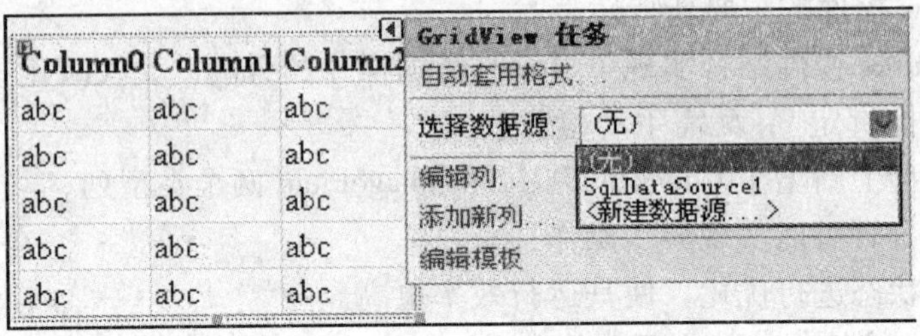

图 9-12　GridView 任务面板

在下拉框中选中“SqlDataSource1”，界面发生变化，如图 9-13 所示。

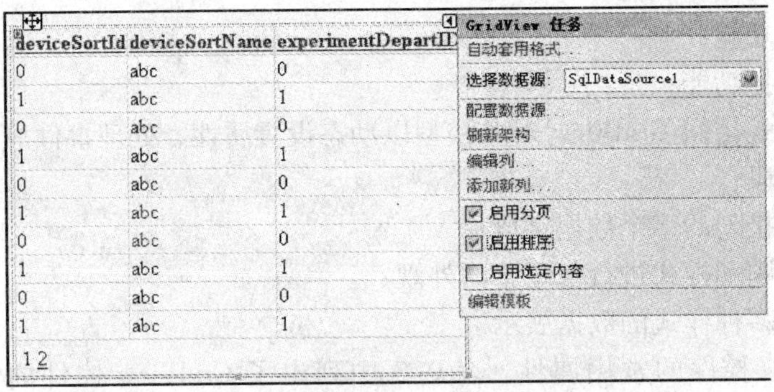

图 9-13　确定数据源后 GridView 的外观

在 GridView 任务对话框中选择“启用分页”和“启用排序”，这样该 GridView 控件在页面运行时就具备了分页和排序的功能，而且不需要书写任何相关代码。

（5）定义列。表 9-4 中列出了 GridView 控件中支持的字段类别。

表 9-4　GridView 控件支持的字段类别

列类型	说　明
BoundField	以字符串的方式显示该字段数据
ButtonField	显示一个用户定义的按钮
CheckField	字段值如果是布尔值，显示复选框
CommandField	自动产生一个命令按钮，如编辑（Edit）、更新（Update），以及取消（Cancel）按钮
HyperLinkField	把字段值显示为超级链接
ImageField	当字段值指向某图片时，则自动显示该图片
TemplateField	允许用户使用模板定制其他控件的外观

其中，最基本的类型是 BoundField，该类型能够绑定数据对象中的字段。

通过单击 GridView 任务面板上的“编辑列”，可以对 GridView 的每一个字段进行详细设置，如图 9-14 所示。

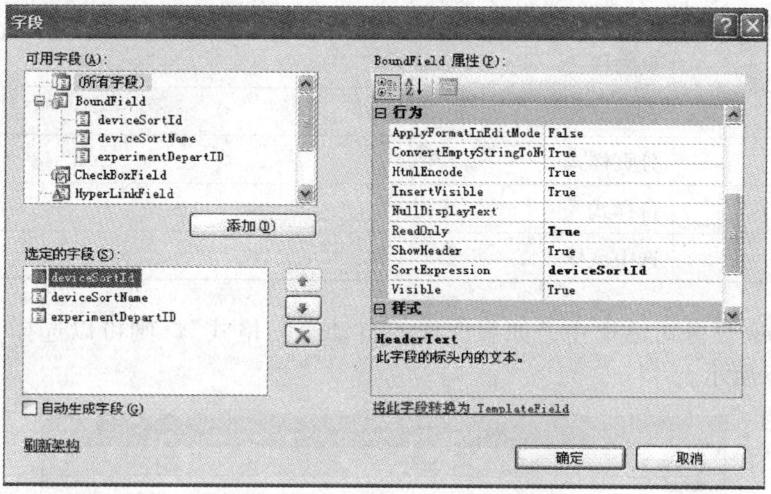

图 9-14　GridView 的字段设置

(6) 模板列。模板列是其中功能最为强大的列构成，具备强大的定制功能。很多难以解决的问题，在遇到模板列的时候会迎刃而解。因为模板列允许建立不同状态下的模板，所以用代码控制起来也就更加灵活自如了。

创建模板列一般有以下两种方式：

- 在“编辑列”对话框中向“选中列”中添加 TemplateField 字段。
- 在“编辑列”对话框中单击“选中列”中相应的列，再单击“确定”按钮上方的“将此字段转换为 TemplateField”文字，这就把现有的列转换为模板列了。使用这种转换方式要谨慎，因为一旦转换为模板列，就没办法再转换回去了。

(7) 格式化 GridView。和 ASP. NET 1. 1 一样，GridView 可以很方便地定制其样式，例如 css、颜色等。

表 9-5 中列出了 GridView 控件总体外观设计的有关设置说明。

表 9-5　GridView 控件总体外观设计有关设置

名　称	说　明
ShowFooter	(bool) 是否显示页脚
ShowHeader	(bool) 是否显示页眉
GridLines	(enum) None——不显示格线，Horizontal——显示水平格线，Virtical——显示竖直格线，Both——显示水平和竖直格线
EmptyDataText	(string) 如果数据源中内容为 NULL 时，在 GridView 中显示的值
AlternatingRowStyle	交替项的样式

（续表）

名　称	说　明
EditRowStyle	编辑项的样式
EmptyDataRowStyle	空数据项的样式
FooterStyle	页脚样式
HeaderStyle	页眉样式
PagerStyle	分页样式
RowStyle	行样式
SelectedRowStyle	选中项样式

在 GridView 任务对话框中，如果选择“自动套用格式”，则可以选择 GridView 的样式，如图 9-15 所示。

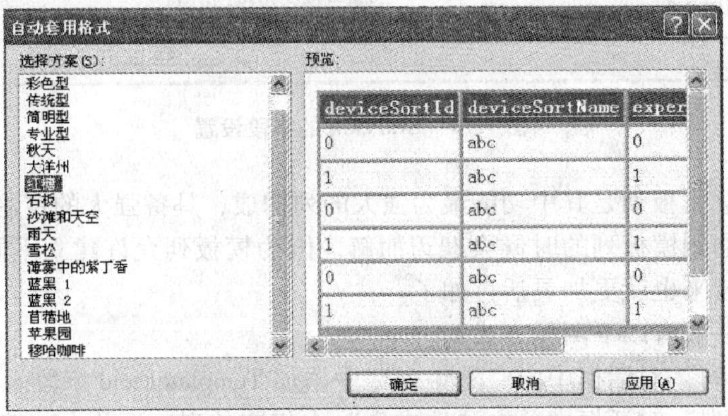

图 9-15　GridView 自动套用格式面板

为本例 GridView 控件选择套用一种 ASP. NET 中自带的外观格式，并运行 Default. aspx 页面，运行效果如图 9-16 所示。

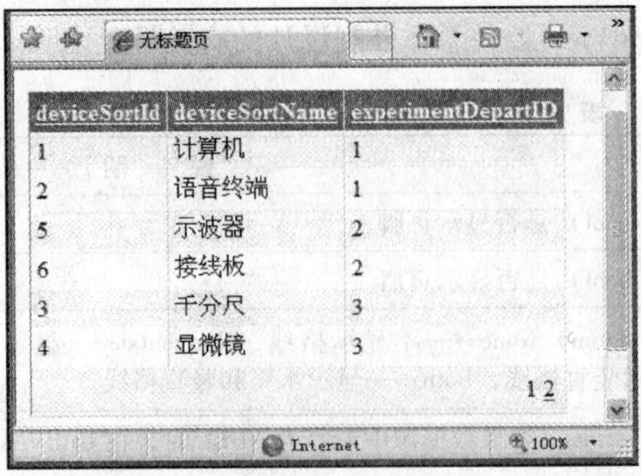

图 9-16　格式化后的 GridView 外观

此时，Default.aspx 页面中对应的 GridView 控件的源代码如下所示：

```
<asp:GridView ID="GridView1" runat="server" AllowPaging="True" AllowSort-
    ing="True"
    AutoGenerateColumns="False" BackColor="White" BorderColor="#DEDFDE"
    BorderStyle="None" BorderWidth="1px" CellPadding="4"
    DataKeyNames="deviceSortId" DataSourceID="SqlDataSource1" ForeColor
    ="Black"
    GridLines="Vertical" PageSize="6">
  <FooterStyle BackColor="#CCCC99" />
    <Columns>
      <asp:BoundField DataField="deviceSortId" HeaderText="deviceSortId"
        ReadOnly="True"
        SortExpression="deviceSortId" />
      <asp:BoundField DataField="deviceSortName" HeaderText="device-
        SortName"
        SortExpression="deviceSortName" />
      <asp:BoundField DataField="experimentDepartID"
        HeaderText="experimentDepartID"
        SortExpression="experimentDepartID"/>
  </Columns>
  <RowStyle BackColor="#F7F7DE" />
  <SelectedRowStyle BackColor="#CE5D5A" Font-Bold="True"
    ForeColor="White" />
  <PagerStyle BackColor="#F7F7DE" ForeColor="Black"
    HorizontalAlign="Right" />
  <HeaderStyle BackColor="#6B696B" Font-Bold="True" ForeColor="White"/>
  <AlternatingRowStyle BackColor="White" />
</asp:GridView>
```

(8) 数据的编辑。除了让用户可以查看和筛选数据外，另一个普遍的需求便是编辑数据。GridView 数据控件使这个操作变得简单。方法是利用它的 AutoGenerateEditButton 属性和关联的数据库连接的 UpdateCommand 属性。当用户编辑并保存数据时，SqlDataSource 元素将提供 UpdateCommand 属性来定义所用的 SQL。这需要通过 DataSourceID 属性（定位到 SqlDataSource）来绑定到 GridView 控件的编辑功能。同时，SqlDataSource 元素的 DataKey-Names 属性用于指定 GridView 内数据行的主键和键值数组。

(9) 数据的删除。和编辑功能一样，GridView 控件也简化了用户从 GridView 控件中删除单个数据行的操作。同样，为了控制删除的执行，这里需要 SqlDataSource 控件和 Delete-Command 属性互相配合。GridView 控件的 AutoGenerateDeleteButton 属性通知系统生成一个删除按钮（其值为真时），或者不生成按钮（其值为假时）。当用户选中删除按钮时，所选中行数据的值将被送到 SqlDataSource 的 DeleteCommand 属性定义的 SQL 命令语句中执行。

(10) 数据绑定时触发的事件。表 9-6 中列出了 GridView 控件在进行数据绑定时触发的事件。

表 9-6 GridView 控件数据绑定时触发的事件

事件名	说明
DataBinding	在计算 GridView 数据绑定表达式时触发
RowCreated	每次在栅格中创建新行时触发。在显示栅格前，必须为控件中的每一行都创建一个 GridViewRow 对象。RowCreated 事件可以在创建行时为行插入定制的内容
RowDataBound	把 GridViewRow 绑定到数据源的相应数据上时触发，这个事件可以计算绑定到当前行上的数据，改变输出
DataBound	绑定完成后，准备显示 GridView 时触发

9.2.2 DataList 控件

DataList 控件的标准代码如下：

```
<asp:DataList ID = "DataList1" runat = "server" >
</asp:DataList >
```

DataList 控件以表的形式呈现数据，通过该控件，可以使用不同的布局来显示数据记录，例如，将数据记录排成列或行的形式。可以对 DataList 控件进行配置，使用户能够编辑或删除表中的记录（DataList 控件不使用数据源控件的数据修改功能；必须自己提供此代码）。DataList 不具有 GridView 那样的自动分页功能，因为它不具备 PageSize 这样的属性来控制分页。

9.2.3 DetailsView 控件

DetailsView 控件的标准代码如下：

```
<asp: DetailsView
    ID = "DetailsView1" runat = "server" Height = "50px" Width = "125px" >
</asp:DetailsView >
```

在 ASP. NET 1.1 中，对单条记录的操作需要自己定义，并加以拓展。但到了 ASP. NET 2.0，有了 DetaillsView 控件，这就变得简单又直截了当了。这个控件可以和任意数据源进行绑定，并使用它的数据操作命令集。DetailsView 控件需要先和数据源控件绑定在一起，数据源控件负责连接存储的数据和返回选中数据的具体操作。把 DetailsView 控件绑定到数据如此简单，只需设置 DataSourceID 属性声明一下就可以了。同时，也可以利用代码选项（Code Option）。具体可进行的操作和数据源类型有关，但是，只要下层数据源允许并且相应的 SQL 命令已经定义，通过 DetailsView 控件就可以对其下层数据源中的数据进行分页、更新、插入和删除操作。DetaillsView 控件和 GridView 控件特点相同，使用方便，无需自设代码。

DetailsView 控件一次呈现一条表格形式的记录，并提供翻阅多条记录以及插入、更新和删除记录的功能。DetailsView 控件通常用在主/ 详细信息方案中，在这种方案中，主控件（如 GridView 控件）中的所选记录决定了 DetailsView 控件显示的记录。

（1）DetailsView 控件支持的字段。表 9-7 列出了 DetailsView 控件支持的字段。

表 9-7　DetailsView 控件支持的字段

字段名称	说　明
BoundField	把该字段绑定到下层数据源的一个数据项，并显示该数据
ButtonField	显示一个按钮
CheckBoxField	显示复选框
CommandField	显示命令按钮
HyperLinkField	显示 URL 链接
ImageField	以图片方式显示下层数据
TemplateField	用来为数据元素自定义显示格式

表 9-8 中列出了自动生成的“删除”按钮，“插入”按钮，“编辑”按钮的属性。

表 9-8　自动生成的“删除”按钮，“插入”按钮，“编辑”按钮的属性

按钮名称	说　明
AutoGenerateDeleteButton	该属性的数据类型是布尔值，指定是否显示删除按钮。关联数据连接的 DeleteCommand 属性用来执行选中记录的删除工作
AutoGenerateInsertButton	该属性的数据类型是布尔值，指定是否显示插入按钮。关联数据连接的 InsertCommand 属性用来执行新记录的插入工作
AutoGenerateEditButton	该属性的数据类型是布尔值，指定是否显示编辑按钮。选择这个按钮会把记录转入编辑模式，并且显示一个更新按钮，用来保存更改

（2）格式化 DetailsView。DetailsView 控件的外观定制和 GridView 控件基本类似。同样，通过选择 ASP. NET 提供的已有外观来对它进行设置，如图 9-17 所示。

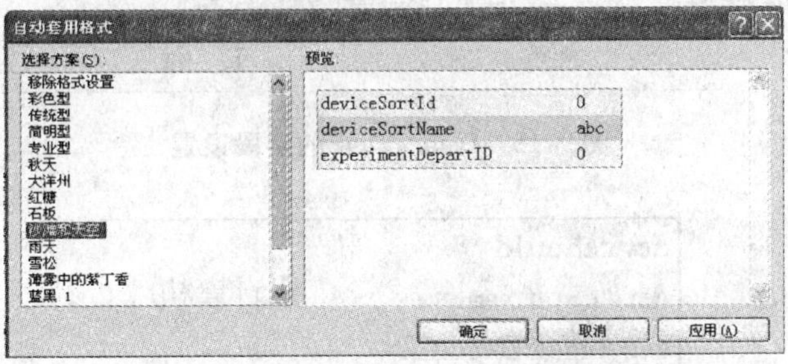

图 9-17　DetailsView 自动套用格式面板

对控件中具体每个字段的详细设置可在“字段”面板中进行，如图 9-18 所示。

为 DetailsView 控件选择和上面 GridView 控件相同的数据源，设置后，程序源代码如下：

```
<asp:DetailsView ID = "DetailsView1" runat = "server"
    AutoGenerateRows = "False" BackColor = "LightGoldenrodYellow"
    BorderColor = "Tan" BorderWidth = "1px" CellPadding = "2"
    DataKeyNames = "deviceSortId"
    DataSourceID = "SqlDataSource1" ForeColor = "Black" GridLines = "None"
```

```
    Height = "50px" Width = "256px" >
  < FooterStyle BackColor = "Tan" />
  < EditRowStyle BackColor = "DarkSlateBlue" ForeColor = "GhostWhite" />
  < PagerStyle BackColor = "PaleGoldenrod" ForeColor = "DarkSlateBlue"
    HorizontalAlign = "Center" />
  < Fields >
    < asp:BoundField DataField = "deviceSortId" HeaderText = "deviceSortId"
      ReadOnly = "True" SortExpression = "deviceSortId" />
    < asp:BoundField DataField = "deviceSortName" HeaderText = "deviceSort-
      Name"
      SortExpression = "deviceSortName" />
    < asp:BoundField DataField = "experimentDepartID"
      HeaderText = "experimentDepartID"
      SortExpression = "experimentDepartID" />
  < /Fields >
  < HeaderStyle BackColor = "Tan" Font-Bold = "True" />
  < AlternatingRowStyle BackColor = "PaleGoldenrod" />
< /asp:DetailsView >
```

启用 DetailsView 控件的分页功能，并运行 Default.aspx 页面，效果如图 9-19 所示。

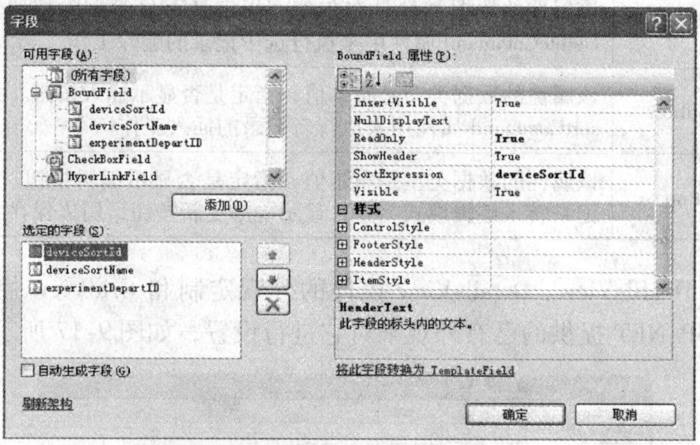

图 9-18　DetailsView 的字段设置

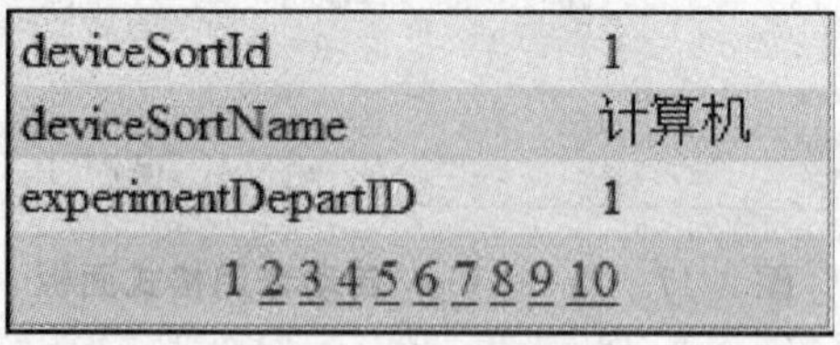

图 9-19　格式化的 DetailsView 外观

9.2.4　FormView 控件

FormView 控件的标准代码如下：

```
< asp:FormView ID = "FormView1" runat = "server" >
< /asp:FormView >
```

FormView 控件与 DetailsView 控件类似，它一次呈现数据源中的一条记录，并提供翻阅多条记录以及插入、更新和删除记录的功能。不过，FormView 控件与 DetailsView 控件之间的差别在于，DetailsView 控件使用基于表格的布局，在这种布局中，数据记录的每个字段都显示为控件中的一行；而 FormView 控件则不指定用于显示记录的预定义布局。实际上，创建包含控件的模板，以显示记录中的各个字段。该模板包含用于设置窗体布局的格式、控件和绑定表达式。

9.2.5 Repeater 控件

Repeater 控件的标准代码如下：

```
<asp:Repeater ID="Repeater1" runat="server">
</asp:Repeater>
```

Repeater 控件使用数据源返回的一组记录呈现只读列表。与 FormView 控件类似，Repeater 控件不指定内置布局，可以使用模板创建 Repeater 控件的布局。Repeater 控件与 DataList 控件的不同之处在于，DataList 控件将项显式放在 HTML 表中，而 Repeater 控件则不然。

9.2.6 DataPager 控件

DataPager 控件的标准代码如下：

```
<asp:datapager runat="server">
</asp:datapager>
```

DataPager 控件使用户能够翻阅 ListView 控件中或实现 IPageableItemContainer 接口（IPageableItemContainer 接口是定义数据绑定控件为了获得 DataPager 控件提供的分页功能而必须实现的成员）控件中的数据，DataPager 控件可以在 LayoutTemplate 模板内部，也可以在 ListView 控件之外的 Web 页面上。如果 DataPager 控件不在 ListView 控件中，必须将 PagedControlID 属性设置为 ListView 控件的 ID。

DataPager 控件支持内置的分页用户界面（UI）。可以使用 NumericPagerField 对象，它使用户能够按页码选择一个数据页，也可以使用 NextPreviousPagerField 对象。通过 DataPager 控件，用户在浏览数据时，可以一次前翻或后翻一个数据页，也可以跳到数据的第一页或最后一页，数据页的大小通过 DataPager 控件的 PageSize 属性设置。可以在一个 DataPager 控件中使用一个或多个页导航字段对象。

也可以使用 TemplatePagerField 对象创建自定义分页用户界面。在 TemplatePagerField 模板中，可以使用 Container 属性引用 DataPager 控件。此属性能够访问到 DataPager 控件的属性。这些属性包括起始行索引、页面大小和当前绑定到 ListView 控件的总行数。

9.2.7 ListView 控件

ListView 控件的标准代码如下：

```
<asp:listview runat="server">
</asp:listview>
```

ListView 是一个很强大的控件，可以实现其他数据控件所实现的任意功能。而且 List-

View 也前所未有的灵活。通过定义它的模板几乎可以实现任意一种数据展现方式。ListView 提供了默认的 5 种展现样式 Grid、Tiled、Bulleted List、Flow 和 SigleRow。

ListView 之所以功能强大并且灵活其主要它的模板列与之前出现的模板有本质的不同。在 ListView 中布局定义与数据绑定分开在不同的模板中，然后再根据布局使用绑定的数据元素替换布局元素的方式来展现数据。

接下来介绍 ListView 的模板，具体如下。

（1）LayoutTemplate。指定用来定义 ListView 控件布局的根模板。它包括占位符对象，例如，table row（tr）、div、或 span 元素。这个元素将被定义在 ItemTemple 模板或 GroupTemple 模板中的内容替换，也可以包含一个 DataPager 对象。

（2）ItemTemplate。为 TemplateField 对象中的项指定要显示的内容。

（3）ItemSeparatorTemplate。在 TemplateField 对象中的项之间指定要显示的内容。

（4）GroupTemplate。为分组布局指定内容。它包括占位符对象，例如：table row（tr），div，或 span 元素。这个元素将被定义在 ItemTemple 模板或 EmptyItemTemplate 模板中的内容替换。

（5）GroupSeparatorTemplate。为分组项之间指定要显示的内容。

（6）EmptyItemTemplate。指定使用 GroupTemplate 时的空项内容。例如，如果 GroupItemCount 属性设置为 5，并且数据源返回的总数为 8，ListView 控件最后一行将有 3 项根据 ItemTemple 显示，2 项根据 EmptyTemplate 显示。

（7）EmptyDataTemplate。指定数据源为空时的内容。

（8）SelectedItemTemplate。为选中项指定显示内容。

（9）AlternatingItemTemplate。为交替项指定要显示的内容。

（10）EditItemTemplate。为编辑项指定要显示的内容。当数据进行编辑时 EditItemTemplate 将替换 ItemTemple 的数据。

（11）InsertItemTemplate。为插入项指定要显示的内容。当数据进行编辑时 InsertItemTemplate 将替换 ItemTemple 的数据。

9.3 配置数据源控件的高速缓存

9.3.1 ASP. NET 高速缓存

ASP. NET 提供具有可增加存取效率的输出高速缓存功能（Output Caching）。大多数 ASP Web 页面每一次的浏览都必须重新编译程序代码，而 ASP. NET 则通过借助高速缓存的功能，让 Web 页面只在第一次被存取时编译一次，以后的浏览则直接从内存中输出，直到这个 Web 页面过期或者被修改。

缓存的具体工作方式为 ASP. NET Web 页面在第一次被浏览时，所有的页面都会被编译成为一个 PAGE 类别的实例，并存储在服务器的高速缓存机制中，当第二次浏览时就不需要重新编译，使得存取速度快了许多。只有当这个 Web 页面被修改或者是高速缓存的期限到了，才会更新高速缓存。

ASP. NET 的输出高速缓存功能是默认开启的。在 Page Directories 中，OutputCache 项

目是专门用来输出高速缓存的有效时间的，当需要对高速缓存的时间进行设置的时候，只要在 Web 页面的最前面加上一行代码即可，如下：

```
<%@ OutputCache Duration="60" VaryByParam="None" %>
```

其中，Duratioin 用于设置数据保存在高速缓存中的秒数。VaryByParam 属性允许用户通过 GET 字符串或者 POST 参数变换高速缓存输出，这里将此属性设置为 None，表示不开启该项功能。需要注意的是，在使用 <%@ OutputCache >时，上述两个属性都是必须要进行设置的，否则在 Web 页面第一次被编译时，将会发生解析错误。除了在 Page Directories 中做设置外，还可以使用 CacheAPI 让开发者对程序设置高速缓存有效期限。

9.3.2 配置数据源控件的高速缓存

高速缓存功能自动内置于 ASP. NET 所有的数据源控件中。也就是说，可以使用相同的声明语法方便地配置和控制数据的高速缓存。所有的数据源控件（除 SiteMapDataSource 控件之外）都可以创建基本的高速缓存策略，包括高速缓存的方向、期限策略和关键字依赖。不过只有把 DataSourceMode 属性设置为 DataSet，才能使用 SqlDataSource 控件的高速缓存功能。如果该属性设置为 DataReader，控件就会抛出一个 NotSupportedException 异常。

高速缓存的期限可以设置为特定的时间长度，例如 3600 秒（60 分钟），也可以把它设置为 Infinite，使高速缓存的数据永远不过期。例 9.1 说明了如何给数据源控件添加高速缓存功能。

例 9.1　打开 SqlDataSource 控件上的高速缓存功能。

```
<asp:SqlDataSource ID="SqlDataSource1" Runat="server"
      SelectCommand="SELECT * FROM [Customers]"
      ConnectionString="<%$ ConnectionStrings:AppConnectionString1 %>"
      DataSourceMode="DataSet"
      ConflictDetection="CompareAllValues"
      EnableCaching="True"
      CacheKeyDependency="SomeKey"
      CacheDuration="Infinite">
   <SelectParameters>
      <asp:QueryStringParameter Name="CustomerID"
            QueryStringField="id" Type="String">
      </asp:QueryStringParameter>
   </SelectParameters>
</asp:SqlDataSource>
```

一些控件还添加了专用于某个数据源的其他高速缓存功能，扩展了这个核心缓存功能集。例如，使用 SqlDataSource 控件，就可以使用 SqlCacheDependacy 属性创建 SQL 依赖。

9.4　存储连接信息

在 ASP. NET 1.0/1.1 中，Microsoft 引入了 web. config 文件，作为以可读、可移植的格式存储应用程序配置数据的一种方式。web. config 文件适合于存储应用程序使用的数据库连接信息。该文件很容易在应用程序中访问，为配置数据创建一个集中位置，编辑 XML 就可以修改它。尽管这些优点很突出，但 web. config 文件也存在几个缺点，具体如下所述。

（1）web. config 文件中的信息都不是强类型化的。因此，在出现运行时错误之前，很难在应用程序中找出数据类型问题。这也意味着，开发人员不能使用 IntelliSense 的功能使开发更容易完成。

（2）web. config 文件可以很安全地通过浏览器来访问（它不能通过 Internet Information Server 访问），但有 Web 服务器文件访问权限的人都可以查看文件中的数据。

Microsoft 添加了一些特性，更便于处理和保护 web. config 文件中存储的连接字符串信息，解决了 web. config 文件的这些问题。由于数据库连接信息常常存储在 web. config 文件中，因此从 ASP. NET 2. 0 开始，该文件添加了一个全新的配置部分 <connectionStrings>，专门用于存储连接字符串信息。在 web. config 文件中，至少有一个连接字符串存储在 <connectionStrings> 段中，例子 9. 2 演示了 Data Connection 向导在 web. config 文件中存储连接的方法。

例 9. 2 ASP. NET 如何存储连接字符串。

程序代码存储在 web. config 文件中的典型连接字符串：

```
<connectionStrings>
  <add name = "AppConnectionString1" connectionString = "Server = localhost;
    User ID = sa;Password = password;Database = Northwind;
    Persist Security Info = True" providerName = "System.Data.SqlClient"/>
</connectionStrings>
```

使用独立的配置段有几个优点。首先，. NET 使用 ConnectionStringSettings 类提供了 connectionStrings 段。这个类包含在 web. config 文件中输入的所有连接字符串，并可以在运行时添加、修改和删除连接字符串。

9. 5 内部数据绑定语法

9. 5. 1 DataBinder 语法的变化

ASP. NET 有 3 种进行数据绑定的不同方式。

（1）使用 Container. DataItem 语法，利用绑定的已有方法，如下：

```
<%# Container.DataItem("Name") %>
```

这种方法的优点在于，如果要从 ASP. NET 的以前版本中迁移，就不需要修改已有的 Web 页面。但如果创建新的 Web 页面，就应采用最简单的绑定形式——Eval 方法。

（2）Eval 方法。

```
<%# Eval("Name") %>
```

还可以继续使用 Eval 方法的格式化程序重载版本，格式化数据如下：

```
<%# Eval("HireDate", "{0:mm dd yyyy}") %>
```

除了这些变化之外，ASP. NET 还引入了一种新形式的数据绑定，称为双向数据绑定。

（3）Bind 方法。在 ASP. NET 1. 0/ 1. 1 中，使用绑定语法就是访问数据的只读形式。而自从 ASP. NET 2. 0 开始，双向数据绑定支持绑定数据的读取和写入操作。这是使用 Bind 方法实现的，它没有采用其他方法名，与 Eval 方法的工作过程类似，如下：

```
<%# Bind("Name") %>
```

新的 Bind 方法应在新控件 GridView、DetailsView 或 FormView 中使用，这些控件能自动更新数据源。在使用数据绑定语句时，<%# %>界定符之间的所有内容都作为表达式来处理。这是很重要的，因为在数据绑定时，它提供了一个额外的功能。例如，可以追加额外的数据，如下：

```
<%# "Foo" + Eval("Name") %>
```

或给方法传送计算出来的值，如下：

```
<%# DoSomeProcess(Bind("Name")) %>
```

9.5.2　XML 数据绑定

XML 在应用程序中越来越普遍。所以 ASP. NET 也提供了几种新方式专门用于绑定 XML 数据源。这些新的数据绑定表达式可以处理 XML 的层次格式。另外，除了不同的方法名之外，这些绑定方法的工作方式与前面讨论的 Eval 和 Bind 方法完全相同，这些绑定器应在使用 XmlDataSource 控件时使用。使用 XPathBinder 类的第一种绑定格式如下面的代码所示：

```
<% XPathBinder.Eval(Container.DataItem,"employees/employee/Name") %>
```

注意　XPathBinder 没有像 Eval 方法那样指定列名，而是绑定 XPath 查询的结果。

与标准的 Eval 表达式一样，XPath 数据绑定表达式也有一种缩写格式，如下：

```
<% XPath("employees/employee/Name") %>
```

另外，与 Eval 方法一样，XPath 数据绑定表达式也可以把格式应用于数据，如下：

```
<% XPath("employees/employee/HireDate", "{0:mm dd yyyy}") %>
```

XpathBinder 类使用所提供的 XPath 查询返回一个节点。如果要从 XmlDataSource 控件中返回多个节点，可以使用 XPathBinder 类的 Select 方法。这个方法返回匹配 XPath 查询的一个节点列表，如下：

```
<% XPathBinder.Select(Container.DataItem,"employees/employee") %>
```

或者使用缩写格式，如下：

```
<% XpathSelect("employees/employee") %>
```

9.6　表达式和表达式构建器

ASP. NET 引入了表达式和表达式构建器的概念。表达式是由 ASP. NET 在运行期间分析的语句，以返回一个数据值。表达式的分析由相适应的表达式构建器完成，例如，对于 SqlDataSource 控件，ASP. NET 会自动使用表达式完成检索数据库连接字符串的任务。例 9.3 为使用连接字符串表达式的例子。

例 9.3　连接字符串表达式。

```
<asp:SqlDataSource ID="SqlDataSource1" runat="server"
  ConnectionString="<%$ ConnectionStrings:NorthwindConnectionString %>"
  SelectCommand="SELECT * FROM [Customers]">
</asp:SqlDataSource>
```

当 ASP. NET 尝试分析 ASP. NET Web 页面时，会查找包含在<%$ %>界定符之间的表达式。<%$ %>界定符告诉 ASP. NET，这是一个要分析的表达式。如上面的程序代码所示，ASP. NET 尝试在 web. config 文件中定位 NorthwindConnectionString 值。ASP. NET 知道要查找该值，是因为 ConnectionString 表达式的前缀告诉 ASP. NET 用表达式构建器 ConnectionStringsExpressionBuilder 分析该表达式。

ASP. NET 有几个表达式构建器，包括从 web. config 文件的 AppSettings 段中检索值的表达式构建器 AppSettingsExpressionBuilder，检索 ConnectionString 值的表达式构建器 ConnectionStringsExpressionBuilder，以及检索本地资源文件值的表达式构建器 ResourceExpressionBuilder。例 9. 4 和例 9. 5 分别演示了如何使用 AppSettingsExpressionBuilder 和 ResourceExpressionBuilder。

例 9. 4 使用 AppSettingsExpressionBuilder。

```
<asp:Label runat="server" ID="lblAppSettings"
  Text="<%$ AppSettings:LabelText %>">
</asp:Label>
```

例 9. 5 使用 ResourceExpressionBuilder。

```
<asp:Label runat="server" ID="lblResource"
  Text="<%$ Resources: TEST %>">
</asp:Label>
```

除了使用表达式构建器类之外，还可以从 System. Web. Compilation. ExpressionBuilder 基类中派生，创建自己的表达式。这个基类提供了可重写的方法，如果希望 ASP. NET 正确分析表达式，就需要实现这些可重写的方法。例 9. 6 是一个简单的定制表达式构建器。

例 9. 6 使用简单的定制表达式构建器。

```
using System;
using System.CodeDom;
using System.Web.Compilation;
using System.Web.UI;
[ExpressionPrefix("MyCustomExpression")]
[ExpressionEditor("MyCustomExpressionEditor")]
public class MyCustomExpression : ExpressionBuilder
{
    public override System.CodeDom.CodeExpression
      GetCodeExpression(BoundPropertyEntry entry, object parsedData,
      ExpressionBuilderContext context)
    {
      return new CodeCastExpression("Int64",
      new CodePrimitiveExpression(1000));
    }
}
```

在这个例子中有几个地方值得注意。首先，如前所述，从 ExpressionBuilder 中派生了 MyCustomExpression 类。其次，重写了 GetCodeExpression 方法。这个方法提供了执行该方法的几个参数，它给 ASP. NET 返回一个 CodeExpression 对象，以便 ASP. NET 在运行期间检索数据值。

CodeExpression 类是 . NET 的 CodeDom 基础结构中的一个基类。派生于 CodeExpression 的类提供了生成 . NET 代码（VB 或 C#）的抽象方式。这个 CodeDom 基础结构有助于在运行期间动态地创建和运行代码。

BoundPropertyEntry 参数项指定表达式绑定到哪个属性上。例如，在例 9.4 和例 9.5 的程序代码中，Label 的 Text 属性分别绑定到 AppSettings 和 Resource 表达式上。对象参数 parsedData 包含由 ParseExpression 方法（详见本章后面的内容）分析和返回的数据。最后，ExpressionBuilderContext 参数允许引用与表达式相关的虚拟路径或模板化的控件。

在 GetCodeExpression 方法体中，创建一个新的 CodeCastExpression 对象，CodeCastExpression 是一个派生于 CodeExpression 基类的类。CodeCastExpression 告诉 .NET 要生成代码，将一种数据类型强制转换为另一种数据类型。在这个例子中，是将值 1000 转换为 Int 64 数据类型。在 .NET 执行 CodeCastExpression 时，会输出 C#代码（（long）（1000））或 VB 代码 CType（1000，long）。注意，派生于 CodeExpression 的许多类都可用于生成最终的代码表达式。

要注意的最后一点是，添加到类中的两个属性（即 ExpressionPrefix 和 ExpressionEditor）会帮助 .NET 确定把这个类当作表达式。在分析表达式时，这两个属性还会帮助 .NET 定位正确的表达式构建器类。

创建了表达式构建器类后，就要把这个情况告诉 .NET。为此，在 web. config 文件的 compilation 节点中添加 expressionBuilders 节点。注意将 expressionPrefix 的值添加到 expressionBuilders 中，可帮助 ASP. NET 在运行期间定位正确的表达式构建器类。代码如下：

```
<compilation debug = "true" strict = "false" explicit = "true" >
  <expressionBuilders >
    <add expressionPrefix = "MyCustomExpression"
     type = "MyCustomExpression"/>
  </expressionBuilders >
</compilation >
```

GetCodeExpression 方法不是 ExpressionBuilder 类中可重写的唯一成员，还有其他几个有用的成员，包括 ParseExpression 方法、SupportsEvaluate 方法和 EvaluateExpression 方法。

ParseExpression 方法可以把分析过的表达式数据传送给 GetCodeExpression 方法。例如，在例 9.6 的程序代码中，CodeCastExpression 值 1000 是硬编码的，但如果要让开发人员把这个值作为表达式的一部分传送出去，就可以使用 ParseExpression 方法，如例 9.7 所示。

例 9.7　使用 ParseExpression。

```
using System;
using System.CodeDom;
using System.Web.Compilation;
using System.Web.UI;
[ExpressionPrefix("MyCustomExpression")]
[ExpressionEditor("MyCustomExpressionEditor")]
public class MyCustomExpression : ExpressionBuilder
{
  public override System.CodeDom.CodeExpression
  GetCodeExpression(BoundPropertyEntry entry, object parsedData,
  ExpressionBuilderContext context)
  {
    return new CodeCastExpression("Int64",
    new CodePrimitiveExpression(parsedData));
  }
  public override object ParseExpression
  (string expression, Type propertyType, ExpressionBuilderContext context)
```

```
  {
    return expression;
  }
}
```

最后，两个 ExpressionBuilder 重写成员是 SupportsEvaluate 方法和 EvaluateExpression 方法。如果要在非编译的情形下运行 Web 站点（在@Page 指令中指定 compilationMode = "never"），就需要重写这两个方法。在页面以非编译模式执行时，SupportsEvaluate 属性返回一个布尔值，告诉 ASP. NET 这个表达式是否能计算。如果返回 true，且页面在非编译模式下执行，就使用 EvaluateExpression 方法返回数据值，而不是使用 GetCodeExpression 方法。EvaluateExpression 方法返回一个表示数据值的对象，如例 9. 8 所示。

例 9. 8　重写 SupportsEvaluate 和 EvaluateExpression。

```
using System;
using System.CodeDom;
using System.Web.Compilation;
using System.Web.UI;
[ExpressionPrefix("MyCustomExpression")]
[ExpressionEditor("MyCustomExpression123Editor")]
public class MyCustomExpression : ExpressionBuilder
{
   public override System.CodeDom.CodeExpression
   GetCodeExpression(BoundPropertyEntry entry, object parsedData,
   ExpressionBuilderContext context)
   {
      return new CodeCastExpression("Int64",
      new CodePrimitiveExpression(parsedData));
   }
   public override object ParseExpression
   (string expression, Type propertyType, ExpressionBuilderContext context)
   {
      return expression;
   }
   public override bool SupportsEvaluate
   {
      get
      {
        return true;
      }
   }
   public override object EvaluateExpression(object target,
   BoundPropertyEntry entry, object parsedData,
   ExpressionBuilderContext context)
   {
     return parsedData;
   }
}
```

如例 9. 8 所示，如果要重写 EvaluateExpression 方法，只需从 SupportsEvaluate 属性中返回 true，然后从 EvaluateExpression 方法中返回一个对象即可。

9.7 小　　结

在数据源控件方面，ASP. NET 3.5 中提供了 6 种数据源控件，可分别用于从不同类型的数据源中读取对应的数据类型。使用数据源控件自己的向导，可以轻松地生成强大的数据访问功能，而无需编写任何代码。甚至开发新手都可以轻松地组合使用数据源控件来创建强大的数据操作应用程序，且编码量很少。在数据绑定控件方面，ASP. NET 3.5 比 ASP. NET 2.0 新增了 DataPager 和 ListView 两个数据绑定控件。其中的 ListView 控件前所未有的灵活，通过定义它的模板几乎可以实现任意一种数据展现方式。数据绑定控件的引入大大简化了任意数据源中的数据查询和显示。

除了使用数据源控件和数据绑定控件来显示和处理数据外，在制作 Web 站点的时候也经常需要使用数据绑定语法来灵活绑定显示数据。因此，本章说明并比较了 ASP. NET 中现有的 3 种进行数据绑定的不同方式，分别是 Container. DataItem 语法、Eval 方法、Bind 方法。

本章另外还介绍了 XML 数据绑定和表达式及相应的构建器。

9.8 练　　习

1. 在 SQL SERVER 中设计一个学生表，包含学号、姓名、性别、班级、专业这些个人信息，用 SqlDataSource 控件读取学生数据表数据，并用 GridView 控件在页面上把信息显示出来。

2. 依据练习 1 中的内容，实现用 GridView 控件仅仅显示学生的学号信息，并且在单击对应学号后的“详细信息”按钮之后，用 DetailsView 控件显示该学生的姓名、性别、班级、专业这些个人信息。

3. 制作一个 Web 站点地图文件，并用 SiteMapDataSource 控件绑定。

4. 简述 ASP. NET 高速缓存的作用。

5. 简述 ASP. NET 的 3 种数据绑定方式。

第 10 章 ADO. NET 数据库编程

本章教学目标

- 熟悉掌握 ADO. NET 中的对象；
- 能熟练对数据源控件进行编程操作；
- 掌握存储过程的用法。

ADO. NET 这个名称起源于 ADO（ActiveX Data Objects），使用这个名称是因为 Microsoft 希望表明这是在 . NET 编程环境中优先使用的数据访问接口。ADO. NET 提供了平台互用性和可伸缩的数据访问，是一组用于同数据源进行交互的面向对象类库。通常情况下，ADO. NET 连接的数据源是数据库，但同样也能够是文本文件、Excel 表格或者 XML 文件。ADO. NET 增强了对非连接编程模式的支持，并支持 RICH XML，由于传送的数据都是 XML 格式的，因此任何能够读取 XML 格式的应用程序都可以进行数据处理。

以往要操作数据库中的数据的时候，都必须保持应用程序与数据库之间处于连接状态。ADO. NET 支持应用程序在与数据库断开连接的情况下，操作存储在内存中的数据库的副本，待所有操作完毕需要更新数据库时才重新连接，这样可以最大程度地减少数据库服务器的资源消耗。

10. 1 ADO. NET 编程

ADO. NET 允许和不同类型的数据源进行交互，包括各种数据库。不同的数据源采用不同的协议。一些老式的数据源使用 ODBC 协议，许多新的数据源使用 OleDb 协议，并且现在还不断出现更多的数据源，这些数据源都可以通过 . NET 的 ADO. NET 类库来进行连接。ADO. NET 提供与数据源进行交互的相关的公共方法，但是对于不同的数据源采用一组不同的类库。这些类库称为 Data Providers，并且通常是以与之交互的协议和数据源的类型来命名的。

10. 1. 1 ADO. NET 对象

ADO. NET 包含以下对象：

- Connection 对象
- Command 对象
- DataReader 对象
- DataAdapter 对象
- DataSet 对象
- DataTable 对象
- DataRow 对象
- DataColumn 对象

接下来将详细介绍这 8 个 ADO. NET 对象。

（1） Connection 对象。Connection 对象也称为数据库连接对象，其功能是负责对数据源的连接。Connection 对象中的连接字符串指明了数据库服务器名称、数据库名称、用户名、密码和连接数据库所需要的其他参数。利用这些参数值，当 Connection 对象被 Command 对象使用的时候，程序就能够知道对哪个数据库执行命令。

Connection 对象有两个重要属性，如下：

① ConnectionString，表示用于打开 SQL Server 数据库的字符串；

② State，表示 Connection 的状态，有 Closed 和 Open 两种状态。

Connection 对象有两个重要方法，如下：

① Open( )，指示打开数据库；

② Close( )，指示关闭数据库。

（2） Command 对象。Command 对象也称为数据库命令对象，用来发送 SQL 语句给数据库。Command 对象主要执行包括添加、删除、修改及查询数据的操作，也可以用来执行存储过程。

在默认情况下，CommandType 属性为 CommandType. Text，表示执行的是普通 SQL 语句。用于执行存储过程时，需要将 Command 对象的 CommandType 属性设置为 CommandType. StoredProcedure。

Command 对象主要有 3 个方法，如下：

① ExecuteNonQuery( )，执行一个 SQL 语句，返回受影响的行数，这个方法主要用于对数据库执行增加、更新、删除操作，注意查询的时候不是调用这个方法。

② ExecuteReader( )，执行一个查询的 SQL 语句，返回一个 DataReader 对象。

③ ExecuteScalar( )，从数据库检索单个值。这个方法主要用于统计操作。

下面将详细介绍 ExecuteScalar( ) 的使用，在正式开始介绍 ExecuteScalar( ) 用法前，先看用 SQL 语句获取一行一列结果集的执行效果，这样容易理解使用 ExecuteScalar( ) 的意义。

现有数据表 UserInfo 如图 10-1 所示。

ID	sex	age
1	1	21
2	1	33
3	1	35
4	1	18
5	1	29
6	1	36
7	1	29
8	1	27
9	1	22
10	1	33
11	1	34
12	0	28

图 10-1　数据表 UserInfo

执行图 10-2 中所示的 3 条 SQL 语句，将分别获得一行一列的结果集。

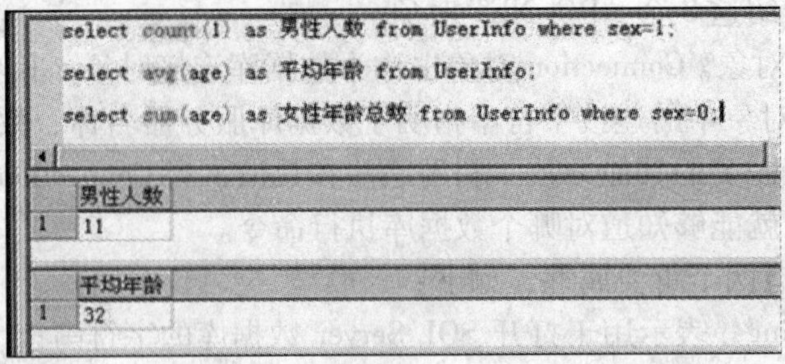

图 10-2　SQL 语句执行结果为一行一列的结果集的情况

图 10-2 中第 1 条 SQL 语句的执行结果为“11”，第 2 条 SQL 语句执行的结果为“32”。查询结果都只有一行一列。

使用 ExecuteScalar( ) 就是针对这种情况的，该方法只返回查询结果集的第一行第一列。

例 10.1　使用 ExecuteScalar( ) 返回查询结果集的第一行第一列（使用图 10-1 的 UserInfo 表中的数据）。

同样，因为这个页面的代码和设计部分非常简单，因此采用单页模式，程序代码如下：

```
<%@ Page Language = "C#" %>
<%@ Import Namespace = "System.Data.SqlClient" %>
<%@ Import Namespace = "System.Data" %>
<!DOCTYPE html PUBLIC "-//W3C//DTD XHTML 1.0 Transitional//EN"
  "http://www.w3.org/TR/xhtml1/DTD/xhtml1-transitional.dtd">
<script runat = "server">
  protected void Page_Load(object sender, EventArgs e)
  {
      //链接数据库,指定用户名和密码
      SqlConnection connection = new SqlConnection("Data Source = (local);Ini-
      tial
      Catalog = AspNetStudy;Persist Security Info = True;User ID = sa;Password =
      sa");
      //实例化 Command 对象
      SqlCommand command = new SqlCommand("select count(1) as 男性人数
      from UserInfo where sex = 1", connection);
      //打开 Connection 对象
      connection.Open();
      //查询表 UserInfo 中男性人数
      int count = int.Parse(command.ExecuteScalar().ToString());
      //关闭 Connection 对象
      connection.Close();
      Response.Write("在 UserInfo 表里共有" + count + "个男性。");
  }
</script>
<html xmlns = "http://www.w3.org/1999/xhtml" >
<head runat = "server">
   <title>Asp.net Web</title>
</head>
<body>
```

```
    <form id="form1" runat="server">
    <div>
    </div>
    </form>
</body>
</html>
```

这个页面执行的结果如图 10-3 所示。

图 10-3　例 10.1 的运行效果图

注意　在操作数据库的时候，为了提高性能都遵循一个原则，数据库连接对象应该尽可能晚打开，尽可能早关闭。因此，在上面的例子中，在 Command 对象需要执行数据库操作之前才打开数据库连接对象，执行数据库操作之后马上就关闭数据库连接对象。

(3) DataReader 对象 。DataReader 对象只能按照一定的顺序从数据流中取出数据，绑定数据时比使用数据集方式性能要高。因为它是只读的，所以如果要对数据库中的数据进行修改就需要借助其他方法。

DataReader 对象不能直接实例化，必须借助于相关的 Command 对象来创建实例，例如，用 SqlCommand 的实例的 ExecuteReader 方法可以创建 SqlDataReader 实例。因为 DataReader 对象读取数据时需要与数据库保持连接，所以在使用 DataReader 对象读取完数据之后应该立即调用它的 Close 方法关闭流，并且还应该关闭与之相关的 Connection 对象。.NET 类库中提供了一种方法，在关闭 DataReader 对象的同时自动关闭掉与之相关的 Connection 对象，这需要为 ExecuteReader 方法指定一个参数，例如：

```
SqlDataReader reader
 = command.ExecuteReader(CommandBehavior.CloseConnection);
```

CommandBehavior 是一个枚举型，上面使用了 CommandBehavior 枚举的 CloseConnection 值，能在关闭 SqlDataReader 时关闭相应的 SqlConnection 对象。

DataReader 对象读取数据有 3 种方式，如下所述。

① 按查询时的列索引指定的方式读取列值，读取时按指定方式进行值类型转换。例如，GetByte (int i) 就是读取第 i 列的值并且转换成 byte 类型的值。这种方法的优点是，指定列后直接读取该列并转换；缺点是，一旦指定的列不能按照指定的方式转换时就会抛出异常，例如，数据库里字段的类型是 string 类型或者该字段的值为空时按照 GetByte (i) 这种方式读取会抛出异常。

② 按照列索引读取，读取时不进行值类型转换，得到的是 object 类型的值。如：reader[5] 就是读取第 5 列的值（这里 reader 是一个 Reader 对象的实例），值的类型为 object。这个方法不会抛出异常，这也很好理解，因为数据库存储着各种类型的值，而 object 是所

有类的基类。如果要得到它的正确类型，就需要根据数据库里的字段进行相应转换。

③ 按照列名读取，读取时不进行值类型转换，得到的是 object 类型的值。综合前面 3 种方式的各有特点，总结如下。第 1 种方式最直接，但是有可能抛出异常。第 2 种方式比第一种稍微灵活一些，可以根据读取到值为空（在 . NET 里用 DBNull 类来表示，可以表示数据库中任意数据类型的空值），而不进行相应的类型转换，避免出现异常。第 3 种方式按照列的名字来读取数据，也需要按照第 2 种方式进行一定的转换。就性能来说，第 1 种最高，第 2 种稍低，第 3 种最低；就灵活性来说，第 3 种最灵活，第 2 种次之，第 1 种最不灵活（假如在后来编写 SQL 语句中更改了列的索引，第 1 种和第 2 种都可能出现问题）。实际开发中根据实际情况选择合适的方式。

下面是一个使用 DataReader 对象读取数据的例子，因为代码不是很多并且也不复杂，所以采用了单页模式，并且还演示了 3 种读取数据的方式。

例 10.2 使用 DataReader 对象读取数据。

程序代码如下：

```
<%@ Page Language = "C#" %>
<%@ Import Namespace = "System.Data.SqlClient" %>
<%@ Import Namespace = "System.Data" %>
<%@ Import Namespace = "System.Text" %>
<!DOCTYPE html PUBLIC "-//W3C//DTD XHTML 1.0 Transitional//EN"
  "http://www.w3.org/TR/xhtml1/DTD/xhtml1-transitional.dtd">
<script runat = "server">
  protected void Page_Load(object sender, EventArgs e)
  {
  }
  public void ShowData()
  {
      //实例化 Connection 对象
      SqlConnection connection = new SqlConnection("Data Source = (local);Ini-
      tial
      Catalog = AspNetStudy;Persist Security Info = True;User
      ID = sa;Password = sa");
      //实例化 Command 对象
      SqlCommand command = new SqlCommand("select * from UserInfo where
      sex = 1", connection);
      //打开 Connection 对象
      connection.Open();
      //得到 DataReader 的实例,注意使用了 CommandBehavior 这个参数,以便同
      //时关闭 Connection
      SqlDataReader reader =
      command.ExecuteReader(CommandBehavior.CloseConnection);
      //如果当前记录还有下一条记录,则循环不会终止
      while (reader.Read())
      {
          Response.Write("<tr><td>" + reader.GetInt32(0) + "</td>");
          //按照列顺序
          //和对应类型直接读取值
          Response.Write("<td>" + reader.GetString(1) + "</td>");
          //按照列顺序和对
          //应类型直接读取值
```

```
        Response.Write("<td>" + reader.GetString(2) + "</td>");
        //按照列顺序和对
        //应类型直接读取值
        Response.Write("<td>" + reader.GetByte(3) + "</td>");
        //按照列顺序和
        //对应类型直接读取值
        //下面是按照列顺序直接读取值,并且根据值来判断最终显示结果
        Response.Write("<td>" + (reader.GetBoolean(4) == true?"男":"女") +
        "</td>");
        //根据列顺序读,列的值需要做相应转换
        Response.Write("<td>" + reader[5].ToString() + "</td>");
        //根据列名来读取,列的值需要做相应转换
        Response.Write("<td>" + reader["Phone"] + "</td>");
        Response.Write("<td>" + reader["Email"].ToString() +
        "</td></tr>\n");
      }
      reader.Close();
    }
</script>
<html xmlns="http://www.w3.org/1999/xhtml">
<head runat="server">
    <title>Asp.net Web 程序设计</title>
</head>
<body>
    <form id="form1" runat="server">
    <div>
    <table border="1" cellpadding="0" cellspacing="0">
    <tr>
<td>编号</td>
<td>账号</td>
<td>真实姓名</td>
<td>年龄</td>
<td>性别</td>
<td>手机</td>
<td>电话</td>
<td>电子邮件</td>
</tr>
    <%
        //在页面中调用后台代码,这样也能保证生成的代码不会位于<html></html>标
        //记之外
        ShowData();
    %>
    </table>
    </div>
    </form>
</body>
</html>
```

（4）DataAdapter 对象。DataAdapter 对象也称之为数据适配器对象，DataAdapter 对象利用数据库连接对象（Connection）连接的数据源，使用数据库命令对象（Command）规定的操作从数据源中检索出数据送往数据集对象（DataSet），或者将数据集中经过编辑后的数据送回数据源。

数据适配器将数据填入数据集时调用方法 Fill()，语句如下：

```
//直接填充表
dataAdapter1.Fill (dataTable);
```

或者

```
//填充 dataSet11 数据集中的
dataAdapter1.Fill (dataSet11,"Products");"Products"表
```

当 dataAdapter1 调用 Fill() 方法时，将使用与之相关联的命令组件所指定的 SELECT 语句从数据源中检索行。然后将行中的数据添加到 DataSet 中的 DataTable 对象中或者直接填充到 DataTable 的实例中，如果 DataTable 对象不存在，则自动创建该对象。

当执行上述 SELECT 语句时，与数据库的连接必须有效，但不需要用语句将连接对象打开。如果调用 Fill() 方法之前与数据库的连接已经关闭，则将自动打开它以检索数据，执行完毕后再自动将其关闭。如果调用 Fill() 方法之前连接对象已经打开，则检索后继续保持打开状态。注意，一个数据集中可以放置多张数据表，但是每个数据适配器只能够对应于一张数据表。

(5) DataSet 对象。DataSet 对象是数据在内存中的表示形式。它包括多个 DataTable 对象，而 DataTable 包含列和行，就像一个普通的数据库中的表。甚至能够定义表之间的关系来创建主从关系（Parent-Child Relationships）。DataSet 是在特定的场景下使用——帮助管理内存中的数据并支持对数据的断开操作的。DataSet 是被所有 Data Providers 使用的对象，因此它并不像 Data Provider 一样需要特别的前缀。

下面是一个利用 Adapter 对象把数据填充到 DataTable（或 DataSet）并显示的例子，这个例子采用了页面和代码分离模式。

例 10.3 利用 Adapter 对象填充数据。

前台代码如下：

```
<%@ Page Language = "C#" AutoEventWireup = "true"
  CodeFile = "DataAdapter.aspx.cs"
  Inherits = "DataAdapter" %>
<!DOCTYPE html PUBLIC "-//W3C//DTD XHTML 1.0 Transitional//EN"
  "http://www.w3.org/TR/xhtml1/DTD/xhtml1-transitional.dtd">
<html xmlns = "http://www.w3.org/1999/xhtml" >
<head runat = "server">
  <title>Asp.net Web 程序设计</title>
</head>
<body>
  <form id = "form1" runat = "server">
  <div>
  <table border = "1" cellpadding = "0" cellspacing = "0">
    <tr>
      <td>编号</td>
      <td>账号</td>
      <td>真实姓名</td>
      <td>年龄</td>
      <td>性别</td>
      <td>手机</td>
      <td>电话</td>
      <td>电子邮件</td>
    </tr>
```

```
    <%
    //在页面中调用后台代码,这样也能保证生成的代码不会位于<html><//html>标记之外
      ShowData();
    %>
    </table>
    </div>
    </form>
</body>
</html>
```

相应的后台代码如下:

```
using System;
using System.Data;
using System.Configuration;
using System.Collections;
using System.Web;
using System.Web.Security;
using System.Web.UI;
using System.Web.UI.WebControls;
using System.Web.UI.WebControls.WebParts;
using System.Web.UI.HtmlControls;
using System.Data.SqlClient;
public partial class DataAdapter : System.Web.UI.Page
{
   protected void Page_Load(object sender, EventArgs e)
   {
   }
   //供前台页面调用的方法,这个方法必须是 protected 或者 public
   protected void ShowData()
   {
      //实例化 Connection 对象
      SqlConnection connection = new SqlConnection("Data Source=(local);Ini-
      tial
      Catalog=AspNetStudy;Persist Security Info=True;
      User ID=sa;Password=sa");
      //实例化 Command 对象
      SqlCommand command = new SqlCommand("select * from UserInfo
      Where sex=0", connection);
      SqlDataAdapter adapter = new SqlDataAdapter(command);
      /*
      下面被注释掉的代码与上面的代码是等效的
      SqlDataAdapter adapter = new SqlDataAdapter("select * from UserInfo
      where sex=0", connection);
      */
      DataTable data = new DataTable();
      adapter.Fill(data);
      for (int i = 0; i < data.Rows.Count; i++)
      {
         Response.Write("<tr><td>" + data.Rows[i]["UserId"].ToString() +
         "</td>");
         Response.Write("<td>" + data.Rows[i]["UserName"].ToString() +
         "</td>");
         Response.Write("<td>" + data.Rows[i]["RealName"].ToString() +
         "</td>");
```

```
                Response.Write("<td>" + data.Rows[i]["Age"].ToString() +
                "</td>");
                //下面是按照列顺序直接读取值,并且根据值来判断最终显示结果
                Response.Write("<td>" +
                bool.Parse(data.Rows[i]["Sex"].ToString()) ==
                true ? "男" : "女") + "</td>");
                //根据列顺序读,列的值需要做相应转换
                Response.Write("<td>" + data.Rows[i]["Mobile"].ToString() +
                "</td>");
                //根据列名来读取,列的值需要做相应转换
                Response.Write("<td>" + data.Rows[i]["Phone"].ToString() +
                "</td>");
                Response.Write("<td>" + data.Rows[i]["Email"].ToString() +
                "</td></tr>\n");
            }
        }
    }
```

10.1.2 参数化 SQL 语句

避免 SQL 注入的方法有两种。第一种方法是所有的 SQL 语句都存放在存储过程中，这样不但可以避免 SQL 注入，还能提高一些性能，并且存储过程可以由专门的数据库管理员编写和集中管理。不过这种做法并不总是好的，如针对相同的若干表有设立条件的查询，其 SQL 语句不同，这样就需要编写大量的存储过程。避免 SQL 注入的第二种方法就是参数化 SQL 语句。例如，在表 UserInfo 中查找所有女性用户，通常情况下 SQL 语句为：

```
select * from UserInfo where sex=0
```

将 SQL 语句中的“sex=0”的数值参数化，则对于同样的查询，参数化 SQL 语句可以写成如下：

```
select * from UserInfo where sex=@sex
```

再如，要查找 UserInfo 表中所有年龄大于 30 岁的男性用户，参数化 SQL 语句可以写成如下：

```
select * from UserInfo where sex=@sex and age>@age
```

在实际查询时对 SQL 语句中的参数进行赋值。下面代码示例执行“年龄大于 30 岁的男性用户”查询，并且将查询结果集以 DataTable 的方式返回。

```
//实例化 Connection 对象
SqlConnection connection = new SqlConnection("Data Source=(local);Initial
Catalog=AspNetStudy;Persist Security Info=True;User ID=sa;Password=sa");
//实例化 Command 对象
SqlCommand command = new SqlCommand("select * from UserInfo where sex=@ sex
and age>@ age", connection);
//为 SqlCommand 添加查询参数可用以下两种方式,第一种添加查询参数的例子
command.Parameters.AddWithValue("@sex", true);
//第二种添加查询参数的例子
SqlParameter parameter = new SqlParameter("@age", SqlDbType.Int);
//注意 UserInfo 表里 age 字段是 int 类型的
parameter.Value = 30;
command.Parameters.Add(parameter);//添加参数
//实例化 DataAdapter
```

```
SqlDataAdapter adapter = new SqlDataAdapter(command);
DataTable data = new DataTable();
adapter.Fill(table);
bindingSource1.DataSource = table;
dataGridView1.DataSource = bindingSource1;
```

上面的代码所访问的是 SQL Server 数据库。如果数据是存储在 Access、MySQL 或 Oracle 数据库，那么，对应的参数化 SQL 语句的形式、查询参数及赋值参见表 10-1。

表 10-1　参数化 SQL 语句及参数

数据库	Access	MySQL	Oracle
SQL 语句	SELECT * from UserInfo where sex = ? and age > ?	SELECT * from UserInfo where sex = ? sex and age > ? age	SELECT * from UserInfo where sex = : sex and age > : age
参数	OleDbParameter	MySqlParameter	OracleParameter
实例化参数	OleDbParameter p = new OleDbParameter（"?", OleDbType. Boolean）;	MySqlParameter p = new MySqlParameter（"? sex", MySqlDbType. Bit）;	OracleParameter p = new OracleParameter（": sex", OracleType. Byte）;
赋值	p. Value = true;	p. Value = 1;	p. Value = 1;

可以看出，尽管 SQL 语句大体相似，但是不同数据库却又有各自不同的特点。例如，在 Access 中参数化 SQL 语句中，参数直接以“?”表示；而在 SQL Server 中，参数以“@”为前缀，后跟参数名称；在 MySQL 中，参数以“?”为前缀；在 Oracle 中，参数以“:”为前缀。注意，因为在 Access 中参数名都是“?”，所以给参数赋值一定要按照所列顺序赋值，否则就有可能执行出错。

10.2　数据源控件编程

数据源控件表示一个或多个有 ID 的数据视图。每个视图管理一个数据集。与一个数据源控件关联的数据，通过类 SQL 操作（诸如 SELECT、INSERT、DELETE 和 COUNT）以及排序和分页等功能进行管理。

数据源控件存在两种风格，分别是表格式和层次性。表 10-2 描述了表格式控件，表 10-3 列出了层次性数据源控件。

表 10-2　表格式数据源控件

控件名	描　述
SqlDataSource	表示与一个返回 SQL 数据的 ADO. NET 数据提供程序的连接，包括可以通过 OLE DB 和 ODBC 访问的数据源。提供程序和连接字符串的名称用属性规定
ObjectDataSource	允许绑定到一个返回数据的定制的 . NET 业务对象。该类应该遵守特定的设计模式，并包含一个无参数构造方法和以某种方式行动的方法
AccessDataSource	表示 Microsoft Office Access 数据库的一个连接。继承自 SqlDataSource，但是指向一个 MDB 文件，并使用 Jet 4.0 OLE DB 提供程序连接到数据库

注意 SqlDataSource 并非是 SQL Server 特有的，它可以连接到任何一个管理关系数据的 ADO.NET 提供程序。

表 10-3 层次性数据源控件

控件名	描 述
SiteMapDataSource	允许绑定到任何一个提供 Web 站点地图信息的提供程序。默认的提供程序通过应用程序根文件夹中的 XML 文件提供 Web 站点地图数据
XmlDataSource	允许绑定到有或没有模式信息的 XML 文件和字符串

注意 数据源控件不支持可视化生成，它们是作为控件实现的，作为 .aspx 源代码的本机部分“以声明的方式持久存储”（在请求处理期间自动实例化），以获得对页面视图状态的访问。

10.2.1 数据源视图

数据源视图是 DataSourceView 类的实例，也称数据源视图对象，用于表示定制的数据视图。数据源视图是一个定义了排序、过滤和其他数据操作的特殊设置。所有的数据源视图都是 DataSourceView 类的直接或间接子类。也就是说，数据源控件关联的所有视图都需要以 DataSourceView 为基类。

表 10-4 列出了 DataSourceView 类的属性，表 10-5 列出了该类支持的所有方法。

表 10-4 DataSourceView 类的属性

属 性	描 述
CanDelete	指示是否允许对底层数据源进行删除操作。该删除操作是通过调用 Delete 方法执行的
CanInsert	指示是否允许对底层数据源进行插入操作。该插入操作是通过调用 Insert 方法执行的
CanPage	指示是否可以对视图中的数据进行分页
CanRetrieveTotalRowCount	指示有没有关于总行数的信息
CanSort	指示是否可以对视图中的数据进行排序
CanUpdate	指示是否允许对底层数据源进行更新。该更新操作是通过调用 Update 方法执行的
Name	返回当前视图的名称

CanXXX 属性不仅指示该数据源控件能否执行指定的操作，而且还指示该操作在当前数据状态下是否合适。

表 10-5 DataSourceView 类的方法

方 法	描 述
Delete	对视图关联的数据执行删除操作
Insert	对视图关联的数据执行插入操作
Select	返回一个用底层数据存储中包含的数据进行填充的可列举对象
Update	对视图关联的数据执行更新操作

所有的数据源视图对象都通过 SELECT 方法支持数据检索。该方法返回一个实现 IEnumberable 接口的对象，对象的真实类型取决于数据源控件及其上面设置的属性。

10.2.2 与数据绑定控件的交互

ASP. NET 支持控件数据绑定，这使得 Web 服务器控件能够以一致的方式绑定到数据。即各种数据绑定控件以一致的方式绑定数据源控件表示的数据源。数据源控件可以表示任何数据源：关系数据库、文件、流、业务对象等。数据源控件以一致的方式向数据绑定控件提供数据，而不管基础数据的源或格式如何。

ASP. NET 通过 IDataSource 提供一致的数据绑定方式。所有的数据绑定控件一致地绑定到抽象数据源 IDataSource，进而连接底层数据存储库。按照 ASP. NET 的系统要求，数据源控件必须实现 IDataSource 接口，即开发人员自定义 ASP. NET 数据源控件时，需要实现 IDataSource 接口。

实现 IDataSource 接口的任何类都是数据源控件。IDataSource 接口作为所有 ASP. NET 数据源控件的基类，使用两个方法定义了一个基本的数据绑定框架。这两个方法分别是 GetView 和 GetViewNames。这就是说，所有数据源控件都支持其数据的一个或多个命名视图。

数据源视图定义数据源的功能及其支持的操作。数据源视图对象类似于 System. Data 命名空间中的 DataView 抽象类，它是一种数据可绑定的自定义的数据视图，用于排序、筛选和该视图定义的其他数据操作。数据源控件的核心是检索数据视图。一旦获得一个数据源视图对象，控件就能调用表 10-4、10-5 所示的属性和方法执行必需的任务。

数据源控件可以有一个或多个关联的数据源视图对象。一些数据源控件（包括表示关系数据库的数据源控件，如 SqlDataSource 和 AccessDataSource）仅支持一个视图。另一些数据源控件（包括分层数据源控件，如 SiteMapDataSource）支持多个视图。

一个数据源控件所支持的数据源视图的个数，依赖于底层数据源的连接字符串、特征和真实内容。在 ASP. NET 3.5 中，内置控件只支持一个视图，即默认视图。

总之，数据源控件实现 IDataSource 接口，支持这些控件表示的数据的一个或多个命名视图，并始终支持从这些控件表示的数据源中检索数据。

10.2.3 层次性数据源视图

表格式数据源控件通常只有一个经过命名的视图，而层次性数据源控件支持多层数据视图，数据源控件表示的每一层数据对应一个数据视图。层次性和表格式数据源控件共享数据绑定控件的一致而通用的编程接口框架，唯一区别在于，所处理属性的性质是层次性还是表格式。

层次性数据源视图类命名为 HierarchicalDataSourceView，与表格式数据源视图类不同。HierarchicalDataSourceView 类只有一个方法 SELECT( )，该方法返回可列举的层次性对象。因此，层次性数据源控件是只读的。

10.2.4 数据源控件代码

（1）SqlDataSource 控件。SqlDataSource 控件是一个数据源控件，代表与关系型数据存储的连接。关系型数据存储包括诸如 SQL Server、Oracle 或任何一个可以通过 OLE DB 或 ODBC 桥梁访问的数据源）。

SqlDataSource 控件使用两个主要属性建立数据存储的连接，分别是 ConnectionString 和 ProviderName。前一个属性表示连接字符串，包含了打开与底层引擎会话所需的足够信息。后一个属性规定此操作使用的 ADO. NET 托管提供程序的命名空间。ProviderName 属性默认为 System. Data. SqlClient，这表示默认的数据存储是 SQL Server。而要瞄准一个 OLE DB 提供程序，则使用 System. Data. OleDb 字符串。

SqlDataSource 控件既可以使用数据适配器，也可以使用命令对象检索数据。根据选择，获取的数据将被封装到一个 DataSet 对象或一个数据阅读器中。下面的代码段说明了激活一个绑定到 SQL Server 数据库的 SQL 数据源控件所需的最少代码。

```
<asp:SqlDataSourcerunat = "server" ID = "SqlDataSource1"
    ProviderName ='<%$ ConnectionStrings:Localldata.ProviderName %>'
    ConnectionString ='<%$ ConnectionStrings:Localldata%>'
    SelectCommand = "SELECT * FROM students" />
<asp:DataGridrunat = "server" ID = "grid" DataSourceID = " SqlDataSource1" />
```

① SqlDataSource 控件的编程接口。表 10-6 列出的属性组，提供了关联的视图类所支持的数据操作。

表 10-6 配置数据操作的属性

属性组	描　述
DeleteCommand，DeleteParameters，DeleteCommandType	获得或设置用来删除底层数据存储中的数据行的 SQL 语句、相关参数以及类型（文本或存储过程）
FilterExpression，FilterParameters	获得或设置用来创建使用 SELECT 命令获取的数据之上的过滤器的字符串（和相关参数）。只有当控件通过 DataSet 管理数据时才起作用
InsertCommand，InsertParameters，InsertCommandType	获得或设置用来在底层数据存储中插入新行的 SQL 语句、相关参数和类型（文本或存储过程）
SelectCommand，SelectParameters，SelectCommandType	获得或设置用来从底层数据存储中获取数据的 SQL 语句、相关参数和类型（文本或存储过程）
SortParameterName	获得或设置一个命令的存储过程将用来存储数据的一个输入参数的名称（这种情况下的命令必须是存储过程）。如果缺少该参数，则会引起一个异常
UpdateCommand，UpdateParameters，UpdateCommandType	获得或设置用来更新底层数据存储中的数据行的 SQL 语句、相关参数和类型（文本或存储过程）

每个命令属性都是一个字符串，包含将要使用的 SQL 文本。命令可以有选择地包含关联参数表中集中列出的参数。托管提供程序及其底层的关系引擎决定 SQL 要使用的确切语法以及嵌入参数的语法。例如，如果数据源控件指向 SQL Server，则命令参数名必须以

“@”为前缀。如果目标数据源是一个 OLE DB 提供程序，则参数是无名的，用一个“?”占位符标识，并且按位置进行定位。下面的代码段展示了一个复杂的数据源控件，其中启用了参数化删除和更新命令。

```
<asp:SqlDataSourcerunat = "server" ID = " SqlDataSource1 "
    ConnectionString ='<%$ ConnectionStrings:Localldata %>'
    SelectCommand = "SELECT * FROM students"
    UpdateCommand = "UPDATE students SET name =@ name"
    DeleteCommand = "DELETE FROM students WHERE number =@ number"
    FilterExpression = "number > 3 " >
    <!--parameters go here-->
</asp:SqlDataSource>
```

FilterExpression 属性适用的语法与 DataView 类的 RowFilter 属性适用的语法相同，而后者又类似于 SQL WHERE 子句使用的语法。如果 FilterExpression 需要参数化，则可以通过 FilterParameters 集合指明参数。只有在 DataSourceMode 设置为 DataSet 时，才能启用过滤功能。

注意　过滤器表达式和 SELECT 命令上的参数之间的区别是，SELECT 命令上的参数影响数据存储返回的结果集，而过滤器表达式限制通过 SELECT 命令返回的结果集的显示内容。

表 10-7 详细描述了 SqlDataSource 类的其他操作属性。该列表没有包括与缓存相关的属性，稍后再介绍这些属性。

表 10-7　SqlDataSource 类的其他属性

属　性	描　述
CancelSelectOnNullParameter	指示如果一个参数等于 null 时是否撤销数据检索操作。默认值为 true
ConflictDetection	决定该控件在一次删除或更新操作期间应如何处理数据冲突。在默认情况下，同时发生的变更被覆盖
ConnectionString	连接到数据库的连接字符串
DataSourceMode	指示应如何返回数据：通过 DataSet 还是通过数据阅读器
OldValuesParameterFormatString	获得或设置一个格式字符串，该格式字符串应用于传递给 Delete 或 Update 方法的任何参数的名称
ProviderName	指示将要使用的 ADO. NET 托管提供程序的命名空间

这些属性中有很多映射了实际视图类上定义的相同属性，如图 10-4 所示。

SqlDataSource 对象有几个方法和事件，在大多数情况下所有的数据源组件都有这些方法和事件。其中，方法包括 Delete，Insert，Select 和 Update，并且是作为底层数据源视图类的对应方法的唯一封装器实现的。这些事件是成对存在的，如 Deleting/ Deleted、Inserting/ Inserted、Selecting/ Selected 和 Updating/ Updated，并且在上述方法之前和之后激发。过滤操作的开始通过 Filtering 事件发出信号。

② 声明性参数。每个命令属性都有自己的参数集——ParameterCollection 集合类的一个实例。ASP. NET 从 2. 0 开始支持不少参数类型，如表 10-8 所示。

表 10-8 ASP. NET 2.0 中的参数类型

参 数	描 述
ControlParameter	从一个服务器控件的任何公共属性获得该参数值
CookieParameter	根据指定的 HTTP cookie 的内容设置参数值
FormParameter	从 HTTP 请求窗体的指定输入字段中获取该参数值
Parameter	获取由代码分配的参数值
ProfileParameter	从根据应用程序的个性化机制创建的配置文件对象中的指定属性获取该参数值
QueryStringParameter	从请求查询字符串中的指定变量获取该参数值
SessionParameter	根据指定的会话状态槽的内容设置该参数值

每个参数类都有一个 Name 属性以及它的作用和实现特有的属性集。为了理解数据源控件中的声明性参数，代码如下：

```
<asp:SqlDataSourcerunat = "server" ID = "SqlDataSource1"
  ConnectionString ='<%$ ConnectionStrings:Locall data %>'
  SelectCommand = "SELECT * FROM students WHERE number > @ stuID" >
   <SelectParameters >
      <asp:ControlParameter Name = "stuID" ControlId = "StuID"
        PropertyName = "Text" />
   </SelectParameters >
</asp:SqlDataSource >
```

该查询包含一个名为@ StuID 的占位符，该数据源控件用 ControlParameter 对象返回的信息自动地填充该占位符。控件参数的值由给定控件上的给定属性所决定。PropertyName 属性规定了该属性的名称，而该控件的 ID 在 ControlId 属性中。为了使前面的代码起作用，页面开发人员必须保证该页面包含一个具有给定的 ID 和属性的控件，否则将会抛出一个异常。在本例中，StuID 控件上的 Text 属性的值被用作匹配参数的值。

形参（命令文本中的占位符）和实际值之间的绑定，取决于底层的托管提供程序如何处理和辨认参数。如果提供程序类型支持有名的参数（像 SQL Server 和 Oracle 那样），则这种绑定涉及将占位符的名称与参数的名称进行匹配；否则，这种匹配是基于位置的。因此，第 1 个占位符绑定到第 1 个参数，以次类推。这就是使用 OLE DB 访问数据时发生的情况。

③ 冲突检测。SqlDataSource 控件能够以两种方法之一有选择地执行数据库侵入的操作（删除和更新）。数据源控件与数据绑定控件相联系，因此，同时读取数据，也许还要在客户端进行修改，然后进行更新。在多个用户拥有对数据库的读/写访问权限的情况下，如果企图操作的记录同时被修改，SqlDataSource 控件使用 ConflictDetection 属性确定在执行更新和删除操作时该如何处理。ConflictDetection 属性被声明为 ConflictOptions 枚举类型，其默认值是 OverwriteChanges。这就是说，无论该行中的值自上一次被读取以来有没有发生变化，任何侵入操作都会使其发生变化。另一个值是 CompareAllValues，它只是确保 SqlDataSource 控件将从数据库读取原始数据，传给底层视图类的 Delete 或 Update 方法。

在编写删除或更新语句时，如果该行中的数据不匹配最初读取的数据，则命令失败；否则改变 ConflictDetection 的值不会产生任何显著效果。为做到这一点，应这样定义命令：

```
UPDATE students SET name = @ name
WHERE number = @ number
```

仅仅调整命令文本把 ConflictDetection 设置为 CompareAllValues 是不够的。必须显式地向命令添加一个额外的子句，检查正被修改字段的当前值是否仍然匹配最初读取的值。

SqlDataSource 控件使用 OldValuesParameterFormatString 属性格式化表示旧值的参数名称，默认值是 original_{0}。

如果使用 CompareAllValues 选项，则可以处理数据源控件上的 Deleted 或 Updated 事件，以检查多少行受到影响。如果该操作没有影响任何记录，则可能会发生并发违规（Concurrency Violation），代码如下：

```
void OnUpdated(object sender, SqlDataSourceStatusEventArgs e)
{
   if (e.AffectedRows == 0) {
   …
   }
}
```

④ 缓存行为。一个数据绑定控件与它的数据源组件之间的数据绑定是自动完成的，并在由数据绑定控件引起的每次页面回发时发生。假设一个页面有网格、一个数据源控件和一个按钮。如果以编辑模式打开该网格，则 Select 命令运行；如果单击该按钮（在数据绑定控件的边界之外），则根据视图状态重建该网格的 UI，并且不会运行任何 SELECT 语句。

为了在每次回发时保存一个查询，可以要求数据源控件缓存给定期间内的结果集。在数据被缓存的时间里，Select 方法从缓存（而不是底层数据库）中检索数据。在该缓存期满时，Select 方法从底层数据检索数据，并新数据存回到缓存中。

SqlDataSource 的缓存行为由表 10-9 中的属性所控制。

表 10-9　SqlDataSource 上的缓存属性

属　性	描　述
CacheDuration	指示数据应当在缓存中保留多久（以秒为单位）
CacheExpirationPolicy	指示缓存期限是绝对的还是可调整的。如果是绝对的，则在规定的秒数之后使缓存中的数据无效；如果是可调整的，则使那些在指定期限内没有用过的数据无效
CacheKeyDependency	指示用户定义的缓存键的名称，该缓存键链接到数据源控件创建的所有缓存项。通过终止该键，可以清楚该控件的缓存
EnableCaching	启用或禁用缓存支持
SqlCacheDependency	获得或设置一个用分号分隔的字符串，指示哪些数据库和表用于 SQL Server 缓存依赖

SelectCommand、ConnectionString 和 SelectParameters 的每种不同组合创建一个缓存项。如果多个 SqlDataSource 控件正好装载相同数据库中的相同数据，则它们可以共享相同的缓存项。通过 CacheKeyDependency 属性可以控制由数据源控件管理的缓存项。如果该属性设置为非 null 字符串，则强制 SqlDataSource 控件在用户定义的键和该控件创建的所有缓存项之间建立依赖性。这时，要清除该控件的缓存，只需给依赖键分配一个新值，如下：

```
Cache["ClearAll"] = anyInitializationValue;
SqlDataSource1.CacheKeyDependency = "ClearAll";
…
Cache["ClearAll"] = anyOtherValue;
```

SqlDataSource 控件只有在 DataSet 模式下工作，才能缓存数据。如果 DataSourceMode 设置为 DataReader，并且缓存被启用，则会得到一个异常。

最后，SqlCacheDependency 属性将 SqlDataSource 控件缓存的数据与指定数据库表（通常与提供缓存数据的表是同一个表）的内容联系起来，如下：

```
<asp:SqlDataSource ID = "SqlDataSource1" runat = "server"
  CacheDuration = "1200"
  ConnectionString = "<%$ ConnectionStrings:Localldata %>"
  EnableCaching = "true"
  SelectCommand = "SELECT * FROM students"
  SqlCacheDependency = "Student:students">
</asp:SqlDataSource>
```

每当底层数据库发生变化时，缓存数据自动刷新。

（2）AccessDataSource 控件。AccessDataSource 控件是一个数据源控件，代表与 Access 数据库的一个连接。该类基于 SqlDataSource 控件，并提供了一个更简单的、更加量身定制的编程接口。作为一个派生类，AccessDataSource 继承了父类上定义的所有成员，并重写了其中几个成员。特别是，该控件用一个更直接的 DataFile 属性代替了 ConnectionString 和 ProviderName 属性，把该属性设置为所选的 . mdb 数据库文件。该数据源控件在运行时解析该文件名，并使用 Microsoft Jet 4 OLE DB 提供程序连接到该数据库。

注意 AccessDataSource 实际上继承了 SqlDataSource，因而不能使基成员消失。AccessDataSource 并非真正取代了 ConnectionString 和 ProviderName 属性，而是重写了它们，这样当企图设置它们值的时候将会时抛出一个异常。另一个属性 SqlCacheDependency 被重写成只抛出一个异常。

① 使用 Access 数据库。下面的代码说明了如何使用 AccessDataSource 控件打开一个 . mdb 文件，并把它的内容绑定到一个下拉列表控件。注意，该控件默认地以只读模式打开 Access 数据库文件，具体如下：

```
<asp:AccessDataSourcerunat = "server" ID = "AccessDataSource1"
  DataFile = "Student.mdb"
  SelectCommand = "SELECT * FROM students" />
  Select a student:
<asp:DropDownListrunat = "server" DataSourceId = " AccessDataSource1" />
```

AccessDataSource 控件的几个特征继承自 DqlDataSource 基类。实际上，Access 数据源控件从根本上讲是一个 SQL 数据源控件，只不过是针对 Access 数据库进行了优化。与它的父控件一样，AccessDataSource 控件两种不同的数据源模式分别是 DataSet 和 DataReader。具体使用哪种模式取决于用来检索数据的 ADO. NET 类。只有在获取操作返回一个 DataSet 时，才能对所选的数据应用过滤。除了 SqlCacheDependency 特征外，其缓存工作机制与父类的一样。

② 更新一个 Access 数据库。AccessDataSource 也可以对关联的数据库执行插入、更新或删除操作，这是使用 ADO. NET 命令和参数集合来完成的。如果从一个 ASP. NET 应用程序内执行 Access 数据库的更新，则可能会出问题，这是因为 Access 数据库是一

个无格式文件，并且 ASP. NET 进程的默认账户（ASPNET 或 NetworkService，具体取决于宿主操作系统）可能没有足够的写入数据库文件的许可。为了更新该数据源，应当将写许可授予该数据库文件上的 ASP. NET 账户。另外，可以使用一个具有充分许可权的不同账户。

注意　大多数 Internet 服务提供程序（ISP）一般都会给出一个目录，其中列出了被授予写许可的 ASPNET 和 NetworkService 账户。在这种情况下，只要把 Acess 文件放入该目录，就可以无缝地进行读和写。然而，Access 数据库一般是平面文件，因而受 ASP. NET 的安全规则支配。

（3）ObjectDataSource 类。ObjectDataSource 类使用户定义的类能够把它们的方法的输出与数据绑定控件相关联。与其他数据源控件一样，ObjectDataSource 也支持声明性参数，以允许开发人员将页面级的变量传递给该对象的方法。ObjectDataSource 类作了一些关于它所封装的对象的假设，因此，并非任意一个类都可以与该数据源控件一起使用。特别是可绑定的应该有一个默认的构造方法，应该是无状态的，并且有一些可以容易地映射到选择、更新、插入和删除语义的方法。此外，该对象必须一次一个数据项地执行更新；该控件不支持使用批操作更新状态的对象。关键是，在设计能与 ObjectDataSource 良好合作的托管对象时应考虑该数据源类。

① ObjectDataSource 控件的编程接口。ObjectDataSource 组件提供了与 SqlDataSource 几乎相同的编程接口（事件、方法和属性，以及关联的行为），但是它增加了 3 个新事件和几个属性。这些事件与底层业务对象（ObjectCreating、ObjectCreated 和 ObjectDisposing）的生命期有关。

表 10-10 列出了 ObjectDataSource 的关键属性。

表 10-10　ObjectDataSource 的主要属性

属　　性	描　　述
ConvertNullToDBNull	指示是否默认地将传递给插入、删除或更新操作的 null 参数转换为 System. DBNull. DBNull。默认为 false
DataObjectTypeName	获得或设置一个将被用作 SELECT、INSERT、UPDATE 或 DELETE 操作的参数类的名称
DeleteMethod，DeleteParameters	获得或设置用来执行删除操作的方法及其相关参数的名称
EnablePaging	指示该控件是否支持分页
FilterExpression，FilterParameters	指示对选择操作进行过滤得过滤器表达式（和参数）
InsertMethod，InsertParameters	获得或设置用来执行插入操作的方法和相关参数的名称
MaximumRowsParameterName	如果 EnablePaging 属性设置为 true，则指示 Select 方法中接受要检索的记录个数值的参数名
OldValuesParameterFormatString	获得或设置一个格式字符串，该格式字符串应用于传递给 Delete 或 Update 方法的任何参数的名称
SelectCountMethod	获得或设置用来执行 SELECT Count 操作的方法的名称
SelectMethod，SelectParameters	获得或设置用来执行选择操作的方法及其相关参数的名称

（续表）

属　性	描　述
SortParameterName	获得或设置用来对检索到的数据进行排序的输入参数的名称。如果该参数缺失，则会引起一个异常
StartRowIndexParameterName	如果 EnablePaging 属性设置为 true，则指示 Select 方法的用于接受要检索的起始记录值的参数名
UpdateMethod，UpdateParameters	获得或设置用来执行更新操作的方法及其相关参数的名称

ObjectDataSource 控件使用映射来定位和调用处理指定操作的方法。TypeName 属性返回定义了要调用类的程序集的完全限定名。如果该类定义在 App_Code 目录中，则不需要指示程序集名称；否则，使用一个以逗号分隔的字符串，其形式为［classname，assembly］。

② 实现数据检索。如下代码片断说明了一个可以与目标数据源一起使用的类。具体的程序代码如下：

```
public class Students
{
   public static string ConnectionString
   {
      …
   }
   public static void Load(stringnumber)
   {
      …
   }
   public static StudentCollectionLoadAll()
   {
      …
   }
   public static StudentCollectionLoadByCollege(string college)
   {
      …
   }
   public static void Save(Studentstu)
   {
      …
   }
   public static void Insert(Studentstu)
   {
      …
   }
   public static void Delete(stringnumber)
   {
      …
   }
      …
}
```

当 HTTP 运行库在 Web 页面中遇到类似的代码块时，就生成调用指定类上的 LoadAll 方法的代码。返回的数据（EmployeeCollection 类的一个实例）通过 DataSourceID 属性被绑定到任何链接到 MyObjectSource 的控件。LoadAll 方法实现的代码如下：

```
public static StudentCollectionLoadAll()
{
   StudentCollectioncoll = new StudentCollection();
   using (SqlConnection conn = new SqlConnection(ConnectionString))
   {
      SqlCommandcmd = new SqlCommand("SELECT * FROM students", conn);
      conn.Open();
      SqlDataReader reader = cmd.ExecuteReader();
      HelperMethods.FillStudentList (coll, reader);
      reader.Close();
      conn.Close();
   }
   returncoll;
}
```

上述代码虽然简单，但是仍然清楚地显示了运行过程，即首先执行一个命令，接着填充一个定制的集合类，然后把它返回给数据绑定控件。唯一需要编写的代码是工作类——不需要把任何代码都放在该页面的代码隐藏类中，如下：

```
<asp:DataGrid ID = "grid" runat = "server" DataSourceID = "MyObjectSource"/>
```

DataGrid 接受一个 Employee 对象集合，该集合对象定义如下

```
public class EmployeeCollection : List<Employee>
{
}
```

绑定完全是无缝的，甚至不用 ADO. NET 容器对象。

与 SelectMethod 属性关联的方法必须返回下面的任何一个对象：IEnumerable 对象（诸如一个集合）、DataSet、DataTable 或 Object。虽然 ObjectDataSource 不会阻止在业务类中使用重载，但最好不要重载 Select 方法。

③ 使用参数。在大多数情况下，这些方法都需要参数。SelectParameters 是用来把输入参数添加到选择方法中的集合。假设有一个按国家装入雇员的方法，编写的程序代码如下：

```
<asp:ObjectDataSource ID = "ObjectDataSource1" runat = "server"
   TypeName = "ProAspNet20.DAL.Students"
   SelectMethod = "LoadByCollege">
    <SelectParameters>
       <asp:ControlParameter Name = "college" ControlID = "colleges"
          PropertyName = "SelectedValue" />
    </SelectParameters>
</asp:ObjectDataSource>
```

上述代码段是如下伪码的声明版本，其中 Countries 应该是一个用国家名填充的下拉列表，如下：

```
string country = Countries.SelectedValue;
EmployeeCollection coll = Employees.LoadByCountry(country);
```

ControlParameter 类自动检索实际参数值，并绑定到该方法的参数列表中。如果将一个［ALL Countries］项添加到该下拉列表中，在这种情况下，如果 All Countries 选项被选中，则需要调用没有参数的 LoadAll；否则如果选中一个特定的国家，需要调用带一个参数的 LoadByCountry。声明式编程在简单场景中可以起到很好的作用，否则编写代码如下：

```
voidPage_Load(object sender, EventArgs e)
{
   //Must be cleared every time (or disable the viewstate)
   ObjectDataSource1.SelectParameters.Clear();

   if (Colleges.SelectedIndex == 0)
      ObjectDataSource1.SelectMethod = "LoadAll";
   else
   {
      ObjectDataSource1.SelectMethod = "LoadByCollege";
      ControlParametercp = new ControlParameter("college",
         "Colleges", "SelectedValue");
      ObjectDataSource1.SelectParameters.Add(cp);
   }
}
```

数据源控件就像普通的服务器控件一样，能够以编程的方式进行配置和调用。在上述代码中，首先检查用户做出的选择，如果它与第 1 个选项（All Countries）匹配，则配置数据源控件，以对 LoadAll 方法发出一个无参调用。

必须在页面装载时清空 SelectParameters 集合的内容。数据源控件（更确切地讲，底层的视图控件）把它的大多数属性缓存到视图状态中。因而，在改变下拉列表选项以后，再次刷新该页面时，SelectParameters 集合不是空的。上述代码只清除 SelectParameters 集合；从性能角度看，最好是完全在数据源控件上禁用视图状态。然而，如果禁用视图状态，则数据源控件上的所有集合在页面装载时将是空的。

ObjectDataSource 允许数据检索和更新，同时保持数据访问和业务逻辑与用户界面相分离。使用 ObjectDataSource 类并不会自动地把系统转换为一个精心设计的、有效的 n 层系统。数据源控件大多是数据绑定控件的对应控件，以便后者能够更加智能地工作。为了充分利用 ObjectDataSource，需要准备好 DAL，它不能以相反的方式工作。ObjectDataSource 不一定必须绑定到 DAL 的根，因为该根可能在一个远程位置，或许在一个防火墙后面。在这种情况下，编写一个逻辑中间对象，并把它的一端连到 ObjectDataSource，另一端连到 DAL，中间对象充当一个特定应用程序代理，并按应用程序的特定规则工作。ObjectDataSource 不会破坏 n 层系统，也不会把现有的系统转换为 n 层系统，而是极大地受益于已有的业务和数据层。

④ 缓存数据和对象实例。只有在指定的选择方法返回一个 DataSet 或 DataTable 对象时，ObjectDataSource 组件才支持缓存。如果封装的对象返回一个定制集合（与将要考虑的实例一样），则会抛出一个异常。

ObjectDataSource 旨在与应用程序的业务层中的类一起工作，它为执行的每个操作创建业务类的一个实例，并在该操作完成后即刻破坏该实例。该模型是 ASP. NET 提倡的无状态编程模型的自然产物。在业务对象的初始化特别昂贵的情况下，可以利用静态类或实例类中的静态方法（如果这么做，请记住前面所说的有关带静态方法的单元测试类的情况）。

业务对象的实例不会自动地被缓存或进入对象池中。然而，通过正确地处理 ObjectDataSource 控件上的 ObjectCreating 和 ObjectDisposing 事件，可以人工实现上述任务。当数据源控件需要获得业务类的一个实例时，ObjectCreating 事件被激发。可以编写该事件的处理程序，以获得该类的一个已有的实例，并把该实例返回给数据源控件，代码如下：

```
//Handle the ObjectCreating event on the data source control
  public void BusinessObjectBeingCreated(object sender,
    ObjectDataSourceEventArgs e)
  {
     BusinessObject bo = RetrieveBusinessObjectFromPool();
     if (bo == null)
       bo = new BusinessObject();
     e.ObjectInstance = bo;
  }
```

同样，在 ObjectDisposing 中再次存储该实例，并取消正在执行的处置操作，代码如下：

```
//Handle the ObjectDisposing event on the data source control
public void BusinessObjectBeingDisposed(object sender,
     ObjectDataSourceDisposingEventArgs e)
{
   ReturnBusinessObjectToPool(e.ObjectInstance);
   e.Cancel = true;
}
```

并非只是对象实例没有被缓存。在某些情况下，甚至检索的数据也不能在内存中持续存在指定的时间。ObjectDataSource 控件不支持缓存，就像 SqlDataSource 控件那样，除了只有在选择方法返回一个 DataTable 或 DataSet 对象时，才能启用缓存，但 DataView（通常是一个简单的可列举数据集）不能被缓存。如果在此场景中启用缓存，将会抛出一个异常。正如缓存一样，如果返回值不是 ADO. NET 容器类，也不允许过滤。

⑤ 建立分页。与 SqlDataSource 不同，ObjectDataSource 还支持分页。表 10-10 中的 3 个属性（即 EnablePaging、StartRowIndexParameterName 和 MaximumRowsParameterName）参与分页。

EnablePaging 属性用于打开和关闭分页支持，该属性的默认值为 false，表示分页功能不会自动打开。ObjectDataSource 提供分页的基础结构，但是实际分页必须在绑定到 ObjectDataSource 的类中实现。在如下代码段中，Customers 类有一个 LoadByCountry 方法，它取两个额外的参数，以指示页面大小和该页面中第一个记录的索引。这两个参数的名称必须分别赋给 MaximumRowsParameterName 和 StartRowIndexParameterName，代码如下：

```
<asp:ObjectDataSource ID = "ObjectDataSource1" runat = "server"
     TypeName = "ProAspNet20.DAL.Customers"
     StartRowIndexParameterName = "firstRow"
     MaximumRowsParameterName = "totalRows"
     SelectMethod = "LoadByCountry">
   <SelectParameters>
     <asp:ControlParameter Name = "country" ControlID = "Countries"
       PropertyName = "SelectedValue" />
     <asp:ControlParameter Name = "totalRows" ControlID = "PageSize"
       PropertyName = "Text" />
     <asp:ControlParameter Name = "firstRow" ControlID = "FirstRow"
       PropertyName = "Text" />
   </SelectParameters>
</asp:ObjectDataSource>
```

分页的实现由该方法完成，并且必须手工进行编码。LoadByCountry 提供了两个重载方法，其中一个支持分页。在该方法的内部，分页实际上委托给 FillCustomerList，代码如下：

```
public static StudentCollectionLoadByCollege(string college)
{
   returnLoadByCollege(college, -1, 0);
}
public static StudentCollectionLoadByCollege(string college,
   inttotalRows, intfirstRow)
{
   StudentCollectioncoll = new StudentCollection();
   using (SqlConnection conn = new SqlConnection(ConnectionString))
   {
      SqlCommandcmd;
      cmd = new SqlCommand(StudentCommands.cmdLoadByCollege, conn);
      cmd.Parameters.AddWithValue("@ college", college);
      conn.Open();
      SqlDataReader reader = cmd.ExecuteReader();
      HelperMethods.FillStudentList(coll, reader, totalRows, firstRow);
      reader.Close();
      conn.Close();
   }
   returncoll;
}
```

FillCustomerList 没有使用一种特别灵巧的方法，它只是使用一个阅读器滚动整个结果集，并丢弃不在请求范围内的所有记录。也可以改进这种方法，使分页更灵活。在这里，重要的是知道分页在业务对象中创建，并由数据源控件通过一个公认的接口提供给可分页的控件。

⑥ 更新和删除数据。为了使用 ObjectDataSource 更新底层的数据，需要定义一个更新/插入/ 删除方法。使用的所有实际方法必须具有适合于实现这类操作的语义。再次强调，如果在设计 DAL 时利用 TDG 模式，则该需求很容易满足。更新操作的一些原型方法如下：

```
public static void Save(Student stu)
public static void Insert(Student stu)
public static void Delete(string number)
```

更新操作不是选择操作，它需要参数。要更新一个记录，需要传递新值以及一个或多个旧值，以确保找到要更新的正确记录，同时还要考虑数据冲突的可能性。要删除一个记录，需要通过匹配提供的主键参数确认它。要规定输入参数，可以使用命令集合，诸如 UpdateParameters、InsertParameters 或 DeleteParameters。

要更新一个现有记录或者插入一个新记录，需要传递新值。这可以用两种方法之一完成，分别是显式地列出参数或者把所有参数集中在一个全封装的数据结构中。上述 Save 和 Insert 的原型采用后一种方法，另一种方法代码如下所示：

```
public static void Save(stringname, string number, string age, …)
public static void Insert(string name, string number,string age …)
```

只有在有关类型是简单类型（数字、字符串、日期）时，才能使用命令参数集合。如果 DAL 实现了 TDG 模式（或者一个类似模式，诸如 Data Mapper），则更新/ 插入方法可能接受一个定制的集合数据对象作为参数——如前所示的 Employee 类。为了使 ObjectDataSource 控件能够接受诸如 Employee 那样的定制类，需要设置 DataObjectTypeName 属性，代码如下：

```
<asp:ObjectDataSource ID = "RowDataSource" runat = "server"
  TypeName = "ProAspNet20.DAL.Student"
  SelectMethod = "Load"
  UpdateMethod = "Save"
  DataObjectTypeName = "ProAspNet20.DAL.student" >
   <SelectParameters >
      <asp:ControlParameter Name = "id" ControlID = "GridView1"
          PropertyName = "SelectedValue" />
   </SelectParameters >
</asp:ObjectDataSource >
```

上述 ObjectDataSource 控件通过 Save 方法保存记录，该方法取一个 Employee 对象作为参数。注意，设置 DataObjectTypeName 属性时，忽略 UpdateParameters 集合。在执行该操作之前，ObjectDataSource 实例化该对象的一个默认实例，然后企图用所绑定空间中存在的任何匹配的输入字段的值填充它的公共成员。因为该工作是使用映射完成的，所以绑定控件中的输入字段的名称必须匹配该对象中通过 DataObjectTypeName 属性提供的公共属性的名称。必须注意的一种实际限制是，不能使用复合数据类型定义 Student 类，代码如下：

```
public class Student {
  public string name {…}
  public string number {…}
  …
  publicstring ages {…}
}
```

因为 LastName 和 FirstName 成员表示单个值（本例中表示字符串），所以有可能匹配所绑定控件中的一个输入字段。而 HomeAddress 成员却不是这样的，因为它被声明为一个定制集合类型（Address）。如果采用这种模式，则 Address 中的所有成员将被忽略，此时任何相关信息不会被带进 Save 方法，由此引起 null 参数。Address 数据结构中的所有成员应当成为 Employee 类的成员。

注意　数据源控件只有与几个 ASP. NET 控件结合使用，才能充分发挥作用。GridView 中的列和 DatailsView 中的行有一个 DataField 属性，该属性指向要使用的数据源字段（即 Lastname，它通常是由选择操作检索的一个数据库列）。数据字段名必须匹配（区分大小写）用作更新/插入操作的一个参数的类（本例中为 Employee 类）中的一个公共属性。

与插入操作不同的是，更新操作还要用一个主键值来唯一地标识要更新的记录。如果使用显式的参数列表，则只要在该列表中再添加一个参数，以表示该 ID，代码如下：

```
<asp:ObjectDataSourcerunat = "server" ID = "MyObjectSource"
  TypeName = "ProAspNet20.SimpleBusinessObject"
  SelectMethod = "GetStudent"
  UpdateMethod = "SetStudent" >
   <UpdateParameters >
   <asp:Parameter Name = "number" Type = "Int32" />
      <asp:Parameter Name = "age" Type = "string" />
   </UpdateParameters >
</asp:ObjectDataSource >
```

注意　通过把 DefaultValue 属性设置为 null，可以使一个参数成为可选的。然后，实现更新的方法必须适当地处理一个参数的 null 值。

设置主键还有另一种方法——通过 GridView 和 DetailsView 控件的 DataKeyNames 属性。代码如下：

```
<asp:GridView runat="server" ID="grid1"
    DataKeyNames="employeeid"
    DataSourceId="MyObjectSource"
    AutoGenerateEditButton="true">
  …
</asp:GridView>
```

如果设置了绑定控件上的 DataKeyNames，则数据源控件自动地添加一个参数到更新和删除命令的参数列表中。该参数的默认名是 original_XXX，其中 XXX 代表 DataKeyNames 的值。为了成功地完成该操作，该方法（或者使用 SqlDataSource 时的 SQL 命令）必须处理一个具有相同名称的参数。代码如下：

```
UPDATE employees SET name=@name
WHERE number=@number
```

通过 OldValuesParameterFormatString 属性可以任意改变键参数的名称格式。例如，把一个"{0}"值赋给该属性，将使如下命令可接受：

```
UPDATE employees SET lastname=@lastname
WHERE employeeid=@employeeid
```

设置绑定控件上的 DataKeyNames 属性（注意，这不是数据源控件上的一个属性）也是配置删除操作的最简单的方法。实际上，对于删除操作，不需要规定整个记录及其所有字段，规定键就够了。

注意 在 ASP. NET 的数据绑定控件（诸如 GridView 和 DetailsView）中，DataKeyNames 属性代替了 DataKeyField，而在 ASP. NET 1. x 中该属性存在于 DataGrid 和 DataList 控件上。两者之间的区别在于，DataKeyNames 支持基于多个字段的键。如果 DataKeyNames 被设置成多个字段（例如，id、name），则添加两个参数，分别是 original_id 和 original_name。

⑦ 在运行时配置参数。一个 ASP. NET 定制的控件（如 GridView）使用 ObjectDataSource 时，大多数时候数据绑定是自动完成的，不用处理它。然而，如果需要，则也有一个后门可用来控制更新过程 Updating 事件，代码如下：

```
protected void Updating(object sender, ObjectDataSourceMethodEventArgs e)
{
   Studentstu = (Student)e.InputParameters[0];
   stu.name = "maliu";
}
```

该事件在更新操作的转折点激发。InputParameters 集合列出传递给更新方法的参数，该集合是只读的，表示不能添加或删除元素。然而可以修改被传递的对象，如前面的代码段所示。

无论什么原因，ObjectDataSource 控件不能装入其方法执行更新所需的全部数据时，可以使用该技术。对于删除和插入，也可以采用类似的方法。

（4）XmlDataSource 控件。XmlDataSource 控件是一种特殊的数据源控件，同时支持表格式和层次性数据视图。XML 数据的表格式视图只是层次结构的给定层上的一个节点列表，而层次性视图表示完整的层次结构。一个 XML 节点是 XmlNode 类的一个实例，完整的层次结构是 XmlDocument 类的一个实例。XML 数据源仅支持只读环境。

① XmlDataSource 的变成 4 接口。表 10-11 详细描述了 XmlDataSource 控件的属性。

表 10-11 XmlDataSource 的属性

属　性	描　述
CacheDuration	指示数据应当在缓存中保留多久（以秒为单位）
CacheExpirationPolicy	指示缓存期限是绝对的还是可调整的。如果是绝对的，则数据在规定秒数后无效；如果是可调整的，则使那些在规定期限内没有用过的数据失效
CacheKeyDependency	指示一个用户定义的缓存键的名称，该键链接到该数据源控件创建的所有缓存项。通过使该键过期，可以清除该控件的缓存
Data	包含该数据源控件要绑定的一块 XML 文本
DataFile	指示到包含要显示的数据的文件的路径
EnableCaching	启用或禁用缓存支持
Transform	包含一块将用来转换绑定到该控件的 XML 数据的 XSLT 文本
TransformArgumentList	应用于源 XML 的 XSLT 转换的一个输入参数列表
TransformFile	指示到定义了在源 XML 数据上执行的一个 XSLT 转换的 . xsl 文件
XPath	指示应用于 XML 数据的 XPath 查询

XmlDataSource 控件可以作为分配给 DataFile 属性的一个相对或绝对文件名，或者作为一个包含分配给 Data 属性的 XML 内容的字符串接受 XML 输入数据。如果同时设置这两个属性，则 DataFile 优先采用。注意，Data 属性也可以通过 < Data > 标签以声明的方式进行设置。此外，分配给 Data 属性的内容（可能是一个大型文本块）存储在视图状态中，而不管缓存设置如何。把该控件绑定到静态文本的风险是，XML 数据在页面视图状态之间来回移动，同时还使它存储在缓存中以实现更快的访问速度。如果使用 Data 属性并启用缓存，则考虑禁用该控件的视图状态。(应当注意，禁用该控件上的视图状态通常会影响多个属性)

如果缓存功能被启用，并且修改了 DataFile 或 Data 属性的值，则该缓存被丢弃。DataSourceChanged 事件把该事件通知页面。

② 显示 XML 数据。XmlDataSource 控件通常绑定到一个层次性控件，诸如 TreeView 或 Menu 控件（这两个控件只不过是 ASP. NET 2. 0 的内置层次性控件，但是开发人员和第三方软件开发商还可以创建其他层次性控件）。

为了理解 XML 数据源工作机制，用一个 XML 文件来演示，代码如下：

```
<?xml version="1.0" encoding="utf-8"?>
<college>
<classes>
<member>
<name>zhangsan</name>
<number>001</number>
<age>20</age>
</member>
```

```
<member>
<name>lisi</name>
<number>002</number>
<age>19</age>
</member>
<member>
<name>wangwu</name>
<number>003</number>
<age>21</age>
</member>
</classes>
</college>
```

接着把该文件绑定到 XmlDataSource 控件的一个实例上，然后用一个 TreeView 控件绑定到该 XmlDataSource 控件形视图，代码如下：

```
<asp:TreeView ID="TreeView1" runat="server"
 DataSourceID="XmlDataSource1">
</asp:TreeView>
```

结果如图 10-4 所示。

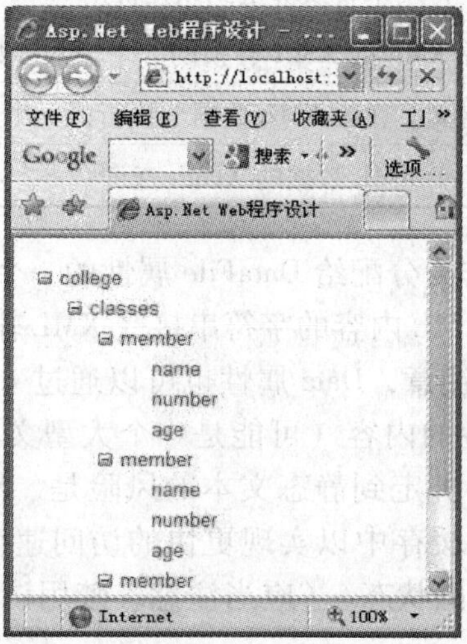

图 10-4　使用 TreeView 控件显示的所绑定的 XML 文件的布局

要让所显示的数据真正能让用户使用，还需要对 TreeView 控件中的节点进行配置，代码如下：

```
<asp:TreeView ID="TreeView1" runat="server"
 DataSourceID="XmlDataSource1">
<DataBindings>
<asp:TreeNodeBinding Depth="3" DataMember="name"
          TextField="#innertext" />
<asp:TreeNodeBinding Depth="3" DataMember="number"
          TextField="#innertext" />
<asp:TreeNodeBinding Depth="3" DataMember="age"
          TextField="#innertext" />
</DataBindings>
</asp:TreeView>
```

TreeView 控件的 <DataBindings>节点允许控制树节点的布局和内容。<TreeNodeBinding>节点指出指定的 XML 节点（DataMember 属性）的基于 0 的深度（Depth 属性），以及哪些属性决定了为该树形视图中的节点显示的文本，以及与该节点关联的值。如果需要显示该节点的主体，则可以把 TextField 属性设置为要绑定的属性的名称或者#innertext。图 10-5 提供了树形视图的预览。

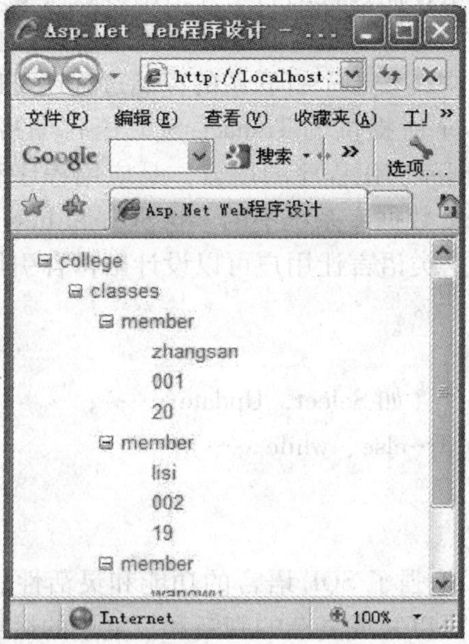

图 10-5 绑定到一个 TreeView 控件的 XML 数据

XmlDataSource 控件返回的内容可以使用 XPath 表达式进行过滤，代码如下：

```
<asp:xmldatasourcerunat = "server" ID = "XmlSource1"
  DataFile = "~/XMLFile.xml" > </asp:XmlDataSource.xml"
  XPath = "college/classes/member" />
```

上述表达式只显示 <Employee>节点，在该树形视图中没有惟一的根节点。XPath 表达式是区分大小写的。

注意 当 EnableCaching 属性默认地设置为 true 时，XmlDataSource 控件自动地缓存数据。还要注意缓存期限默认地设置为 0，表示数据无限期保留，即数据源将一直缓存数据，直到它所依赖的 XML 文件发生变化为止。

③ 转换 XML 数据。XmlDataSource 类还可以使用扩展样式表语言转换（Extensible Stylesheet Language Transformations，XSLT）转换它的数据。通过使用 TransformFile 属性，或者通过将 XSLT 内容赋给称为 Transform 的字符串属性，可以设置该转换文件。使用 TransformArgumentList 属性，还可以把参数传递给在 XSL 转换期间使用的样式表。当 XML 文档的结构与处理 XML 数据所需的结构不匹配时，通常使用 XSL 转换。注意，一旦数据被转换，XmlDataSource 变成只读，而数据不能被修改，也不能回存到原始的源文档中。

10.3 存储过程

存储过程（Stored Procedure）是一组为了完成特定功能的 SQL 语句集，由流控制和 SQL 语句书写而成的。存储过程经编译和优化后存储在数据库服务器中，应用程序使用时只要调用即可。用户通过指定存储过程的名字并给出参数（如果该存储过程带有参数）来执行它。存储过程是数据库中的一个重要对象，任何一个设计良好的数据库应用程序都应该用到存储过程。在 Oracle 中，若干个有联系的存储过程还可以组合在一起构成程序包。

存储过程利用 SQL Server 所提供的 Tranact-SQL 语言编写程序。Tranact-SQL 语言是 SQL Server 提供专为设计数据库应用程序的语言，是应用程序和 SQL Server 数据库间的主要程序式设计界面。跟 Oracle 数据库系统中的 Pro-SQL 和 Informix 的数据库系统中能够用的 Informix-4GL 语言一样。这类语言让用户可以设计出符合引用需求的程序，具体功能说明如下：

- 变量说明；
- ANSI 兼容的 SQL 命令（如 Select，Update……）；
- 一般流程控制命令（if…else、while……）；
- 内部函数。

（1）使用存储过程的优点。

● 存储过程的能力大大增强了 SQL 语言的功能和灵活性。存储过程可以用流控制语句编写，有很强的灵活性，可以完成复杂的判断和较复杂的运算。

● 可保证数据的安全性和完整性。

● 通过存储过程可以使没有权限的用户在控制之下间接地存取数据库，从而保证数据的安全。

● 通过存储过程可以使相关的动作在一起发生，从而可以维护数据库的完整性。

● 在运行存储过程前，数据库已对其进行了语法和句法分析，并给出了优化执行方案。已经编译好的存储过程可极大地改善 SQL 语句的性能。由于执行 SQL 语句的大部分工作已经完成，所以存储过程能以极快的速度执行。

● 可以降低网络的通信量。

● 使体现企业规则的运算程序放入数据库服务器中，以便集中控制。

● 当企业规则发生变化时，在服务器中改变存储过程即可，无须修改任何应用程序。

企业规则的特点是要经常变化，如果把体现企业规则的运算程序放入应用程序中，则当企业规则发生变化时，就需要修改应用程序，其工作量非常之大（修改、发行和安装应用程序）。如果把体现企业规则的运算放入存储过程中，则当企业规则发生变化时，只要修改存储过程就可以了，应用程序无须任何变化。

（2）存储过程的种类。存储过程包括系统存储过程、扩展存储过程和用户自定义的存储过程。

系统存储过程以 sp_开头，用来进行系统的各项设定，包括取得信息和相关管理工作，如 sp_help 就是取得指定对象的相关信息。

扩展存储过程以 XP_开头，用来调用操作系统提供的功能。

用户自定义的存储过程，通常所指的存储过程即用户自定义存储过程。

（3）存储过程的格式。

```
CREATE PROCEDURE [拥有者.]存储过程名[;程序编号]
[(参数#1,…参数#1024)]
[WITH
{RECOMPILE | ENCRYPTION | RECOMPILE, ENCRYPTION}
]
[FOR REPLICATION]
AS 程序行
```

其中，存储过程名不能超过 128 个字。每个存储过程中最多设定 1024 个参数。

SQL Server 7.0 以上版本参数的使用方法如下：

```
@参数名 数据类型 [VARYING] [=内定值] [OUTPUT]
```

每个参数名前要有一个“@”符号，每一个存储过程的参数仅为该程序内部使用，参数的类型除了 IMAGE 外，其他 SQL Server 所支持的数据类型都可使用。

[=内定值] 相当于在建立数据库时设定一个字段的默认值，这里是为这个参数设定默认值。[OUTPUT] 是用来指定该参数是既有输入又有输出值的，也就是在调用了这个存储过程时，如果所指定的参数值是需要输入的参数，同时也需要在结果中输出的，则该项必须为 OUTPUT。如果只是做输出参数用，可以用 CURSOR，同时在使用该参数时，必须指定 VARYING 和 OUTPUT 这两个语句。RECOMPILE 表示每次执行此存储过程时都重新编译一次。ENCRYPTION 表示所创建的存储过程的内容会被加密。

存储过程有 3 种传回值，如下：

- 以 return 传回整数；
- 以 output 格式传回参数；
- recordset。

output 和 return 都可在批次程式中用变量接收，而 recordset 则传回到执行批次的客户端中。

（4）编写存储过程。

例 10.4　指定 VARYING 语句和 OUTPUT 语句。

```
CREATE PROCEDURE order_tot_amt @o_id int,@p_tot int output AS
SELECT @p_tot = sum(Unitprice * Quantity)
FROM orderdetails
WHERE ordered = @o_id
```

例 10.4 建立一个简单的存储过程 order_tot_amt,，这个存储过程根据用户输入的定单 ID 号码（@o_id），由定单明细表（orderdetails）中计算该定单销售总额 [单价（Unitprice）*数量（Quantity）]，这一金额通过@p_tot 这一参数输出给调用这一存储过程的程序。

现在建立一个数据库表 book，如表 10-12 所示。

表 10-12　数据库表 book

编　号	书　名	价　格
001	C 语言入门	30
002	PowerBuilder 报表开发	52

例 10.5 查询表 Book 中内容的存储过程。

```
--创建存储过程 query_book
create proc query_book
as
select * from book
go
exec query_book
```

例 10.6 加入一笔记录到表 book，并查询此表中所有书籍的总金额。

创建 book 表并加入一笔记录，代码如下：

```
--创建存储过程 insert_book
Create proc insert_book
@param1 char(10),
@param2 varchar(20),
@param3 money,
@param4 money output
with encryption---------加密
as
insert book(编号,书名,价格) Values(@param1,@param2,@param3)
select @param4 = sum(价格) from book
go
```

执行对 book 表的查询，代码如下：

```
declare @total_price money
--调用存储过程 insert_book,给定参数编号、书名和价格.
exec insert_book '003','Delphi 控件开发指南', $100,@total_price
print '总金额为' + convert(varchar,@ total_price)
go
```

例 10.7 将两个表连接成一个临时表。

建立两个数据库表分别为 Product，Order_，表中的内容如表 10-13 和表 10-14 所示。

表 10-13 Product 表

产品编号	产品名称	客户订数
001	钢笔	30
002	毛笔	50
003	铅笔	100

表 10-14 Order_表

产品编号	客户名	客户订金
001	南山区	30
002	罗湖区	50
003	宝安区	4

目标要实现按编号为连接条件，将两个表连接成一个临时表，该表只含编号、产品名、客户名、订金和总金额（总金额 = 订金 * 订数），临时表放在存储过程中，代码如下：

```
Create proc temp_sale
as
select a. 产品编号,a. 产品名称,b. 客户名,b. 客户订金,a. 客户订数 * b. 客户订金 as 总金额
into #temptable from Product a inner join Order_b on a. 产品编号 = b. 产品编号
if @@error = 0
  print 'Good'
else
  &n bsp; print 'Fail'
Go
```

(5) 在 SQL Server 中执行存储过程。SQL 语句执行的时候要先编译，然后执行。存储过程就是编译好了的一些 SQL 语句，不需要在每次用的时候再编译。

在 SQL Server 的查询分析器中，输入以下代码：

```
declare @tot_amt int
execute order_tot_amt 1,@tot_amt output
select @tot_amt
```

以上代码是执行 order_tot_amt 这一存储过程，以计算出定单编号为 1 的定单销售金额，定义@ tot_amt 为输出参数，用来承接所要的结果。

注意 本地临时表的名称前面有一个编号符 (#table_name)，而全局临时表的名称前面有两个编号符 (##table_name)。

SQL 语句使用 CREATE TABLE 语句中为 table_name 指定的名称引用临时表，代码如下：

```
CREATE TABLE #MyTempTable (cola INT PRIMARY KEY)
INSERT INTO #MyTempTable VALUES (1)
```

如果本地临时表由存储过程创建或由多个用户同时执行的应用程序创建，则 SQL Server 必须能够区分由不同用户创建的表。为此，SQL Server 在内部为每个本地临时表的表名追加一个数字后缀。存储在 tempdb 数据库的 sysobjects 表中的临时表，其全名由 CREATE TABLE 语句中指定的表名和系统生成的数字后缀组成。为了允许追加后缀，为本地临时表指定的表名 table_name 不能超过 116 个字符。

除非使用 DROP TABLE 语句显式地除去临时表，否则临时表将在退出其作用域时由系统自动除去。当存储过程完成时，将自动除去在存储过程中创建的本地临时表。由创建表的存储过程执行的所有嵌套存储过程都可以引用此表，但调用创建此表的存储过程的进程无法引用此表。所有其他本地临时表在当前会话结束时自动除去，全局临时表在创建此表的会话结束且其他任务停止对其引用时自动除去。任务与表之间的关联只在单个 Transact-SQL 语句的生存周期内保持。换言之，当创建全局临时表的会话结束时，最后一条引用此表的 Transact-SQL 语句完成后，将自动除去此表。

10.4 小　结

ADO. NET 是与数据源交互的 . NET 技术。有许多的 Data Provider，允许与不同的数据源交流——取决于所使用的协议或者数据库。然而无论使用什么样的 Data Provider，都将使用相似的对象与数据源进行交互。

SqlConnection 对象管理与数据源的连接。SqlCommand 对象允许与数据源交流并发送

命令给 SqlConnection 对象。为了对进行快速的只“向前”地读取数据，使用 SqlDataReader。如果想使用断开数据，使用 DataSet 并实现能进行读取或者写入数据源的 SqlDataAdapter。严格来说，在 .NET 类库中并没有 Connection、Command、DataAdapter 和 DataReader 对象，只是对相关的对象做了一个抽象。在实际的开发中，经常用到的数据库有 Access、SQL Server、Oracle、MySQL 等，尽管大部分都遵循 SQL 国际化标准，但是在遵循标准的前提下又做了一些扩充，并且即使遵循了相同的标准，但是实现方法并不相同，所以在某些情况下实现相同的功能可能在不同的数据库中 SQL 语句并不相同。

无论是在 ASP. NET 中，还是在 ADO. NET 中，大多数改进体现了最优秀的开发实践经验。Microsoft 简单地把各种改动加入到一个一致的对象模型和一个“完全包容”的框架中，单独的编程技巧在这里变成了整体功能的有机组成部分。ADO. NET 是数据访问的通用编程技巧和用户共同需求的结晶，如果要把 Web 系统升级到 .NET，ADO. NET 绝对是必不可少的工具。

10.5 练　习

1. 在 SqlDataSource 控件里编写语句，试着增加、删除、修改本章中 UserInfo 表中的数据。

2. 简述存储过程的优点。

3. 编写存储过程，然后在 SqlDataSource 控件里调用，试着增加、删除、修改本章中 UserInfo 表中的数据。

第 11 章　LINQ 查询

本章教学目标

- 了解 LINQ 的概念；
- 掌握 LINQ to SQL 的方法；
- 掌握 LINQ to XML 的方法；
- 掌握 LinqDataSource 控件的使用；
- 掌握 LINQ 查询的应用。

LINQ（Language Integrated Query，语言集成查询）。LINQ 是一套简化和统一数据访问的实现方法。LINQ 并不是要求使用一种特定的架构，它使一些现有访问数据架构的实现更加便利。与使用其他工具一样，LINQ 也存在好和坏两个方面。要从 LINQ 中得到最好的东西，就需要对它有所精通。

11.1　LINQ 查询基础知识

查询是一种从数据源检索数据的表达式，通常用专门的查询语言来表示。随着时间的推移，人们已经为各种数据源开发了不同的语言；例如，用于关系数据库的 SQL 和用于 XML 的 XQuery。因此，开发人员不得不针对他们必须支持的每种数据源或数据格式而学习新的查询语言。LINQ 通过提供一种能够跨各种数据源和数据格式使用数据的一致模型，简化了这一情况。在 LINQ 查询中，始终会用到对象。可以使用相同的基本编码模式来查询和转换 XML 文档、SQL 数据库、ADO. NET 数据集、. NET 集合中的数据，以及 LINQ 支持的任何其他格式的数据。

11.1.1　LINQ 查询简介

所有 LINQ 查询操作都由以下 3 个不同的操作组成：获取数据源，创建查询，执行查询。例 11.1 演示如何用源代码表示查询操作的 3 个部分。为方便起见，此示例将一个整数数组用作数据源，但其中涉及的概念同样适用于其他数据源。

例 11.1　LINQ 简单查询操作例子。

```
class IntroToLINQ
{
    static void Main()
    {
        //1. 数据源 .
        int[] numbers = new int[7] { 0, 1, 2, 3, 4, 5, 6 };

        //2. 创建查询 .
        //numQuery is an IEnumerable<int>
        var numQuery =
```

```
            from num in numbers
            where (num % 2) == 0
            select num;

        //3. 执行查询.
        foreach (int num in numQuery)
        {
            Console.Write("{0,1} ", num);
        }
    }
}
```

图 11-1 显示了完整的查询操作。在 LINQ 中，查询的执行与查询本身截然不同；换句话说，如果只是创建查询变量，则不会检索任何数据。

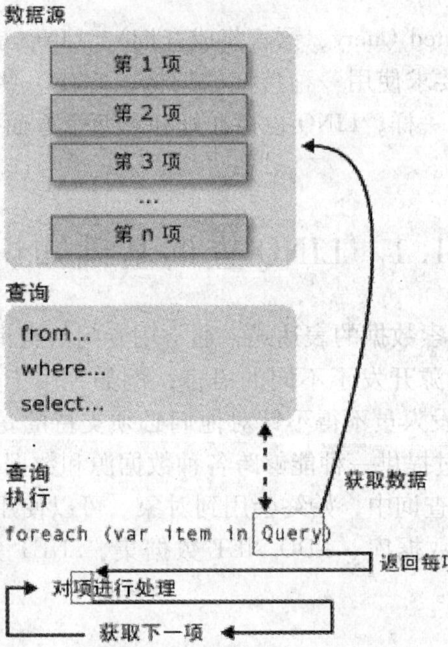

图 11-1 查询操作原理图

11.1.2 LINQ 查询数据源

在例 11.1 中，由于数据源是数组，因此它隐式支持泛型 IEnumerable <(Of <(T>)>) 接口。这一事实意味着，该数据源可以用 LINQ 进行查询。支持 IEnumerable <(Of <(T>)>) 或派生接口（如泛型 IQueryable <(Of <(T>)>)）的类型称为"可查询类型"。

可查询类型不需要进行修改或特殊处理就可以用作 LINQ 数据源。如果源数据还没有作为可查询类型出现在内存中，则 LINQ 提供程序必须以此方式表示源数据。例如，LINQ to XML 将 XML 文档加载到可查询的 XElement 类型中。

```
//Create a data source from an XML document.
//using System.Xml.Linq;
XElement contacts = XElement.Load(@ "c:\myContactList.xml");
```

在 LINQ to SQL 中，首先手动或使用对象关系设计器（O/ R 设计器）在设计时创建对象关系映射。针对这些对象编写查询，然后由 LINQ to SQL 在运行时处理与数据库的通信。在下面的示例中，创建了一个来自 SQL 数据库的数据源。

```
//Create a data source from a SQL Server database.
//using System.Data.Linq;
DataContext db = new DataContext(@"c:\northwind\northwnd.mdf");
```

11.1.3　LINQ 查询语法

查询不仅可以指定要从数据源中检索的信息，还可以指定在返回这些信息之前如何对其进行排序、分组和结构化。查询存储在查询变量中，并用查询表达式进行初始化。为使编写查询的工作变得更加容易，C# 引入了新的查询语法。

在 11.1 例中的查询从整数数组中返回所有偶数。该查询表达式包含 3 个子句：from、where 和 select。（如果熟悉 SQL，会注意到这些子句的顺序与 SQL 中的顺序相反。）from 子句指定数据源，where 子句应用筛选器，select 子句指定返回的元素的类型。目前需要注意的是，在 LINQ 中，查询变量本身不执行任何操作并且不返回任何数据。它只是存储在以后某个时刻执行查询时为生成结果而必需的信息。

查询变量本身只是存储查询命令。实际的查询执行会延迟到在 foreach 语句中循环访问查询变量时发生。此概念称为“延迟执行”，例 11.1 中对此进行了演示。

```
//执行查询
foreach (int num in numQuery)
{
  Console.Write("{0,1} ", num);
}
```

foreach 语句也是检索查询结果的地方。例如，在上一个查询中，迭代变量 num 保存了返回的序列中的每个值（一次保存一个值）。

由于查询变量本身从不保存查询结果，因此可以根据需要随意执行查询。例如，可以通过一个单独的应用程序持续更新数据库。在应用程序中，可以创建一个检索最新数据的查询，并可以按某一时间间隔反复执行该查询以便每次检索不同的结果。

但是对一系列源元素执行聚合函数的查询必须首先循环访问这些元素。例如 Count、Max、Average 和 First 就属于此类查询。由于查询本身必须使用 foreach 以便返回结果，因此这些查询在执行时不使用显式 foreach 语句。另外还要注意，这些类型的查询返回单个值，而不是 IEnumerable 集合。下面的查询返回源数组中偶数的计数

```
var evenNumQuery =
  from num in numbers
  where (num % 2) == 0
  select num;
int evenNumCount = evenNumQuery.Count();
```

若要强制立即执行任意查询并缓存其结果，可以调用 ToList <(Of <(TSource>)>) 或 ToArray <(Of <(TSource>)>) 方法。

```
//直接到泛型的方法
List<int> numQuery2 =
  (from num in numbers
```

```
    where (num % 2) == 0
    select num).ToList();
  //直接到数组的方法
  var numQuery3 =
    (from num in numbers
    where (num % 2) == 0
    select num).ToArray();
```

此外，还可以通过在紧跟查询表达式之后的位置放置一个 foreach 循环来强制执行查询。但是，通过调用 ToList 或 ToArray，也可以将所有数据缓存在单个集合对象中。

11.1.4 LINQ 查询操作

（1）筛选。也许最常用的查询操作是应用布尔表达式形式的筛选器。此筛选器使查询只返回那些表达式结果为 true 的元素。使用 where 子句生成结果。实际上，筛选器指定从源序列中排除哪些元素。在下面的示例中，只返回那些地址位于厦门的 students。

```
varquerystudents = from stu in students
                              where stu.City == "厦门"
selectstu;
```

可以使用熟悉的 C# 逻辑 AND 和 OR 运算符来根据需要在 where 子句中应用任意数量的筛选表达式。例如，若要只返回位于“厦门” AND 姓名为“张三”的客户，则应编写下面的代码：

```
where stu.City =="厦门" &&stu.Name == "张三"
```

若要返回位于厦门或上海的学生，则应编写下面的代码：

```
where stu.City == "厦门" || stu.City == "上海"
```

（2）排序。通常可以很方便地将返回的数据进行排序。orderby 子句将使返回序列中的元素按照被排序类型的默认比较器进行排序。例如，下面的查询可以扩展为按 Name 属性对结果进行排序。因为 Name 是一个字符串，所以默认比较器执行从 A 到 Z 的字母排序。

```
var querystudents2 =
fromstu in students
  where stu.City == "厦门"
orderbystu.Name ascending
selectstu;
```

若要按相反顺序（从 Z 到 A）对结果进行排序，请使用 orderby…descending 子句。

（3）分组。使用 group 子句，可以按指定的键分组结果。例如，可以指定结果应按 City 分组，以便位于厦门或上海的所有学生位于各自组中。在本例中，stu. City 是键。

```
varquerystuByCity =
fromstu in students
groupstu by stu.City;
foreach (varstuGroup in querystuByCity)
  {
Console.WriteLine(stuGroup.Key);
foreach (studentsstudent in stuGroup)
    {
Console.WriteLine("    {0}", student.Name);
    }
  }
```

在使用 group 子句结束查询时，结果采用列表的形式。列表中的每个元素是一个具有 Key 成员及根据该键分组的元素列表的对象。在循环访问生成组序列的查询时，必须使用嵌套的 foreach 循环。外部循环用于循环访问每个组，内部循环用于循环访问每个组的成员。

如果必须引用组操作的结果，则可以使用 into 关键字来创建可进一步查询的标识符。下面的查询只返回那些包含两个以上客户的组：

```
  varstuQuery =
  fromstu in students
  groupstu by stu.City into stuGroup
  wherestyGroup.Count() > 2
  orderbystuGroup.Key
selectstuGroup;
```

(4) 联接。联接运算创建数据源中没有显式建模的序列之间的关联。例如，可以执行联接来查找符合以下条件的所有客户：位于厦门，并且成绩高于 90 分。在 LINQ 中，join 子句始终针对对象集合而非直接针对数据库表运行。在 LINQ 中，不必像在 SQL 中那样频繁使用 join，因为 LINQ 中的外键在对象模型中表示为包含项集合的属性。例如，Customer 对象包含 Order 对象的集合，不必执行联接，只需使用点表示法访问订单。

```
from order in students.ci…
```

(5) 选择（投影）。select 子句生成查询结果并指定每个返回的元素的“形状”或类型。例如，可以指定结果包含的是整个 Customer 对象、仅一个成员、成员的子集，还是某个基于计算或新对象创建的完全不同的结果类型。当 select 子句生成除源元素副本以外的内容时，该操作称为“投影”。使用投影转换数据是 LINQ 查询表达式的一种强大功能。

11.2　LINQ to SQL

Linq to SQL（或者叫 DLINQ）是 LINQ（. NET 语言集成查询）的一部分，全称基于关系数据的 . NET 语言集成查询，用于以对象形式管理关系数据，并提供了丰富的查询功能，它和 LINQ to XML、LINQ to OBJECTS、LINQ to DATASET、LINQ to ENTITIES 等组成了强大的 LINQ。通过使用 LINQ to SQL，可以使用 LINQ 技术访问 SQL 数据库，就像访问内存中的集合一样。

例 11.2 创建了 nw 对象来表示“学生信息” xsxx 数据库，将学生表 students 作为目标，筛选出了来自厦门的 students 行，并选择了一个表示 Name 的字符串以进行检索。执行循环时，将检索到 Name 值的集合。

例 11.2　代码

```
xsxxnw = new xsxx (@ "xsxx.mdf");
varStudentNameQuery =
fromstu in nw.students
  where stu.City == "厦门"
selectstu.Name;
foreach (varstudent in StudentNameQuery)
{
Console.WriteLine(student);
}
```

11.2.1 使用 LINQ to SQL 进行操作的方法

LINQ to SQL 可以查询表中的信息、在表中插入信息，以及更新和删除表中的信息等操作，使用起来方便，很容易上手。

（1）选择。通过在自己的编程语言中编写 LINQ 查询，然后执行此查询以检索结果，即可以实现选择（投影）。LINQ to SQL 自行将所有必要操作转换为所熟悉的必要 SQL 操作。例如，在例 11.2 中，检索来自伦敦客户的公司名称并将其显示在控制台窗口中。

（2）插入。若要执行 SQL Insert，只需向已创建的对象模型添加对象，然后对 DataContext 调用 SubmitChanges 即可。在例 11.3 中，通过使用 InsertOnSubmit 向 students 表添加一位新学生以及有关该学生的信息。

例 11.3 新增一个学生。

```
xsxxnw = new xsxx (@ "xsxx.mdf");
studentsstu = new students();
stu.Name = "李四";
cust.City = "上海";
cust.xh = "19990001";
cust.PostalCode = "55555";
cust.Phone = "555 -555 -5555";
nw.Customers.InsertOnSubmit(stu);
nw.SubmitChanges();
```

（3）更新。若要 Update 某一数据库项，首先要检索该项，然后直接在对象模型中编辑它。在修改了该对象之后，请对 DataContext 调用 SubmitChanges 以更新数据库。

在例 11.4 中，检索来自厦门的所有学生，然后将其所在城市的名称从"厦门" 更改为"厦门 - 集美" 。最后，调用 SubmitChanges 以将所做的更改发送至数据库。

例 11.4 修改学生所在的城市。

```
xsxxnw = new xsxx (@ "xsxx.mdf");
varcityNameQuery =
fromstu in nw.students
  where stu.City.Contains("厦门")
selectstu;
foreach (varstudent in cityNameQuery)
{
  if (student.City = = "厦门")
    {
student.City = "厦门 - 集美";
    }
}
nw.SubmitChanges();
```

（4）删除。若要 Delete 某一项，请从其所属集合中移除该项，然后对 DataContext 调用 SubmitChanges 以提交所做的更改。

在例 11.5 中，从数据库中检索 xh 为 19990001 的学生。然后，在确认检索到学生行之后，调用 DeleteOnSubmit 以将该对象从集合中移除。最后，调用 SubmitChanges 以将删除内容转发至数据库。

例 11.5　删除一个学生。

```
xsxxnw = new xsxx(@"xsxx.mdf");
vardeleteIndivCust =
fromstu in nw.students
wherestu.xh == "19990001"
selectstu;
if (deleteIndivCust.Count() > 0)
{
nw.students.DeleteOnSubmit(deleteIndivCust.First());
nw.SubmitChanges();
}
```

11.2.2　使用 LINQ to SQL 的步骤

1. 创建对象模型

(1) 第一步是用现有关系数据库的元数据创建对象模型。对象模型按照开发人员所用的编程语言来表示数据库。有三种工具可用于创建模型。

① 对象关系设计器。此设计器提供了用于从现有数据库创建对象模型的丰富用户界面。此工具是 Visual Studio IDE 的一部分，最适合小型或中型数据库。

② SQLMetal 代码生成工具。此命令行实用工具提供了与 O/R 设计器略微不同的一组选项，最好使用此工具对大型数据库进行建模。

③ 代码编辑器。可以通过使用 Visual Studio 代码编辑器或其他编辑器编写自己的代码。如果具有现有数据库且可以使用 O/R 设计器或 SQLMetal 工具时，就不要使用这种方法，因为这种方法容易出错。但是，代码编辑器在改进或修改已通过使用其他工具生成的代码方面非常有用。

(2) 选择要生成的代码类型。用于基于属性的映射的 C# 或 Visual Basic 源代码文件。然后将此代码文件加入 Visual Studio 项目中。

(3) 改进代码文件以反映应用程序的需要。这时候可以使用 O/R 设计器或代码编辑器。

2. 使用对象模型

图 11-2 显示了在两层方案中开发人员与数据之间的关系。

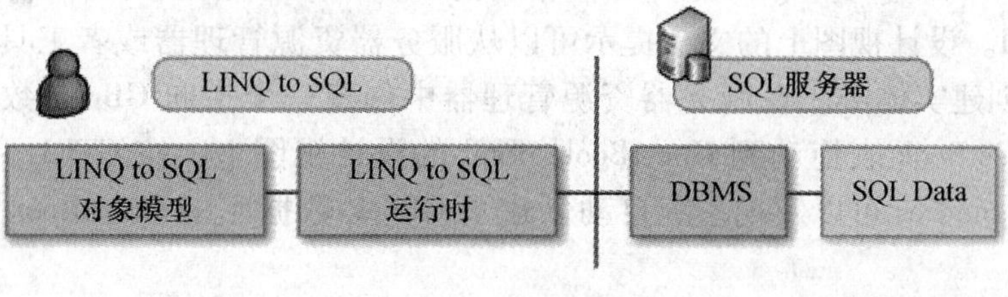

图 11-2　对象模型图

在已经有了对象模型，就可以在该模型中描述信息请求和操作数据。这个时候应该从对象模型中的对象和属性的角度来考虑，而不是从数据库的行和列的角度来考虑，因为不是直接对数据库进行操作。

当指示 LINQ to SQL 执行已描述的查询或对已操作的数据调用 SubmitChanges() 时，LINQ to SQL 会用数据库的语言与数据库通信。

下面的内容是代表如何使用已创建对象模型的一般步骤。

（1）创建查询以从数据库中检索信息。

（2）重写 Insert、Update 和 Delete 的默认行为。

（3）设置适当的选项以检测和报告并发冲突。

（4）建立继承层次结构。这一步是可选的。

（5）提供合适的用户界面。这一步是可选的，取决于应用程序的使用方式。

（6）调试并测试应用程序。

11.2.3 使用 LINQ to SQL 的例子

例 11.6 使用 LINQ to SQL 完成简易留言簿。实现以下功能：发表留言（增）、查看留言（查）、管理员回复留言（改）、管理员删除留言（删除）。

具体步骤如下。

（1）打开 SQL Server2005 数据库，新建一个 GBook 的数据库，在里面新建一个 GuestBook 表，结构如表 11-1 所示。

表 11-1 GuestBook 表的结构

字段名	字段类型	允许空	字段说明
ID	uniqueidentifier		表主键字段
UserName	varchar(50)		留言用户名
PostTime	datetime		留言时间
Message	varchar(400)	√	留言内容
IsReplied	bit		留言是否回复
Reply	varchar(400)	√	留言管理员回复

（2）生成实体模型。新建一个网站命名为 GBOOK，右击网站项目，选择“添加新项”，然后选择“LINQ to SQL Classes”，命名为 GuestBook。然后打开 App_Code 里面的 GuestBook.dbml。设计视图上的文字提示可以从服务器资源管理器或者工具箱把项拖动到设计界面上来创建实体类。在服务器资源管理器中创建一个指向 GBook 数据库的数据连接，然后把 GuestBook 表拖动到 GuestBook.dbml 的设计视图上，按 CTRL + S 保存。打开 GuestBook.Designer.cs 可以发现系统自动创建了 GBook 数据库中 GuestBook 表的映射，如图 11-3 所示。

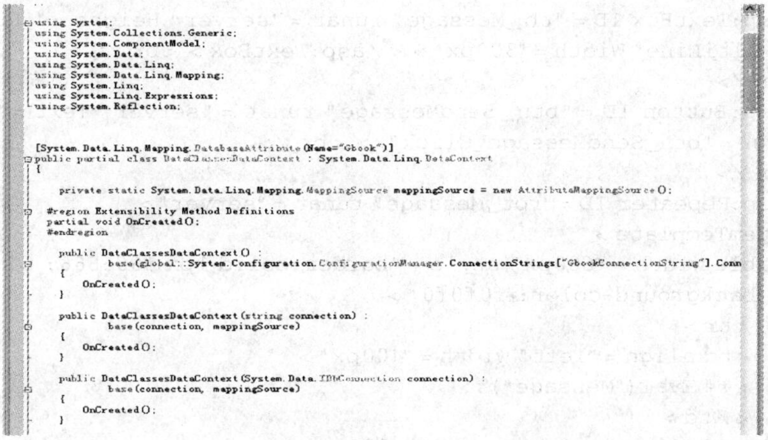

图 11-3　GuestBook 表的映射代码

(3) 创建一个 Default. aspx 页面，具体如图 11-4 所示。

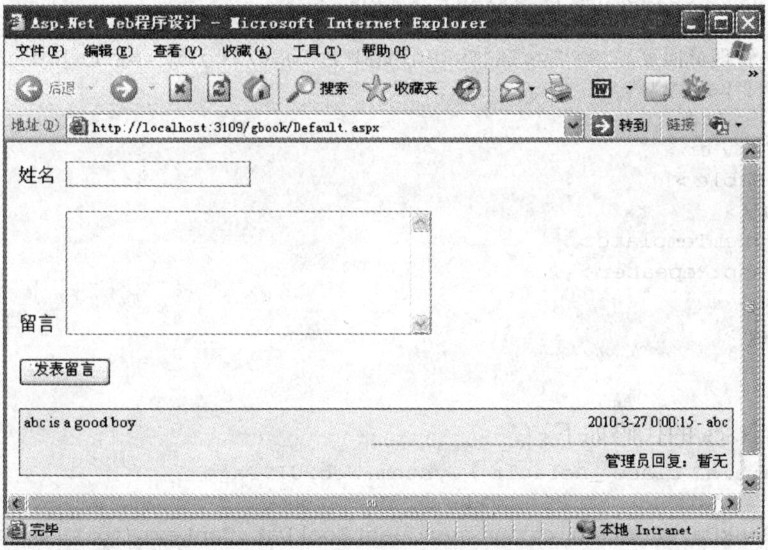

图 11-4　Default. aspx 页面截图

Default. aspx 页面设计的代码如下。

```
<html xmlns = "http://www.w3.org/1999/xhtml" >
<head runat = "server" >
    <title >Asp.Net Web 程序设计 </title >
</head >
<body >
    <form id = "form1" runat = "server" >
<div >
        姓名
        <asp:TextBox ID = "tb_UserName" runat = "server" > </asp:TextBox > <br />
        <br />
```

```
    留言
    <asp:TextBox ID = "tb_Message" runat = "server" Height = "100px" TextMode
    = "MultiLine" Width = "300px" > </asp:TextBox > <br />
    <br />
    <asp:Button ID = "btn_SendMessage" runat = "server" Text = "发表留言" On-
   Click = "btn_SendMessage_Click"/> <br />
    <br />
    <asp:Repeater ID = "rpt_Message" runat = "server" >
    <ItemTemplate >
    <table width = "600px" style = "border:solid 1px #666666; font-size:10pt;
       background-color:#f0f0f0" >
        <tr >
        <td align = "left" width = "400px" >
        <%# Eval("Message")% >
        </td >
        <td align = "right" width = "200px" >
        <%# Eval("PostTime")% >-<%# Eval("UserName")% >
        </td >
        </tr >
        <tr >
        <td colspan = "2" align = "right" >
        <hr width = "300px"/>
        管理员回复:<%# Eval("IsReplied").ToString() == "False" ? "暂无" : Eval
        ("Reply")% >
        </td >
        </tr >
    </table >
    <br/>
    </ItemTemplate >
    </asp:Repeater >
  </div >
  </form >
</body >
</html >
```

Default. aspx. cs 的代码如下。

```
public partial class _Default : System.Web.UI.Page
{
   GuestBookDataContext ctx = new GuestBookDataContext("Data Source = CY-AIDE;
   Initial Catalog = Gbook;Integrated Security = True");

   protected void Page_Load(object sender, EventArgs e)
   {
      if (!IsPostBack)
      {
        SetBind();
      }
   }
   protected void btn_SendMessage_Click(object sender, EventArgs e)
   {
      guestbook gb = new guestbook();
      gb.ID = Guid.NewGuid();
      gb.UserName = tb_UserName.Text;
      gb.Message = tb_Message.Text;
```

```
        gb.IsReplied = false;
        gb.PostTime = DateTime.Now;
        ctx.guestbook.InsertOnSubmit(gb);
        ctx.SubmitChanges();
        SetBind();
    }
    private void SetBind()
    {
        rpt_Message.DataSource = from gb in ctx.guestbook orderby gb.PostTime
        descending select gb;
        rpt_Message.DataBind();
    }
}
```

代码解释：前面创建 LINQ to SQL Classes 的时候输入名字 GuestBook，系统就自动创建了 GuestBookDataContext（也可以在 GuestBook. Designer. cs 中找到类定义）。在绑定的时候使用查询语句语法查询留言表中所有留言，按照发表时间倒序。在发表留言按钮中，为一个 GuestBook 赋值，然后把它加入留言表，再提交更改，这样就完成了记录的插入。

（4）再创建一个 admin. aspx，具体如图 11-5 所示。

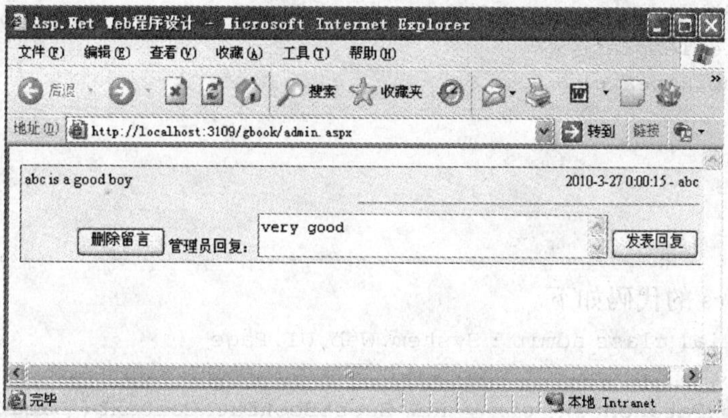

图 11-5　admin. aspx 页面截图

admin. aspx 页面设计的代码如下。

```
<html xmlns = "http://www.w3.org/1999/xhtml" >
<head runat = "server" >
    <title >Asp.Net Web 程序设计 </title >
</head >
<body >
    <form id = "form1" runat = "server" >
    <div >
        <asp:Repeater ID = "rpt_Message" runat = "server" OnItemCommand = "rpt_
          Message_ItemCommand" >
            <ItemTemplate >
            <table width = "600px" style = "border:solid 1px #666666; font-size:
                10pt; background-color:#f0f0f0" >
                <tr >
                <td align = "left" width = "400px" >
```

```
            <%# Eval("Message")%>
            </td>
            <td align="right" width="200px">
            <%# Eval("PostTime")%>-<%# Eval("UserName")%>
            </td>
            </tr>
            <tr>
            <td colspan="2" align="right">
            <hr width="300px"/>
            <asp:Button ID="btn_DeleteMessage" runat="server" Text="删除留
            言" CommandName="DeleteMessage" CommandArgument='<%# Eval("
            ID")%>'/>
            管理员回复:<asp:TextBox runat="server" ID="tb_Reply" TextMode="
            MultiLine" Width="300px" Text='<%# Eval("Reply")%>'/>
            <asp:Button ID="btn_SendReply" runat="server" Text="发表回复"
            CommandName="SendReply" CommandArgument='<%# Eval("ID")%>'/>
            </td>
            </tr>
        </table>
        <br/>
        </ItemTemplate>
        </asp:Repeater>

    </div>
    </form>
</body>
</html>
```

admin. aspx. cs 的代码如下。

```
public partial class admin : System.Web.UI.Page
{
  GuestBookDataContext ctx = new GuestBookDataContext("Data Source=CY-AIDE;
  Initial Catalog=Gbook;Integrated Security=True");

  protected void Page_Load(object sender, EventArgs e)
  {
    if (!IsPostBack)
    {
      SetBind();
    }
  }

  private void SetBind()
  {
    rpt_Message.DataSource = from gb in ctx.guestbook orderby gb.PostTime
    descending select gb;
    rpt_Message.DataBind();
  }
  protected void rpt_Message_ItemCommand(object source, RepeaterCommandEven-
  tArgs e)
```

```
    {
        if (e.CommandName == "DeleteMessage")
        {
            StreamWriter sw = new StreamWriter(Server.MapPath("log.txt"), true);
            ctx.Log = sw;
            guestbook gb = ctx.guestbook.Single (b = > b.ID = = new Guid (e-
            .CommandArgument.ToString()));
            ctx.guestbook.DeleteOnSubmit(gb);
            ctx.SubmitChanges();
            SetBind();
            sw.Close();
        }
        if (e.CommandName == "SendReply")
        {
            StreamWriter sw = new StreamWriter(Server.MapPath("log.txt"), true);
            ctx.Log = sw;
            guestbook gb = ctx.guestbook.Single (b = > b.ID = = new Guid (e-
            .CommandArgument.ToString()));
            gb.Reply = ((TextBox)e.Item.FindControl("tb_Reply")).Text;
            gb.IsReplied = true;
            ctx.SubmitChanges();
            SetBind();
            sw.Close();
        }
    }
}
```

代码解释：在这里，通过 Single 方法获取一条记录，也就是一个 GuestBook 实例，更新一些属性之后保存，就完成修改操作。删除操作更简单，只需要从表中移除对象，这样就不是在操作数据库，而像在操作内存中的对象。由于写了日志，看看修改和删操作会是怎么样的 SQL？具体代码如下。

```
SELECT [t0].[ID], [t0].[UserName], [t0].[PostTime], [t0].[Message], [t0].[IsRe-
plied], [t0].[Reply]
FROM [dbo].[guestbook] AS [t0]
WHERE [t0].[ID] = @p0
--@p0: Input UniqueIdentifier (Size = 0; Prec = 0; Scale = 0) [7b4e3398-ecb2-
4fe3-bd36-4f338c07db22]
--Context: SqlProvider(Sql2000) Model: AttributedMetaModel Build: 3.5.21022.8
UPDATE [dbo].[guestbook]
SET [IsReplied] = @p4, [Reply] = @p5
WHERE ([ID] = @p0) AND ([UserName] = @p1) AND ([PostTime] = @p2) AND ([Message]
= @p3) AND (NOT ([IsReplied] = 1)) AND ([Reply] IS NULL)
--@p0: Input UniqueIdentifier (Size = 0; Prec = 0; Scale = 0) [7b4e3398-ecb2-
4fe3-bd36-4f338c07db22]
--@p1: Input VarChar (Size = 3; Prec = 0; Scale = 0) [abc]
--@p2: Input DateTime (Size = 0; Prec = 0; Scale = 0) [2010-3-27 0:00:15]
--@p3: Input VarChar (Size = 17; Prec = 0; Scale = 0) [abc is a good boy]
--@p4: Input Bit (Size = 0; Prec = 0; Scale = 0) [True]
--@p5: Input VarChar (Size = 9; Prec = 0; Scale = 0) [very good]
```

```
--Context:SqlProvider(Sql2000) Model:AttributedMetaModel Build:3.5.21022.8
SELECT [t0].[ID], [t0].[UserName], [t0].[PostTime], [t0].[Message], [t0].[IsRe-
plied], [t0].[Reply]
FROM [dbo].[guestbook] AS [t0]
ORDER BY [t0].[PostTime] DESC
--Context:SqlProvider(Sql2000) Model:AttributedMetaModel Build:3.5.21022.8
```

例 11.7 修改例 11.6，采用存储过程完成浏览，增加，删除，修改等功能。

（1）在数据库中新建 4 个存储过程，具体代码如下。

```
① ALTER PROCEDURE dbo.listmessage
AS
select * from guestbook order by PostTime Desc;
RETURN

② ALTER PROCEDURE dbo.sendmessage
(
@username varchar(50),
@message varchar(400)
)
AS
INSERT INTO guestbook
  (ID, UserName, Message, PostTime, IsReplied, Reply)
VALUES (NEWID(),@username,@message, GETDATE(), 0, '')
RETURN

③ ALTER PROCEDURE dbo.replymessage
  (
    @id uniqueidentifier,
    @reply varchar(400)
  )
AS
UPDATE guestbook
SET Reply = @reply, IsReplied = 1
WHERE (ID = @id)
RETURN

④ ALTER PROCEDURE dbo.delmessage
(
@id uniqueidentifier
)
AS
DELETE FROM guestbook
  WHERE (ID = @id)
RETURN
```

（2）打开 App_Code 文件夹的 GuestBook. dbml，把存储过程从服务器资源管理器拖拽到设计视图上。右击 GuestBook 实体类，选择配置行为。如图 11-6 所示，为插入操作选择删除的存储过程方法 sendmessage，并进行参数匹配。

接着为更新操作配置更新的存储过程方法 replymessage，为删除操作配置删除的存储过程的方法 delmessage。

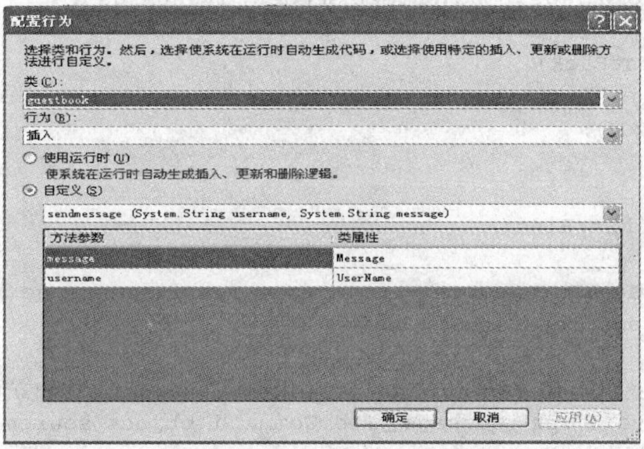

图 11-6 配置行为

(3) 修改 default. aspx. cs 的代码如下。

```
public partial class _Default : System.Web.UI.Page
{
    GuestBookDataContext ctx = new GuestBookDataContext("Data Source = CY-AIDE;
    Initial Catalog = Gbook;Integrated Security = True");
    protected void Page_Load(object sender, EventArgs e)
    {
        if (!IsPostBack)
        {
            SetBind();
        }
    }
    protected void btn_SendMessage_Click(object sender, EventArgs e)
    {
        guestbook gb = new guestbook();
        gb.UserName = tb_UserName.Text;
        gb.Message = tb_Message.Text;
        ctx.guestbook.InsertOnSubmit(gb);
        ctx.SubmitChanges();
        SetBind();
    }
/ * 存储过程只接受 2 个参数,这里就需要修改,只修改参数就可以了,其他的不变 * /
    private void SetBind()
    {
        rpt_Message.DataSource = from gb in ctx.listmessage() select gb;
        rpt_Message.DataBind();
    }
/ * 获取数据直接采用存储过程的方法就可以,不用再写 LINQ 查询,方便 * /
}
```

(4) 修改 admin. aspx. cs 的代码如下。

```
public partial class admin : System.Web.UI.Page
{
    GuestBookDataContext ctx = new GuestBookDataContext("Data Source = CY-AIDE;
    Initial Catalog = Gbook;Integrated Security = True");
```

```
protected void Page_Load(object sender, EventArgs e)
{
   if (!IsPostBack)
   {
      SetBind();
   }
}
private void SetBind()
{
   rpt_Message.DataSource = from gb in ctx.listmessage() select gb;
   rpt_Message.DataBind();
}
/*获取数据直接采用存储过程的方法就可以,不用再写 linq 查询,比较方便*/
 protected void rpt_Message_ItemCommand(object source, RepeaterCommandE-
 ventArgs e)
 {
    if (e.CommandName == "DeleteMessage")
    {
       StreamWriter sw = new StreamWriter(Server.MapPath("log.txt"), true);
       ctx.Log = sw;
       guestbook gb = ctx.guestbook.Single (b => b.ID == new Guid (e-
       .CommandArgument.ToString()));
       ctx.guestbook.DeleteOnSubmit(gb);
       ctx.SubmitChanges();
       SetBind();
       sw.Close();
    }
    if (e.CommandName == "SendReply")
    {
       StreamWriter sw = new StreamWriter(Server.MapPath("log.txt"), true);
       ctx.Log = sw;
       guestbook gb = ctx.guestbook.Single (b => b.ID == new Guid (e-
       .CommandArgument.ToString()));
       gb.Reply = ((TextBox)e.Item.FindControl("tb_Reply")).Text;
       gb.IsReplied = true;
       ctx.SubmitChanges();
       SetBind();
       sw.Close();
    }
 }
}
/*删除和更新就不需要更改代码了,因为当 ctx.SubmitChanges()提交时,由于删除和更新操作
已经更改用存储过程了,这就是 LINQ 的方便之处,前面的逻辑代码不需要改变.*/
```

11.3 LINQ to XML

XML 已广泛采用为格式化数据的方式。例如，在 Web 上，在配置文件、Microsoft Office Word 文件以及数据库中，都可以看到 XML。LINQ to XML 经过了重新设计，是最新的 XML 编程方法，它提供文档对象模型（DOM）的内存文档修改功能，支持 LINQ 查询表达式。

LINQ to XML 是面向各种开发人员的。对于只想完成某项工作的普通开发人员，LINQ to XML 通过提供与 SQL 相似的查询表达式，使 XML 变得更加简单。只要稍加学习，程序员就能学会以自己选择的编程语言编写简洁、功能强大的查询。专业开发人员可以使用 LINQ to XML 来大幅提高他们的工作效率。通过使用 LINQ to XML，可以编写出表达能力更强、更为紧凑、功能更强的代码。

11.3.1 LINQ to XML 概述

LINQ to XML 是一种启用了 LINQ 内存的 XML 编程接口，使用它，可以在 .NET Framework 编程语言中处理 XML。它将 XML 文档置于内存中，这一点很像文档对象模型(DOM)。可以查询和修改 XML 文档，修改之后，可以将其另存为文件，也可以将其序列化然后通过网络发送。但是，LINQ to XML 与 DOM 不同：它提供一种新的对象模型，这是一种更轻量的模型，使用也更方便，这种模型利用了 Visual C# 2008 在语言方面的改进。

LINQ to XML 最重要的优势是它与 LINQ 的集成。由于实现了这一集成，因此，可以对内存 XML 文档编写查询，以检索元素和属性的集合。LINQ to XML 的查询功能在功能上（尽管不是在语法上）与 XPath 和 XQuery 具有可比性。Visual C# 2008 集成 LINQ 后，可提供更强的类型化功能、编译时检查和改进的调试器支持。通过将查询结果用作 XElement 和 XAttribute 对象构造函数的参数，实现了一种功能强大的创建 XML 树的方法。这种方法称为“函数构造”，利用这种方法，开发人员可以方便地将 XML 树从一种形状转换为另一种形状。

LINQ to XML 提供了改进的 XML 编程接口，这一点可能与 LINQ to XML 的 LINQ 功能同样重要。通过 LINQ to XML，在对 XML 编程时，可以实现任何预期的操作，包括：

- 从文件或流加载 XML；
- 将 XML 序列化为文件或流；
- 使用函数构造从头开始创建 XML；
- 使用类似 XPath 的轴查询 XML；
- 使用 Add、Remove、ReplaceWith 和 SetValue 等方法对内存 XML 树进行操作；
- 使用 XSD 验证 XML 树；
- 使用这些功能的组合，可将 XML 树从一种形状转换为另一种形状。

11.3.2 LINQ to XML 的操作

以前的.NET XML 编程模型需要使用很多冗长的 DOM API，而 LINQ to XML 则完全可以用与 DOM 无关的方式与 XML 文档交互。这样不但大大减少了代码行，而且这种编程模型可以直接映射到格式良好的 XML 文档结构。接下来分别介绍如何进行创建、查询、修改 XML 树。

(1) 创建 XML 树。通过 XElement 和 XAttribute 构造函数，可以将元素或属性的内容作为参数传递到构造函数。由于其中一个构造函数使用可变数目的参数，因此可以传递任意数目的子元素。当然，这些子元素中的每一个都可以包含它们自己的子元素。对任意元素，可以添加任意多个属性。

在添加 XNode（包括 XElement）或 XAttribute 对象时，如果新内容没有父级，则直接将这些对象附加到 XML 树中。如果新内容已经有父级，并且是另一 XML 树的一部分，则克隆新内容，并将新克隆的内容附加到 XML 树。下面的代码表示，新建 XML 树，并且输出这颗树。

```
XElement contacts =
  new XElement("Contacts",
    new XElement("Contact",
      new XElement("Name", "Patrick Hines"),
      new XElement("Phone", "206-555-0144"),
      new XElement("Address",
        new XElement("Street1", "123 Main St"),
        new XElement("City","Mercer Island"),
        new XElement("State", "WA"),
        new XElement("Postal", "68042")
      )
    )
  );
Console.WriteLine(contacts);
```

如果代码编写时正确缩进，则构造 XElement 对象的代码十分类似于基础 XML 的结构。以上代码的输出结果如下。

```
<Contacts>
  <Contact>
    <Name>Patrick Hines</Name>
    <Phone>206-555-0144</Phone>
    <Address>
      <Street1>123 Main St</Street1>
      <City>Mercer Island</City>
      <State>WA</State>
      <Postal>68042</Postal>
    </Address>
  </Contact>
</Contacts>
```

（2）查询 XML 树。在实例化 XML 树之后，编写查询是从 XML 树中提取数据的最有效方法。接下来介绍查询的基本语法以及常见实例。

下面是一个 xml 文件，文件名为 PurchaseOrder. xml，主要内容是一个采购订单。

```
<?xml version="1.0"?>
<PurchaseOrder PurchaseOrderNumber="99503" OrderDate="1999-10-20">
  <Address Type="Shipping">
    <Name>Ellen Adams</Name>
    <Street>123 Maple Street</Street>
    <City>Mill Valley</City>
    <State>CA</State>
    <Zip>10999</Zip>
    <Country>USA</Country>
  </Address>
  <Address Type="Billing">
    <Name>Tai Yee</Name>
```

```
        <Street>8 Oak Avenue</Street>
        <City>Old Town</City>
        <State>PA</State>
        <Zip>95819</Zip>
        <Country>USA</Country>
    </Address>
    <DeliveryNotes>Please leave packages in shed by driveway.</DeliveryNotes>
    <Items>
        <Item PartNumber="872-AA">
            <ProductName>Lawnmower</ProductName>
            <Quantity>1</Quantity>
            <USPrice>148.95</USPrice>
            <Comment>Confirm this is electric</Comment>
    </Item>
    <Item PartNumber="926-AA">
        <ProductName>Baby Monitor</ProductName>
        <Quantity>2</Quantity>
        <USPrice>39.98</USPrice>
        <ShipDate>1999-05-21</ShipDate>
    </Item>
  </Items>
</PurchaseOrder>
```

例 11.8 在 PurchaseOrder.xml 文件中如何查找具有值为“Billing”的 Type 属性的 Address 元素。具体代码如下。

```
XElement root = XElement.Load("PurchaseOrder.xml");
IEnumerable<XElement> address =
  from el in root.Elements("Address")
  where (string)el.Attribute("Type") == "Billing"
  select el;
foreach (XElement el in address)
  Console.WriteLine(el);
```

运行输出结果如下。

```
<Address Type="Billing">
    <Name>Tai Yee</Name>
    <Street>8 Oak Avenue</Street>
    <City>Old Town</City>
    <State>PA</State>
    <Zip>95819</Zip>
    <Country>USA</Country>
</Address>
```

(3) 修改 XML 树。就地修改 XML 树是更改 XML 文档形状的传统方法。典型的应用程序将文档加载到数据存储区（如 DOM 或 LINQ to XML）；使用编程接口插入节点、删除节点或更改节点的内容；然后将 XML 保存到文件或通过网络传输。

LINQ to XML 允许使用另一种可在许多方案中使用的方法：函数构造。函数构造将修改数据视为转换问题，而不是数据存储区的具体操作。如果采用某种数据表示形式并有效地将其从一种形式转换为另一种形式，其结果等效于采用一个数据存储区并对其以某种方式进行操作以采用另一种形状。函数构造方法的关键是将查询的结果传递给 XDocument 和

XElement 构造函数。

在许多情况下，可以在操作数据存储区所需的很短时间内编写转换代码，并且该代码更稳定、更易于维护。在这些情况下，虽然转换方法可能具有较强的处理能力，但它更适合用于修改数据。如果开发人员熟悉函数方法，则在很多情况下，生成的代码会更易于理解，可以很容易地找到修改树的每部分的代码。

DOM 程序员更熟悉就地修改 XML 树的方法，而不了解这种方法的开发人员可能会对使用函数方法编写的代码感到陌生。如果必须对大型 XML 树进行小的修改，则在很多情况下，用于就地修改树的方法将花费更少的 CPU 时间。

接下来提供用这两种方法实现的一个示例。

例 11.9 修改下面的简单 XML 文档，该文件名为 Data. xml，使属性变为元素。

```
<?xml version="1.0" encoding="utf-8" ?>
<Root Data1="123" Data2="456">
  <Child1>Content</Child1>
</Root>
```

① 直接修改 XML 树。可以编写一些过程代码以便从属性创建元素，然后删除属性，代码如下所示。

```
XElement root = XElement.Load("Data.xml");
foreach (XAttribute att in root.Attributes()) {
  root.Add(new XElement(att.Name, (string)att));
}
root.Attributes().Remove();
Console.WriteLine(root);
Visual Basic
```

此代码生成以下输出：

```
<Root>
  <Child1>Content</Child1>
  <Data1>123</Data1>
  <Data2>456</Data2>
</Root>
```

② 函数构造方法。相比之下，函数方法包含用于形成新树的代码、从源树中选择元素和属性并在将其添加到新树中时进行相应的转换。函数方法如下所示。

```
XElement root = XElement.Load("Data.xml");
XElement newTree = new XElement("Root", root.Element("Child1"),
  from att in root.Attributes()
  select new XElement(att.Name, (string)att)
);
Console.WriteLine(newTree);
```

本方法与第一个方法输出相同的 XML。但请注意，可以在函数方法中实际看到生成的新 XML 的结构。可以看到创建 Root 元素的代码、从源树中提取 Child1 元素的代码和将源树中的属性转换为新树中的元素的代码。

在本方法中，函数示例一点也不比第一个方法简短，而且一点也不比第一个方法简单。但如果要对一个 XML 树进行很多更改，则非函数方法将变得非常复杂，而且会显得很笨拙。相比之下，使用函数方法时，只需形成所需的 XML，嵌入适当的查询和表达式以提取需要的内容。函数方法生成的代码更易于维护。

函数方法的执行效果可能没有树操作方法好。主要问题是，函数方法创建了更多短生存期的对象。但是，如果使用函数方法能够提高程序员的效率，则折中也是一种有效的方式。

例 11.9 是一个很简单的示例，但它显示了这两种方法之间基本原理上的差异。对于转换较大的 XML 文档，函数方法可以产生更高的效率增益。

11.4　使用 LinqDateSource 控件

LinqDataSource 控件通过 ASP. NET 数据源控件结构向 Web 开发人员公开 LINQ。LINQ 提供一种用于在不同类型的数据源中查询和更新数据的统一编程模型，并将数据功能直接扩展到 C# 和 Visual Basic 语言中。LINQ 通过将面向对象编程的准则应用于关系数据，简化了面向对象编程与关系数据之间的交互。通过使用声明性标记，可以创建一个 LinqDataSource 控件，连接到数据库或内存中数据集合（如数组）中的数据。在声明文本中，可以编写对数据进行检索、筛选、排序和分组操作所需的所有条件。当从 SQL 数据库表检索数据时，也可以配置 LinqDataSource 控件以处理数据的更新、插入和删除。

当创建 Web 页面以检索或修改数据，并希望利用 LINQ 提供的统一编程模型时，可使用 LinqDataSource 控件。通过使 LinqDataSource 控件能够自动创建与数据进行交互的命令，可以简化 Web 页面中的代码。LinqDataSource 控件提供了一种将数据控件连接到多种数据源的方法，其中包括数据库数据、数据源类和内存中集合。通过使用 LinqDataSource 控件，可以针对所有这些类型的数据源指定类似于数据库检索的任务（选择、筛选、分组和排序）。可以指定针对数据库表的修改任务（更新、删除和插入）。可以将 LinqDataSource 控件连接到存储在公共字段或属性中的任何类型的数据集合。对于所有数据源来说，用于执行数据操作的声明性标记和代码都是相同的。当与数据库表中的数据或数据集合（与数组类似）中的数据进行交互时，可以使用相同的语法。

11.4.1　连接到数据库的方法

当与数据库中的数据进行交互时，不会将 LinqDataSource 控件直接连接到数据库，而是与表示数据库和表的实体类进行交互。通过对象关系设计器或运行 SqlMetal. exe 实用工具可生成实体类。创建的实体类通常位于 Web 应用程序的 App_Code 文件夹中。O/ R 设计器或 SqlMetal. exe 实用工具将生成一个表示数据库的类，并为该数据库中的每个表生成一个类。

表示数据库的类将负责检索和设置数据源中的值。LinqDataSource 控件读取和设置表示数据表的类中的属性。若要支持更新、插入和删除操作，则数据库类必须从 DataContext 类派生，且表类必须引用 Table <（Of <（TEntity >）>）类。

通过将 ContextTypeName 属性设置为表示数据库类的名称，将 LinqDataSource 控件连接到数据库类。通过将 TableName 属性设置为代表数据表类的名称，将 LinqDataSource 控件连接到特定表。例如，若要连接到 AdventureWorks 数据库中的 Contacts 表，可将 ContextTypeName 属性设置为 AdventureWorksDataContext（或为数据库对象指定的任何名称），将 TableName 属性设置为 Contacts。下面的示例显示连接到 AdventureWorks 数据库的 LinqDataSource 控件的标记。

```
<asp:LinqDataSource
    ContextTypeName = "AdventureWorksDataContext"
    TableName = "Contacts"
    ID = "LinqDataSource1"
    runat = "server">
</asp:LinqDataSource>
```

此示例不显示由 O/R 设计器生成的类，因为生成的代码对于本主题来说太长。不过，若要此示例正常运行，生成的代码必须存在。

11.4.2 连接到内存集合的方法

当连接到内存中的数据集合（与数组类似）时，将 ContextTypeName 属性设置为包含该集合的类的名称。将 TableName 属性设置为集合本身的名称。

下面的示例显示一个类，其中包含一个字符串值数组。

```
public class MovieLibrary
{
   string[] _availableGenres = { "Comedy", "Drama", "Romance" };

   public MovieLibrary()
   {
   }
   public string[] AvailableGenres
   {
     get
     {
       return _availableGenres;
     }
   }
}
```

下面的代码显示一个 LinqDataSource 控件，该控件从上一示例中的类读取数据列表。若要检索数组，请将 ContextTypeName 属性设置为 MovieLibrary，并将 TableName 属性设置为 AvailableGenres。

```
<asp:LinqDataSource
    ContextTypeName = "MovieLibrary"
    TableName = "AvailableGenres"
    ID = "LinqDataSource1"
    runat = "server">
</asp:LinqDataSource>
```

11.4.3 LinqDataSource 控件与其他数据源控件进行比较

与使用 SqlDataSource 或 ObjectDataSource 控件相比，通过使用 LinqDataSource 控件，可以编写较少的代码来执行数据操作。LinqDataSource 控件可推断有关要连接到的数据源的信息，并动态创建用于选择、更新、插入和删除数据的命令。当使用 LinqDataSource 控件时，只需了解一个编程模型就可以与不同类型的数据源进行交互。

与 SqlDataSource 控件不同（该控件仅可用于关系数据库表），使用 LinqDataSource 控件可连接到存储在内存中的集合中的数据。当使用 SqlDataSource 控件时，必须将 SelectCommand、UpdateCommand、InsertCommand 和 DeleteCommand 属性显式设置为 SQL 查询。不过，借助于 LinqDataSource 控件，就无需显式设置这些命令，因为 LinqDataSource 控件将使用 LINQ to SQL 自动创建它们。如果希望修改从数据源中选择的列，则不必编写完整的 SQL Select 命令，只需在 Select 属性中提供要在查询中返回的列名称即可。

当更新或插入数据时，无需为将保存到数据库中的每个值创建参数。LinqDataSource 控件可创建包含适当值的更新命令，方法是将 DataField 属性与实体类中的属性名进行匹配。

当使用 ObjectDataSource 控件时，必须手动创建表示数据的对象，然后编写用于与数据进行交互的方法。然后，必须将 SelectMethod、UpdateMethod、InsertMethod 和 DeleteMethod 属性与执行这些函数的方法进行匹配。在 LinqDataSource 控件中，可使用 O/R 设计器自动创建表示数据的类。无需编写代码来指定数据库表中存在哪些列或指定如何选择、更新、插入和删除数据。此外，还可以使用 LinqDataSource 控件以类似于数组的方式与数据集合直接进行交互。在此情况下，无需创建一个类来处理与数据集合进行交互的逻辑。

11.4.4 使用 LinqDataSource 控件的例子

例 11.10 使用 LinqDataSource 控件完成简易用户管理功能，实现以下功能：新建用户（增）、查看用户信息（查）、修改用户信息（改）、删除用户信息（删除）。

具体步骤如下。

（1）打开 SQL Server2005 数据库，新建一个 useradmin 的数据库，在里面新建一个 usertable 表，结构如表 11-2 所示。

表 11-2 usertable 表的结构

字段名	字段类型	允许空	字段说明
id	int		表主键字段
username	varchar(10)		用户名
password	varchar(20)		密码
derpartmet	varchar(20)	√	部门
realname	varchar(20)	√	真实姓名
email	varchar(50)	√	电子邮件
love	varchar(20)	√	兴趣爱好

（2）生成实体模型。新建一个网站命名为 useradmin，右击网站项目，选择“添加新项”，然后选择“LINQ to SQL Classes”，命名为 DataClasses。然后打开 App_Code 里面的

DataClasses. dbml。设计视图上的文字提示可以从服务器资源管理器或者工具箱把项拖动到设计界面上来创建实体类。在服务器资源管理器中创建一个指向 useradmin 数据库的数据连接，然后把 usertabel 表拖动到 DataClasses. dbml 的设计视图上，按 CTRL + S 保存。打开 DataClasses. Designer. cs 可以发现系统自动创建了 useradmin 数据库中 usertable 表的映射，如图 11-7 所示。

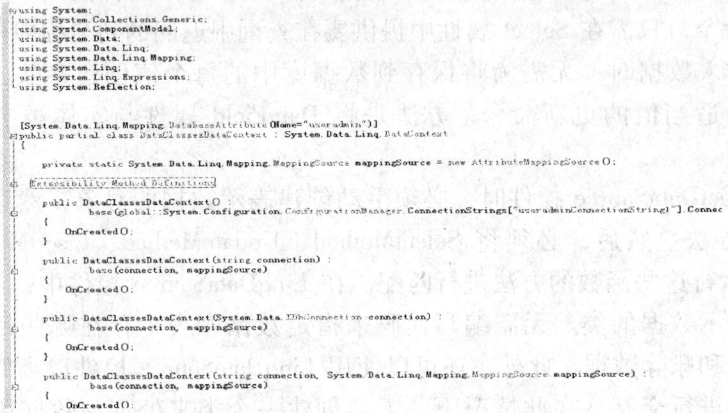

图 11-7　usertable 表的映射代码

（3）创建一个 Default. aspx 页面，添加一个 LinqDataSource 控件，配置数据源，具体如图 11-8 所示。

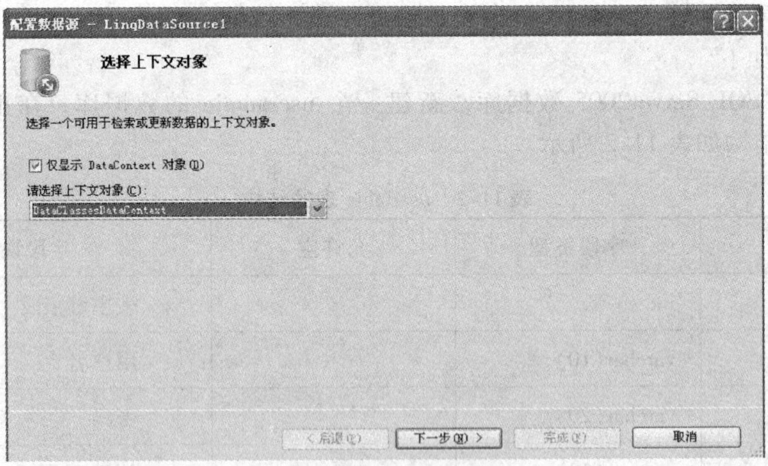

图 11-8　LinqDataSource1 控件数据源配置图

单击“下一步”按钮，选择 usertable 表格，完成数据源的配置。

（4）添加一个 GridView 控件，选择数据源为 LinqDatasource1，并启用分页、选定内容；自动套用格式选择“传统型”，具体如图 11-9 所示。

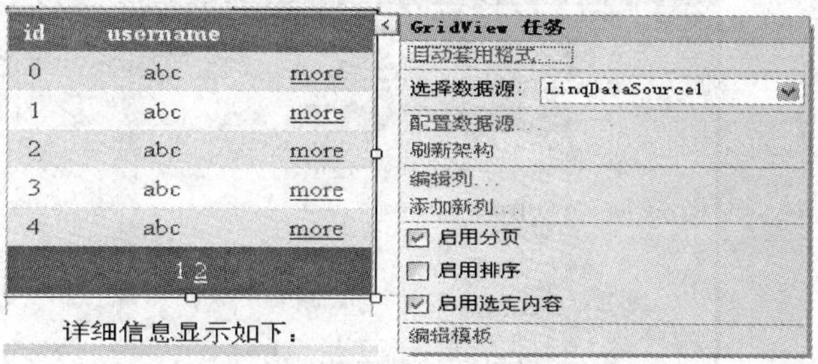

图 11-9　GridView 控件设置图

（5）再添加一个 LinqDataSource 控件，在配置数据源中，配置 where 条件，并启用删除、创建、更新，具体如图 11-10 所示。

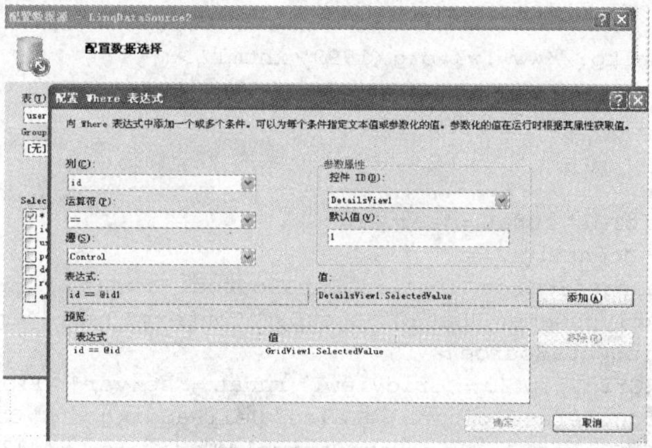

图 11-10　LinqDataSource2 控件设置图

（6）添加一个 DetailView 控件，选择数据源为 LinqDatasource2，并启用分页、插入、编辑、删除；自动套用格式选择“传统型”，具体如图 11-11 所示。

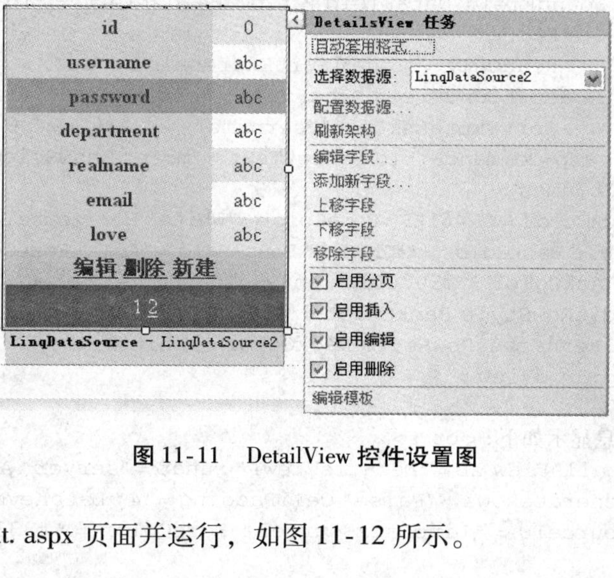

图 11-11　DetailView 控件设置图

（7）保存 Default. aspx 页面并运行，如图 11-12 所示。

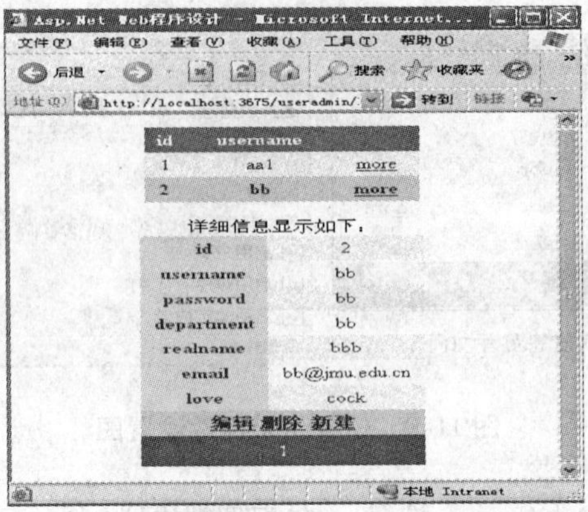

图 11-12 Default. aspx 页面运行界面

页面具体代码如下。

```
<html xmlns = "http://www.w3.org/1999/xhtml" >
<head runat = "server" >
   <title >Asp.Net Web 程序设计 </title >
</head >
<body >
   <form id = "form1" runat = "server" >
   <div align = "center" >
      <asp:LinqDataSource ID = "LinqDataSource1" runat = "server"
        ContextTypeName = "DataClassesDataContext" TableName = "usertable" >
      </asp:LinqDataSource >
        <asp:GridView ID = "GridView1" runat = "server" AllowPaging = "True"
          AutoGenerateColumns = "False" CellPadding = "4" DataKeyNames = "id"
          DataSourceID = "LinqDataSource1" ForeColor = "#333333" GridLines = "
            None"
            PageSize = "5" Width = "208px" >
      <FooterStyle BackColor = "#507CD1" Font-Bold = "True" ForeColor = "White"/>
          <RowStyle BackColor = "#EFF3FB"/>
          <Columns >
        <asp:BoundField DataField = "id" HeaderText = "id" InsertVisible = "
                False"
                ReadOnly = "True" SortExpression = "id"/>
              <asp:BoundField DataField = "username" HeaderText = "username"
                SortExpression = "username"/>
            <asp:CommandField SelectText = "more" ShowSelectButton = "True"/>
         </Columns >
<PagerStyle BackColor = "#2461BF" ForeColor = "White" HorizontalAlign = "Center"/>
<SelectedRowStyle BackColor = "#D1DDF1" Font-Bold = "True" ForeColor = "#333333"/>
<HeaderStyle BackColor = "#507CD1" Font-Bold = "True" ForeColor = "White"/>
          <EditRowStyle BackColor = "#2461BF"/>
          <AlternatingRowStyle BackColor = "White"/>
        </asp:GridView >
        <br />
      详细信息显示如下:<br />
     <asp:DetailsView ID = "DetailsView1" runat = "server" AllowPaging = "True"
       AutoGenerateRows = "False" CellPadding = "4" DataKeyNames = "id"
       DataSourceID = "LinqDataSource2" ForeColor = "#333333" GridLines = "
```

```
            None"
            Height = "50px" Width = "215px" >
        < FooterStyle BackColor = " #507CD1 " Font-Bold = " True " ForeColor = "
            White"/>
            < CommandRowStyle BackColor = "#D1DDF1" Font-Bold = "True"/>
            < RowStyle BackColor = "#EFF3FB"/>
            < FieldHeaderStyle BackColor = "#DEE8F5" Font-Bold = "True"/>
  < PagerStyle BackColor = " #2461BF " ForeColor = " White " HorizontalAlign = "Cen-
        ter"/>
        < Fields >
        < asp:BoundField DataField = " id " HeaderText = " id " InsertVisible = "
            False"
            ReadOnly = "True" SortExpression = "id"/>
      <asp :BoundField DataField = "username" HeaderText = "username"
            SortExpression = "username"/>
      < asp :BoundField DataField = "password" HeaderText = "password"
            SortExpression = "password"/>
      < asp :BoundField DataField = "department" HeaderText = "department"
            SortExpression = "department"/>
          <asp:BoundField DataField = "realname" HeaderText = "realname"
            SortExpression = "realname"/>
  < asp: BoundField DataField = " email " HeaderText = " email " SortExpression = "
      email"/>
     < asp: BoundField DataField = " love " HeaderText = " love " SortExpression = "
            love"/>
     < asp :CommandField ShowDeleteButton = "True" ShowEditButton = "True"
            ShowInsertButton = "True"/>
            < /Fields >
      <HeaderStyle BackColor = "#507CD1" Font-Bold = "True" ForeColor = "White"/>
            < EditRowStyle BackColor = "#2461BF"/>
            < AlternatingRowStyle BackColor = "White"/>
          < /asp:DetailsView >
          < asp:LinqDataSource ID = "LinqDataSource2" runat = "server"
            ContextTypeName = "DataClassesDataContext" EnableDelete = "True"
            EnableInsert = "True" EnableUpdate = "True" TableName = "usertable"
  Where = "id == @id" >
            < WhereParameters >
     < asp :ControlParameter ControlID = "GridView1" DefaultValue = "1" Name = "
             id"
             PropertyName = "SelectedValue" Type = "Int32"/>
            < /WhereParameters >
        < /asp:LinqDataSource >
     < /div >
     < /form >
  < /body >
  < /html >
```

在以上例子中，使用了 LinqDataSource 并自动生成了插入、删除、修改等代码，并利用 GrigView 控件和 DetailView 控件配合使用，最终达到题目的功能。在整个设计过程中，并不需要编写太多代码，大部分代码都由系统控件自动生成，达到快速开发的目的。总之，合理的使用控件可以简化开发过程、降低系统开发复杂度、加快开发速度，更好地为编程人员服务。

11.5 小　结

What's LINQ？就是 Language Integrated Query。这是编程语言的一种新特性，能够将数据查询语句集成到编程语言中。目前，LINQ 支持的语言有 C# 和 VB。现在的数据格式越来越多，数据库、XML、数组、哈希表……每一种都有自己操作数据的方式，使用起来费事费力。于是，就有了 LINQ 诞生的理由——以一种统一的方式操作各种数据源，减少数据访问的复杂性。LINQ 带来很多开发上的便利。首先，它可以利用 Visual Studio 这个强大的 IDE，用 Visual Studio 来写 SQL 语句，可以更加方便和智能；其次，它可以把数据当成一个对象来操作。LINQ 可以对 XML，Object，SQL 等做数据访问，以后还会有 LINQ to Entity 的功能。本章通过先介绍 LINQ 查询的基础知识，然后分别讲解 LINQ to SQL 和 LINQ to XML 的使用方法，最后介绍了如何利用 LinqDateSource 控件来提高开发速度和效率。

总之，LINQ 查询是一项新兴的技术，掌握好它对访问任何数据都会带来方便，但它本身也存在缺点，例如执行的速度较慢，代码量会增加等。因此，合理地使用好该技术是需要非常注意的，任何一项技术都存在优点和缺点两个方面，如何更好利用该技术的优点，那就需要精通它。

11.6 练　习

1. 简单描述使用 LINQ to SQL 的步骤。
2. 介绍使用 LINQ 的优缺点。
3. 简单介绍 LINQ to XML 可以实现哪些操作。

第 12 章　AJAX

本章教学目标

- 了解 AJAX 的概念；
- 了解 ASP. NET AJAX 的概念；
- 掌握 AJAX 服务器控件的使用；
- 能使用 AJAX 技术进行开发。

谈到 AJAX 技术，相信很多人都不会陌生，AJAX 技术已经由一股热潮演变成为了一种主流的 Web 应用技术。相信大多数人都感受到过 AJAX 优秀的用户体验和独特的魅力。现今网络中 AJAX 应用也越来越多，各种新的应用理念与方式也层出不穷。例如，Google Map 的兴起，掀起了 AJAX 应用热潮的旋风；Gmail 的成功应用，证明了 AJAX 技术大规模应用的可靠性与可行性。在国内优秀的 AJAX 应用也为数众多，如超越传统电子地图的“e 都市”电子地图让看到了国内开发人员的优秀理念与高超的设计能力。对于一个刚接触 AJAX 的读者来说，似乎 AJAX 技术比起其他技术更显得高深莫测，应该怎么理解和学习这种技术呢？下面具体介绍 AJAX 技术。

12.1　AJAX 概述

AJAX 其实是一个缩写词，其全称是“Asynchronous JavaScript and XML”即异步 JavaScript 和 XML。从字面上来看，AJAX 至少包含 3 个部分。

（1）Asynchronous（异步）。说明 AJAX 的交互方式是异步的。传统的 Web 页面交互方式都是通过用户填写表单（Form），当通过用户提交表单时向远端 Web 服务器发送一个请求，服务器端接收表单，并从请求对象（Request）中取出用户提交表单的信息并进一步处理，然后返回结果并呈现，至此用户在 Web 页面上完成一次 Web 页面刷新。而 AJAX 采用的异步交互技术，是浏览器使用内置 JavaScript 对象 XmlHttpRequest 向服务器端发起一个异步的请求。在请求发起与返回期间并不刷新页面，用户在当前页面的一切操作并不会受到阻塞，用户可以在此期间操作页面上的一切元素，这样使得许多以前不能实现的应用得以实现，如 Google Map 的地图拖动后的地图异步加载。如果通过每拖动一次页面就会刷新一次来加载地图，可以预见得到用户将是难以忍受的。

（2）JavaScript。此处的 JavaScript 指的是应用于浏览器上的客户端脚本。JavaScript 作为一种主流的浏览器客户端脚本技术，具有良好的开放性、易用性及灵活性，因此也奠定了它在 AJAX 技术中的核心地位，这也使得更多人觉得 AJAX 技术实际上是 JavaScript 脚本技术的一种拓展。实际上，AJAX 技术正是许多 Web 技术揉合的结果，JavaScript 正是其中一项占有核心地位的应用技术。要学习 AJAX 首先了解和学习 JavaScript 是很重要的。

（3）XML。作为近年来热门技术之一，在众多领域发挥了其巨大的优势与潜能。同样，在 AJAX 技术中 XML 占有至关重要的作用，浏览器在使用 XmlHttpRequest 向服务器端发送和返回请求的时候正是使用了 XML 来包裹和传送数据。AJAX 的提出者 Jesse James Garrett 在最初提出此概念的时候，希望 XML 能作为标准的 AJAX 数据传输方式，但在实际运用中人们发现后来提出的 JSON（JavaScript Object Notation）在 AJAX 应用中比 XML 更为易用和高效，特别是，JSON 在 JavaScript 中的灵活使得人们在实际应用中更为乐于使用 JSON 来传送数据。

AJAX 技术除了主要包括这三方面外，还包括许多重要的技术，如 DOM（Document Object Model），XHTML + CSS 等。可以说，AJAX 技术是集多种技术为一体的综合性技术解决方案，它提出了一种 Web 技术应用的新方式，利用它可以从一个新的角度来看待 Web 应用程序，并能向一个新的方向去发展 Web 应用。

12.1.1 AJAX 的工作方式

对于一个初学者来说，了解 AJAX 的工作方式是很有必要的，前面已经叙述了 Asynchronous 是 AJAX 的基本工作方式。但具体来说，AJAX 在浏览器和服务器端之间是怎么样个异步法，和传统的 Synchronous（同步）交互方式又有怎么样的区别呢?

对于传统模式来说，客户端在浏览器中进行了一系列的操作以后通过提交表单向服务器端发起请求。此时，客户端 Web 页面刷新等待服务器端返回结果，在这期间客户端浏览器存在一个“空白期”，即等待服务器端返回页面数据的时间，在此期间用户除了等待之外，不能进行任何操作，直到服务器端处理完逻辑返回结果，用户才能继续操作。这样的模式是在万维网服务和浏览器诞生之初就已确定的标准交互模式，对于简单的 Web 应用（如注册用户填写并提交表单），这样的模式能很好达到目的并完成业务，对于用户来说短暂的等待和并不频繁地提交动作也是合理并且能够接受的。但对于需要频繁地与服务器端交互数据的情况（如前面所说的电子地图拖动加载图片），传统的刷新方式就显得笨拙而低效，此时，AJAX 就有了用武之地。

在 AJAX 的异步交互模式中，看到在客户端除了用户能看得见 Browser UI 元素外，还存在一个 AJAX engine 的层级。Browser UI 将用户的操作提交给 AJAX engine 处理，AJAX engine 将用户的数据和操作分析后再与远端服务器交互，并得到远端服务器返回的数据，AJAX engine 将这些返回的数据处理以后，再将这些数据呈现在 Browser UI 上。在整个过程中，可以看到客户端浏览器并没有存在一个“空白期”，这样用户并没有感觉到在交互的整个过程中有任何的等待期，用户可以在交互过程中浏览页面上的任何信息，或者对页面元素进行任何操作，这样对于用户来说具有较好的体验。

相比这两种交互方式，AJAX 只是在客户端多了一个 AJAX engine 的层级，使客户端计算机多了一些额外的资源消耗。实际上，AJAX 技术对于节约服务器端、客户端以及网络带宽资源都有重要意义。

12.1.2 AJAX 的优势

对于 AJAX 技术来说，它的优越性不仅来源于其优秀的用户体验，相对于传统 Web 交互方式，它对于提高 Web 程序的性能和可靠性也有着巨大的优势。

传统模式相对于 AJAX 模式在性能上的最大区别就在于，传输过数据的方式，在传统模式中，数据提交是通过表单，获取数据是整页的 HTML + CSS，而 AJAX 模式只是通过 XMLHttpRequest 向服务器端提交希望提交的数据，并通过 XML 返回需要的少量数据或者 HTML Text 片段，这样相对于传统模式来说无疑节约了很多资源。下面从三方面分析 AJAX 是如何节约资源的。

(1) 节约服务器资源。在传统交互模式中，服务器端对客户端的数据处理都是以页面为单位的，客户端提交页面表单以后，服务器分析提交数据后会将整个页面重新生成为 HTML + CSS 发回给客户端呈现。很多时候，程序其实只是希望提交很小一部分的数据，并改变一小部分的数据显示，如投票时为赞成加上一票并将原来的“4 票”显示为“5 票”，这时却不得不将整个表单提交，并在服务器端处理整个页面并回传，这极大地浪费了宝贵的服务器资源。借助于 AJAX 技术，有了一种新的选择，只回传用户对赞成投了一票这个信息，可能这个信息只包含几个字节，返回时也只返回投票成功这个信息，返回结果也只包含一个状态位，通过 AJAX engine 改变页面并显示数据，在服务器端只是执行了一个简单的业务逻辑，并没有处理页面显示回传的问题，这对服务器端来说，减少了很多数据处理的压力。

(2) 节约带宽资源。使用 AJAX 的方式处理和传输的数据量都相对于传统方式小很多。可以简单算一算，通常一个页面的 HTML Text 大小在 30KB～100KB，如果控件多一些，页面的数据量就会显得非常大。以前通常需要刷新几十次页面，完成与服务器之间上传、下载近百兆数据的任务，如果采用 AJAX 的方式，就可能变成交互几百 KB 就完成了任务，这样不仅节约带宽资源，还提高了性能。

(3) 节约客户端内存资源。通常会认为在客户浏览器端多维护一个 AJAX engine 会比传统方式消耗更多的客户端资源。但是细想一下，在传统方式中回传加载页面时，呈现页面需要消耗处理机资源。在刷新完成后保存前进后退的数据同样需要消耗客户端的内存资源。相对于这些资源来说，一个小小的 AJAX engine 对象所耗费的资源是可以忽略不计的。相反地，使用 AJAX 技术后避免了页面的频繁刷新，能较好地避免浏览器因加载分析 HTML 引起的假死而长期占用处理机资源的情况。

从以上三点可以看出，AJAX 相对于传统的交互方式在各方面都有着很大的优势。因此，AJAX 在现今有着越来越广泛的应用，在越来越多的地方能看见 AJAX 的身影，AJAX 也带来越来越优秀的用户体验。

但是，为什么 AJAX 相对于传统模式有着这么多优越性，却没有完全取代传统模式，成为最优开发模式呢？这不得不让提起 AJAX 的不足，以及它与生俱来的缺陷，世界上并没有十全十美的事物，同样 AJAX 也并不是一项完美的技术。

12.1.3　AJAX 的缺陷

事物都会有它的两面性，既然 AJAX 有着这么多优势，相应地它也会有很多不足之处。其实，AJAX 的不足大多数来自于外部，相信随着 AJAX 技术的发展，这些不足会逐渐消失。

(1) 浏览器的兼容性问题。对于 XMLHttpRequest 对象的支持，Internet Explorer 是在 5.0 版本才开始的，Mozilla 、Netscape 等浏览器支持 XMLHttpRequest 的版本则更在其后。如果使用较老版本的浏览器访问 AJAX 页面是不可能得到正确结果的，如果要使得老版本的浏览器能够正确访问，不得不多写一个传统方式版本，这样无疑大大增加了开发难度及成本。另外一个问题就是，在 Internet 中一直存在并一直没能解决的问题——浏览器之争。为了兼顾 AJAX 应用能在各个浏览器中都能正常运行，程序员必须花费大量的精力来比较各个浏览器之间的差别来使得 AJAX 应用能够很好地兼容各个浏览器。这使得 AJAX 开发的难度高出普通 Web 开发很多，也是许多程序员对 AJAX 望而生畏的原因之一。

（2）浏览习惯改变的问题。最显著的一个改变就是在 AJAX 中前进和后退按钮的失效，虽然可以通过一定的方法来实现前进和后退的功能（Gmail 在这一点上似乎做得不错），但相对于传统的方式却麻烦了很多。对于大多数的程序员来说，宁可放弃前进和后退的功能，也不愿意在繁琐的逻辑中去处理这个问题。对于用户来说，经常会碰到这样的情况，当单击一个按钮触发一个 AJAX 交互后又觉得不想这样做，接着就习惯性地单击后退按钮，结果出现了最不愿意看到的结果，浏览器后退到了先前的一个页面，通过 AJAX 交互得到的内容完全消失了。其次，用户经常为在单击一个按钮后页面没有刷新而感到奇怪，在多次单击后才观察到页面微小的变化或出现的提示。如果用户想在 AJAX 应用的页面上通过拷贝链接来与朋友分享资源，相信朋友看到的内容和用户看到的并不是一回事。

（3）搜索引擎不兼容的问题。通常，搜索引擎都是通过爬虫程序来对互联网上的数以亿计的海量数据来进行搜索整理的。可惜与 Flash 应用在搜索爬虫上遇到的问题类似，爬虫程序现在还不能理解人们那奇怪的 JS 代码和因此引起的页面内容的变化，这使得应用 AJAX 的 Web 站点在网络推广上相对于传统 Web 站点明显处于劣势。但是相信随着 AJAX 技术的大面积应用，Web 2.0 标准的推广，以及新的搜索引擎技术的发展，AJAX 一定能够在今后发展得更好。

12.1.4 ASP. NET AJAX 简介

使用 ASP. NET 中的 AJAX 功能可快速创建包含具有响应能力且熟悉的用户界面（UI）元素的 Web 页面，以提供丰富的用户体验。AJAX 功能包括客户端脚本库，这些库将跨浏览器的 ECMAScript（JavaScript）和动态的 HTML（DHTML）技术结合在一起，并与基于 ASP. NET 服务器的开发平台集成。通过使用 AJAX 功能，可以改进用户体验并提高 Web 应用程序的效率。与完全基于服务器的 Web 应用程序相比，这些应用程序具有很多优点，具体如下所述。

- 增强的效率，因为 Web 页面的大部分处理工作是在浏览器中执行的。
- 熟悉的 UI 元素，如进度指示器、工具提示和弹出窗口。
- 部分页更新，只刷新已发生更改的 Web 页面部分。
- 客户端与用于 Forms 身份验证的 ASP. NET 应用程序服务、角色和用户配置文件的集成。
- 自动生成的代理类，可简化从客户端脚本调用 Web 服务方法的过程。
- 一个框架，可让用户自定义服务器控件以包含客户端功能。
- 对大部分流行的和常用的浏览器的支持，其中，包括 Microsoft Internet Explorer、Mozilla Firefox 和 Apple Safari。

ASP. NET 中的 AJAX 功能结构由两部分组成：客户端脚本库和服务器组件。这两个组成部分集成在一起以提供可靠的开发框架。

图 12-1 显示客户端脚本库和服务器组件中包含的功能。

图 12-1 ASP. NET AJAX 客户端和服务器结构

图 12-1 显示了基于客户端的 Microsoft AJAX Library 的功能，其中包含对创建客户端组件、浏览器兼容性以及网络和核心服务的支持。还显示了基于服务器的 AJAX 特性的功能，其中包括脚本支持、Web 服务、应用程序服务和服务器控件。

12.2 AJAX 服务器控件

AJAX 功能包括使用部分页更新来刷新页的某些部分，因此避免了整页回发。ASP. NET AJAX 服务器控件主要包括以下 4 个。

（1）ScriptManager 控件。管理支持 AJAX 的 ASP. NET 页的客户端脚本。在默认情况下，ScriptManager 控件会向页面注册 Microsoft AJAX Library 的脚本。这将使客户端脚本能够使用 ASP. NET AJAX 类型系统扩展，并支持部分页呈现和 Web 服务调用这样的功能。

（2）UpdatePanel 控件。能够刷新页的选定部分，而不是使用回发刷新整个页面。包含一个 ScriptManager 控件和一个或多个 UpdatePanel 控件的 ASP. NET Web 页面可自动参与部分页更新，而不需要自定义客户端脚本。

（3）UpdateProgress 控件。能够在 UpdatePanel 控件中提供有关部分页更新的状态信息。

（4）Timer 控件。按定义的时间间隔执行回发。如果将 Timer 控件用于 UpdatePanel 控件，则可以按定义的时间间隔启用部分页更新。也可以使用 Timer 控件来发送整页。

12.2.1 ScriptManager 控件

ScriptManager 控件包括在 ASP. NET AJAX Extensions 中，它用来处理页面上的所有组

件以及页面局部更新，生成相关的客户端代理脚本以便能够在 JavaScript 中访问 Web Service，所有需要支持 ASP. NET AJAX 的 ASP. NET 页面上有且只能有一个 ScriptManager 控件。在 ScriptManager 控件中可以指定需要的脚本库，或者指定通过 JS 来调用的 Web Service，还可以指定页面错误处理等。

使用 <asp：ScriptManager/>来定义一个 ScriptManager，具体的属性和方法如表 12-1 所示。

表 12-1　属性和方法表

属性/ 方法	描　述
AllowCustomError	和 Web. config 中的自定义错误配置区 <customErrors>相联系，是否使用它，默认值为 true
AsyncPostBackErrorMessage	异步回传发生错误时的自定义提示错误信息
AsyncPostBackTimeout	异步回传时超时限制，默认值为 90，单位为秒
EnablePartialRendering	是否支持页面的局部更新，默认值为 True，一般不需要修改
ScriptMode	指定 ScriptManager 发送到客户端的脚本的模式，有 4 种模式：Auto，Inherit，Debug，Release，默认值为 Auto
ScriptPath	设置所有的脚本块的根目录，作为全局属性，包括自定义的脚本块或者引用第三方的脚本块。如果在 Scripts 中的 <asp：ScriptReference/>标签中设置了 Path 属性，它将覆盖该属性
OnAsyncPostBackError	异步回传发生异常时的服务器端处理函数，在这里可以捕获一场信息并做相应的处理
OnResolveScriptReference	指定 ResolveScriptReference 事件的服务器端处理函数，在该函数中可以修改某一条脚本的相关信息，如路径、版本等

例 12.1　在页面中加入了日期控件和一个下拉框，根据下拉框选择的不同，日期控件背景变为不同的颜色。

新建一个 Web 站点，打开 Default. aspx，添加一个 ScriptManager 控件和 UpdatePanel 控件。并在 UpdatePanel 控件中添加一个 DropDownList 控件和 Button 控件。具体程序代码如下。

```
<html xmlns = "http://www.w3.org/1999/xhtml">
<script runat = "server">
  void Button1_Click(object sender, EventArgs e)
  {
      Calendar1.DayStyle.BackColor = System.Drawing.Color.FromName
        (DropDownList1.SelectedItem.Value);

  }
</script>
<head runat = "server">
    <title>Asp.Net web 程序设计</title>
</head>
<body>
    <form id = "form1" runat = "server">
    <div align = "center">
        <asp:ScriptManager ID = "ScriptManager1" runat = "server">
        </asp:ScriptManager>
```

```
        <asp:UpdatePanel ID = "UpdatePanel1" runat = "server" >
          <ContentTemplate >
            <asp:Calendar ID = "Calendar1" runat = "server" > </asp:Calendar >
            <asp:DropDownList ID = "DropDownList1" runat = "server" >
              <asp:ListItem Selected = "True" Value = "White" > White
              </asp:ListItem >
              <asp:ListItem Value = "Silver" >Silver </asp:ListItem >
              <asp:ListItem Value = "DarkGray" >Dark Gray </asp:ListItem >
              <asp:ListItem Value = "Khaki" >Khaki </asp:ListItem >
              <asp:ListItem Value = "DarkKhaki" > Dark Khaki
              </asp:ListItem >
            </asp:DropDownList >
            <asp: Button ID = " Button1 " runat = " server " onclick = " Button1 _
           Click" Text = "确定"/>
          </ContentTemplate >
        </asp:UpdatePanel >
      </div >
      </form >
    </body >
    </html >
```

运行效果如图 12-2 所示。

图 12-2　例 12.1 的运行效果图

在运行过程中，当单击“确定”按钮时，页面不需要重新刷新就可以更改日历控件的颜色，因为该部分采用了 AJAX 技术，实现部分更新。

在 ASP. NET AJAX 中，由于一个 ASPX 页面上只能有一个 ScriptManager 控件，所以在有 Master- Page 的情况下，如果需要在 Master- Page 和 Content- Page 中需要引入不同的脚本时，就需要在 Content- page 中使用 ScriptManagerProxy，而不是 ScriptManager。ScriptManagerProxy 和 ScriptManager 是两个非常相似的控件，简单定义形式如下。

```
<asp:ScriptManagerProxy id = "ScriptManagerProxy1" runat = "server" >
    <Services >
```

```
        <asp:ServiceReference Path = "CalculWebService.asmx"/>
    </Services>
</asp:ScriptManagerProxy>
```

在它下面可以添加的子标签有：Services、Scripts、AuthenticationService、ProfileService。

12. 2. 2 UpdatePanel 控件

UpdatePanel 可以用来创建丰富的局部更新 Web 应用程序，它是 ASP. NET 2. 0 AJAX Extensions 中很重要的一个控件，其强大之处在于，不用编写任何客户端脚本，只要在一个页面上添加几个 UpdatePanel 控件和一个 ScriptManager 控件就可以自动实现局部更新。简单的 UpdatePanel 定义如下：

```
<asp:UpdatePanel ID = "UpdatePanel1" runat = "server">
    <ContentTemplate>
    </ContentTemplate>
    <Triggers>
        <asp:AsyncPostBackTrigger />
        <asp:PostBackTrigger />
    </Triggers>
</asp:UpdatePanel>
```

在以上代码中，Contente Template 标签用来定义 UpdatePanel 的内容，在它里面可以放任何 ASP. NET 元素。如果想要使用编程的手法来控制 UpdatePanel 中的内容，就需要使用 ContenteTemplateContainer。

在 ASP. NET AJAX 中有两种 Triggers：分别为 AsyncPostBackTrigger 和 PostBackTrigger。AsyncPostBackTrigge 用来指定某个服务器端控件及其将触发的服务器端事件作为该 UpdatePanel 的异步更新触发器，它需要设置的属性有控件 ID 和服务器端控件的事件；PostBackTrigger 用来指定在 UpdatePanel 中的某个服务器端控件，它所引发的回送不使用异步回送，而仍然是传统的整页回送。这一点跟 Atlas 有很大的区别，需要注意。

UpdatePanel 重要的属性如表 12-2 所示。

表 12-2 UpdatePanel 控件的属性

属　性	说　明
ChildrenAsTriggers	当 UpdateMode 属性为 Conditional 时，UpdatePanel 中的子控件的异步回送是否会引发 UpdatePanle 的更新
RenderMode	表示 UpdatePanel 最终呈现的 HTML 元素。Block（默认）表示 <div>，Inline 表示 <span>
UpdateMode	表示 UpdatePanel 的更新模式，有两个选项：Always 和 Conditional。Always 是不管有没有 Trigger，其他控件都将更新该 UpdatePanel，Conditional 表示只有当前 UpdatePanel 的 Trigger，或 ChildrenAsTriggers 属性为 true 时当前 UpdatePanel 中控件引发的异步回送或者整页回送，或是服务器端调用 Update( ) 方法才会引发更新该 UpdatePanel

UpdatePanel 的工作依赖于 ScriptManager 服务器端控件和客户端 PageRequestManager 类（Sys. WebForms. PageRequestManager，在后面的客户端类中会专门说到），当 ScriptManager

中允许页面局部更新时，它会以异步的方式回传给服务器，与传统的整页回传方式不同的是，只有包含在 UpdatePanel 中的页面部分，才会被更新。在从服务器端返回 HTML 之后，PageRequestManager 会通过操作 DOM 对象来替换需要更新的代码片段，该控件的原理工作图如图 12-3 所示。

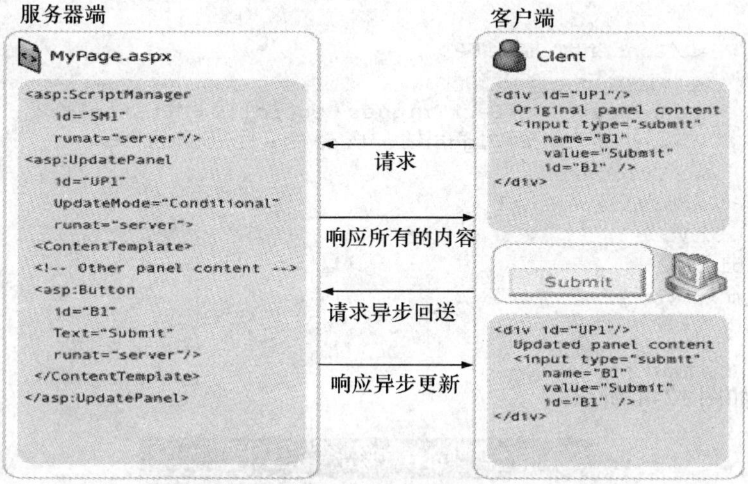

图 12-3　UpdatePanel 工作原理图

例 12.2　在页面中测试 Triggers 的两种不同回发的方法。

新建一个 Web 站点，打开 Default. aspx，添加一个 ScriptManager 控件和 UpdatePanel 控件。并在 UpdatePanel 控件中添加 2 个 Button 控件和 1 个 Label 控件。具体程序代码如下。

```
<script runat = "server">
  void Button1_Click(object sender, EventArgs e)
  {
    this.Label1.Text = "更新时间:" + System.DateTime.Now.ToString();
  }

  void Button2_Click(object sender, EventArgs e)
  {
    this.Label1.Text = "更新时间:" + System.DateTime.Now.ToString();
  }
</script>
<html xmlns = "http://www.w3.org/1999/xhtml">
<head id = "Head1" runat = "server">
  <title>Asp.Net Web 程序设计</title>
</head>
<body>
  <form id = "form1" runat = "server">
    <div>
      <asp:ScriptManager ID = "ScriptManager1" runat = "server">
      </asp:ScriptManager>
      <asp:UpdatePanel ID = "UpdatePanel1" runat = "server">
        <ContentTemplate>
          <div>
            <asp:Label ID = "Label1" runat = "server" Text = "Label"> </
            asp:Label>
```

```
                <br />
                <asp:Button ID = "Button1" runat = "server" Text = "异步回送" On-
                Click = "Button1_Click"/>
                <asp:Button ID = "Button2" runat = "server" Text = "整页回送" On-
                Click = "Button2_Click"/>
                <br />
            </div>
        </ContentTemplate>
        <Triggers>
        <asp:AsyncPostBackTrigger ControlID = "Button1"/>
        <asp:PostBackTrigger ControlID = "Button2"/>
        </Triggers>
    </asp:UpdatePanel>
    <br />
  </div>
</form>
</body>
</html>
```

运行效果如图 12-4 所示。

图 12-4 例 12.2 的运行效果图

在以上代码中，Botton1 采用的是 AsyncPostBackTrigger 回送方法，在运行过程中实现了异步回送，页面不会刷新。Botton2 采用的是 PostBackTrigger 回送方法，在运行中会整页回送，页面就会刷新。UpdatePanel 控件通过两种 Triggers 可以轻松地实现不同的回送方法，非常方便。

UpdatePanel 还可以嵌套使用，即在一个 UpdatePanel 的 ContentTemplate 中还可以放入另一个 UpdatePanel。当最外面的 UpdatePanel 被触发更新时，它里面的子 UpdatePanel 也随着更新，里面的 UpdatePanel 触发更新时，只更新它自己，而不会更新外层的 UpdatePanel。

使用 UpdatePanel 的时候并没有限制在一个页面上用多少个 UpdatePanel，所以可以为不同的需要局部更新的页面区域加上不同的 UpdatePanel。UpdatePanel 默认的 UpdateMode 是 Always，如果页面上有一个局部更新被触发，则所有的 UpdatePanel 都将更新。因此，只需要 UpdatePanel 在它自己的触发器触发的时候更新就可以了，这时需要把 UpdateMode 设置为 Conditional。

12.2.3　UpdateProgress 控件

当 Web 页面包含一个或多个用于部分页呈现的 UpdatePanel 控件时，UpdateProgress 控件可帮助设计更为直观的 UI。如果部分页更新速度较慢，则可以使用 UpdateProgress 控件来提供有关更新状态的可视反馈。可以在页上放置多个 UpdateProgress 控件，其中每个控件都与不同的 UpdatePanel 控件相关联。也可以使用一个 UpdateProgress 控件，并将其与页上的所有 UpdatePanel 控件关联。

通过设置 UpdateProgress 控件的 AssociatedUpdatePanelID 属性，可将 UpdateProgress 控件与 UpdatePanel 控件关联。当回发事件源自 UpdatePanel 控件时，将显示任何关联的 UpdateProgress 控件。如果不将 UpdateProgress 控件与特定的 UpdatePanel 控件关联，则 UpdateProgress 控件将显示任何异步回发的进度。如果将一个 UpdatePanel 控件的 ChildrenAsTriggers 属性设置为 false，并且异步回发源自该 UpdatePanel 控件内部，则将显示任何关联的 UpdateProgress 控件。

例 12.3　UpdateProgress 控件的简单使用。

新建一个 Web 站点，打开 Default. aspx，添加一个 ScriptManager 控件，UpdatePanel 控件和 UpdateProgress 控件；并在 UpdatePanel 控件中添加一个 Button 控件和一个 Label 控件；在 UpdateProgress 控件中添加文本“Progress…”。具体程序代码如下：

```
 <script runat = "server" >
void Button1_Click(object sender, EventArgs e)
  {
     System.Threading.Thread.Sleep(3000);
     Label1.Text = "Page refreshed at " + DateTime.Now.ToString();
  }
</script>
<html xmlns = "http://www.w3.org/1999/xhtml" >
<head runat = "server" >
   <title>Asp.Net Web 程序设计</title>
</head>
<body>
   <form id = "form1" runat = "server" >
   <div>
      <asp:ScriptManager ID = "ScriptManager1" runat = "server" >
      </asp:ScriptManager>
      <asp:UpdatePanel ID = "UpdatePanel1" runat = "server" >
         <ContentTemplate>
            <asp:Label ID = "Label1" runat = "server" Text = "Initial Page Ren-
           dered" > </asp:Label>
            <br />
            <asp:Button ID = "Button1" runat = "server" onclick = "Button1_
          Click" Text = "Button"/>
         </ContentTemplate>
      </asp:UpdatePanel>
      <asp:UpdateProgress ID = "UpdateProgress1" runat = "server" >
         <ProgressTemplate>
           Progress……
         </ProgressTemplate>
```

```
    </asp:UpdateProgress>
  </div>
  </form>
</body>
</html>
```

运行效果如图 12-5 所示。

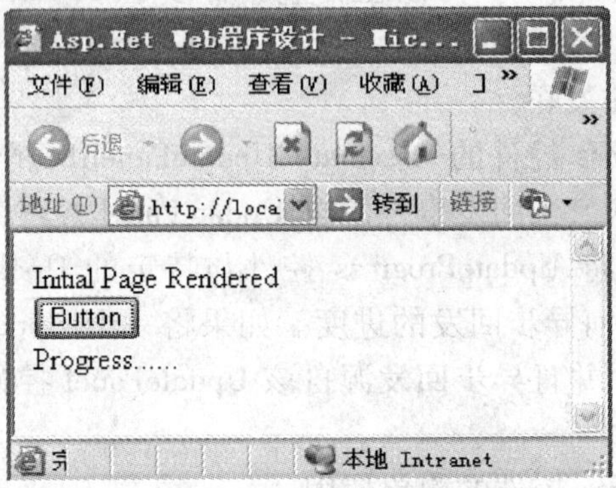

图 12-5 例 12.3 的运行效果图

例 12.4 通过客户端脚本取消异步更新。

新建一个 Web 站点，打开 Default. aspx，添加一个 ScriptManager 控件、UpdatePanel 控件和 UpdateProgress 控件；并在 UpdatePanel 控件中添加一个 Button 控件和一个 Label 控件；在 UpdateProgress 控件中添加文本“Progress...”和一个 Html button。具体程序代码如下。

```
<script runat = "server">
  protected void Button_Click(object sender, EventArgs e)
  {
    System.Threading.Thread.Sleep(3000);
  }
</script>

<html >
<head id = "Head1" runat = "server">
  <title>Asp.Net Web 程序设计</title>
</head>
<body>
  <form id = "form1" runat = "server">
  <div>
  <asp:ScriptManager ID = "ScriptManager1" runat = "server"/>
  <script type = "text/javascript">
  var prm = Sys.WebForms.PageRequestManager.getInstance();
  function AbortPostBack() {
    if (prm.get_isInAsyncPostBack()) {
      prm.abortPostBack();
    }
  }
  </script>
  <asp:UpdatePanel ID = "UpdatePanel1" UpdateMode = "Conditional" runat = "
  server">
  <ContentTemplate>
```

```
    <% =DateTime.Now.ToString() %>
        <asp:Button ID = "ButtonTrigger" runat = "server" OnClick = "Button_
          Click"
           Text = "更新"/>
        <br />
    </ContentTemplate>
    <Triggers>
        <asp:AsyncPostBackTrigger ControlID = "ButtonTrigger"/>
    </Triggers>
    </asp:UpdatePanel>
    <asp:UpdateProgress ID = "UpdateProgress1" runat = "server" AssociatedUp-
  datePanelID = "UpdatePanel1" >
    <ProgressTemplate>
        progress…
         <input type = "button" value = "取消" onclick = "AbortPostBack()"/>
    </ProgressTemplate>
    </asp:UpdateProgress>
    </div>
    </form>
</body>
</html>
```

运行效果如图 12-6 所示。

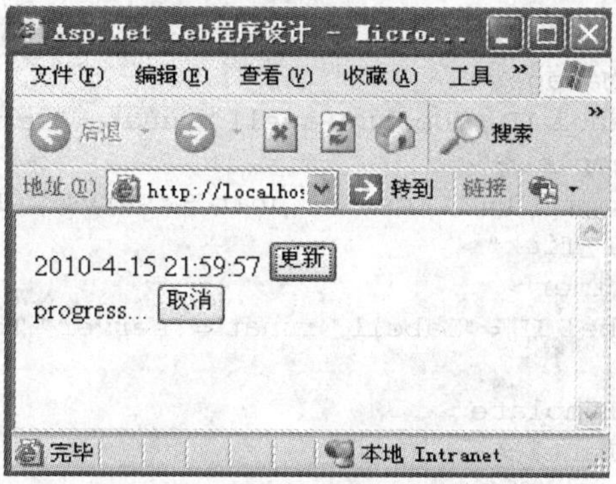

图 12-6　例 12.4 的运行效果图

运行时，单击“取消”按钮就可以结束异步更新。

12.2.4　Timer 控件

ASP.NET AJAX Timer 控件按定义的时间间隔执行回发。如果将 Timer 控件用于 UpdatePanel 控件，则可以按定义的时间间隔启用部分页更新。也可以使用 Timer 控件来发送整个页面。Timer 控件是一个服务器控件，它会将一个 JavaScript 组件嵌入到 Web 页面中。当经过 Interval 属性中定义的时间间隔时，该 JavaScript 组件将从浏览器启动回发。可以在运行于服务器上的代码中设置 Timer 控件的属性，这些属性将传递到该 JavaScript 组件。使用 Timer 控件时，必须在 Web 页面中包括 ScriptManager 类的实例。

设置 Interval 属性可指定回发发生的频率，而设置 Enabled 属性可打开或关闭 Timer。Interval 属性是以毫秒为单位定义的，其默认值为 60 000 毫秒（即 60 秒）。如果不同的

UpdatePanel 控件必须以不同的时间间隔更新，则可以在 Web 页面上包含多个 Timer 控件；或者，可以将 Timer 控件的单个实例用作 Web 页面中多个 UpdatePanel 控件的触发器。

当 Timer 控件包含在 UpdatePanel 控件内部时，Timer 控件将自动用作 UpdatePanel 控件的触发器。可以通过将 UpdatePanel 控件的 ChildrenAsTriggers 属性设置为 false 来重写此行为。对于 UpdatePanel 控件内部的 Timer 控件，仅在每个回发完成时重新创建 JavaScript 计时组件。因此，在页从回发返回之前，计时时间间隔不会开始。例如，如果 Interval 属性设置为 60 000 毫秒（60 秒），但完成回发需要 3 秒，则下一个回发将在上一个回发的 63 秒之后发生。

例 12.5 Timer 控件的简单使用。

新建一个 Web 站点，打开 Default. aspx，添加一个 ScriptManager 控件、UpdatePanel 控件；并在 UpdatePanel 控件中添加一个 Timer 控件和一个 Label 控件；在 UpdatePanel 控件外面再添加一个。具体程序代码如下。

```
<html xmlns = "http://www.w3.org/1999/xhtml" >
<head runat = "server" >
    <title >Asp.Net Web 程序设计 </title >
</head >
<body >
    <form id = "form1" runat = "server" >
    <div >
        <asp:ScriptManager ID = "ScriptManager1" runat = "server" >
        </asp:ScriptManager >
        <asp:UpdatePanel ID = "UpdatePanel1" runat = "server" >
            <ContentTemplate >
                <asp:Timer ID = "Timer1" runat = "server" Interval = "10000" ontick
                = "Timer1_Tick" >
                </asp:Timer >
                <asp:Label ID = "Label1" runat = "server" Text = "Label" > </asp:La-
                bel >
            </ContentTemplate >
        </asp:UpdatePanel >
        <br />
        <asp:Label ID = "Label2" runat = "server" Text = "Label" > </asp:Label >
    </div >
    </form >
</body >
</html >
```

在 Default. aspx. cs 页面中输入以下代码：

```
public partial class Default : System.Web.UI.Page
{
   protected void Page_Load(object sender, EventArgs e)
   {
      Label2.Text  = "Page created at: " + DateTime.Now.ToLongTimeString();
   }
   protected void Timer1_Tick(object sender, EventArgs e)
   {
      Label1.Text  = "Panel refreshed at: " + DateTime.Now.ToLongTimeString();
   }
}
```

运行效果如图 12-7 所示。

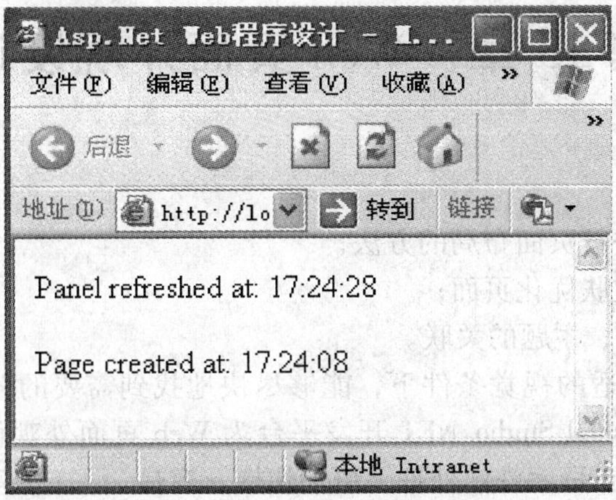

图 12-7　例 12.5 的运行效果图

运行等待 10 秒钟后可以看到 Panel 刷新，里面的 Label 文字改变为刷新的时间而外面的 Label 没有改变。

12.3　小　　结

使用 ASP.NET 中的 AJAX 功能，可以生成丰富的 Web 应用程序。与完全基于服务器的 Web 应用程序相比，这些应用程序具有很多优点。相对于传统的刷新方式，使用 AJAX 以后得到了更好的系统效能，更加节约了服务器端的带宽，毕竟每次提交的只是需要的那几个字节的内容。同时，用户在使用功能的过程中始终没有刷新页面，用户也能够得到更好的体验。

12.4　练　　习

1. AJAX 的概念？
2. AJAX 的优缺点？
3. 设计一个注册页面，注册页面中的用户名要求注册过的不能使用，要求采用 AJAX 的方法不用刷新整个页面，验证新注册用户名是否存在，从而得到对应的提示信息。
4. 采用 AJAX 的方法，设计一个简单的无刷新聊天室。

第 13 章　Web 页面外观设计

本章教学目标

- 掌握用母版页进行页面布局的方法；
- 了解如何使用皮肤优化页面；
- 了解 CSS、皮肤、主题的关联。

如何保证用户在舒适的视觉条件下，能够尽快地找到需要的信息，已经成为 Web 页面设计的一个重点。Visiual Studio. NET 开发平台为 Web 页面外观设计提供了母版和皮肤的新特性，使得开发者在页面外观处理上更加快捷、容易。

13. 1　用母版页创建页面布局

母版页的出现，使得不同的页面既能保持个性，又能方便地具有一致的 Web 站点风格。

13. 1. 1　母版页概述

（1）母版页概念。制作 Web 站点时，通常要求整个 Web 站点的页面在布局、色彩、局部功能，以及导航等方面具有统一的风格。为了方便地实现这个目标，微软从 ASP. NET 2. 0 起推出了母版页。使用者在母版页中能够进行页面布局和设计，并且母版页在制作好之后，可以单独保存为一个母版页文件，文件后缀为 . master。创建的 Web 站点页面可以选择继承或不继承母版页，当创建的新页面有需要与母版页在风格上相一致时，就可以选择继承该母版页。继承母版页之后的页面就具有了母版页的页面风格。

（2）母版页的发展历程。在 Web 页面制作的早期，就有许多开发人员希望能在建立一个页面之后，利用该页面来创建模板化应用程序。而当时除 Web 页面制作之外，人们已经在大多数计算机软件和应用程序中使用模板。最常见的实践工作是使用 Microsoft Word 中提供的模板来创建标准文档（如简历和传真封面），或者是在 PowerPoint 中创建新的 PowerPoint 演示文稿，此时，系统会提供一张空白幻灯片，并且会指定该幻灯片的标题和子标题区域。然而在进行 Web 设计时，就没有这种简单的解决方案。早期大多数的开发人员都仅局限于使用服务器端嵌入指令（Server- side Include）给页面创建模板化外观。所谓的服务器端嵌入指令是指可以在 Web 页面的某处嵌入一个外部文件，好像该外部文件的内容就是 Web 页面的一个组成部分一样。通过对这个外部文件的修改，就可以实现对嵌入该文件的所有 Web 页面的自动更新。

随着 . NET 1. 0 和 . NET 1. 1 的出现，开发人员开始尝试使用用户控件为页面创建一致的布局。方法之一是创建静态的 aspx 页面，由该页面提供所有页面都必须包含的布局，然后放置创建的用户控件来表示不同的页面。例如，可以创建一个名为 Default. aspx 的页面，它包含页面的所有结构和设计，包括明确定义的内容区域。但是这种方式使用起来并不方便。在接下来的 . NET 2. 0 版本中提供了一种新方法——母版页。

母版页是单个 ASP. NET 页面，包含 Web 站点的完整结构。Web 站点的其他所有页面都可以继承该页面，将该模板中的特定区域定义为内容区域（可以根据需要定义任意多个区域），可以在内容区域中进行有别于母版页的个性化页面设计。从界面的角度来看，母版页是 . NET 2. 0 版本最重要的增强项。

13. 1. 2　母版页的建立

1. 创建母版页

在 ASP. NET 解决方案资源管理器面板的项目或网站名称上左击，选择“添加新项”，如图 13-1 所示。

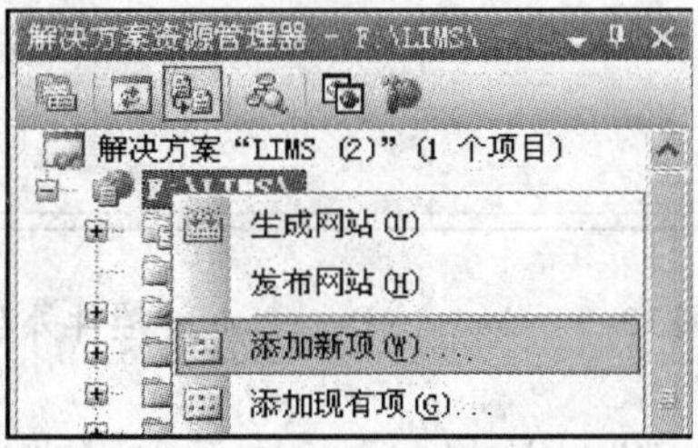

图 13-1　解决方案资源管理器面板——添加新项

单击“添加新项”之后进入“添加新项”选择面板，选择“母版页”，如图 13-2 所示。

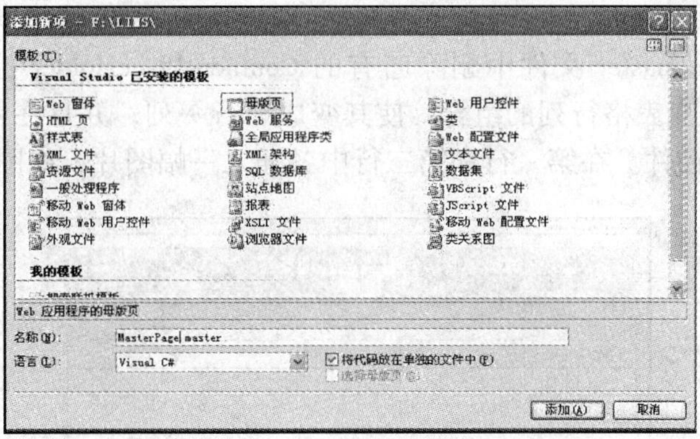

图 13-2　“添加新项”对话框

添加“母版页”后，生成的母版页源代码如下所示。

```
<%@ Master Language = "C#" AutoEventWireup = "true"
   CodeFile = "MasterPage.master.cs" Inherits = "MasterPage" %>
<!DOCTYPE html PUBLIC "-//W3C//DTD XHTML 1.0 Transitional//EN"
   "http://www.w3.org/TR/xhtml1/DTD/xhtml1-transitional.dtd">
<html xmlns = "http://www.w3.org/1999/xhtml">
<head runat = "server">
   <title>Asp.net Web 程序设计</title>
</head>
```

```
<body>
  <form id="form1" runat="server">
  <div>
    <asp:contentplaceholder id="ContentPlaceHolder1" runat="server">
    </asp:contentplaceholder>
  </div>
  </form>
</body>
</html>
```

在母版页的设计页面中，可以看见页面上有一个 ContnentPlaceHolder 控件，如图 13-3 所示。

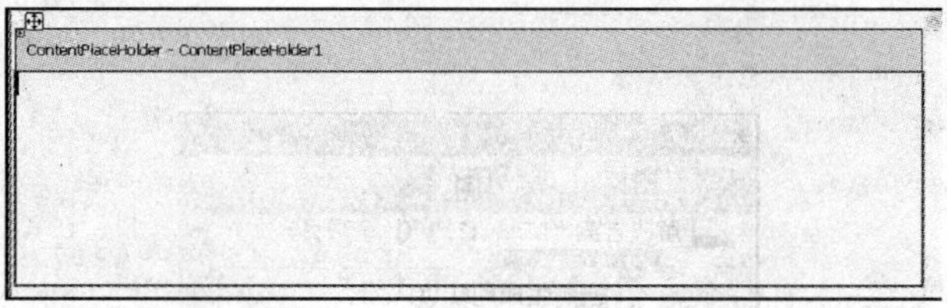

图 13-3 ContnentPlaceHolder 控件外观

在母版页中，这个 ContnentPlaceHolder 控件为选择继承母版页的页面预留了独立的编辑空间。这样能够使继承页在保持与母版页具有相同风格的情况下，同时能够对页面自身进行个性化设置。

2. 编辑母版页

在新建的 Master. master 文件中删除已有的 ContnentPlaceHolder 控件，另外建立一个 HTML 表格。通过改变表格行列的组合，使其变成三行一列，并且在中间一行里添加一个 ContnentPlaceHolder 控件。在第一行和第三行中各插入一幅图片，如图 13-4 所示。

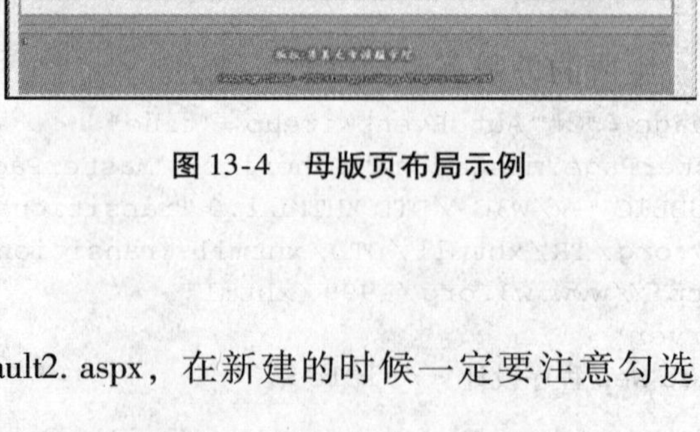

图 13-4 母版页布局示例

3. 使用母版页

新建一个页面 Default2. aspx，在新建的时候一定要注意勾选“选择母版页”，如图 13-5所示。

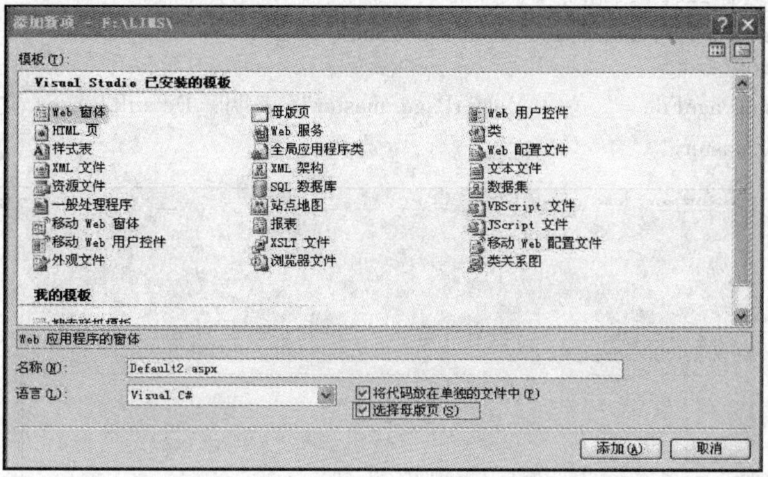

图 13-5　选择使用母版页

单击“添加”按钮，进入母版页选择面板，如图 13-6 所示。

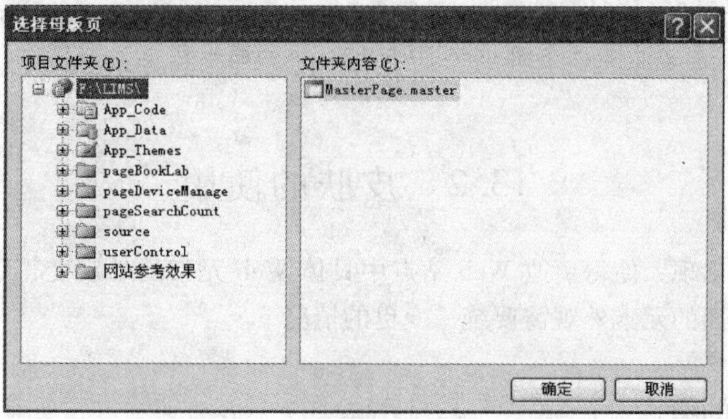

图 13-6　选择所要继承的母版页

本例到目前为止，在 F:\LIMS\目录下只建立有一个母版页 MasterPage. master 文件，因此在面板的右边只看到一个 MasterPage. master 文件可供选择。

注意　一个网站中是可以在同一级目录下建立多个母版页的，同时也可以在不同级目录下建立多个母版页。

在这里选择 MasterPage. master 文件，并单击“确定”按钮，生成的 Default2. aspx 页面如图 13-7 所示。

从图 13-7 可以看见，Default2. aspx 页面继承了母版页文件 MasterPage. master 的页面风格，除了 Content 部分是白亮显示，表示该区域为可编辑以外，其他部分都是灰暗显示，表示为不可编辑区域。

生成的 Default2. aspx 文件对应的源代码如下。

```
<%@ Page Language = "C#" MasterPageFile = "~/MasterPage.master"
   AutoEventWireup = "true" CodeFile = "Default2.aspx.cs"
   Inherits = "Default2"
```

```
    Title = "Untitled Page" %>
<asp:Content ID = "Content1" ContentPlaceHolderID = "mainContent" Runat = "Server" >
</asp:Content >
```

代码 MasterPageFile = " ~/ MasterPage. master" 表明，Default2. aspx 文件继承自母版页 MasterPage. master。

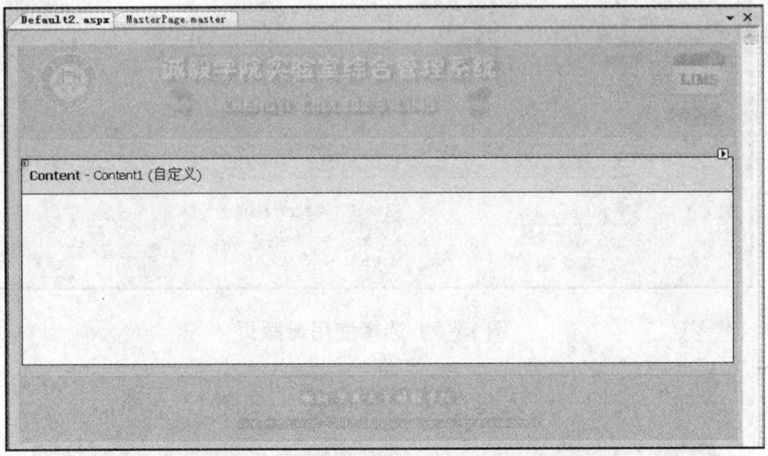

图 13-7　Default2. aspx 页面外观

13. 2　皮肤的使用

皮肤特性的出现，使得更改 Web 站点中具体 Web 元素的外观变得更加容易，尤其体现在众多不同页面的元素外观需要统一变更的情况下。

13. 2. 1　皮肤的概念

从 ASP. NET 2. 0 起就包含了大量用于定制外观的新特性，皮肤就是其中的重要一项。皮肤文件的后缀名为 . skin，使用皮肤特性可以定制 Web 服务器控件的字体、边界、背景、前景颜色、宽度、高度等属性。当然，在许多控件的属性面板中是可以直接设置控件的外观。但是皮肤的重要性在于，当需要对某一类型的控件设置统一外观的时候，不需要对各个控件逐一设置属性，而是只需要在皮肤文件里设置好，就可以对该类型的控件进行统一应用，而且可以在需要的时候重复使用。综上所述，给控件应用皮肤文件，本质就是给控件指定外观，当然在某些高级应用中，还可以利用皮肤指定控件具有某些功能。

13. 2. 2　皮肤文件的建立

1. 创建皮肤文件

选择添加皮肤文件，系统会默认建立 “App_Themes” （主题） 文件夹下建立 SkinFile（皮肤文件夹）。第一个生成的皮肤文件夹默认名称为 SkinFile，SkinFile 文件夹里面带有一个默认的 SkinFile. skin 文件。一个 SkinFile 文件夹里可以包含一种或多种控件的一个或多个外观。可以为每个控件定义一个单独的 . skin 文件，也可以只在一个 . skin 文件里定义包含所有控件外观的设置。

在“添加新项”对话中选择“外观文件”，如图 13-8 所示。

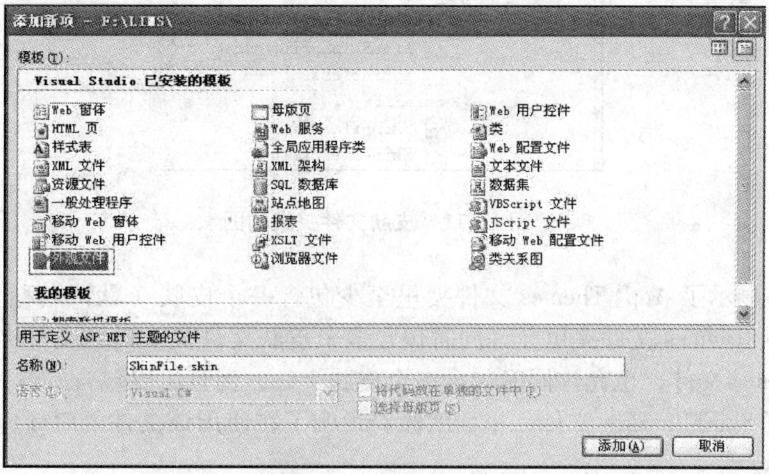

图 13-8　添加外观文件

接下来单击“添加”按钮，将会弹出一个对话框，如图 13-9 所示。

图 13-9　创建主题文件的系统提示

在图 13-9 中，通常情况下应该单击“是”按钮，因为在这种情况下，主题文件会被存放到 ASP. NET 指定的文件夹中，有利于整个 Web 站点文件存放结构的清晰。

单击按钮“是”，在解决方案资源管理器面板上将看到 ASP. NET 生成的 App_Themes 文件夹，在 App_Themes 文件夹里面还包含生成的 SkinFile 文件夹和 SkinFile 文件夹里包含的一个 SkinFile. skin 文件，如图 13-10 所示。

图 13-10　App_Themes 文件夹结构图

App_Themes 文件夹里可以放置一个以上的 SkinFile 文件夹，每个 SkinFile 文件夹下也可以包含一个以上的 . skin 皮肤文件。而且，文件夹和皮肤文件的名称都是可以更改的。SkinFile 文件夹里还可以包含 CSS 文件，如图 13-11 所示。

图 13-11　皮肤文件夹结构图

图 13-11 显示了 App_Themes 文件夹里至少包含一个皮肤（默认名称 skinFile）文件夹，并且 App_Themes 文件夹里允许同时包含多个皮肤文件夹。皮肤文件夹里至少包含一个皮肤（. skin）文件，也允许同时包含多个皮肤文件，而且可以包含 CSS 文件。

双击打开 SkinFile. skin 文件，里面的注释说明了在使用该文件的时候应当注意到的问题，如下所示：

```
<% --
```

2. 编辑皮肤文件

通过皮肤文件为 GridView 控件设置外观。在 SkinFile. skin 皮肤文件中添加如下代码：

```
<asp:GridView runat = "server" BackColor = "#edeef2" CellPadding = "3" GridLines
    = "None"
    CellSpacing = "1" Width = "100%" >
  <AlternatingRowStyle BackColor = "#adff2f" ForeColor = "#8b008b"/>
  <HeaderStyle BackColor = "#c9bf2c" ForeColor = "#FFFFFF"/>
  <PagerStyle BackColor = "#E5F3F6"/>
  <RowStyle BackColor = "#edeef2" ForeColor = "#000000" HorizontalAlign =
    "left"/>
</asp:GridView>
```

3. 使用皮肤文件

一个皮肤文件对应一个 SkinId 属性，皮肤不会自动通过类型应用到控件，必须通过设置控件的 SkinId 属性来显式地应用一个皮肤。相同控件的不同实例允许设置不同的皮肤。

ASP. NET 中有两种控件皮肤，即默认皮肤和命名皮肤。在 Theme 应用到一个页面时，默认皮肤会自动应用到该页面上的所有同类型的控件。默认皮肤指的是没有 SkinId 属性的皮肤，举例来说，假如为日历控件创建了一个默认皮肤，这个皮肤会应用到使用 Theme 页面上的所有日历控件。

运行制作好的一个页面，页面上未使用皮肤的 GridView 控件运行效果如图 13-12 所示。

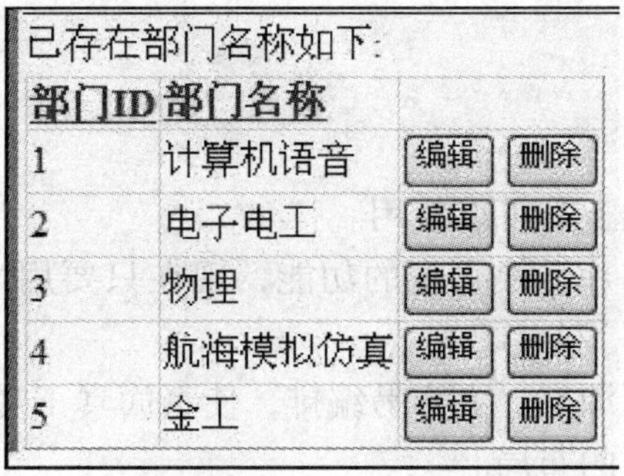

图 13-12　未使用皮肤的 GridView 控件运行效果

在 GridView 控件的 SkinId 属性中输入皮肤文件的名称 SkinFile，再次运行该页面，效果如图 13-13 所示。

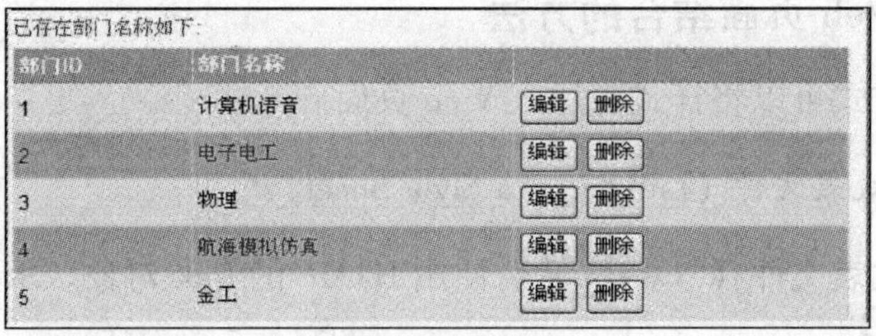

图 13-13　使用皮肤的 GridView 控件运行效果

13.3　CSS 在 Web 页面上的应用

CSS（Cascading Style Sheets，层叠样式表）是一种标记语言，运行时不需要编译，可以直接由浏览器解释执行。

13.3.1　CSS 概述

（1）CSS 概念。Web 页面在制作过程中采用 CSS 技术可以有效地对页面的布局、字体、颜色、背景和其他效果实现更加精确的控制。在 CSS 中，一个文件的样式可以从其他的样式表中继承下来。用户在有些地方可以使用自己更喜欢的样式，在其他地方则继承，或“层叠”设计者的样式。这种层叠的方式使设计师和用户都可以灵活地加入自己的设计，使得 Web 页面更加个性化。CSS 文件是一个文本文件，包含了一些 CSS 标记，CSS 文件必须使用“. css”为文件名后缀。CSS 具有强大的设计功能，通过简单地更改 CSS 文件，就可以改变 Web 页面的整体表现形式，这将大大减少设计者的工作量。

（2）CSS 发展历程。随着 HTML 的发展和用户对 Web 页面显示效果要求的提高，1994 年哈坤·利提出了制作 CSS 的最初建议，后来与伯特·波斯（当时正在设计一个叫做 Argo 的浏览器）一起合作设计 CSS。目前，CSS 最新的版本为 CSS3，但是由于浏览器还未能很好地支持，因此，在当前网页上还未得到广泛应用。

13.3.2 CSS 的优点

CSS 具有如下优点。

- 在几乎所有的浏览器上都可以使用。
- 以前一些非得通过图片转换实现的功能，现在只要用 CSS 就可以轻松实现，从而更快地下载页面。
- 使页面的字体变得更漂亮、更容易编排，使页面真正赏心悦目。
- 可以轻松地控制页面的布局。
- 可以将许多 Web 页面的风格格式同时更新，不用再一页一页地更新了。可以将 Web 站点上所有的 Web 页面风格都使用一个 CSS 文件进行控制，只要修改这个 CSS 文件中相应的行，整个 Web 站点的所有页面就都会随之发生变动。

13.3.3 CSS 与 Web 页面结合的方法

使用以下两种方式可以将样式表加入 Web 页面。

1. 链入外部样式表文件（Linking to a Style Sheet）

先建立外部样式表文件（.css），然后使用 HTML 的 link 对象。示例如下：

```
<head>
<title>ASP.NET Web 程序设计</title>
<link rel=stylesheet href="http://www.dhtmlet.com/dhtmlet.css"
  type="text/css">
</head>
```

而在 XML 中，应该如下例所示在声明区中加入：

```
<?xml-stylesheet type="text/css" href=
     "http://www.dhtmlet.com/dhtmlet.css"?>
```

定义内部样式块对象（Embedding a Style Block）

可以在 HTML 文档的 <HTML> 和 <BODY> 标记之间插入一个 <STYLE>… </STYLE> 块对象。定义方式请参阅样式表语法，代码如下：

```
<html>
<head>
<title>Asp.net Web 程序设计</title>
<style type="text/css">
<!--
body {font: 10pt "Arial"}
h1 {font: 15pt/17pt "Arial"; font-weight: bold; color: maroon}
h2 {font: 13pt/15pt "Arial"; font-weight: bold; color: blue}
p {font: 10pt/12pt "Arial"; color: black}
-->
</style>
</head>
<body>
```

注意 这里将 style 对象的 type 属性设置为"text/css"，是允许不支持这个类型的浏览器忽略样式表单。

2. 内联定义（Inline Styles）

内联定义是指在对象的标记内使用对象的 style 属性定义适用它的样式表属性，示例如下。

```
<tr>
    <td align = "center" style = "width: 687px" >
        <strong style = "color:Red" > * </strong >
          统计指定部门,设备资产[子部门]
        <strong style = "color:Red" > * </strong >
    </td >
</tr >
```

13.4 主题的使用

主题（Theme）是 ASP.NET 2.0 的一项新增功能，具体来说是一系列属性设置，能够把样式和布局信息存放到一组独立的文件中，利用它可以定义页面和空间的外观。

13.4.1 主题

主题控制的范围可以是某些 Web 页面、整个 Web 应用程序，甚至可以是一个服务器上的所有 Web 应用。例如，利用主题功能，可以为应用程序中的所有 TextBox 控件定义共同的外观，如背景颜色和前景颜色。使用主题功能可以轻松建立并维护整个网站外观的一致性。

13.4.2 主题与 CSS、母版页、皮肤的区别与关联

（1）主题与 CSS 的区别。使用级联样式表可以控制浏览器上的 HTML 标记的外观。而主题则应用在服务器上，并适用于 ASP.NET 控件的属性。例如，可以使用主题来指定 GridView 控件是否显示页眉或页脚，但不能使用级联样式表来执行此操作。

（2）主题与母版页的区别。母版页也是 ASP.NET 2.0 的一项新增功能，使用此功能可以为 Web 应用程序中的多个内容页指定共同的布局。使用主题可以控制页面中各个控件的外观，而母版页则不能。当然，在设计 Web 应用程序时，可以同时使用母版页和主题。

（3）主题与 CSS 和皮肤的关联。在 ASP.NET 开发环境中，CSS、皮肤这两者与主题的关联如下。

① 从逻辑角度来看，一个主题可以包含一个 Skin 文件，也可以包含很多个 Skin 文件。可以根据需要将 Skin 文件命名为任何名称。在将主题应用于页面时，ASP.NET 将把所有 Skin 文件合并在一起，而将这些文件视为单个 Skin 文件。

② 从物理角度来看，主题在默认情况下都将存放于应用主题文件夹（App_Themes）里面，在应用主题文件夹中可以建立多个主题。当在开发环境中添加外观文件（SkinFile.skin）的时候，在应用主题文件夹的下一级将自动生成一个皮肤文件夹（SkinFile）。在该文件夹中，可以建立皮肤文件、CSS 文件、图片以及其他资源，当然也可以没

有这么多元素，但至少要包含一个皮肤文件。正是这一系列元素共同构成了一个主题。

13.5 小　　结

当前，Web 页面设计已经不再只是简单地达到满足用户使用功能的水平，而是在此基础上，越发注重用户的感官体验，即注重 UI（用户界面）。布局效果、色彩理论、导航逻辑等元素在 Web 页面开发中所占到的工作量比重越来越大。一个经过精心设计，显得别致、专业、人性化的网站必然比普通网站具备更大、更强的吸引力。

为顺应这一发展趋势，微软在 ASP. NET 中推出或加强了该平台在 Web 页面设计方面的功能。在 ASP. NET 的几个新特性中，页面框架就占到了其中之一。在页面框架方面，主要体现在以下 4 项技术特性：母版页、主题和皮肤、编译机制和本地化。母版页特性在大型 Web 站点中应用广泛，能够在一定程度上代替框架页功能，从而迅速建立具有统一布局和外观的页面，并且有效降低维护人员的工作强度。主题和皮肤是从 ASP. NET 2. 0 开始的一项新增功能，使用此功能可以一次性设置一种类型的服务器控件外观样式。该外观可方便地应用于单个页面、整个 Web 应用程序，甚至整个服务器。在应用程序编译方面，ASP. NET 2. 0 提供了几种替代方案，从而扩大了编译的选择范围，开发人员可以根据特定需要进行选择。另外，ASP. NET 2. 0 在本地化方面也做出了一些改进。可以看到，其中页面外观设计部分就占到了其中的 3 项，可见外观设计的重要性。

CSS 本身不属于 ASP. NET 的范畴，但是在该平台中可以简单方便地使用这个重要的 Web 页面设计语言。总而言之，利用好这几个外观设计功能，就能轻松快速地创建出专业、靓丽的 Web 页面。

13.6 练　　习

1. 什么是母版页？母版页有什么作用？
2. 什么是皮肤？皮肤有什么功能？
3. 什么是 CSS？它有哪些作用？
4. 什么是主题？主题都具有哪些特性？
5. 简单叙述一下母版页、皮肤、CSS、主题之间的区别与关联。
6. 制作一个母版页，让新增页面继承该母版页，并在新增页面中设置与母版页不同的内容。

第14章　异常处理、调试和跟踪

本章教学目标

- 了解异常的概念和发生的条件；
- 初步掌握如何进行断点调试的方法；
- 掌握跟踪 ASP. NET 页面的方法。

人们无法编写出永远正确的程序。相反，众所周知的定律是“程序中存在错误”。当错误发生、程序的正常流程出现混乱时，就会发生异常（Exception）。

许多错误可以引起异常，包括严重的硬件错误和一般的软件错误，如硬盘损坏、试图访问越界的数据元素、试图打开并不存在的文件等。这些异常情况是不期望发生、却又无法完全避免的。真正重要的问题是，错误引发异常后，会带来什么样的后果？如何处理？谁来处理？程序可以恢复，还是需要终止？

14.1 异 常 处 理

错误引发异常，就需要进行异常处理。一个好的程序应该能够在错误引发的异常出现后及时进行处理，并根据情况终止或继续程序，不至于造成严重的后果，甚至引起系统崩溃。

当然，发现并处理错误的最佳时机是在程序的编译阶段。然而，编译器能够发现的是类似语法错误等。运行期间可能出现的错误必须在运行期处理。为此，需要引入异常处理（Exception Handling）机制。通过这种机制导出异常信息，将此信息传递给具备异常处理能力的接收者，并处理这些异常情况。

必须认识到，异常处理的目的并不是为了避免发生异常，而是在异常发生时避免程序的异常终止，设法将损失降低到最小。

同时必须清楚，并不是所有异常都是程序应该或可以处理的异常。严重的问题、被认为可能会引起致命后果的异常状况，例如，虚拟机运行错误、类定义错误等，超出了应用程序的控制和处理能力，而且是绝大多数程序运行时不允许出现的状况。对于设计合理的应用程序来说，即使确实发生了这类错误，本质上也不应该试图去处理它所引起的异常状况。

程序所处理的异常，通常是程序在运行过程中很容易出现的、情理可容的异常状况。大体上，它反映了程序设计中存在的逻辑错误，而且所引起的异常状况不可能在运行时得到恢复。例如，文件找不到、网络连接失败、非法参数等。

14.1.1　异常处理功能

异常处理功能提供了程序运行时出现任何异常情况的处理方法。异常处理使用 try、catch 和 finally 关键字来进行程序可能未成功的操作，处理程序运行失败的情况以及在处理完成后清理程序占用的系统资源。

异常可以由公共语言运行库（CLR）、第三方库或使用 throw 关键字的应用程序代码生成。

异常具有以下特点：

- 在应用程序遇到异常情况（如被零除情况或内存不足警告）时，就会产生异常；
- 发生异常时，控制流立即跳转到关联的异常处理程序（如果存在）；
- 如果给定异常没有异常处理程序，则程序将停止执行，并显示一条错误信息；
- 可能导致异常的操作通过 try 关键字来执行；
- 异常处理程序是在异常发生时执行的代码块，在 C# 中，catch 关键字用于定义异常处理程序；
- 程序可以使用 throw 关键字显式地引发异常；
- 异常对象包含有关错误的详细信息，其中包括调用堆栈的状态以及有关错误的文本说明；
- 即使引发了异常，finally 块中的代码也会执行，从而使程序可以释放资源；

异常处理理论上有两种基本模型，叙述如下。

（1）“终止模型”（Java 与 C ++所支持的模型）。在这种模型中，假设错误非常关键。一旦异常被抛出，就表明错误已无法挽回，程序也无法回来继续执行。

（2）“恢复模型”。在该模型中，异常处理程序的工作是修正错误，然后重新尝试调出问题的方法，并认为重新调动能够成功。

对于恢复模型，通常希望异常被处理之后能继续执行程序。在这种情况下，抛出异常更像是对方法的调用。例如，在 Java 里用这种方法进行配置，以得到类似恢复的行为（也就是说，不是抛出异常，而是调用方法修正错误）。或者，把 try 块放在 while 循环里，这样就可以不断地进入 try 块，直到得到满意的结果。

虽然恢复模型开始很吸引用户，并且用户使用的操作系统也支持恢复模型的异常处理，但程序员们最终还是转向了使用类似“终止模型”的代码。因为处理程序必须关注异常抛出的地点，这就需要包含依赖于抛出位置的非通用性代码。这增加了代码编写和维护的困难，对于异常可能会从许多地方抛出的大型程序来说，更加难以编写和维护。

14.1.2 C#异常处理

和许多面向对象语言一样，C#也能处理可遇见的、反常条件（丢失网络连接，文件丢失）下的异常。当应用程序遇到异常情况，将“抛”出一个异常，并终止当前方法，直到发现一个异常处理方法，转而执行异常处理程序，程序运行栈才会清空。

如果当前运行方法没有处理异常，将终止当前方法，并调用方法，这样会得到一个处理异常的机会。如果没有调用方法处理它，那么该异常最终会被 CLR（Common Language Runtime）处理，它将终止程序。可以使用 try/ catch 块来检测具有潜在危险的代码，并使用操作系统或者其他代码捕捉任何异常目标。catch 块用来实现异常处理，包含一个执行异常时间的代码块。理想情况下，如果捕捉并处理了异常，那么应用程序可以修复这个问题并继续运行下去。即使应用程序不能继续运行，也可以捕捉这些异常，并显示有意义的错误信息。同时，也有机会将这些错误书写入日志中。

如果在方法中有一段代码无论是否碰到意外都必须运行（例如，释放已经分配的资源，关闭一个打开的文件）。那么可以把代码放在 finally 块中，这样甚至在存在异常的代码中也能保证其运行。

（1）C#异常的发生。公共语言运行库支持基于异常对象和受保护代码块概念的异常处理模型。即当运行库在异常发生时，运行库就会创建一个表示该异常的对象。当然也可以通过从适当的基异常派生类来创建自己的异常类。

当发生非致命应用程序错误时，就会引发 ApplicationException 类及其派生类类型的异常。可以通过使用 throw 语句显式引发异常，也可以使用 throw 语句再次引发已经捕获的异常。好的编码做法是向再次引发的异常添加信息以在调试时提供更多信息。而异常的处理方法，在所有使用运行库的语言都以相似的方式处理异常。即大多数语言都使用 try/ catch/ finally 形式的结构化异常处理。

（2）C#使用 try/ catch 块捕捉异常。公共语言运行库提供一种异常处理模型，该模型是基于对象形式的异常表示形式，即将程序代码和异常处理代码分到 try 块和 catch 块中。可以有一个或多个 catch 块，每个块都设计为处理一种特定类型的异常，或者将一个块设计为捕捉比其他块更具体的异常。如果要处理在应用程序执行期间某代码块发生的异常，则必须先将该代码块放置在 try 块中（try 语句中的代码是 try 块），并将处理由 try 代码块引发异常的应用程序代码放在 catch 语句中，零个或多个 catch 块与一个 try 块相关联，每个 catch 块包含一个确定该块能够处理的异常类型的类型筛选器。在 try 块中出现异常时，系统按所关联的 catch 块在应用程序代码中出现的顺序搜索它们，直到定位到处理该异常的 catch 块为止。如果某 catch 块的类型筛选器指定了异常类型 T 或任何派生由异常类型 T 派生的异常类型，则该 catch 块处理 T 类型及其派生类型的异常。系统在找到第一个处理该异常的 catch 块后即停止搜索。因此，正如本节后面的示例所演示的那样，在应用程序代码中处理某类型异常的 catch 块必须在处理其基类型的 catch 块之前指定。如果与 try 代码块相关联的所有 catch 块均不处理该异常，并且当前 try 块嵌套在其他 try 块中，则搜索与上一级 try 块相关联的 catch 块。如果仍然没有找到用于该异常的 catch 块，则将该异常沿调用堆栈向上传递，搜索上一个堆栈帧（即当前方法（或函数）的主调方法（或函数））来查找处理该异常的 catch 块，并一直查找，直到该异常得到处理或调用堆栈中没有更多的帧为止。如果到达调用堆栈顶部却没有找到处理该异常的 catch 块，则由默认的异常处理程序处理该异常，然后应用程序终止。

注意，当发生异常时，该异常会沿堆栈向上传递，并查找合适 catch 块。由前面看出 catch 语句的顺序很重要，应该将针对处理特定异常的 catch 块放在处理常规异常（一般指定某种异常的基类）catch 块的前面，否则编译器可能会发出错误。catch 块的查找方法是将异常的类型与 catch 块中指定的异常名称进行匹配。如果没有找到特定的 catch 块，则由存在的常规 catch 块捕捉异常；如果也没有处理常规异常的 catch 块，公共语言运行库捕捉 catch 块没有捕捉的异常。根据运行库的配置，或者出现一个调试对话框，或者程序停止执行并出现一个包含异常信息的对话框。

（3）C#异常处理办法和分类。

- C#中所有的异常处理都被视为类，所有异常都是由 System. Exception 所派生的。
- C#中处理错误异常管理的关键字指令有 4 个：try、catch、throw、finally。这 4 个关键字所编写的异常处理功能非常的强大与方便。

异常处理的语法通常为

```
try
{
    //有可能产生错误的代码
}
catch
{
    //异常处理程序代码
}
```

注意 这里声明此 catch 区段要捕获哪一种类型的异常错误，也可以不用声明，但不声明的情况下会让 catch 去捕获任意类型的异常错误。

利用 catch 来捕获 try…catch 中产生的异常错误，可以建立多个 catch 区段以捕获不同类型的异常错误。

(4) C#中常见异常类 。

- OutOfMemoryException，当利用 new 关键字去初始化分配一块内存失败时；
- StackOverflowException，当执行程序有利用到堆栈资源时（通常是执行 Recursion 或太多的循环），将堆栈资源耗尽时；
- NullReferenceException，当要利用 Reference 对象时，却是 NullReference；
- TypeInitializationException，若静态对象发生错误，但又缺乏 catch 区段去处理与对应时；
- ArrayTypeMismatchException，当存入数据与数组中数据类型不同时；
- IndexOutOfRangeException，当超过数组的限定范围时；
- MulticastNotSupportedException，当要合并两个委派对象失败时；
- ArithmeticException，一般在运算失败时，这包含了 DivideByzeroException 与 OverflowException 两种异常；
- DivideByzeroException，当使用除法运算时，分母为 0 所造成的错误时；
- OverflowException，当运算后超过数据类型的合法范围时；

14.2 调试基础知识

14.2.1 断点

断点是一个信号，它通知调试器在某个特定点上暂时将程序执行挂起。当执行在某个断点处挂起时，称程序处于中断模式。进入中断模式并不会终止或结束程序的执行，执行可以在任何时候继续。

在断点模式下，所有元素（函数、变量和对象等）都保留在内存中，但移动和活动被挂起。在中断模式下，可以检查所有元素的位置和状态，以查看是否存在冲突或 bug。可以在中断模式下对程序进行调整。例如，可以更改变量的值，还可以移动执行点，但这会改变执行恢复后将要执行的下一条语句。在 C ++、C# 和 Visual Basic 中，甚至可以在中断模式下对代码本身进行更改。

断点提供了一种强大的工具，能够在需要的时间和位置挂起执行。与逐句或逐条指令地检查代码不同，这种方法可以让程序一直执行，直到遇到断点，然后开始调试。这大大地加快了调试过程。没有这个功能，调试大的程序几乎是不可能的。

许多编程语言都有用于挂起执行并使程序进入中断模式的语句或构造。例如，Visual Basic 有 Stop 语句。断点不同于这些语句，因为它不是必须添加到程序中的实际源代码，不必在源代码窗口中键入断点语句。只需通过调试器界面请求断点，由调试器加入断点。

相对于调试构造（如 Visual Basic 的 Stop 语句），断点具有很多优点。不必改动程序源代码，就可以删除或更改断点。由于断点不是语句，当生成程序的发行版时，不会产生额外的代码。如果在程序中使用 Stop 语句，则需要在生成发行版本之前手动删除 Stop 语句，或者使用如下所示的条件句式：

```
#If DEBUG Then
   Stop
#End If
```

如果想暂时禁用 Stop 语句，需要在源代码中找到该语句并对它进行注释：

```
'Stop
```

如果只有一条 Stop 语句，这样做是可以的。但是，如果调试的是具有许多 Stop 语句的大型程序，搜索所有这些语句并对其中每一个进行注释就会相当耗时。利用断点，就可以在“断点”窗口中选择并禁用或启用任何或全部断点。

最后，相对于 Stop 语句而言，断点在灵活性方面具有很大的优势。Stop 语句使得执行在源代码行中该语句所在的位置中断，而在源程序中设置断点同样可以做到这一点。也可以选择在函数或内存地址处设置断点，而这是使用 Stop 语句无法做到的。除这些位置断点外，Visual Studio 调试器还提供仅限于本机使用的数据断点。数据断点是设置在某个全局变量或局部变量上的断点，而不是在代码中的某一位置上。设置数据断点会使程序在该变量值发生更改时中断执行。

为提供更大的灵活性，Visual Studio 调试器能够设置属性以修改断点的行为，如下所述。

（1）Hit Count 能够确定在调试器中断执行之前命中断点的次数。在默认情况下，每次命中断点，调试器就中断执行。通过设置命中次数，可以让调试器每命中两次断点中断执行一次，也可以每 10 次、每 512 次或任意选择的次数中断一次。程序中的某些 bug 不会在第一次执行循环、调用函数或访问变量时显现出来，这时候命中次数设置就很有用了。有些时候，bug 直到重复 100 次或 1000 次时才显现出来。此时，可以设置命中次数为 100 或 1000 以解决问题。

（2）Condition 是一个表达式，确定断点是命中还是跳过。当调试器到达该断点时，它会计算条件的值。只有当条件满足时，断点才会命中。可以在某个位置断点处设置条件，只有当条件为真时，才会中断执行。例如，调试一个银行程序，其中的账户余额不允许小于零，可以在代码中的某些位置设置断点并附加以下条件：balance <0。运行程序时，当余额小于零时，执行就会在这些位置中断。然后，就可以在第 1 个断点处检查变量和程序状态，再继续执行到第 2 个断点位置，如此继续。

（3）Action 指定在命中断点时应执行的操作。在默认情况下，调试器中断执行，但是可以选择打印一条消息或者运行一个 Visual Studio 宏。如果选择打印消息而不是中断，则断点的效果与 trace 语句非常类似。这种使用断点的方法称为跟踪点。

（4）Filter 提供了一种为断点指定进程或线程的方法。

14. 2. 2 断点与跟踪点

断点通知调试器应在某点上中断应用程序并暂停执行。发生中断时，则称程序和调试器处于中断模式。

跟踪点是 Visual Studio 中新的调试器功能，是带有与断点关联的自定义操作的断点。命中跟踪点时，调试器执行指定的跟踪点操作，而不是或不仅仅是中断程序执行。

跟踪点常用于在程序到达某点时输出消息。使用跟踪点可以实现许多原本要使用 Trace 才能实现的目的，并且使用跟踪点无需修改代码。另一个不同之处在于，只有在调试器中工作时，跟踪点才可以起作用。

14. 3 调试客户端脚本

Microsoft Visual Studio . NET 调试器提供了用于测试和更正 Web 文档脚本中错误的综合调试环境。可以使用 Visual Studio . NET 调试器调试 ASP. NET 页面中的客户端脚本。客户端脚本由 HTML 页面中的语句组成。Microsoft Internet Explorer 在加载文档或响应事件（如按钮单击事件）时执行该脚本。

14. 3. 1 在客户端脚本中设置断点

要在客户端脚本中设置断点，不能只是在项目 . aspx 文件中设置断点。. aspx 文件是服务器端文档，在其中设置的断点不翻译为客户端文档。相反，可以使用以下方法之一设置客户端断点。

- 将所有客户端脚本写入一个函数，并在该函数上设置函数断点。
- 从“运行文档”窗口打开客户端脚本并在其中设置断点。

注意 *在默认情况下，Internet Explorer 中禁用脚本调试。若要调试客户端脚本应用程序，则必须首先在 Internet Explorer 中启用脚本调试。*

在 Internet Explorer 5. 5 或更高版本中启用脚本调试，步骤如下：

（1）从“工具”菜单中选择“Internet 选项”；

（2）在“Internet 选项”对话框中，选择“高级”选项卡；

（3）在“浏览”类别中，清除“禁用脚本调试”复选框；

（4）单击“确定”按钮。

此外，要命中客户端脚本中的断点，必须设置一个名为 ASPCLIENTDEBUG Cookie 的 Cookie。如果尚未自动设置此 Cookie，可使用如下过程手动设置。

（1）手动设置 ASPCLIENTDEBUG Cookie，创建包含以下代码的 HTML 文本文件。

```
<html>
<head>
<script language = "JavaScript">
function set ()
{
   var expdate = new Date();
```

```
    expdate.setMonth(expdate.getMonth() + 6);
    alert("setting cookie \"" + form1.txtName.value + " \" to
    \"" + form1.txtValue.value + " \"");
    setCookie(form1.txtName.value, form1.txtValue.value, expdate);
}
function get ()
{
    alert("getting cookie \"" + form1.txtName.value + " \"");
    var c = getCookie(form1.txtName.value);
    alert("cookie = " + c);
    form1.txtValue.value = c;
}
function getCookie (sCookieName)
{
    var sName = sCookieName + " = ", ichSt, ichEnd;
    var sCookie = document.cookie;
    if (sCookie.length && ( -1 != (ichSt = sCookie.indexOf(sName))))
    {
       if ( -1 == (ichEnd = sCookie.indexOf(";",ichSt + sName.length)))
          ichEnd = sCookie.length;
       return unescape(sCookie.substring(ichSt + sName.length,ichEnd));
    }
    return null;
}
function setCookie (sName, vValue)
{
    var argv = setCookie.arguments, argc = setCookie.arguments.length;
    var sExpDate = (argc > 2) ? "; expires = " + argv[2].toGMTString() : "";
    var sPath = (argc > 3) ? "; path = " + argv[3] : "";
    var sDomain = (argc > 4) ? "; domain = " + argv[4] : "";
    var sSecure = (argc > 5) && argv[5] ? "; secure" : "";
    document.cookie = sName + " = " + escape(vValue,0) + sExpDate + sPath +
    sDomain +
    sSecure + ";";
}
function deleteCookie (sName)
{
    document.cookie = sName + " = " + getCookie(sName) + "; expires = " + (new
    Date()).toGMTString() + ";";
}
</script>
</head>
<body>
<form name = form1>
   cookie name: <input type = "text" name = "txtName" value = "ASPCLIENTDEBUG"> <p>
   cookie value: <input type = "text" name = "txtValue" value = "doesn't
   matter"> <p>
    <input type = "button" value = "Set Cookie" onClick = "set()">
    <input type = "button" value = "Get Cookie" onClick = "get()">
</form>
</body>
</html>
```

（2）将此文件保存为 cookie. html。

（3）将此文件复制到 c：\inetput\wwwroot，在 Internet Explorer 的“地址”框中，键入：http:// localhost/ cookie. html。

（4）在 http:// localhost/ cookie. html 窗口中，单击“设置 Cookie”按钮。

14.3.2 增强的脚本调试错误信息

Visual Studio . NET 为常见的脚本调试问题提供增强的错误信息。除非手动附加到 Internet Explorer 而不是让调试器自动启动 Internet Explorer，否则通常不会看到这些消息。如果遇到问题，则可以使用下列过程手动附加并获得更多信息。

手动附加步骤如下：

（1）从“调试”菜单中选择“进程”；

（2）出现“进程”对话框；

（3）如果已经开始调试，请转到“已调试的进程”列表。选择正在调试的进程并单击“分离”按钮；

（4）在“可用进程”框中，找到 Internet Explorer（iexplore. exe），选择它并单击“附加”按钮；

（5）在“附加到进程”对话框中的“选择要调试的程序类型”下，只选择“Script”；

（6）单击“确定”按钮。

此时可能出现错误信息框。若是如此，请单击“帮助”按钮以获得更多信息。

（1）创建应用程序。在本节中，要创建一个 ASP. NET Web 应用程序，其中显示 3 个 HTML TextBox 控件以及一个计算输入的 Button 控件。本示例使用 JavaScript 为 Button 控件编程。

要对客户端 JavaScript 使用调试器，必须首先为浏览器启用脚本调试。为此可以按照下列步骤操作：

① 打开 Microsoft Internet Explorer；

② 在“工具”菜单上，选择“Internet 选项”；

③ 在“高级”选项卡上，找到“浏览”部分，清除“禁止脚本调试”复选框，然后单击“确定”按钮；

④ 关闭 Internet Explorer；

要在 Visual C# . NET 中创建一个新的 ASP. NET Web 应用程序，请执行下列步骤：

① 打开 Visual Studio . NET；

② 在“文件”菜单上，指向“新建”，然后选择“项目”；

③ 在“新建项目”对话框中，选择“项目类型”下面的“Visual C# 项目”，然后选择“模板”下面的“ASP. NET Web 应用程序”；

④ 在“名称”文本框中，键入 ScriptDebuggingExample；

⑤ 切换到 WebForm1. aspx 文件的 HTML 视图；

⑥ 复制和粘贴 <FORM> 标记中的以下代码：

```
<table>
  <tr>
    <td width = "100">
      <asp:label id = "lblFirstNumber" runat = "server" Width = "125">
        First Number:
      </asp:label>
    </td>
    <td width = "50">
      <input id = "txtNumber1" type = "text" maxLength = "3"
        size = "5" name = "txtNumber1">
    </td>
  </tr>
  <tr>
    <td width = "100">
      <asp:label id = "lblSecondNumber" runat = "server" Width = "125">
        Second Number:
    </asp:label>
      </td>
    <td width = "50">
      <input id = "txtNumber2" type = "text" maxLength = "3"
        size = "5" name = "txtNumber2">
    </td>
  </tr>
  <tr>
    <td width = "100">
      <asp:Label id = "lblResult" runat = "server" Width = "125">
        Result:
  </asp:Label>
  </td>
  <td width = "50">
    <input id = "txtResult" type = "text" size = "5" maxlength = "5"
    NAME = "txtResult" readonly>
  </td>
  </tr>
  </table>
  <br>
<table>
  <tr>
    <td width = "150" align = "center">
      <input id = "btnDivide" onclick = "return btnDivide_Clicked()"
        type = "submit" value = " Divide " name = "btnDivide">
    </td>
  </tr>
</table>
</table>
```

此段代码将创建两个输入文本框、一个计算按钮，以及一个显示结果的文本框。

复制以下代码并将其粘贴到 Web 页面中，注意，一定要将代码块放置在第一个 <BODY> 标记前面。

```
<SCRIPT language = "javascript">
  function btnDivide_Clicked()
  {
    var intNumber1 = 0;
```

```
        var intNumber2 = 0;
        var intResult = 0;
        intNumber1 = document.all('txtNumber1').value;
        intNumber2 = document.all('txtNumber1').value;
        intResult = intNumber1/intNumber2;
        document.all('txtResult').value = intResult;
        return false;
    }
</SCRIPT>
```

此段代码为按钮编程，以便在单击按钮时可实现下列功能：

- 检索输入值；
- 计算输入；
- 显示结果；
- 单击“保存”。

要测试项目，请执行下列步骤：

① 在“调试”菜单上，单击“启动”以生成并运行该应用程序，WebForm1 在浏览器中打开，并显示两个输入文本框、一个结果文本框和一个按钮；

② 在第 1 个号码文本框中，键入 16；

③ 在第 2 个号码文本框中，键入 2；

④ 单击“除”。请注意，“结果”文本框不会像预期的那样显示“8”；

⑤ 关闭 Internet Explorer；

（2）调试应用程序。Microsoft 脚本调试器对于在 ASP. NET 应用程序中调试客户端脚本十分有用。可以在脚本代码中使用“debugger”关键字，以编程方式调用 Microsoft 脚本调试器。

在 btnDivide_Clicked 过程中将以下代码添加为第一段代码：

```
debugger
```

此关键字指示脚本调试器停止执行的位置并启动调试器。使用此关键字，可以在例程的其余部分跟踪变量值。

单击“保存”按钮。

要运行项目，请执行下列步骤：

① 在“调试”菜单上，单击“启动”以生成并运行该应用程序；

② 页面在浏览器中打开后，在第一个号码文本框中键入 16；

③ 在“第二个号码”文本框中，键入 2；

④ 单击“除”。请注意，执行将在“debugger”关键字处停止，并且该控件会传送到 Visual Studio . NET IDE；

⑤ 关闭 Internet Explorer；

⑥ 右键单击以下代码行

```
intResult = intNumber1/intNumber2;
```

⑦ 然后单击“插入断点”。

⑧ 在“调试”菜单上，单击“继续”。

⑨ 在“调试”菜单上，指向“窗口”，然后单击“本地变量”。请注意，这会像预期的那样将 intNumber1 的值设置为 16。但是，这还会将 intNumber2 的值设置为 16，并且这

与键入的值不对应。为变量 intNumber2 指定的值与 intNumber1 相同。

⑩ 在“调试”菜单上，单击“停止调试”，关闭调试器和浏览器窗口。控件会返回到 IDE。

（3）修改代码。

① 将代码“intNumber2 = document. all （'txtNumber1'）. value;”替换为“intNumber2 = document. all （'txtNumber2'）. value;”，以便为 intNumber2 变量分配正确的值。

② 单击“保存”。

要再次测试项目，请执行下列步骤：

① 在“调试”菜单上，单击“启动”以生成并运行该应用程序；

② 页面在浏览器中打开后，在第 1 个号码文本框中键入 16；

③ 在“第 2 个号码”文本框中，键入 2；

④ 单击“除”，请注意，执行将在 btnDivide_Clicked 例程的开始处停止；

⑤ 确保“本地变量”窗口仍处于打开状态；在“调试”菜单上，单击“单步执行”来逐行执行代码，直到到达 return 语句；请注意，intNumber1 和 intNumber2 变量会显示正确的值；

⑥ 在“调试”菜单上，单击“继续”；控件返回到浏览器，“结果”文本框显示正确的结果；

⑦ 关闭 Internet Explorer。

（4）创建应用程序。

```
<%@ Page language="c#" Codebehind="WebForm1.aspx.cs"
   AutoEventWireup="false"
   Inherits="ScriptDebuggingExample.WebForm1" %>
<!DOCTYPE HTML PUBLIC "-//W3C//DTD HTML 4.0 Transitional//EN" >
<html>
   <head>
      <title>WebForm1</title>
      <meta name="GENERATOR" Content="Microsoft Visual Studio .NET 7.1">
      <meta name="CODE_LANGUAGE" Content="C#">
      <meta name=vs_defaultClientScript content="JavaScript">
      <meta name=vs_targetSchema
         content="http://schemas.microsoft.com/intellisense/ie5">
   </head>
   <SCRIPT language="javascript">
      function btnDivide_Clicked()
      {
         var intNumber1 = 0;
         var intNumber2 = 0;
         var intResult = 0;
         intNumber1 = document.all('txtNumber1').value;
         intNumber2 = document.all('txtNumber1').value;
         intResult = intNumber1/intNumber2;
         document.all('txtResult').value = intResult;
         return false;
      }
</SCRIPT>
   <body MS_POSITIONING="GridLayout">
```

```
    <form id = "Form1" method= "post" runat = "server" >
        <table >
            <tr >
                <td width = "100" >
                <asp:label id = "lblFirstNumber" runat = "server" Width = "125" >
                    First Number:
                </asp:label >
                </td>
                <td width = "50" >
                <input id = "txtNumber1" type = "text" maxLength = "3"
                    size = "5" name = "txtNumber1" >
            </td >
    </tr >
    <tr >
        <td width = "100" >
            <asp:label id = "lblSecondNumber" runat = "server" Width = "125" >
                Second Number:
            </asp:label >
        </td>
        <td width = "50" >
            <input id = "txtNumber2" type = "text" maxLength = "3"
                size = "5" name = "txtNumber2" >
            </td >
    </tr >
    <tr >
        <td width = "100" >
            <asp:Label id = "lblResult" runat = "server" Width = "125" >
                Result:
            </asp:Label >
        </td >
        <td width = "50" >
            <input id = "txtResult" type = "text" size = "5" maxlength = "5"
                NAME = "txtResult" readonly >
        </td >
        </tr >
    </table >
  <br >
<table >
    <tr >
        <td width = "150" align = "center" >
            <input id = "btnDivide" onclick = "return btnDivide_Clicked()"
           type = "submit" value = " Divide " name = "btnDivide" >
        </td >
    </tr >
</table >
</form >
</body >
</html >
```

调试应用程序如下：

```
<%@ Page language = "c#" Codebehind = "WebForm1.aspx.cs"
   AutoEventWireup = "false"
   Inherits = "ScriptDebuggingExample.WebForm1" %>
<!DOCTYPE HTML PUBLIC "-//W3C//DTD HTML 4.0 Transitional//EN" >
```

```
<html>
  <head>
    <title>WebForm1</title>
    <meta name="GENERATOR" Content="Microsoft Visual Studio .NET 7.1">
    <meta name="CODE_LANGUAGE" Content="C#">
    <meta name=vs_defaultClientScript content="JavaScript">
    <meta name=vs_targetSchema
      content="http://schemas.microsoft.com/intellisense/ie5">
  </head>
  <SCRIPT language="javascript">
    function btnDivide_Clicked()
    {
      debugger
      var intNumber1 = 0;
      var intNumber2 = 0;
      var intResult = 0;
      intNumber1 = document.all('txtNumber1').value;
      intNumber2 = document.all('txtNumber1').value;
      intResult = intNumber1/intNumber2;
      document.all('txtResult').value = intResult;
      return false;
    }
</SCRIPT>
  <body MS_POSITIONING="GridLayout">
      <form id="Form1" method="post" runat="server">
    <table>
        <tr>
          <td width="100">
          <asp:label id="lblFirstNumber" runat="server" Width="125">
            First Number:
          </asp:label>
        </td>
        <td width="50">
        <input id="txtNumber1" type="text" maxLength="3"
          size="5" name="txtNumber1">
        </td>
    </tr>
    <tr>
        <td width="100">
          <asp:label id="lblSecondNumber" runat="server" Width="125">
            Second Number:
          </asp:label>
        </td>
        <td width="50">
          <input id="txtNumber2" type="text" maxLength="3"
            size="5" name="txtNumber2">
        </td>
    </tr>
    <tr>
          <td width="100">
            <asp:Label id="lblResult" runat="server" Width="125">
           Result:
            </asp:Label>
```

```
            </td>
            <td width="50">
               <input id="txtResult" type="text" size="5" maxlength="5"
                  NAME="txtResult" readonly>
            </td>
            </tr>
         </table>
      <br>
   <table>
      <tr>
         <td width="150" align="center">
            <input id="btnDivide" onclick="return btnDivide_Clicked()"
               type="submit" value=" Divide " name="btnDivide">
         </td>
      </tr>
   </table>
   </form>
   </body>
   </html>
```

修改代码如下：

```
<%@ Page language="c#" Codebehind="WebForm1.aspx.cs"
   AutoEventWireup="false"
   Inherits="ScriptDebuggingExample.WebForm1" %>
<!DOCTYPE HTML PUBLIC "-//W3C//DTD HTML 4.0 Transitional//EN" >
<html>
   <head>
      <title>WebForm1</title>
      <meta name="GENERATOR" Content="Microsoft Visual Studio .NET 7.1">
      <meta name="CODE_LANGUAGE" Content="C#">
      <meta name=vs_defaultClientScript content="JavaScript">
      <meta name=vs_targetSchema
         content="http://schemas.microsoft.com/intellisense/ie5">
   </head>
   <SCRIPT language="javascript">
   function btnDivide_Clicked()
   {
      debugger
      var intNumber1 = 0;
      var intNumber2 = 0;
      var intResult = 0;
      intNumber1 = document.all('txtNumber1').value;
      intNumber2 = document.all('txtNumber1').value;
      intResult = intNumber1/intNumber2;
      document.all('txtResult').value = intResult;
      return false;
   }
</SCRIPT>
   <body MS_POSITIONING="GridLayout">
         <form id="Form1" method="post" runat="server">
      <table>
      <tr>
         <td width="100">
         <asp:label id="lblFirstNumber" runat="server" Width="125">
```

```
        First Number:
      </asp:label>
      </td>
      <td width="50">
      <input id="txtNumber1" type="text" maxLength="3"
        size="5" name="txtNumber1">
      </td>
    </tr>
    <tr>
      <td width="100">
      <asp:label id="lblSecondNumber" runat="server" Width="125">
        Second Number:
      </asp:label>
        </td>
      <td width="50">
      <input id="txtNumber2" type="text" maxLength="3"
        size="5" name="txtNumber2">
      </td>
    </tr>
    <tr>
      <td width="100">
        <asp:Label id="lblResult" runat="server" Width="125">
          Result:
        </asp:Label>
      </td>
      <td width="50">
        <input id="txtResult" type="text" size="5" maxlength="5"
          NAME="txtResult" readonly>
      </td>
      </tr>
    </table>
  <br>
<table>
  <tr>
    <td width="150" align="center">
      <input id="btnDivide" onclick="return btnDivide_Clicked()"
        type="submit" value=" Divide " name="btnDivide">
    </td>
  </tr>
</table>
    </form>
  </body>
</html>
```

14.4　跟踪 ASP. NET 页面

ASP. NET 推出了允许直接在代码中编写调试语句的新功能，从而再将应用程序部署到服务器时，无需将它们从应用程序中移除。该功能叫做跟踪，允许在页中编写变量或结构、断言（编写代码时，总是会做出一些假设，断言就是用于在代码中捕捉这些假设。可以将断言看作是异常处理的一种高级形式）是否符合某个条件，或只是通过页或应用程序的执行路径进行跟踪。为了收集并显示这些消息和其他跟踪信息，必须启用页或应用程式的跟踪。当启用跟踪时，将发生以下两件事情。

（1）ASP. NET 将一系列诊断信息表紧接着追加在页输出之后，还将该信息发送到跟踪查看器应用程式（只有当已启用了应用程式的跟踪时）。

（2）ASP. NET 在追加性能数据的 trace information 表中显示自定义诊断消息。指定的诊断信息和跟踪消息追加在发送到请求浏览器的页输出中，或能够在单独的跟踪查看器（trace. axd）中查看该信息，该查看器显示给定应用程式中每页的跟踪信息。当 ASP. NET 处理页请求时，该信息能够帮助查清错误或不希望得到的结果。

只有在启用了跟踪后，才处理并显示跟踪语句。用户能够选择是否将跟踪显示到页上、显示到跟踪查看器或既显示到页上又显示到跟踪查看器。

14.4.1 页面级的配置

要在页面级启用跟踪功能，就要在@ page 指令中配置 trace 属性，如下所示：

```
<%@ page language = "C#" trace = "true" codebehind = "webform1.aspx.cs"
   inherits = "webapplication1.webform1"% >
```

假如 trace 的属性值为 true，那么当页面被显示时将在页面底部显示跟踪信息。而使用 tracemode 属性能调整这些信息的显示顺序。tracemode 可选的值有按照时间顺序排列（sortbytime）和按类别（sortbycategory）。其中，默认值为按照时间顺序排列。

14.4.2 应用程式级的配置

能够通过在 config. web 文档中的 <system. web>下增加一个 xml 元素 <trace>来配置，如表 14-1 所示。

表 14-1 应用程式级的跟踪功能选择

属　性	说　明
enabled	假如应用程式中能使用跟踪功能为 true，否则为 false
pageoutput	假如跟踪信息显示在应用程式的页面上和跟踪窗口中，则为 true；否则为 false
requestlimit	说明服务器所能存放的跟踪请求的最大个数，默认为 10 个
tracemode	指名按某种顺序显示跟踪信息，按 sortbytime（时间顺序）或按用户定义类型的 sortbycategory（字母顺序），默认为按时间顺序
localonly	假如为 true，跟踪窗口（trace. axd）只能显示在 web 服务器的主机上，否则为 false，默认为 true

```
<configuration >
<system.web >
<trace enabled = "true" pageoutput = "false" requestlimit = "20"
  tracemode = "sortbytime"
  localonly = "true"/ >
…
</system.web >
</configuration >
```

虽然例子中使用了任何的属性，但是并非每个属性都必须配置。而且页面级的配置将覆盖应用程式级的配置。例如，在应用程式级禁用了跟踪功能，但在页面级又启用这个功能，那么跟踪信息仍会显示在页面上。

requstlimit 属性配置了将被记录的在跟踪日志中的请求的个数，这能够避免日志量过大。假如 localonly 属性设为 true，那么只在服务器上看到跟踪信息。这使得只有服务器端能够跟踪应用程式，而其他用户却看不到跟踪信息。

14. 4. 3　ASP. NET 的跟踪模式的输出

（1）跟踪输出。跟踪输出是由 tracecontext 对象产生的，并分几部分在 ASP. NET 页面的底部显示。以下是关于这几个部分和它们的说明。由于跟踪信息很多，不可能在一个窗口都显示出来，因此每一类信息由单独的输出窗口显示。请求的详细信息这部分包含了 6 项，如表 14-2 所示。

表 14-2　六项跟踪信息

信息项	说　明
session id	会话在该服务器上的唯一标识符
time of request	请求产生的时间
request encoding	请求的编码方式，如 unicode
request type	get 或 post 请求
status	请求的状态码
response encoding	响应的编码方式，如 unicode

（2）跟踪信息。这类信息包含了跟踪过程中应用程式或 ASP. NET 引擎输出的跟踪信息或警告。在默认情况下，ASP. NET 引擎将输出每个实践开始和结束时的信息，如 prerender、saveviewstate。输出的信息包括 category（类别）、message（消息）、form first（Web 页面开始运行算起的时间间隔）和 form last（上一次输出的跟踪信息项的时间间隔）。这些信息项的显示顺序是由@ page 的 tracemode 属性或 tracecontext 对象的 tracemode 属性值决定的。

（3）控件树。控件树信息用树状结构显示了该 ASP. NET 页中的任何元素，便于程序员理清控件之间的从属关系，从而有助于判断作用域和任何权。每个元素显示的信息有控件的 control id（标识符）、type（类型）、render size bytes（大小）和 viewstate 的字节数等。

（4）cookies 集。cookies 集信息列出了任何和该 ASP. NET 的 web 应用程式相关的 cookies。显示的信息包括 name（名字）、value（值）和 size（大小）。

（5）头消息集。头消息集包含了任何传到 ASP. NET 的 Web 页面中的 http 的头消息，每一项都将显示 name（名字）和 value（值）。

（6）表单消息集。只有当 ASP. NET Web 页面中包含了一个表单，且该表单已被提交到服务器，这类信息才被显示出来。该消息集包含两个很重要的信息：

① 该 Web 页面的 viewstate，即表单中任何控件的状态摘要；

② 任何控件的 name（名称）和 value（值）。

14.4.4 编写跟踪消息

ASP. NET 包括 trace 对象（和 response、request 或 context 对象类似），该对象允许编写当启用页或整个应用程式的跟踪时出现的调试语句。

ASP. NET 使用 tracecontext 类来存储有关请求的信息、控件层次结构和跟踪信息。跟踪信息包括页请求的某些生命周期阶段连同选择包括的任何自定义语句。通过 page. trace 属性或 control. context 属性能够使用 tracecontext 类。前者在研发 ASP. NET 页时可用，后者在要将跟踪语句包括在自定义服务器控件或要从页以外（如 global. asax 文档）包括跟踪语句时可用。

tracecontext 类的接口很简单，只有一个构造函数、两个属性和两个方法。当然更有一些从 object 类继承下来的属性和方法。page 对象中的 trace 属性就是一个 tracecontext 类的实例。tracecontext 类提供两种方法 write 和 warn，这两种方法允许将语句写入跟踪记录。每种方法都被重载并允许指定跟踪类别、文本消息和可选错误信息。这两种方法之间的唯一区别就是 warn 方法用红色显示其文本。

注意 当在对 write 或 warn 方法的调用中指定类别时，能够使用该类别对跟踪语句进行排序。

假如当调用 warn 或 write 时只包括一个字符串参数，则 ASP. NET 将此作为消息对待。假如包括两个参数，将第 1 个作为类别对待，编程时能够使用该参数对启用跟踪时显示在 trace information 表中的消息进行排序。第 3 个参数为 exception 类型，包含该请求的错误信息。

（1）在页中将自定义跟踪消息写入跟踪记录。

- 在页的代码声明块或代码隐藏类中，使用 trace 属性调用 tracecontext 方法之一；
- 为跟踪语句指定可选的 category 参数，能够使用该类别对所显示的跟踪语句进行排序；
- 为跟踪语句指定 message 参数，这能够是字符串或方法；
- 指定可选的 errorinfo 参数，该参数包含有关页中任何错误的信息。

下面的 tracecontext. warn 方法示例定义类别为 render，跟踪消息为“张三在使用 warn 跟踪”。

```
[c#]
trace.warn("render","张三在使用 warn 跟踪.");
[visual basic]
trace.warn("render","张三在使用 warn 跟踪.")
```

（2）在自定义服务器控件中将自定义跟踪消息写入跟踪记录。

- 在服务器控件代码中，使用 context 属性调用 tracecontext 方法之一；
- 为跟踪语句指定可选的 category 参数，能够使用该类别对所显示的跟踪语句进行排序；
- 为跟踪语句指定 message 参数；
- 指定可选的 errorinfo 参数，该参数包含有关页中任何错误的信息；

```
[c#]
context.trace.write("zhangsan class","张三在跟踪.");
```

```
[visual basic]
context.trace.write("zhangsan class","张三在跟踪.")
```

(3) 只有在启用了跟踪时，跟踪消息写入记录 。

在有些情况下，只有当启用了跟踪时，才需要将语句传递到 write 或 warn 方法。trace-context 对象具备布尔属性（isenabled)，允许有条件地调用这些方法。

14.5 小　　结

本章介绍了如何用异常处理在程序中处理错误。

异常处理使用 try、catch 和 finally 关键字来进行程序可能未成功的操作，处理程序运行失败的情况以及在处理完成后清理程序占用的系统资源。

C#应用程序遇到异常情况时，将“抛”出一个异常，并终止当前方法，直到发现一个异常处理方法，转而执行异常处理程序，程序运行栈才会清空。

断点是一个信号，它通知调试器在某个特定点上暂时将程序执行挂起。当执行在某个断点处挂起时，称程序处于中断模式。进入中断模式并不会终止或结束程序的执行，执行可以在任何时候继续。

跟踪点是 Visual Studio 中新的调试器功能，是带有与断点关联的自定义操作的断点。命中跟踪点时，调试器执行指定的跟踪点操作，而不是或不仅仅是中断程序执行。

Visual Studio 中提供了大量调试工具。中断进入代码、分析并改变执行环境的能力，这可大大节省时间。使用者可获得平滑的调试经验，从客户端代码一直调试到服务器。这些优点使得 Visual Studio 成为调试代码的优秀工具。

14.6 练　　习

1. 简述调试和跟踪的区别。

2. 假设编写有一段代码可能会抛出异常，那么当试着把文件写到磁盘时，使用什么异常处理策略可避免异常显示在浏览器中?

3. 一个 Web 站点出现大量的 yellow screens of death，除了分析整个应用程序的代码，获取有关错误及发生错误位置信息的快速解决方案是什么? 如何向 Web 站点用户屏蔽异常消息的详细信息?

第15章 部署Web站点

本章教学目标

- 了解Web站点的预编译概念；
- 掌握Web站点部署的基本步骤；
- 了解Web站点部署需要的清单；
- 掌握Web站点部署的基本方法；
- 理解Web站点部署的基本原理。

部署Web站点就是将Web站点安装到客户指定的服务器上，使之可以由外界访问，换句话说，就是向大众传播Web站点。在建立完一个Web应用程序后，就要考虑如何进行部署和发布。一般情况下，尽可能将安装简单化，以使用户有非常好的体验。但有的情况下，可能对安装程序的要求比较高，例如有时要将一些安装配置信息写到注册表中去。而对于一个Web应用程序，该如何安装部署呢？这和安装部署一个普通的WINFORM下的应用程序有些不同。本章主要介绍如何对Web应用程序进行安装部署。

15.1 部署清单

ASP. NET应用程序由各种Web页面（. aspx和HTML文件）、处理程序、模块、执行代码和其他文件（例如图形文件，配置文件等）构成，这些文件都可以从Web服务器的虚拟目录引用。如果使用了. aspx文件的CodeBehind机制，ASP. NET应用程序还包含编译好的程序集，另外还有其他支持应用程序的程序集。例如，可以把应用的业务逻辑封装成一个单独的程序集，程序集一般位于应用程序虚拟目录的bin子目录下。要理解VS. NET如何简化部署过程，必须理解程序集的结构，因为正是程序集的结构特点才使得简化部署成为可能。程序集包含以下4种元素。

（1）MSIL代码。即微软中间语言代码：编译应用程序代码时，源代码被编译成所谓的MSIL代码。MSIL代码是. NET公共语言运行时环境（CLR）所理解的代码。

（2）元数据。描述代码中定义的类型、方法和其他元素。

（3）Manifest。包含名称和版本信息，程序集中包含文件的清单，安全信息等。

（4）支持文件和资源。

从这个结构可以看出，程序集包含了完整的自我描述信息，所以VS. NET应用程序根本不必像COM组件那样在注册表中注册。这就是说，只要目标机器上也安装了. NET框架，安装VS. NET应用程序时只要简单地将必需的文件复制到目标机器就可以了，这就是所谓的XCOPY部署。在接下来的内容中，将介绍如何利用各种不同的部署机制部署一个Web站点。

15.2　Web 站点的预编译

ASP. NET 可以预编译网站，然后再将其提供给用户。这样做有很多优点，包括缩短响应时间、执行错误检查、保护源代码以及提高部署效率。此外，还可以使用 Web 应用程序项目模型编译项目。项目中的所有代码文件（独立文件、代码隐藏文件以及类文件）将被编译成单个程序集并存储在 Bin 目录中。由于编译会创建单个程序集，因此可以指定程序集名称和版本等属性。如果不想将输出程序集保存在 Bin 目录中，则也可以为其指定另一个位置。

在默认情况下，当用户首次请求资源（如网站的一个页）时，将动态编译 ASP. NET Web 页面和代码文件。在首次编译页和代码文件后，将缓存已编译的资源。这样，对相同页的后续请求将十分有效。ASP. NET 还可以预编译整个网站，然后再将其提供给用户。ASP. NET 提供了下列网站预编译选项。

- 预编译现有 Web 站点。如果希望提高现有 Web 站点的性能并对 Web 站点执行错误检查，那么此选项十分有用。
- 针对部署预编译 Web 站点。此选项将创建一个特殊的输出，可以将该输出部署到成品服务器。

15.2.1　就地预编译

通过预编译网站，可在一定程度上提高网站的性能，这对于经常更改和补充 ASP. NET Web 页面及代码文件的网站更是如此。在内容不固定的网站中，动态编译新增页和更改页所需的额外时间会影响用户对网站质量的感受。

就地预编译网站可以有效执行用户在请求 Web 页面时所发生的编译过程。因此，主要的性能改进在于在第一次请求页时无需对该页进行编译。在执行就地预编译时，将编译所有 ASP. NET 文件类型。（HTML 文件、图形和其他非 ASP. NET 静态文件将保持原状）预编译过程的逻辑与 ASP. NET 进行动态编译时所用的逻辑相同，说明了文件之间的依赖关系。在预编译过程中，编译器将为所有可执行输出创建程序集，并将它们放置在 %SystemRoot% \Microsoft. NET\Framework\版本\Temporary ASP. NET Files 文件夹下的特殊文件中。随后，ASP. NET 将通过此文件夹中的程序集来完成页请求。

如果再次预编译 Web 站点，那么将只编译新文件或更改过的文件（或那些与新文件或更改过的文件具有依赖关系的文件）。由于编译器的这一优化，因此，即使是在细微的更新之后也可以编译 Web 站点。

15.2.2　针对部署的预编译

预编译 Web 站点的另一个用处是生成可部署到成品服务器的 Web 站点的可执行版本。针对部署的预编译会以布局的形式创建输出。布局包含程序集、配置信息、网站文件夹信息以及静态文件（例如 HTML 文件和图形）。编译网站之后，可以使用 Windows XCopy 命令、FTP、Windows 安装等工具将布局部署到成品服务器。布局在部署之后将作为网站运行，而 ASP. NET 将通过布局中的程序集来完成页请求。针对部署，预编译网站提供了一种保护源代码和其他知识产权的方式。

可以按照以下两种方式来针对部署进行预编译：仅针对部署进行预编译，或者针对部署和更新进行预编译。

（1）仅针对部署进行预编译。当仅针对部署进行预编译时，编译器将基于正常情况下在运行时编译的几乎所有 ASP. NET 源文件来生成程序集。其中包括页中的程序代码、. cs 和 . vb 类文件以及其他代码文件和资源文件。编译器将从输出中移除所有源代码和标记。在生成的布局中，将为每个 . aspx 文件生成编译后的文件（扩展名为 . compiled），该文件包含指向与该页相应的程序集的指针。若要更改网站（包括页的布局），必须更改原始文件、重新编译网站并重新部署布局。唯一的例外是网站配置。可以直接对成品服务器上的 Web. config 文件进行更改，而无需重新编译网站。此选项不仅为 ASP. NET Web 页面提供了最大程度的保护，还提供了最佳启动性能。

（2）针对部署和更新进行预编译。当针对部署和更新进行预编译时，编译器将基于所有源代码（单文件页中的页代码除外）以及正常情况下用来生成程序集的其他文件（例如资源文件）来生成程序集。编译器将 . aspx 文件转换成使用编译后的代码隐藏模型的单个文件，并将它们复制到布局中。使用此选项，可以在编译网站中的 ASP. NET Web 页面之后，对它们进行有限的更改。例如，可以更改控件的排列、页的颜色、字体和其他外观元素。还可以添加不需要事件处理程序或其他代码的控件。当网站第一次运行时，ASP. NET 将执行进一步的编译，以便基于标记创建输出。

15. 2. 3 默认编译

在默认情况下，ASP. NET 会在 Web 浏览器首次请求 Web 应用程序中的页时编译该应用程序。如果对应用程序中的文件进行了更改，则在下次请求页时，ASP. NET 运行库将确定已更改文件的依赖项，它只编译受更改影响的文件。

使用默认编译的优点包括：简单易用，ASP. NET 编译器会完成所有工作。当预编译网站所需的额外步骤减慢了开发过程时，默认编译是开发过程中可供选择的最佳编译模型。

使用默认编译的缺点包括：在首次请求网站时可能会导致大量延迟，并且要求将源代码文件存储在成品服务器上。对服务器上的网站目录拥有文件系统访问权限的任何人都可以获取源代码和 UI 代码。

一般在下列情况下使用默认编译：在开发和测试网站时，或用于主要包含静态信息的网站，或用于不经常更改的网站，并且在将源代码文件存储在成品服务器上不存在顾虑时。

15. 2. 4 预编译网站以进行部署

在预编译 ASP. NET 网站以进行部署时，将创建一个布局，其中包含程序集和随后可复制到成品服务器的其他信息。预编译以进行部署的网站，创建无需源代码即可部署到成品服务器的编译版本的 Web 站点。可以选择预编译代码和 . aspx 页，或者仅预编译代码。

如果只预编译代码，则可以更新 Web 站点的用户界面，而无需重新编译整个 Web 站点。

（1）预编译 ASP. NET 网站以进行部署。

① 打开一个命令窗口并定位到包含 . NET Framework 的文件夹。. NET Framework 将安装在以下位置。

```
% windir% \Microsoft.NET \Framework \version
```

② 运行 aspnet_compiler 命令，在命令提示符下键入以下内容，同时指定源路径（作为虚拟路径或物理路径指定）以及编译网站的目标文件夹。

```
aspnet_compiler -v virtualPathtargetPath
```

如果网站不是 Internet 信息服务（IIS）应用程序，并且 IIS 源数据库中没有该项，则对 -v 开关使用下列值。

```
aspnet_compiler -p physicalOrRelativePath -v /targetPath
```

在这种情况下，physicalOrRelativePath 参数是指网站文件所在的完全限定目录路径，或者相对于当前目录的路径。在 physicalOrRelativePath 参数中允许使用句点（.）运算符。-v 开关指定一个根目录，编译器将使用该目录来解析应用程序根目录引用，例如，用代字号（～）运算符。当为 -v 开关指定值 / 时，编译器将使用物理路径作为根目录来解析路径。targetPath 参数是目标目录的物理路径。

（2）预编译 ASP. NET 网站以进行部署和更新。

① 打开一个命令窗口并定位到包含 . NET Framework 的文件夹。. NET Framework 将安装在以下位置。

```
% windir% \Microsoft.NET \Framework \version
```

② 运行 aspnet_compiler 命令，在命令提示符下键入以下内容，同时指定源（作为虚拟路径或物理路径指定）、编译网站的目标文件夹以及 -u 开关（此开关表示想编译 Web 站点以进行部署和更新）。

```
aspnet_compiler -p physicalOrRelativePath -v /targetPath -u
```

15.3 部署方法

在 Visual Studio 中开发网站后，可以选择下列两种方法进行部署：（1）通过使用 Visual Studio 中的工具将网站中的文件复制到目标服务器；（2）预编译 Web 站点，并将输出文件复制到您指定的位置，如服务器。接下来对这两种方法进行详细介绍。

15.3.1 采用复制网站进行部署

Visual Studio 提供了“复制网站”工具，该工具将当前网站的文件复制到目标服务器。“复制网站”工具类似于 FTP 实用工具。可以打开目标服务器上的文件夹，然后在当前网站和目标网站之间上载和下载文件。“复制网站”工具支持同步功能，该功能同时检查两个网站中的文件并自动确保两个网站都有最新版本的文件。

“复制网站”工具支持下面的功能：可以将源文件（包括 . aspx 文件和类文件）复制到目标服务器。在这种情况下，Web 页面是在被请求时动态编译的。在复制应用程序文件之前，“复制网站”工具将名为 App_offline. htm 的文件放置在目标网站的根目录中。

当 App_offline. htm 文件存在时，对网站的任何请求都将重定向到该文件。该文件显示一条友好消息，让客户端知道正在更新网站。复制完所有网站文件后，“复制网站”工具从目标网站删除 App_offline. htm 文件。

（1）使用“复制网站”工具具有如下优点：只需将文件从网站复制到目标计算机即可完成部署。可以使用 Visual Studio 所支持的任何连接协议部署到目标计算机，复制到网络中的其他计算机上的共享文件夹。如果使用的是其文件存储在中央服务器中的项目，则可以使用同步功能确保文件的本地和远程版本保持同步。

（2）使用“复制网站”工具具有如下缺点：Web 站点是按原样复制的，因此，如果任何文件包含编译错误，则直到有人（也许是用户）运行引发该错误的 Web 页面时，才会发现该错误。

（3）使用“复制网站”工具的步骤如下。

① 在“网站”菜单上单击“复制网站”，具体如图 15-1 所示。

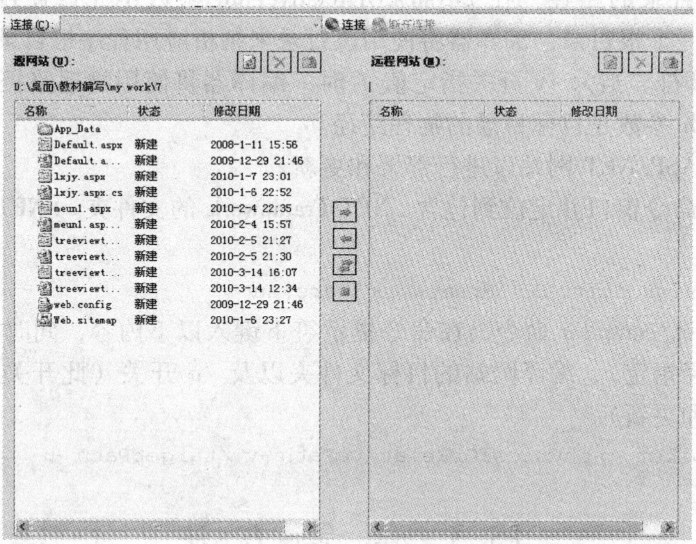

图 15-1 复制网站的工具截图

②“复制网站”窗口打开并在“源网站”列表中显示当前打开的网站中的文件。

从“连接到”列表中选择要作为远程 Web 站点进行连接的 Web 站点。如果要连接的 Web 站点不在列表中，请选择“连接到 . . . ”，然后使用“打开网站”对话框连接要复制文件的源 Web 站点或目标 Web 站点。具体如图 15-2 所示。

“复制网站”工具会在打开远程 Web 站点时检查两个 Web 站点上的文件并指示它们的状态（“新建”、“未更改”、“已更改”或“已删除”）。如果一个文件有两个版本，一个在源 Web 站点上，一个在远程 Web 站点上，则会有一个箭头从较新的版本指向较旧的版本。

完成以上步骤就可以开始进行复制了，如果复制结束就单击“断开连接”按钮。

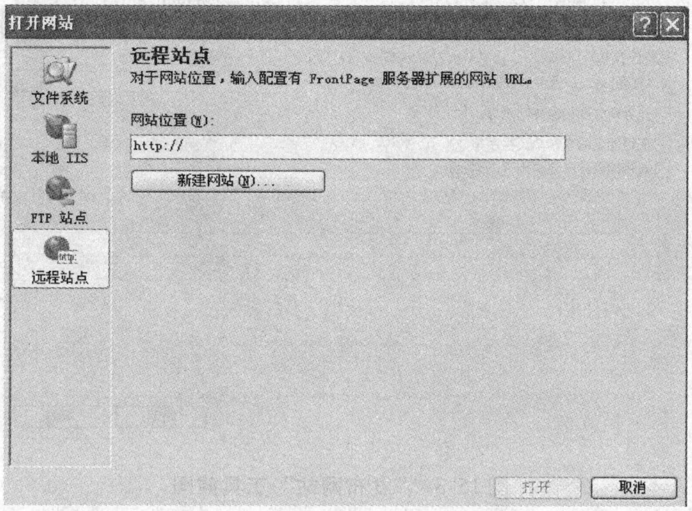

图 15-2　连接远程 Web 站点截图

15.3.2　采用发布网站进行部署

Visual Studio 提供了“发布网站”实用工具，该工具可以将网站编译为一组可执行文件，通过预编译网站的内容，包括 Web 页面（.aspx 文件）和代码。该工具将输出文件复制到指定的目录或服务器位置，它可以作为预编译过程的一部分直接发布，也可以在本地预编译，然后自己复制文件。“发布网站”实用工具编译网站并从文件中去除源代码，从而只保留页和已编译程序集的存根文件，有效地保护了源代码。在用户请求页时，ASP.NET 用预编译的程序集执行请求。

(1) 使用“发布网站”实用工具具有如下优点。

① 预编译过程可帮助发现编译时错误及 Web.config 文件和其他非代码文件中的潜在错误。

② 从网站中移除了源代码，还可选择移除 ASP.NET Web 文件中的标记和用户控件。这提供了保护知识产权的措施并使其他人更难访问 Web 站点的源代码。

③ 由于 Web 站点中的页已经编译过，因此在最初请求时无需对其进行动态编译。这可以减少 Web 页面的初始响应时间。(在动态编译 Web 页面时，将为后续请求缓存输出)

(2) 使用“发布网站”实用工具具有如下缺点。

① 根据所指定的发布选项的不同，在对 Web 站点进行更改后可能需要重新编译该 Web 站点。因此，在开发 Web 站点并频繁更改 Web 页面的过程中，使用“发布网站”实用工具可能不可行。

②“发布网站”实用工具无法将已编译的 Web 站点部署到远程服务器，它只能复制到本地计算机或局域网中的其他计算机。

(3) 使用“发布网站”工具的步骤如下。

① 在“生成”菜单上单击“发布网站”。具体如图 15-3 所示。

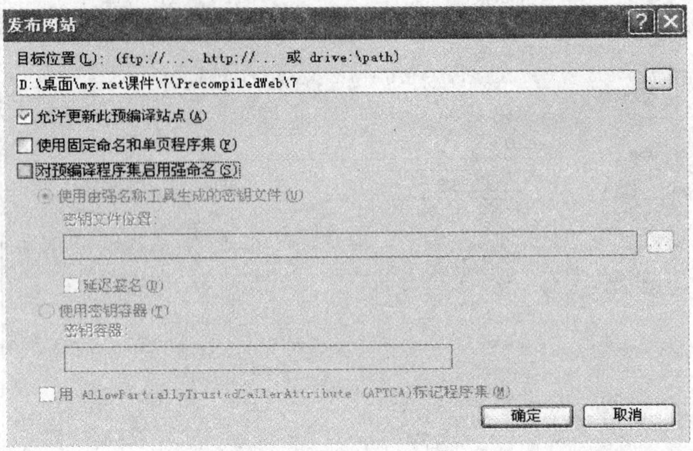

图 15-3 “发布网站”工具截图

② 在“发布网站”对话框中，单击省略号按钮（…）浏览至要发布网站的位置。可将网站输出写入本地文件夹或共享文件夹、FTP Web 站点或者通过 URL 访问的网站。必须具有在目标位置创建和写入的权限。

③ 若要能够在发布网站之后更改 .aspx 文件的布局（而非代码），请选择“允许更新此预编译网站”复选框。

④ 若要使用密钥文件或密钥容器命名具有强名称的程序集，请选择“对预编译程序集启用强命名”复选框，然后单击“确定”按钮。

⑤ 发布状态显示在任务栏中。根据连接速度、Web 站点的大小和内容文件的类型，发布时间可能不同。发布完成后，即显示“发布成功”状态。

15.4 提高 Web 站点性能

性能是成功网站或项目的一个关键因素，适当的方法有助于最大程度地提高 ASP. NET Web 应用程序的性能，加快网站的访问速度，具体方法如下。

1. 关于页面和服务器控件处理

（1）避免不必要的到服务器的往返行程。在某些情况下，可以使用 ASP. NET AJAX 和部分页呈现功能来完成浏览器代码中的任务，而无需执行完全回发。例如，可以先使用 ASP. NET AJAX 功能来验证浏览器中的用户输入，然后再将输入提交到服务器。

（2）如果不需要将信息传递到服务器以进行验证或将其写入数据存储区，则可以通过避免到服务器的往返行程来提高页的性能（从而改善用户体验）。

（3）如果开发自定义服务器控件，请考虑将它们设计为针对它们的某些功能来呈现客户端脚本。这样可以显著减少向 Web 服务器发送信息的次数。

（4）使用 Page 对象的 IsPostBack 属性来避免不必要的处理。如果只是在首次请求页时必须运行代码，请避免在每次回发时都运行代码。根据页是否是为了响应服务器控件事件才运行的，可以测试 IsPostBack 属性有条件地执行代码。

（5）除非有特殊的原因要关闭缓冲，否则使其保持打开状态。禁用 ASP. NET Web 页面的缓冲会导致大量的性能开销。

（6）使用 Server 对象的 Transfer 方法或使用跨页发送在同一应用程序中的不同 ASP. NET 页之间重定向。

2. 关于状态管理的处理

（1）仅在必要时才保存服务器控件视图状态。视图状态使服务器控件可以在往返行程中重新填充属性值，而无需编写代码。但是，由于在隐藏形式的字段中，视图状态会传入和传出服务器，因此它会影响性能和页大小。如果在每个往返行程中将服务器控件绑定到数据，由于在数据绑定期间会用新值替换控件的值，因此保存的视图状态也没什么用处。在这种情况下，禁用视图状态可以节省处理时间并减少页的大小。

在默认情况下，已对所有服务器控件启用了视图状态。若要对某个控件禁用它，请将该控件的 EnableViewState 属性设置为 false，如下面的示例所示：

```
<asp:datagrid EnableViewState = "false" datasource = "…"
  runat = "server"/>
```

还可以使用 @ Page 指令对某个页禁用视图状态，这在页不需要回发处理时十分有用，如下面的示例所示：

```
<%@  Page EnableViewState = "false" %>
```

若要分析某个页的视图状态大小，请通过在 @ Page 指令中设置 trace = "true" 来启用对该页的跟踪。然后，在跟踪输出中检查“控件层次结构”表的“ViewState”列。

（2）除非必要，否则避免使用视图状态加密功能。视图状态加密功能可阻止用户读取隐藏视图状态形式的字段中的视图状态值。例如，如果页中包括一个 GridView 控件，该控件维护 DataKeyNames 属性中的标识符字段以协调对记录的更新，则可能需要加密视图状态。由于不希望用户看到标识符，因此可以加密视图状态。但是，加密对于初始化具有恒定的性能开销，并具有取决于要加密的视图状态大小的附加开销。每次加载页时都会执行加密。因此，首次请求页时以及每次回发时都会产生相同的性能影响。

当不使用会话状态时，禁用它，若要对某个页禁用会话状态，请将 @ Page 指令中的 EnableSessionState 属性设置为 false，如下面的示例所示：

```
<%@  Page EnableSessionState = "false" %>
```

还可以禁用 ASP. NET Web 服务方法的会话状态。

（3）若要禁用应用程序的会话状态，请在应用程序的 Web. config 文件的 SessionState 中将 Mode 属性设置为 Off，如下面的示例所示：

```
<sessionState mode = "Off"/>
```

（4）为应用程序选择合适的会话状态提供程序。ASP. NET 提供了多种方法用来存储应用程序的会话数据，其中包括进程内会话状态、作为 Windows 服务的进程外会话状态以及 SQL Server 数据库中进程外会话状态。（还可以创建自定义会话状态提供程序，以在指定的数据存储区中存储会话数据）每种方法都有自己的优点，但进程内会话状态是目前为止速度最快的方法。如果仅对会话状态中的少量数据使用会话状态，请使用进程内提供程序。在以下情况下，请使用进程外会话状态选项：跨多个处理器或多台计算机缩放应用程序，或者希望在服务器或进程重新启动时保留会话数据。

3. 关于数据访问的处理

（1）将 SQL Server 和存储过程用于数据访问 SQL Server 是创建高性能、可缩放 Web 应用程序的数据存储推荐选择。使用托管 SQL Server 提供程序时，可通过尽可能使用编译的存储过程而不是使用 SQL 命令来获得额外的性能提升。

（2）将 SqlDataReader 类用于快速仅向前数据游标。SqlDataReader 类创建从 SQL Server 数据库检索的仅向前、只读数据流。SqlDataReader 类使用 SQL Server 本机网络数据传输格式直接从数据库连接读取数据，如果可行，请使用 SqlDataReader 类，因为与 DataSet 类相比，它可以提供更优的性能。例如，将数据控件绑定到 SqlDataSource 控件时，如果将 DataSourceMode 属性设置为 DataReader，会得到更优的性能。（但是，与 DataSet 模式相比，数据读取器支持的功能比较少。）

（3）尽可能缓存数据和页输出，如果必须为每个页请求动态计算页或数据，请使用 ASP. NET 缓存。如有可能，针对缓存设计页和数据请求，尤其是预期有较大通信量时更应执行此操作。与使用 . NET Framework 的任何其他功能相比，适当地使用缓存可以更好地提高 Web 站点的性能。

使用 ASP. NET 缓存时，请遵循下列准则。首先，不要缓存太多项，因为每个缓存项都需要占用服务器内存。例如，不要缓存容易重新计算或很少使用的项。其次，给缓存项分配的有效期不要太短。很快到期的项会导致额外的代码清除和垃圾回收工作。使用与 ASP. NET Applications 性能对象相关联的 Cache Total Turnover Rate（缓存总流通率）性能计数器，可以监视缓存中由于项到期而导致的周转。高周转率可能说明存在问题，特别是当项在到期前被移除时（这种情况有时称作内存压力）。

（4）适当地使用 SQL 缓存依赖项。对于 SQL Server 中的缓存数据，ASP. NET 同时支持基于表的轮询和查询通知，具体取决于所使用的 SQL Server 的版本。所有 SQL Server 版本都支持基于表的轮询。在基于表的轮询中，如果某个表中的任何数据发生更改，与该表有关的所有缓存项都会失效。这会导致缓存中不必要的周转。建议不要对经常发生变化的表使用基于表的轮询。例如，建议对很少发生变化的目录表使用基于表的轮询。建议不要对经常进行更新的订单表使用基于表的轮询。

SQL Server 2005 及更高版本支持查询通知。查询通知使用 SQL 查询来检测目标行集中的更改，这样可以减少表发生变化时发送的通知数。与基于表的轮询相比，查询通知可以提供更优的性能。但是，不能将它扩展到适用于数千个查询。

（5）使用数据源分页和排序而不是 UI 分页和排序 DetailsView 和 GridView 等数据控件的 UI 分页功能可用于支持 ICollection 接口的任何数据源对象。对于每个分页操作，数据控件会查询数据源中的整个数据集合，选择要显示的行，并放弃其余的数据。

（6）使用 SqlDataSource 控件进行缓存、排序和筛选。如果 SqlDataSource 控件的 DataSourceMode 属性设置为 DataSet，则 SqlDataSource 控件可以缓存查询的结果集。然后，SqlDataSource 控件的筛选和排序操作可以使用缓存的数据。如果缓存整个数据集并使用 FilterExpression 和 SortParameterName 属性进行排序和筛选，应用程序会运行得更快。然后，数据源控件可以避免进行带 Where 和 Sort By 子句的 SQL 查询，以便用户每次在 UI 中对数据进行排序或筛选时访问数据库。

15.5　小　　结

当 Web 站点已经设计好，如何把它发布出去，让访问者可以随时随地的进行访问，这是本章主要介绍的内容。同时本章还介绍了如何更好地提高网站的性能的一些方法，通过这些方法可以有效地提高网站的执行速度，加快网站的访问速度，更好地为访问者提供服务。

15.6　练　　习

1. 网站部署的清单一般有哪些?
2. 网站编译的概念?
3. “复制网站”和“发布网站”有什么区别?
4. 提高 Web 站点性能一般有什么方法?

第 16 章　实验室综合管理系统的设计与实现

截至本书第 15 章，ASP. NET 的主要内容都已经基本介绍完毕。在各章节的理论学习和练习积累的基础上，本章完整地概述了一个具体系统实例——实验室综合管理系统的设计与实现，以帮助读者更充分全面地了解如何使用 ASP. NET——进行系统开发以及了解系统开发的流程。

16.1　系统需求分析

集美大学诚毅学院作为一所独立学院，充分利用集美大学的优质教育资源，依托集美大学各学科专业的师资队伍、教学实验设施以及校园文化等方面的雄厚资源开设了门类齐全的专业。为满足不同专业的实验教学需求，学院的实验管理中心设有计算机语音实验室、电子电工实验室、物理实验室、船舶操纵模拟实验室等。实验中心目前已拥有 24 间计算机机房和 10 间语音室，同时拥有众多的电子电工、物理、机械、模拟仿真的实验教学仪器。随着学院规模的不断扩大，专业、班级、学生的数量都急剧增加，各专业的相关实验设备数量也迅速增加。设备规模的扩大使得实验员的日常工作面临新的问题。例如，如何规范有效的记录设备的运行情况，如何实时查询了解每台设备的当前状态，如何查询某台设备的记录历史，如何查询设备相关的各种资产信息。另外，为提高实验室的利用率，需要提供可供选择的网络预约功能。

如果为各实验室单独开发各自的信息管理系统，那将割裂实验中心各部门间的数据共享。最好的方式是将分散在各个实验室中，由不同实验员分别负责的设备监管工作统一到一个管理平台里来，实现由不同实验室的实验员上传最新设备信息，由信息管理系统收集管理。

除了设备监管，本系统将要解决的问题还包括信息发布、人员管理、实验预约、实验设备相关数据统计等。

通过调研各个实验室，提出本系统所要实现的 6 大功能模块，具体如下：

- 设备管理模块
- 预约管理模块
- 查询统计服务模块
- 人员管理模块
- 工作服务模块
- 信息发布管理模块

（1）设备管理模块是本系统的核心。它实现了对实验设备入库、存放、维护等几个环节的完整链条记录。所记录的信息主要有设备购买时间、设备型号、经销商信息、存放地点、序列号、资产编号、实验类别、设备故障原因、检修人员、检修时间、设备修复解决方案、修复人员、修复时间、设备当前状态等。

(2) 预约管理模块是本系统的重要组成部分。通过网上提交预约申请，教师将能从网络上得到系统管理员对申请的直接批复。

(3) 查询统计模块为实验员、教师、学生提供了许多实验相关信息。并且为实验人员提供了设备资产分类统计的功能，初步具备了决策支撑能力。

(4) 人员管理模块主要是实现对实验员和本系统所服务的师生进行管理。模块为不同的人员提供不同的权限，使他们享有不同的服务内容。

(5) 工作服务模块主要为实验员提供一些日常工作业务的支持，例如课表查询、课程查询、个人日志记录等。

(6) 信息发布管理模块主要为实验人员发布管理信息的功能，例如实验室管理规范、布置实验任务等一些动态信息。

16.2　系统的总体设计

良好的系统总体设计将使得后续具体的实施工作变得顺利。

16.2.1　系统框架与功能结构设计

集美大学诚毅学院实验室综合管理系统框架与功能结构设计图如图16-1所示。

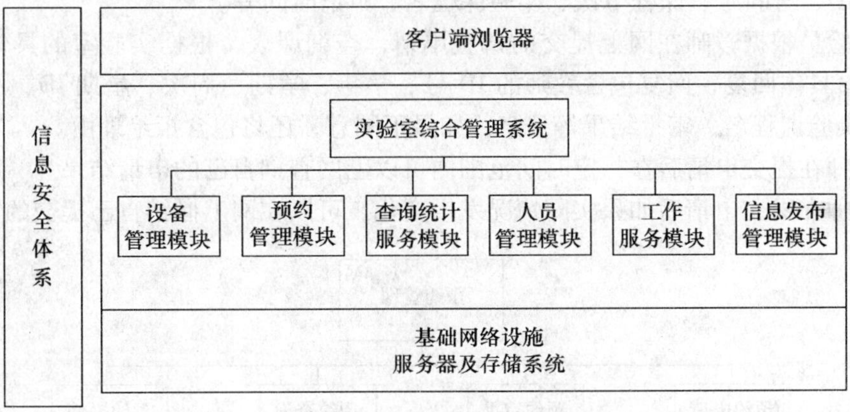

图16-1　实验室综合管理系统框架与功能结构设计图

各功能模块简要介绍如下。

(1) 设备管理模块。该模块是本系统的核心模块，通过该模块，管理人员能实时了解整个实验中心里所有设备的情况，功能分解图如图16-2所示。设备管理模块实现了以下功能。

① 设备存放信息管理具体为管理设备存放的楼号、房间号、桌号的相关信息。

② 经销商信息管理具体为管理销售该设备的商家信息，包括商家名称、商家所在城市、商家联系方式等。

③ 设备型号信息管理具体为管理设备型号、设备规格、设备生产商、国别、购买价格、购买时间、设备详细说明等相关信息。

④ 设备故障信息管理具体为实验员将每次检查设备所得的故障信息登记到系统中，故障信息包括了所检查的设备 ID 号、设备存放位置、设备型号、资产编号、具体的故障、检查后设备状态、检查时间、检查人等。

⑤ 设备维护信息管理具体为实验员将每次维修设备所得的修复信息登记到系统中，修复信息包括所修复的设备 ID 号、设备存放位置、设备型号、资产编号、解决方案、解决时间、修复登记人等。

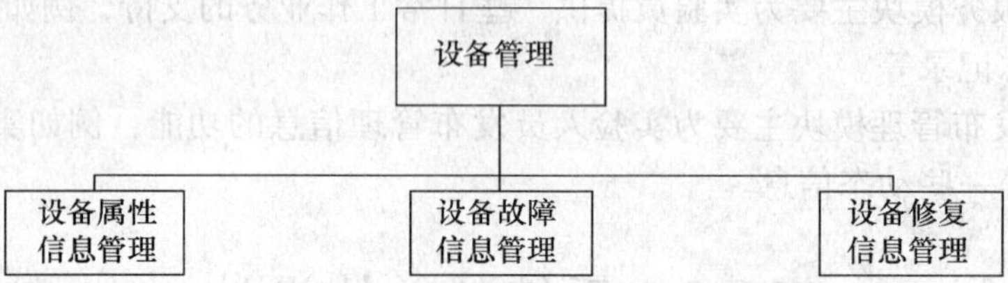

图 16-2　设备管理模块功能分解图

（2）预约模块。该模块是实验室综合管理系统的重要组成部分，它对于提高现有实验室利用率，提高申请批复效率，个性化实验需求等都起着重要的作用，其功能分解图如图 16-3 所示。预约模块实现了以下功能。

① 教师在网上提出预约实验室的申请，申请信息包括教师的 ID 号、学年、学期、周次、星期 ID、房间号、课程节次、实验课程名、申请时间等。

② 实验员根据教师在网上提交的试验申请，查询课表，根据实验室的具体使用情况在网上给出具体回复，回复包含教师的 ID 号、学年、学期、周次、星期 ID、房间号、课程节次、实验课程名、审批结果等信息，如果不同意，还将包含拒绝理由。

③ 教师在提交申请后在一定时间范围内可以上网查询自己的申请结果。

④ 教师在提交申请后如果实际情况发生变化，可以在网上撤销自己提交的申请。

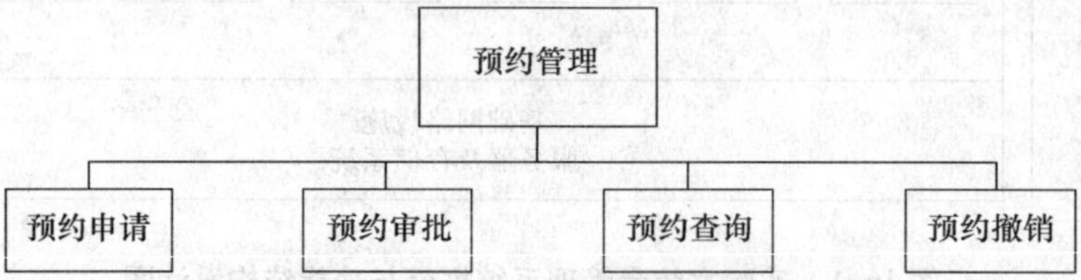

图 16-3　实验预约管理模块功能分解图

（3）查询统计服务模块。该模块也是本系统的重要模块，它主要提供依据各类查询条件，统计条件对实验室各类设备，资产进行查询服务和统计服务，其功能分解图如图 16-4 所示。查询统计服务模块能为查询者方便快捷地提供各类有关设备的详细信息，该模块具体实现功能如下。

① 依据查询条件如设备 ID 号、存放位置、型号、资产编号、国别、购买时间、入库时间、实验类别等查询设备的相关信息。

② 依据查询条件如设备 ID 号、检修时间、房间号、登记人员等条件查询设备的检查和维护的相关信息。

③ 依据统计条件如设备型号、房间号、实验类别、购买时间等对应条件下的设备资产状况。

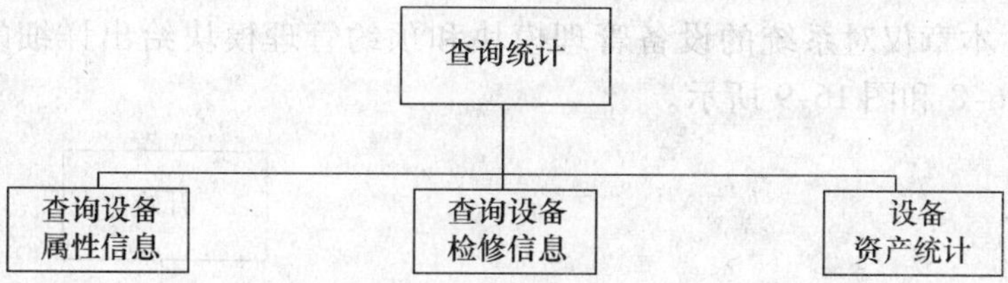

图 16-4　查询统计服务模块功能分解图

(4) 人员管理模块。该模块主要是针对系统的使用者进行管理而设置的。系统管理员拥有最高权限，能够对所有用户进行添加、删除、更新、查询等操作。对于注册用户，系统管理员可以分配不同的权限。例如对于实验员，可以分配其维护设备信息的权限；对于教师，可以分配其实验预约的权限等。人员管理模块功能分解图如图 16-5 所示。

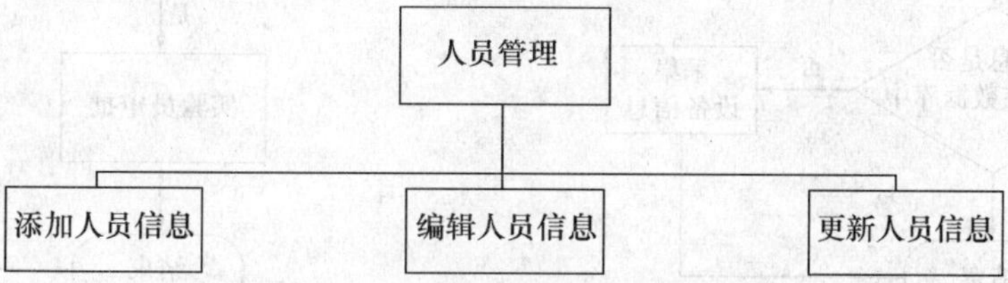

图 16-5　人员管理模块功能分解图

(5) 工作服务模块。该模块主要为实验室人员提供各种工作上的方便，能很好地提高实验员的工作效率，其中留言薄模块还为实验员、教师、学生搭建了一个交流的平台，其功能分解图如图 16-6 所示。

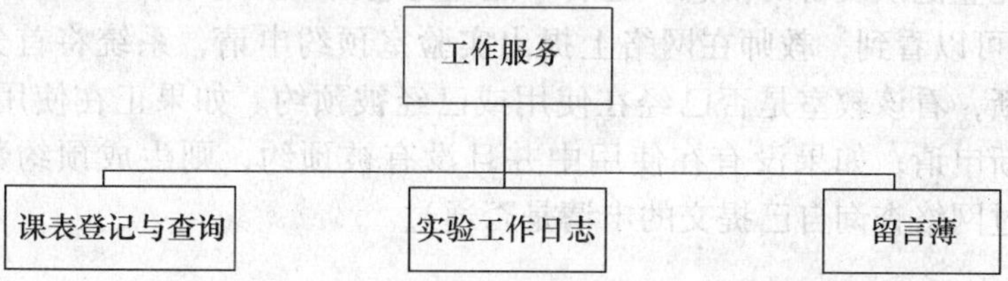

图 16-6　工作服务模块功能分解图

(6) 信息管理模块。该模块主要为教师和学生提供服务，通过该模块，实验人员可以发布实验规则、实验室新闻、布置实验任务等，其功能分解图如图 16-7 所示。

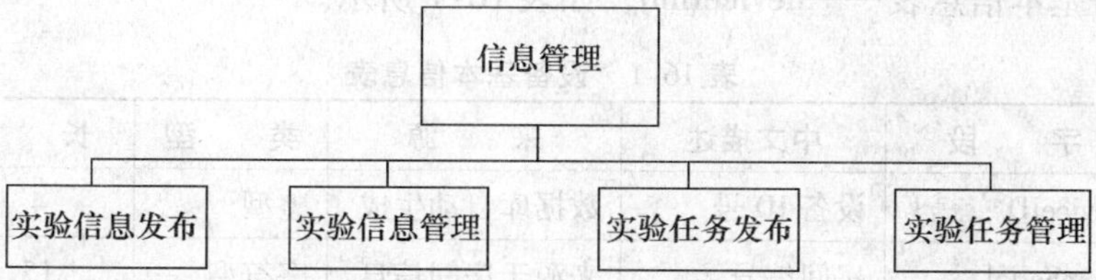

图 16-7　信息管理模块功能分解图

16. 2. 2　业务流程分析

限于篇幅，本章仅对系统的设备管理模块和预约管理模块给出详细的业务操作流程图，分别如图 16-8 和图 16-9 所示。

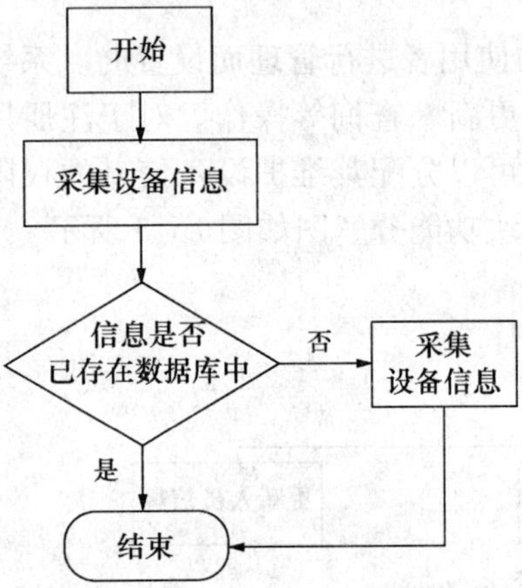

图 16-8　实验设备管理模块流程图

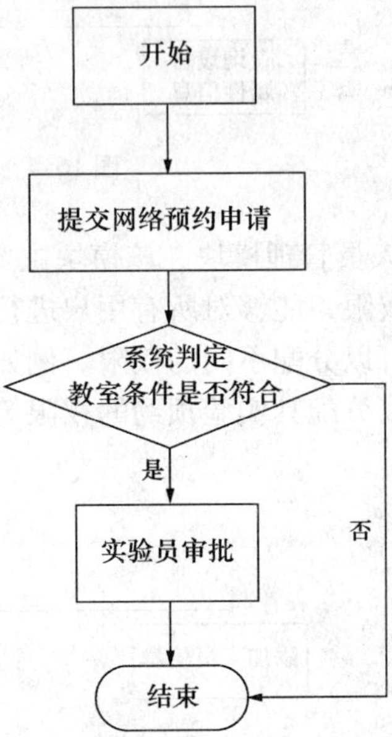

图 16-9　实验预约管理模块流程图

从图 16-8 可以看到，实验员首先要采集所有实验设备的相关信息，然后记录到数据库中，以后每次检查维修设备就更新数据库中的设备信息。如果发现要更新的设备不存在，就需要首先登记该设备的信息，之后才能登记它的维护记录。

从图 16-9 可以看到，教师在网络上提出实验室预约申请，系统将首先对教师所申请的教室进行判断，看该教室是否已经在使用或已经被预约。如果正在使用或已经被预约，则教师需要重新申请；如果没有在使用中并且没有被预约，则生成预约数据由实验员审批。教师可通过网络查询自己提交的申请是否通过。

16. 2. 3　数据库设计

由于系统数据库涉及的数据表数目较多，因此本章将仅列出几个重要的数据表，具体如下所示。

（1）设备基本信息表——deviceInfo，如表 16-1 所示。

表 16-1　设备基本信息表

序　号	字　段	中文描述	来　源	类　型	长　度	是否必须
1	deviceID	设备 ID 号	数据库自动生成	整型	4	是
2	roomSerial	房间编号	来源于房间信息	字符型	15	是

（续表）

序号	字段	中文描述	来源	类型	长度	是否必须
3	deskSerial	桌子编号	选择	字符型	10	是
4	deviceSerial	设备序列号	选择	字符型	30	是
5	deviceAssetSerial	设备资产编号	选择	字符型	30	否
6	deviceSortId	设备分类 ID 号	来源于设备类型	短整型	1	是
7	deviceType	设备型号	来源于设备型号	字符型	20	是
8	currentState	设备当前状态	来源于状态描述	短整型	1	是

设备基本信息表 deviceInfo，包含字段有设备 ID 号、房间编号、桌子编号、设备资产编号、设备分类 ID、设备型号、设备当前状态。其中，设备 ID 是数据库自动生成的，该字段为此表的主键；房间编号、桌子编号两字段联合确定设备存放的物理位置；设备资产编号为以后学院资产统计预留字段；设备分类 ID 号用于指明该设备隶属于哪个实验室；设备型号字段作为外键与设备型号表发生联系，可以得知设备的具体型号信息；设备当前状态字段可以使得用户实时获知设备目前所处的运行状态。

（2）设备详细信息表——machineInfo，如表 16-2 所示。

表 16-2 设备详细信息表

序号	字段	中文描述	来源	类型	长度	是否必须
1	machineId	机器 ID 号	数据库自动生成	短整型	1	是
2	deviceType	设备型号	来源于设备型号	字符型	20	是
3	Spec	设备规格	选择	字符型	15	否
4	State	国别	选择	字符型	15	否
5	Factory	生产厂商	选择	字符型	15	否
6	buyTime	购买时间	选择	短日期型	4	否
7	Price	购买价格	选择	浮点型	9	否
8	outTime	出厂时间	选择	短日期型	4	否
9	registerTime	入库时间	数据库自动填写	短日期型	4	否
10	machineDescription	设备详细说明	选择	字符型	50	否

设备详细信息表 machineInfo 包含字段有机器 ID 号、设备型号、设备规格、国别、生产厂商、购买时间、购买价格、出厂时间、入库时间、设备详细说明。其中，机器 ID 号为主键，编号为数据库自动生成；设备型号为外键，通过该字段此表与设备型号表发生联系；设备规格、国别、生产厂商、购买时间、购买价格、出厂时间、入库时间、设备详细说明这几个字段则用于描述该型号设备的详细信息。

（3）设备当前状态详细记录表——deviceCurrentDetail，如表 16-3 所示。

表 16-3 设备当前状态详细记录表

序号	字段	中文描述	来源	类型	长度	是否必须
1	deviceHistoryPId	问题历史记录 ID 号	数据库自动生成	整型	4	是
2	roomSerial	房间编号	来源于房间编号	字符型	15	是
3	deskSerial	桌子编号	选择	字符型	10	是
4	deviceType	设备型号	来源于设备型号	字符型	20	是
5	deviceSerial	设备序列号	来源于设备信息	字符型	30	是
6	stateP	设备处于的状态	来源于状态描述	短整型	1	是
7	occurDate	登记出问题时刻	数据库自动填写	短日期型	4	是
8	fillInPeople	填报人员	选择	字符型	15	是

在设备当前状态详细记录表 deviceCurrentDetail 中，问题历史记录 ID 号是主键，其编号由数据库自动生成；房间编号、桌子编号、设备型号、设备序列号、设备处于的状态几个字段则作为一个整体具体描述了每一台设备当前的详细信息；登记出问题时刻、填报人员字段则使得信息更加完整丰富。

（4）设备故障记录表——deviceHistoryP，如表 16-4 所示。

表 16-4 设备故障记录表

序号	字段	中文描述	来源	类型	长度	是否必须
1	deviceHistoryPId	问题历史记录 ID 号	数据库自动生成	整型	4	是
2	roomSerial	房间编号	来源于房间编号	字符型	15	是
3	deskSerial	桌子编号	选择	字符型	10	是
4	deviceType	设备型号	来源于设备型号	字符型	20	是
5	deviceSerial	设备序列号	来源于设备信息	字符型	30	是
6	problemInfo	具体问题部件	选择	字符型	30	是
7	statePHistory	检修登记状态	来源于状态描述	短整型	1	是
8	occurDateHistory	检修设备登记时刻	选择	短日期型	4	是
9	repairInfo	解决方案	选择	字符型	30	是
10	stateP	设备修复登记状态	来源于状态描述	短整型	1	是
11	occurDate	登记设备修复的时刻	数据库自动填写	短日期型	4	是
12	fillInPeople	修复问题填报人	选择	字符型	15	是

在设备故障记录表 deviceHistoryP 中，问题历史记录 ID 号字段是主键，编号由数据库自动生成；房间编号、桌子编号这两个字段共同描述出问题设备的物理位置；设备型号、设备序列号这两个字段分别描述哪一台，什么型号的设备出问题；具体问题部件字段描述该设备哪个构件出故障；检修登记状态，检修设备登记时刻这两个字段分别用于描述检查该设备时该设备处于的状态、检查该设备后登记的时刻；解决方案字段描述了实验员是如何处理解决该故障问题；设备修复登记状态，登记设备修复的时刻这两个字段分别描述检修后

设备处于的状态和何时登记修复信息；修复问题填报人则描述了是谁登记的修复信息。

（5）课程安排表——course，如表 16-5 所示。

表 16-5　课程安排表

序　号	字　段	中文描述	来　源	类　型	长　度	是否必须
1	courseId	课程表 ID 号	数据库自动生成	短整型	1	是
2	teacherId	教师 ID 号	选择	字符型	16	是
3	Xn	学年	选择	字符型	9	是
4	Xq	学期	选择	字符型	6	是
5	Zc	周次	选择	字符型	10	是
6	xqId	星期几	选择	字符型	1	是
7	roomSerial	房间编号	来源于房间编号	字符型	15	是
8	Kc12	1，2 节课	选择	短整型	1	是
9	Kc34	3，4 节课	选择	短整型	1	是
10	Kc56	5，6 节课	选择	短整型	1	是
11	Kc78	7，8 节课	选择	短整型	1	是
12	Kc910	9，10 节课	选择	短整型	1	是
13	courseName	现有实验课程名	选择	字符型	30	否

课程安排表 course 的主键由学年，学期，周次，星期几，房间编号，1，2 节课，3，4 节课，5，6 节课，7，8 节课，9，10 节课这些字段共同组成；该表用于记录一学年中（上下两学期）的任何一天中的任何一间教室中的任何一节课的实验安排情况。

（6）预约表——book，如表 16-6 所示。

表 16-6　预约表

序　号	字　段	中文描述	来　源	类　型	长　度	是否必须
1	bookId	预约 ID 号	数据库自动生成	短整型	1	是
2	teacherId	教师 ID 号	选择	字符型	16	是
3	Xn	学年	选择	字符型	9	是
4	Xq	学期	选择	字符型	6	是
5	Zc	周次	选择	字符型	10	是
6	xqId	星期几	选择	字符型	1	是
7	roomSerial	房间编号	来源于房间编号	字符型	15	是
8	Kc12	1，2 节课	选择	短整型	1	是
9	Kc34	3，4 节课	选择	短整型	1	是
10	Kc56	5，6 节课	选择	短整型	1	是
11	Kc78	7，8 节课	选择	短整型	1	是
12	Kc910	9，10 节课	选择	短整型	1	是
13	courseName	预约的实验课程名	选择	字符型	30	是
14	bookReason	预约理由	选择	字符型	100	是
15	bookTime	预约发生时间	数据库自动填写	短日期型	4	是

预约表 book 大部分表结构和课程表相同，相同字段作用则不重复说明；主要说明的是预约发生时间字段是用来判定实验员是否在符合合理规定的时间内做出审批回复，从而规避教学纠纷。

几个重要的表间关系图具体如下所示。

（1）实验部门、设备型号、设备分类这 3 个表的关系如图 16-10 所示。

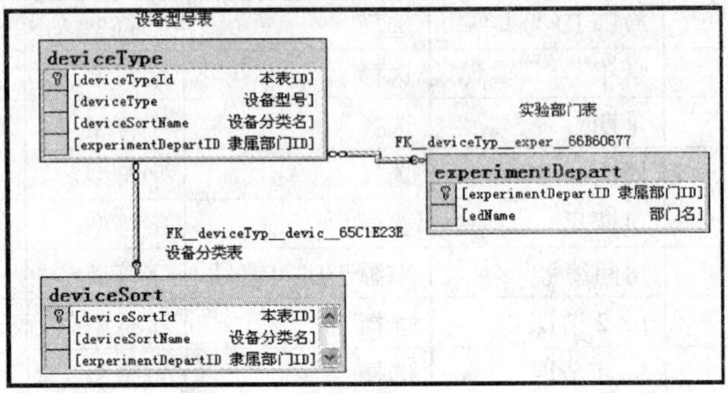

图 16-10　实验部门、设备型号、设备分类的 3 表关系图

（2）房间信息表、课程安排表、预约申请表这 3 个表的关系如图 16-11 所示。

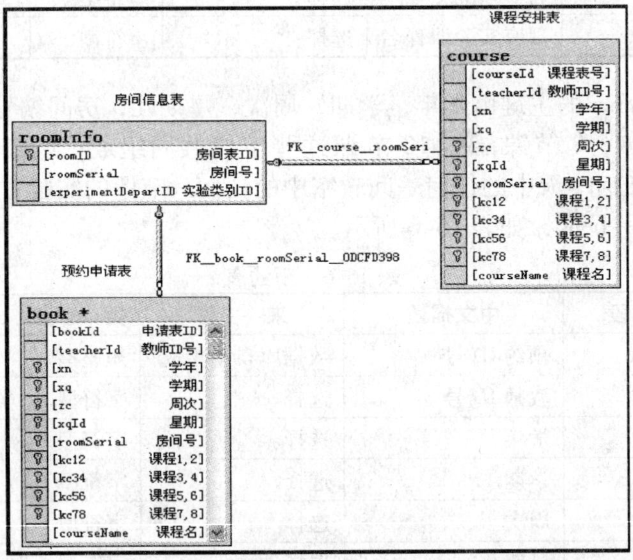

图 16-11　房间信息表、课程安排表、预约申请表的 3 表关系图

（3）设备详细信息表、设备基本信息表、设备故障记录表、设备型号表这 4 个表的关系如图 16-12 所示。

3 个数据表关系图展示了本系统中几个重要的数据表间的逻辑关系，为其后的编码提供了重要的依据。

关联表的父表要求有主健，主健字段或组合字段必须满足非空属性和唯一性的要求。本系统均采用自动序列号生成器来保证完整性。对于关联两个表的字段，一般应该分别建立主键、外键。实际上，是否建立外键，根据对数据完整性的要求决定。其中，设备故障历史记录表如图 16-13 所示。

图 16-13 展示了本系统中的数据库属性在设计时的命名规范，所有命名使用英文单

词，不用汉语拼音或汉语拼音简写，根据英文术语表使用业界规范的标准术语单词，不使用非标准术语的相近词义的英文单词。当一个单词不能表达对象含义时，用词组组合，如果组合太长时，采用通用简写或缩写，缩写基本能表达原单词的意义。名称一律大写，这样不但能方便阅读，而且可以在不同数据库之间移植，从而避免程序调用的问题。

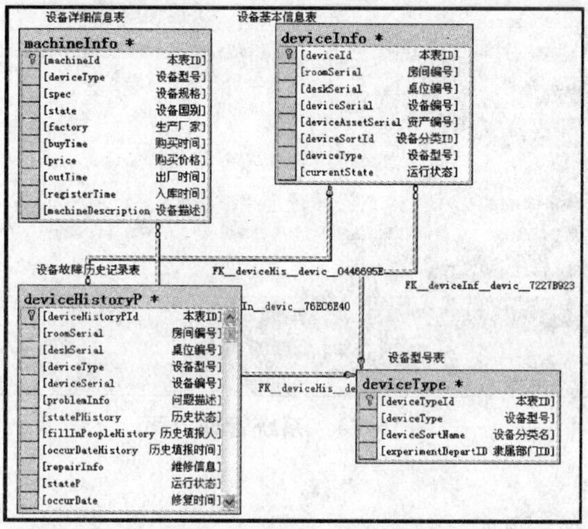

图 16-12　设备详细信息表、设备基本信息表、设备故障历史记录表、设备型号表的 4 表关系图

列名	数据类型	长度	允许空
deviceHistoryPId	int	4	
roomSerial	varchar	15	
deskSerial	varchar	10	
deviceType	varchar	20	
deviceSerial	varchar	30	
problemInfo	varchar	30	
statePHistory	tinyint	1	
fillInPeopleHistory	varchar	15	
occurDateHistory	smalldatetime	4	
repairInfo	varchar	30	
stateP	tinyint	1	
occurDate	smalldatetime	4	
fillInPeople	varchar	15	

图 16-13　设备故障历史记录表

16.3　系统通用性基础设计

本系统对各个实验室不同的实验设备实现通用管理的保证，主要在于前期数据库的设计。主要数据库之间的关系参看 16.2.3 节的数据库设计部分，本节主要从具体运行界面来说明其通用性的实现过程。根据实际情况设计，实现通用性的基础数据主要分为实验部门数据、设备分类数据、设备型号数据、经销商数据、实验楼房间数据、设备信息数据、设备详细信息数据。本节将分别介绍其中实验部门数据管理、设备分类数据管理、设备型号管理、设备信息数据管理这 4 个管理界面。

16.3.1　系统管理

系统管理的运行界面部分截图如图 16-14 所示。

图 16-14　系统管理界面

16. 3. 2　部门管理

由于本系统针对的对象包括计算机语音实验室、电子电工实验室、物理实验室、船舶操纵模拟实验室等，因此在系统初期建立数据的时候，最首要的就是建立部门数据，数据存储于实验部门表——experimentDepart 中，并以实验部门 ID——experimentDepartId 为主键。部门管理运行界面如图 16-15 所示。

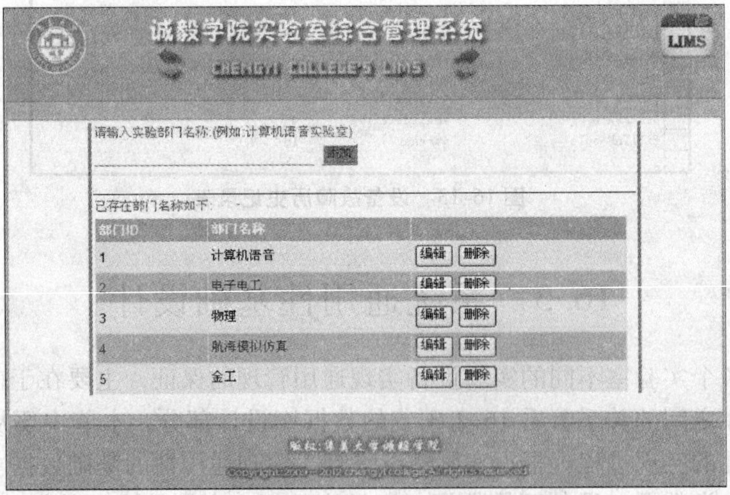

图 16-15　部门管理界面

16. 3. 3　设备分类管理

各个实验室都有不同的实验设备，将这些设备的一个完整个体作为一个名称单元，例如把计算机，语音终端归属于计算机语音实验室；把示波器归属于电子电工实验室等。设备分类数据存储于设备分类表——deviceSort 中，该表以设备分类 ID——deviceSortId 为主键，以实验部门 ID——experimentDepartId 为外键。设备分类管理运行界面如图16-16所示。

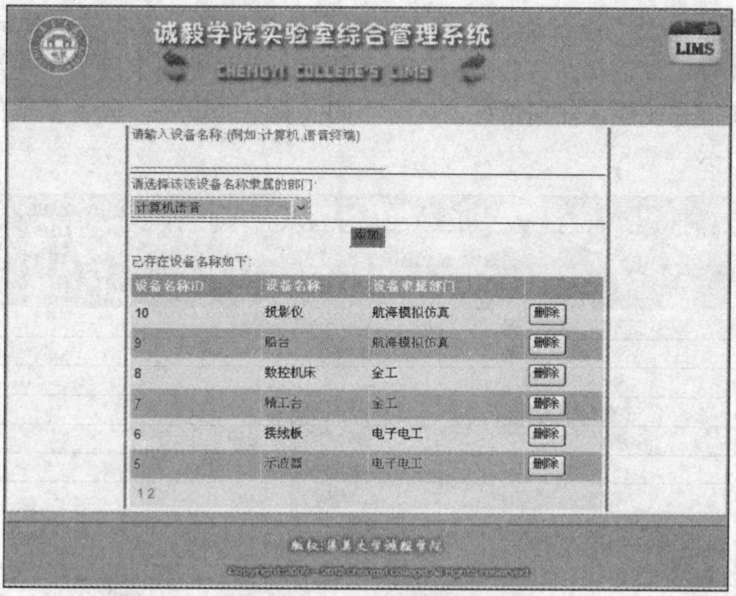

图 16-16　设备分类管理界面

16.3.4　设备型号管理

同一种名称的实验设备可以具有不同的品牌型号，例如计算机可以有（戴尔）DELL-123，（方正）FZ-234，（同方）TF-345，其他实验设备同理。因此，在系统建立数据初期必须为不同的实验设备输入其对应的不同型号。设备型号数据存储于设备型号表——deviceType，该表主键为设备型号 ID——deviceTypeId，外键为实验部门 ID——experimentDepartId。设备型号管理运行界面如图 16-17 所示。

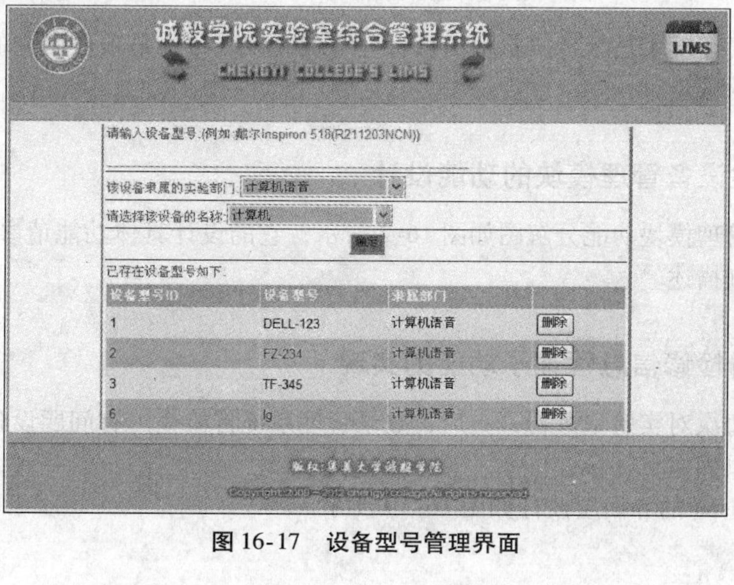

图 16-17　设备型号管理界面

16.3.5 设备基本信息管理

设备基本信息包含了设备类别、设备型号、设备编号、设备资产编号设备所在房间号、设备所在桌号、设备状态这些数据字段。其中，设备类别字段为实现系统通用性起到关键作用，它使得系统能在任何情况下区分不同实验室的设备。设备基本信息管理运行界面如图 16-18 所示。

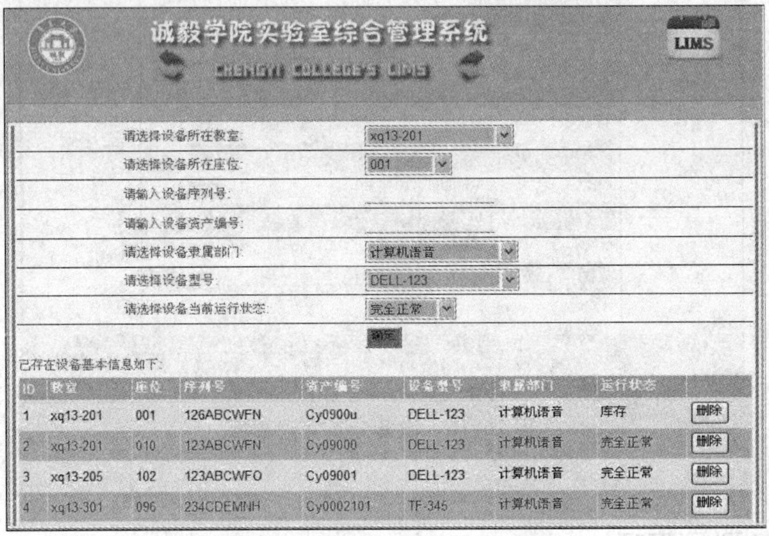

图 16-18 设备基本信息管理

当系统有了上述这些基础数据以及为实现通用性所设计的数据之间的关系时，本原型系统基本实现了各个模块对不同实验室的通用管理功能。

16.4 设备管理模块的设计与实现

实验设备管理模块是综合实验室信息管理系统的核心，也是项目研究的重点，同时也是设计与实现的难点。

16.4.1 实验设备管理模块的功能设计

实验设备管理模块功能分解图如图 16-2 所示，它的设计具体功能请参看图 16-2 以及对其所做的详细描述。

16.4.2 设备检修信息管理子功能的实现

实验人员每次对实验室进行检查后，登录管理系统将检查出有问题设备的相关故障信息登记于如下页面 sign. aspx。

（1）sign. aspx 的界面层设计如图 16-19 所示。

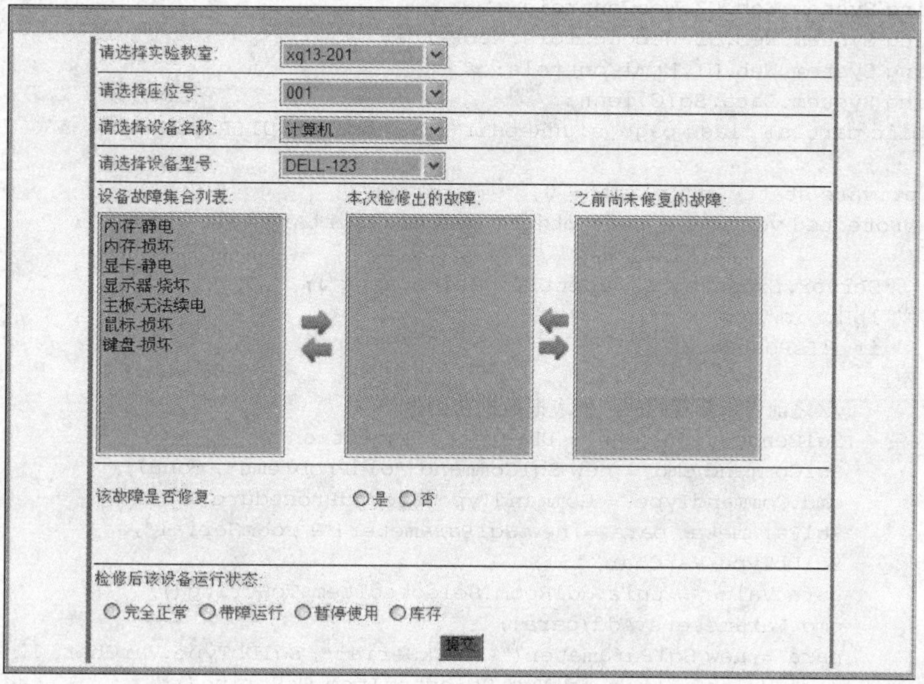

图 16-19　实验设备故障登记操作主界面

如图 16-19 所示，管理员在进行设备故障登记时将进行如下操作。

选择设备所在教室以及具体的座位号，由此确定设备的唯一物理位置。再通过选择设备名称和设备型号，就可以确定具体的维修设备（一个位置可能存放不止一台设备，例如电工实验室，一个位置上有计算机、示波器、接线板等，所以需要 4 个选择才能确定具体设备）。

设备故障列表内将显示所选设备目前已知可能发生的所有故障名称，这些故障名称是由实验员预先输入系统的。使用该列表显示故障名称集合，不仅可以确保不同管理员登记的规范性，而且加快了登记效率。管理员只需要从中选中所要填写的故障项，把它添加到“本次检修出的故障”列表框中，系统就记录下该设备在这次检查中出现的问题。在“之前尚未修复的故障”列表框中还为实验员提示该设备之前已经检查出但至今还未处理的问题，这些已经存在的问题是无法从“设备故障列表”列表框添加到“本次检修出的故障”列表框中，这样可以避免重复添加问题。

再确认选择“该故障是否修复”选项和“检修后该设备运行状态”选项后，即可完成一次设备故障登记过程。

（2）本页面的主要代码如下所示。

```
using System;
using System.Data;
using System.Configuration;
using System.Collections;
using System.Web;
using System.Web.Security;
using System.Web.UI;
```

```
using System.Web.UI.WebControls;
using System.Web.UI.WebControls.WebParts;
using System.Web.UI.HtmlControls;
using System.Data.SqlClient;
public partial class page_signRepair : System.Web.UI.Page
{
    private static int click = 0;
    protected void Page_Load(object sender, EventArgs e)
    {
        Server.Execute("../identification.aspx");
        lbError.Text = "";
        if (!IsPostBack)
        {
            //之前尚未修复的故障列表框数据初始化
            SqlConnection conn = DB.createConnection();
            SqlCommand cmd = new SqlCommand("oldProblems", conn);
            cmd.CommandType = CommandType.StoredProcedure;
            SqlParameter para = new SqlParameter("@ roomSerial",
            SqlDbType.VarChar, 15);
            para.Value = this.ddlRoom.SelectedItem.ToString();
            cmd.Parameters.Add(para);
            para = new SqlParameter("@ deskSerial", SqlDbType.VarChar, 10);
            para.Value = this.ddlNum.SelectedItem.ToString();
            cmd.Parameters.Add(para);
            para = new SqlParameter("@ deviceTypeId", SqlDbType.TinyInt);
            para.Value = this.ddlDeviceType.SelectedIndex + 1;
            cmd.Parameters.Add(para);
            conn.Open();
            cmd.ExecuteNonQuery();
            SqlDataReader sdr = cmd.ExecuteReader();
            this.lstOldProblem.DataSource = sdr;
            this.lstOldProblem.DataTextField = "problemInfo";
            this.lstOldProblem.DataBind();
            sdr.Close();
            conn.Close();
        }
    }
    protected void ddlRoom_SelectedIndexChanged(object sender, EventArgs e)
    {
        //清空"本次检修出的故障"列表框
        this.lboxCheckOut.Items.Clear();
        //设备名称随教室变化绑定更新
        this.ddlDeviceName.DataBind();
        //设备型号随教室变化绑定更新
        this.ddlDeviceType.DataBind();
        //故障列表绑定更新
        this.lboxProblems.DataBind();
        //"之前尚未修复的故障"列表框数据建立
        string roomSerial = this.ddlRoom.SelectedItem.ToString();
        string deskSerial = this.ddlNum.SelectedItem.ToString();
        int deviceTypeId =
        Convert.ToInt32(this.ddlDeviceType.SelectedValue);
        SqlConnection conn = DB.createConnection();
```

```
    SqlCommand cmd = new SqlCommand("oldProblems", conn);
    cmd.CommandType = CommandType.StoredProcedure;
    SqlParameter para = new SqlParameter("@ roomSerial",
    SqlDbType.VarChar, 15);
    para.Value = this.ddlRoom.SelectedItem.ToString();
    cmd.Parameters.Add(para);
    para = new SqlParameter("@ deskSerial", SqlDbType.VarChar, 10);
    para.Value = this.ddlNum.SelectedItem.ToString();
    cmd.Parameters.Add(para);
    para = new SqlParameter("@ deviceTypeId", SqlDbType.TinyInt);
    para.Value = this.ddlDeviceType.SelectedIndex + 1;
    cmd.Parameters.Add(para);
    conn.Open();
    cmd.ExecuteNonQuery();
    SqlDataReader sdr = cmd.ExecuteReader();
    this.lstOldProblem.DataSource = sdr;
    this.lstOldProblem.DataTextField = "problemInfo";
    this.lstOldProblem.DataBind();
    sdr.Close();
    conn.Close();
}
protected void ddlDeviceName_SelectedIndexChanged(object sender,
  EventArgs e)
{
    //清空"本次检修出的故障"列表框
    this.lboxCheckOut.Items.Clear();
    //故障列表绑定更新
    this.lboxProblems.DataBind();
    this.ddlDeviceType.DataBind();
    this.lboxProblems.DataBind();
}
protected void ddlNum_SelectedIndexChanged(object sender, EventArgs e)
{
    //清空"本次检修出的故障"列表框
    this.lboxCheckOut.Items.Clear();
    //故障列表绑定更新
    this.lboxProblems.DataBind();
    //"之前尚未修复的故障"列表框数据建立
    string roomSerial = this.ddlRoom.SelectedItem.ToString();
    string deskSerial = this.ddlNum.SelectedItem.ToString();
    int deviceTypeId =
    Convert.ToInt32(this.ddlDeviceType.SelectedValue);
    SqlConnection conn = DB.createConnection();
    SqlCommand cmd = new SqlCommand("oldProblems", conn);
    cmd.CommandType = CommandType.StoredProcedure;
    SqlParameter para = new SqlParameter("@ roomSerial",
    SqlDbType.VarChar, 15);
    para.Value = this.ddlRoom.SelectedItem.ToString();
    cmd.Parameters.Add(para);
    para = new SqlParameter("@ deskSerial", SqlDbType.VarChar, 10);
    para.Value = this.ddlNum.SelectedItem.ToString();
    cmd.Parameters.Add(para);
    para = new SqlParameter("@ deviceTypeId", SqlDbType.TinyInt);
```

```
    para.Value = this.ddlDeviceType.SelectedIndex + 1;
    cmd.Parameters.Add(para);
    conn.Open();
    cmd.ExecuteNonQuery();
    SqlDataReader sdr = cmd.ExecuteReader();
    this.lstOldProblem.DataSource = sdr;
    this.lstOldProblem.DataTextField = "problemInfo";
    this.lstOldProblem.DataBind();
    sdr.Close();
    conn.Close();
}
protected void ddlDeviceType_SelectedIndexChanged(object sender,
    EventArgs e)
{
    //清空"本次检修出的故障"列表框
    this.lboxCheckOut.Items.Clear();
    //故障列表绑定更新
    this.lboxProblems.DataBind();
    //"之前尚未修复的故障"列表框数据建立
    string roomSerial = this.ddlRoom.SelectedItem.ToString();
    string deskSerial = this.ddlNum.SelectedItem.ToString();
    int deviceTypeId =
    Convert.ToInt32(this.ddlDeviceType.SelectedValue);
    SqlConnection conn = DB.createConnection();
    SqlCommand cmd = new SqlCommand("oldProblems", conn);
    cmd.CommandType = CommandType.StoredProcedure;
    SqlParameter para = new SqlParameter("@ roomSerial",
    SqlDbType.VarChar, 15);
    para.Value = this.ddlRoom.SelectedItem.ToString();
    cmd.Parameters.Add(para);
    para = new SqlParameter("@ deskSerial", SqlDbType.VarChar, 10);
    para.Value = this.ddlNum.SelectedItem.ToString();
    cmd.Parameters.Add(para);
    para = new SqlParameter("@ deviceTypeId", SqlDbType.TinyInt);
    para.Value = this.ddlDeviceType.SelectedIndex + 1;
    cmd.Parameters.Add(para);
    conn.Open();
    cmd.ExecuteNonQuery();
    SqlDataReader sdr = cmd.ExecuteReader();
    this.lstOldProblem.DataSource = sdr;
    this.lstOldProblem.DataTextField = "problemInfo";
    this.lstOldProblem.DataBind();
    sdr.Close();
    conn.Close();
}
protected void rbtSignRepair_SelectedIndexChanged(object sender,
    EventArgs e)
{
    if (this.rbtSignRepair.SelectedValue == "1")
    {
        if (this.lboxCheckOut.Items.Count == 0)
        {
            Response.Write("<script>alert('您必须在添加本次检修出的故障条目后方可
```

```
    选择登记')</script>");
    this.rbtSignRepair.SelectedIndex = 1;
}
else
{
    //检查是否存在该故障解决方案
    //修复列表框中的字符串
    string s = this.lboxCheckOut.Items[0].Text;
    //取其前缀,即设备部件名称
    s = s.Substring(0, s.IndexOf('-') * 2 - 2);
    int count;
    SqlConnection conn = DB.createConnection();
    SqlCommand cmd = new SqlCommand("checkSolutions", conn);
    cmd.CommandType = CommandType.StoredProcedure;
    SqlParameter para = new SqlParameter("@ str",
    SqlDbType.VarChar, 30);
    para.Value = s;
    cmd.Parameters.Add(para);
    para = new SqlParameter("@ count", SqlDbType.Int);
    cmd.Parameters.Add(para);
    cmd.Parameters["@ count"].Direction =
    ParameterDirection.Output;
    conn.Open();
    try
    {
        cmd.ExecuteNonQuery();
        count = (int)cmd.Parameters["@ count"].Value;
        //存在对应解决方案
        if (count > 0)
        {
            SqlCommand cmd_solutions = new SqlCommand("solutions",
            conn);
            cmd_solutions.CommandType =
            CommandType.StoredProcedure;
            SqlParameter para_solutions = new SqlParameter("@ str",
            SqlDbType.VarChar, 30);
            para_solutions.Value = s;
            cmd_solutions.Parameters.Add(para_solutions);
            SqlDataReader sdr = cmd_solutions.ExecuteReader();
            this.ddlSolveWay.DataSource = sdr;
            this.ddlSolveWay.DataValueField =
            "deviceProblemRepairId";
            this.ddlSolveWay.DataTextField = "repairInfo";
            this.ddlSolveWay.DataBind();
        }
        else
        {
            this.ddlSolveWay.SelectedItem.Text = "暂无解决方案";
        }
    }
    catch (Exception ex)
    {
        lbError.Text = "出错信息:" + ex.ToString();
```

```
            }
            finally
            {
                conn.Close();
            }
            this.panelSign.Visible = true;
        }
    }
    else
    {
        this.panelSign.Visible = false;
    }
}
protected void ImagebtnRight_Click(object sender, ImageClickEventArgs e)
{
    //因为有可能需要对登记的故障进行修复登记
    //所以一次限制只能输入一条故障记录
    if (this.lboxCheckOut.Items.Count != 0)
    {
        Response.Write("<script>alert('提交该记录后方可再添加
        ')</script>");
    }
    //修复问题列表中尚无项目
    else
    {
        int i = 0;
        while (i <= this.lboxProblems.Items.Count - 1)
        {
            if (this.lboxProblems.Items[i].Selected)
            {
                //"之前尚未修复的故障"列表中存在数据
                //则检测此次添加记录是否为重复记录
                if (this.lstOldProblem.Items.Count > 0)
                {
                    //k 用于存放欲添加记录和已存在问题列表中
                    //记录的比较结果,值为 0,则存在;如为 1,则不存在
                    int k = 1;
                    //j 用于控制循环,记录已经存在故障记录条数
                    int j = 0;
                    //选择将要加入的问题的文字
                    string a = this.lboxProblems.Items[i].Text;
                    int[] num = new int[this.lstOldProblem.Items.Count];
                    //创建一个数量等于历史问题列表中问题个数的数组
                    string[] b = new
                    string[this.lstOldProblem.Items.Count] ;
                    //"在之前尚未修复的故障"列表的问题个数范围内循环比较
                    while (j <= this.lstOldProblem.Items.Count - 1)
                    {
                        b[j] = this.lstOldProblem.Items[j].Text;
                        if (string.Compare(a, b[j]) == 0)
                        {
                            //已经存在,赋值为 0
                            num[j] = 0;
```

```
                }
                else
                {
                    //不存在,赋值为1
                    num[j] = 1;
                }
                k = k * num[j];
                j = j + 1;
            }
            //检测为重复记录
            if (k == 0)
            {
                Response.Write("<script>alert('该故障已经存在且尚未修复,请勿
                重复添加记录!')</script>");
            }
            else
            {
                this.lboxCheckOut.Items.Add(new
                ListItem(this.lboxProblems.Items[i].Text));
                this.lboxProblems.Items.Remove(this.lboxProblems.
                Items[i]);
                //防止用户把来自左边的数据添加到右边
                this.ImagebtnRight2.Enabled = false;
            }
        }
        //右边列表框中无数据,可直接添加
        else
        {
            this.lboxCheckOut.Items.Add(new
            ListItem(this.lboxProblems.Items[i].Text));
            this.lboxProblems.Items.Remove(this.lboxProblems.Ite
            ms[i]);
            //防止用户把来自左边的数据添加到右边
            this.ImagebtnRight2.Enabled = false;
        }
    } i = i + 1;
  }
 }
}
protected void ImagebtnLeft_Click(object sender, ImageClickEventArgs e)
{
   int i = 0;
   while (i <= this.lboxCheckOut.Items.Count - 1)
   {
      if (this.lboxCheckOut.Items[i].Selected)
      {
         this.lboxProblems.Items.Add(new
         ListItem(this.lboxCheckOut.Items[i].Text));
         this.lboxCheckOut.Items.Remove(this.lboxCheckOut.Items[i]);
         //数据从列表框中移除,可重新启用按钮
         this.ImagebtnRight2.Enabled = true;
      }
      else
```

```
            {
                i = i + 1;
            }
        }
    }
    protected void ImagebtnLeft2_Click(object sender, ImageClickEventArgs e)
    {
        //click =1,表示用户所登记的记录来自"之前尚未修复的故障"列表
        //则在存储过程中需要先删除"设备当前状态记录表"中的对应记录
        //再写入"设备故障历史记录表"中
        //判断修复记录框中是否有记录
        if (this.lboxCheckOut.Items.Count > 0)
        {
            Response.Write("<script>alert('一次仅限一条记录,请提交后再输入
            ')</script>");
        }
        else
        {
            int i = 0;
            while (i <= this.lstOldProblem.Items.Count - 1)
            {
                if (this.lstOldProblem.Items[i].Selected)
                {
                    this.lboxCheckOut.Items.Add(new
                    ListItem(this.lstOldProblem.Items[i].Text));
                    this.lstOldProblem.Items.Remove(this.lstOldProblem.Items
                    [i]);
                    //防止用户把从右边列表获取的数据添加到左边列表框
                    this.ImagebtnLeft.Enabled = false;
                    click = 1;//存储过程选择器值为1,表示为特殊情况——检查记录来自右边的列
                    表框
                }
                else
                {
                    i = i + 1;
                }
            }
        }
    }
    protected void btnOK_Click(object sender, EventArgs e)
    {
        //本次检修出的故障不能为空
        if (this.lboxCheckOut.Items.Count == 0)
        {
            lbError.Text = "本次检修出的故障不能为空";
        }
        else
        {
            SqlConnection conn = DB.createConnection();
            SqlCommand cmd_SignBoth = new SqlCommand("signInfo", conn);
            cmd_SignBoth.CommandType = CommandType.StoredProcedure;
            SqlParameter para = new SqlParameter("@ roomSerial",
            SqlDbType.VarChar, 15);
```

```
para.Value = this.ddlRoom.SelectedItem.Text;
cmd_SignBoth.Parameters.Add(para);
para = new SqlParameter("@ deskSerial", SqlDbType.VarChar, 10);
para.Value = this.ddlNum.SelectedItem.Text;
cmd_SignBoth.Parameters.Add(para);
para = new SqlParameter("@ deviceTypeId", SqlDbType.TinyInt);
para.Value = this.ddlDeviceType.SelectedValue;
cmd_SignBoth.Parameters.Add(para);
para = new SqlParameter("@ problemInfo", SqlDbType.VarChar, 30);
para.Value = this.lboxCheckOut.Items[0].Text;
cmd_SignBoth.Parameters.Add(para);
para = new SqlParameter("@ statePHistory", SqlDbType.TinyInt);
para.Value = this.rbtlstState.SelectedValue;
cmd_SignBoth.Parameters.Add(para);
para = new SqlParameter("@ fillInPeopleHistory",
SqlDbType.VarChar, 15);
para.Value = (string)Session["labAssisant"];
cmd_SignBoth.Parameters.Add(para);
para = new SqlParameter("@ repairInfo", SqlDbType.VarChar, 30);
para.Value = this.ddlSolveWay.SelectedItem.Text;
cmd_SignBoth.Parameters.Add(para);
para = new SqlParameter("@ stateP", SqlDbType.TinyInt);
para.Value = this.rbtlstState.SelectedValue;
cmd_SignBoth.Parameters.Add(para);
para = new SqlParameter("@ fillRepariInfoPeople",
SqlDbType.VarChar, 15);
para.Value = (string)Session["labAssisant"];
cmd_SignBoth.Parameters.Add(para);
para = new SqlParameter("@ n", SqlDbType.Int);
//n=0 表示进行修复登记,n=1 表示仅登记检查记录,n=2 表示特殊情况——登记修复
//记录,删除当前检查记录
//用户选择进行修复登记
if (this.rbtSignRepair.SelectedIndex == 0)
{
   //记录来自右边"之前尚未修复的故障"列表
   if (click == 1)
   {
      para.Value = 2;
   }
   //记录来自左边
   else
   {
      para.Value = 0;
   }
   cmd_SignBoth.Parameters.Add(para);
   try
   {
      conn.Open();
      cmd_SignBoth.ExecuteNonQuery();
      lbError.Text = "记录提交成功!";
   }
   catch (Exception ex)
   {
```

```
            lbError.Text = "出错信息:" + ex.ToString();
        }
        finally
        {
            conn.Close();
        }
    }
    //用户尚未修复故障,仅进行检查登记
    else
    {
        //故障修复项目来自右表
        //又不进行修复登记,是不允许添加的
        //从而避免重复登记同一故障
        if (click == 1)
        {
            Response.Write("<script>alert('您选择了来自之前尚未修复故障
            列表的数据,就不可选择否')</script>");
        }
        else
        {
            para.Value = 1;
            cmd_SignBoth.Parameters.Add(para);
            try
            {
                conn.Open();
                cmd_SignBoth.ExecuteNonQuery();
                lbError.Text = "记录提交成功!";
            }
            catch (Exception ex)
            {
                lbError.Text = "出错信息:" + ex.ToString();
            }
            finally
            {
                conn.Close();
            }
        }
    }
    //故障列表绑定更新
    this.lboxProblems.DataBind();
    //"之前尚未修复的故障"列表更新
    //"之前尚未修复的故障"列表框数据建立
    string roomSerial = this.ddlRoom.SelectedItem.ToString();
    string deskSerial = this.ddlNum.SelectedItem.ToString();
    int deviceTypeId =
    Convert.ToInt32(this.ddlDeviceType.SelectedValue);
    SqlConnection conn_lst = DB.createConnection();
    SqlCommand cmd_lst = new SqlCommand("oldProblems", conn_lst);
    cmd_lst.CommandType = CommandType.StoredProcedure;
    SqlParameter para_lst = new SqlParameter("@roomSerial",
    SqlDbType.VarChar, 15);
    para_lst.Value = this.ddlRoom.SelectedItem.ToString();
    cmd_lst.Parameters.Add(para_lst);
```

```
            para_lst = new SqlParameter("@ deskSerial", SqlDbType.VarChar,
            10);
            para_lst.Value = this.ddlNum.SelectedItem.ToString();
            cmd_lst.Parameters.Add(para_lst);
            para_lst = new SqlParameter("@ deviceTypeId", SqlDbType.TinyInt);
            para_lst.Value = this.ddlDeviceType.SelectedIndex + 1;
            cmd_lst.Parameters.Add(para_lst);
            conn_lst.Open();
            cmd_lst.ExecuteNonQuery();
            SqlDataReader sdr = cmd_lst.ExecuteReader();
            this.lstOldProblem.DataSource = sdr;
            this.lstOldProblem.DataTextField = "problemInfo";
            this.lstOldProblem.DataBind();
            sdr.Close();
            conn_lst.Close();
            //清空检修故障列表
            this.lboxCheckOut.Items.Clear();
            //按钮启用
            this.ImagebtnRight.Enabled = true;
            this.ImagebtnLeft.Enabled = true;
            this.ImagebtnRight2.Enabled = true;
            this.ImagebtnLeft2.Enabled = true;
            //click 值复原
            click = 0;
        }
    }
    protected void ImagebtnRight2_Click(object sender, ImageClickEventArgs e)
    {
        int i = 0;
        while (i < = this.lboxCheckOut.Items.Count - 1)
        {
            if (this.lboxCheckOut.Items[i].Selected)
            {
                this.lstOldProblem.Items.Add(new
                ListItem(this.lboxCheckOut.Items[i].Text));
                this.lboxCheckOut.Items.Remove(this.lboxCheckOut.Items[i]);
                //列表框中数据移除,可重新启用按钮
                this.ImagebtnLeft.Enabled = true;
            }
            i ++;
        }
    }
}
```

16.5 预约管理模块的设计与实现

实验预约管理模块是综合实验室信息管理系统的重要组成部分，为实现实验室利用率的提高提供了极大的支撑。

16. 5. 1 预约管理模块的功能设计

预约管理模块功能分解图如图 16-3 所示。

本节将重点介绍预约管理模块中的两个核心功能——预约申请子功能和预约审批子功能，其对应的核心页面分别为 bookLab. aspx，bookLabApproval. aspx。

16. 5. 2 预约申请子功能的实现

如果教师在正常课程安排之外需要另外预约实验室时，可登陆至系统 bookLab. aspx 页面进行实验室预约。

（1） bookLab. aspx 的界面层设计如图 16-20 所示。

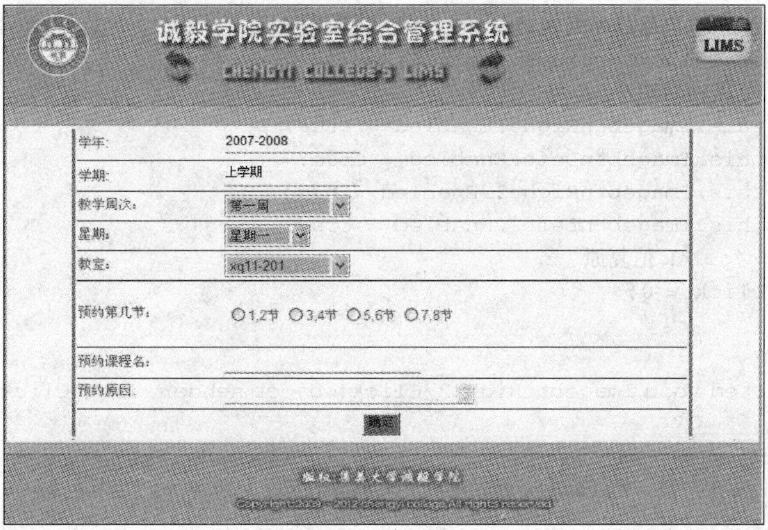

图 16-20 预约申请子功能操作主界面

如图 16-20 所示，在进行实验申请时，教师将进行如下操作。

学年和学期由系统自动给出，避免教师选择错误。接下来，教师选择教学周次、星期、教室编号、所要预约的课次、预约课程名称，以及预约理由，单击预约按钮即可完成向系统提交预约的全过程。

（2） bookLab. aspx 页面的主要代码如下所示。

```
using System;
using System.Data;
using System.Configuration;
using System.Collections;
using System.Web;
using System.Web.Security;
using System.Web.UI;
using System.Web.UI.WebControls;
using System.Web.UI.WebControls.WebParts;
using System.Web.UI.HtmlControls;
```

```
using System.Data.SqlClient;
public partial class pageFunction_bookLab : System.Web.UI.Page
{
   protected void Page_Load(object sender, EventArgs e)
   {
      this.HyperLink1.Visible = false;
      Server.Execute("../idenTeacher.aspx");
      lbError.Text = "";
      SqlConnection conn = DB.createConnection();
      SqlDataAdapter sda = new SqlDataAdapter("select top 1 xn,xq from
      course", conn);
      DataSet ds = new DataSet();
      conn.Open();
      int n = sda.Fill(ds, "course");
      this.txtXn.Text = ds.Tables["course"].Rows[0]["xn"].ToString();
      this.txtXq.Text = ds.Tables["course"].Rows[0]["xq"].ToString();
   }
   protected void btnOk_Click(object sender, EventArgs e)
   {
      int count;
      int kc12 = 0;
      int kc34 = 0;
      int kc56 = 0;
      int kc78 = 0;
      int i = this.rblKc.SelectedIndex;
      switch (i)
      {
         case 0:
            kc12 = 1;
         break;
         case 1:
            kc34 = 1;
         break;
         case 2:
            kc56 = 1;
         break;
         case 3:
            kc78 = 1;
         break;
      }
      SqlConnection conn = DB.createConnection();
      SqlCommand cmd_check = new SqlCommand("check_bookLab", conn);
      cmd_check.CommandType = CommandType.StoredProcedure;
      SqlParameter para = new SqlParameter("@ xn", SqlDbType.VarChar, 9);
      para.Value = this.txtXn.Text.Trim();
      cmd_check.Parameters.Add(para);
      para = new SqlParameter("@xq", SqlDbType.VarChar, 6);
      para.Value = this.txtXq.Text.Trim();
      cmd_check.Parameters.Add(para);
      para = new SqlParameter("@zc", SqlDbType.VarChar, 10);
      para.Value = this.ddlZc.SelectedItem.ToString();
      cmd_check.Parameters.Add(para);
```

```
        para = new SqlParameter("@xqId", SqlDbType.VarChar, 1);
        para.Value = this.ddlXq.SelectedValue;
        cmd_check.Parameters.Add(para);
        para = new SqlParameter("@roomSerial", SqlDbType.VarChar, 15);
        para.Value = this.ddlRoom.SelectedItem.ToString();
        cmd_check.Parameters.Add(para);
        para = new SqlParameter("@kc12",SqlDbType.TinyInt);
        para.Value = kc12;
        cmd_check.Parameters.Add(para);
        para = new SqlParameter("@kc34", SqlDbType.TinyInt);
        para.Value = kc34;
        cmd_check.Parameters.Add(para);
        para = new SqlParameter("@kc56", SqlDbType.TinyInt);
        para.Value = kc56;
        cmd_check.Parameters.Add(para);
        para = new SqlParameter("@kc78", SqlDbType.TinyInt);
        para.Value = kc78;
        cmd_check.Parameters.Add(para);
        para = new SqlParameter("@count", SqlDbType.Int);
        cmd_check.Parameters.Add(para);
        cmd_check.Parameters["@count"].Direction =
        ParameterDirection.Output;
        conn.Open();
        try
        {
           cmd_check.ExecuteNonQuery();
           count = (int)cmd_check.Parameters["@count"].Value;
           if (count > 0)
           {
              lbError.Text = "对不起,该教室已经被预订,请您另外选择!";
           }
           else
           {
              SqlCommand cmd_addBookLab = new SqlCommand("addbookLab", conn);
              cmd_addBookLab.CommandType = CommandType.StoredProcedure;
              SqlParameter para_add = new SqlParameter("@teacherId",
              SqlDbType.VarChar, 16);
              para_add.Value = (string)Session["teacher"];
              cmd_addBookLab.Parameters.Add(para_add);
              para_add = new SqlParameter("@xn", SqlDbType.VarChar, 9);
              para_add.Value = this.txtXn.Text.Trim();
              cmd_addBookLab.Parameters.Add(para_add);
              para_add = new SqlParameter("@xq", SqlDbType.VarChar, 6);
              para_add.Value = this.txtXq.Text.Trim();
              cmd_addBookLab.Parameters.Add(para_add);
              para_add = new SqlParameter("@zc", SqlDbType.VarChar, 10);
              para_add.Value = this.ddlZc.SelectedItem.ToString();
              cmd_addBookLab.Parameters.Add(para_add);
              para_add = new SqlParameter("@xqId", SqlDbType.VarChar, 1);
              para_add.Value = this.ddlXq.SelectedValue;
              cmd_addBookLab.Parameters.Add(para_add);
              para_add = new SqlParameter("@roomSerial", SqlDbType.VarChar, 15);
```

```
            para_add.Value = this.ddlRoom.SelectedItem.ToString();
            cmd_addBookLab.Parameters.Add(para_add);
            para_add = new SqlParameter("@kc12", SqlDbType.TinyInt);
            para_add.Value = kc12;
            cmd_addBookLab.Parameters.Add(para_add);
            para_add = new SqlParameter("@kc34", SqlDbType.TinyInt);
            para_add.Value = kc34;
            cmd_addBookLab.Parameters.Add(para_add);
            para_add = new SqlParameter("@kc56", SqlDbType.TinyInt);
            para_add.Value = kc56;
            cmd_addBookLab.Parameters.Add(para_add);
            para_add = new SqlParameter("@kc78", SqlDbType.TinyInt);
            para_add.Value = kc78;
            cmd_addBookLab.Parameters.Add(para_add);
            para_add = new SqlParameter("@courseName", SqlDbType.VarChar, 30);
            para_add.Value = this.txtCourse.Text.Trim();
            cmd_addBookLab.Parameters.Add(para_add);
            para_add = new SqlParameter("@bookReason", SqlDbType.VarChar, 100);
            para_add.Value = this.txtReason.Text.Trim();
            cmd_addBookLab.Parameters.Add(para_add);
            try
            {
               cmd_addBookLab.ExecuteNonQuery();
               lbError.Text = "您预订成功!";
               this.HyperLink1.Visible = true;
            }
            catch (Exception ex)
            {
               lbError.Text = "出错信息:" + ex.ToString();
            }
         }
      }
      catch (Exception ex)
      {
         lbError.Text = "出错信息:" + ex.ToString();
      }
      finally
      {
         conn.Close();
      }
   }
}
```

16.5.3 预约审批子功能的实现

当教师进行实验预约之后，系统将生成相关预约记录，并且把数据传送到预约审批界面等待实验员审批，审批页面为 bookLabApproval. aspx。

（1）bookLabApproval. aspx 的界面层设计如图 16-21 所示。

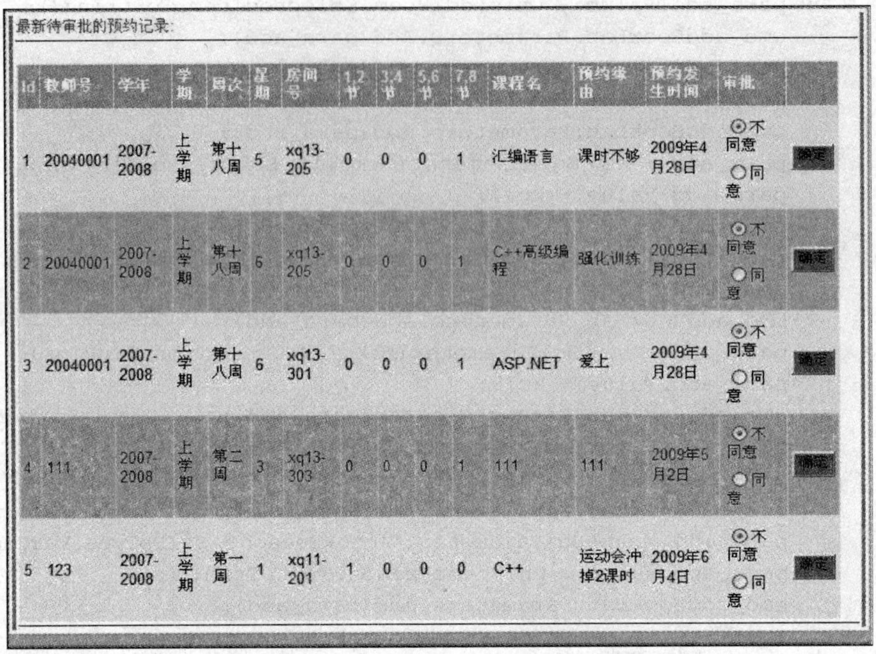

图 16-21 预约审批子功能主操作界面

在本页面中，由 SqlDatasource 控件从数据库中读取实验预约信息，再由 GridView 控件表现在页面上，管理员对预约记录进行审批时将进行如下操作。

管理员依据看到的具体预约 ID 号、教师 ID、学年、学期、周次、星期 ID、房间编号、预约课次、预约实验课程名、预约理由等信息（图 16-21 仅提供部分截图）选择同意或不同意。

如果实验员不同意，同时在拒绝理由文本框中输入拒绝理由以便把意见反馈给教师。

最后单击“确定”按钮即可完成审批过程。

（2）bookLabApproval. aspx 的主要代码如下所示。

```
using System;
using System.Data;
using System.Configuration;
using System.Collections;
using System.Web;
using System.Web.Security;
using System.Web.UI;
using System.Web.UI.WebControls;
using System.Web.UI.WebControls.WebParts;
using System.Web.UI.HtmlControls;
using System.Data.SqlClient;

public partial class pageFunction_bookApproval : System.Web.UI.Page
{
    protected void Page_Load(object sender, EventArgs e)
    {
        Server.Execute("../identification.aspx");
        lbError.Text = "";
```

```
}
protected void gvAgree_RowCommand(object sender,
 GridViewCommandEventArgs e)
{
   if (e.CommandName == "ok")
   {
      int index = Convert.ToInt32(e.CommandArgument);
      GridViewRow row = gvAgree.Rows[index];
      int i_bookId =
      Convert.ToInt32(Server.HtmlDecode(row.Cells[0].Text.Trim()));
      string i_teacherId =
      Server.HtmlDecode(row.Cells[1].Text.Trim());
      string i_xn = Server.HtmlDecode(row.Cells[2].Text.Trim());
      string i_xq = Server.HtmlDecode(row.Cells[3].Text.Trim());
      string i_zc = Server.HtmlDecode(row.Cells[4].Text.Trim());
      string i_xqId = Server.HtmlDecode(row.Cells[5].Text.Trim());
      string i_roomSerial =
      Server.HtmlDecode(row.Cells[6].Text.Trim());
      int i_kc12 =
      Convert.ToInt32(Server.HtmlDecode(row.Cells[7].Text.Trim()));
      int i_kc34 =
      Convert.ToInt32(Server.HtmlDecode(row.Cells[8].Text.Trim()));
      int i_kc56 =
      Convert.ToInt32(Server.HtmlDecode(row.Cells[9].Text.Trim()));
      int i_kc78 =
      Convert.ToInt32(Server.HtmlDecode(row.Cells[10].Text.Trim()));
      string i_courseName =
      Server.HtmlDecode(row.Cells[11].Text.Trim());
      string i_bookReason =
      Server.HtmlDecode(row.Cells[12].Text.Trim());
      RadioButtonList i_agree =
      ((RadioButtonList)gvAgree.Rows[index].FindControl("rbtAgree"));
      int i_agreeResult = i_agree.SelectedIndex;
      SqlConnection conn = DB.createConnection();
      SqlCommand cmd = new SqlCommand("addAgree",conn);
      cmd.CommandType = CommandType.StoredProcedure;
      SqlParameter para = new SqlParameter("@bookId",
      SqlDbType.TinyInt);
      para.Value = i_bookId;
      cmd.Parameters.Add(para);
      para = new SqlParameter("@teacherId", SqlDbType.VarChar, 16);
      para.Value = i_teacherId;
      cmd.Parameters.Add(para);
      para = new SqlParameter("@xn", SqlDbType.VarChar, 9);
      para.Value = i_xn;
      cmd.Parameters.Add(para);
      para = new SqlParameter("@xq", SqlDbType.VarChar, 6);
      para.Value = i_xq;
      cmd.Parameters.Add(para);
      para = new SqlParameter("@zc", SqlDbType.VarChar, 10);
      para.Value = i_zc;
      cmd.Parameters.Add(para);
      para = new SqlParameter("@xqId", SqlDbType.VarChar, 1);
```

```
para.Value = i_xqId;
cmd.Parameters.Add(para);
para = new SqlParameter("@roomSerial", SqlDbType.VarChar, 15);
para.Value = i_roomSerial;
cmd.Parameters.Add(para);
para = new SqlParameter("@kc12", SqlDbType.TinyInt);
para.Value = i_kc12;
cmd.Parameters.Add(para);
para = new SqlParameter("@kc34", SqlDbType.TinyInt);
para.Value = i_kc34;
cmd.Parameters.Add(para);
para = new SqlParameter("@kc56", SqlDbType.TinyInt);
para.Value = i_kc56;
cmd.Parameters.Add(para);
para = new SqlParameter("@kc78", SqlDbType.TinyInt);
para.Value = i_kc78;
cmd.Parameters.Add(para);
para = new SqlParameter("@courseName", SqlDbType.VarChar, 30);
para.Value = i_courseName;
cmd.Parameters.Add(para);
para = new SqlParameter("@bookReason", SqlDbType.VarChar, 100);
para.Value = i_bookReason;
cmd.Parameters.Add(para);
para = new SqlParameter("@agreeResult", SqlDbType.TinyInt);
para.Value = i_agreeResult;
cmd.Parameters.Add(para);
conn.Open();
try
{
  cmd.ExecuteNonQuery();
  lbError.Text = "该记录已经成功审批";
}
catch (Exception ex)
{
  lbError.Text = "出错信息:" + ex.ToString();
}
SqlCommand cmd_dele = new SqlCommand("deleBook", conn);
cmd_dele.CommandType = CommandType.StoredProcedure;
SqlParameter para_dele = new SqlParameter("@xn",
SqlDbType.VarChar, 9);
para_dele.Value = i_xn;
cmd_dele.Parameters.Add(para_dele);
para_dele = new SqlParameter("@xq", SqlDbType.VarChar, 6);
para_dele.Value = i_xq;
cmd_dele.Parameters.Add(para_dele);
para_dele = new SqlParameter("@zc", SqlDbType.VarChar, 10);
para_dele.Value = i_zc;
cmd_dele.Parameters.Add(para_dele);
para_dele = new SqlParameter("@xqId", SqlDbType.VarChar, 1);
para_dele.Value = i_xqId;
cmd_dele.Parameters.Add(para_dele);
para_dele = new SqlParameter("@roomSerial", SqlDbType.VarChar, 15);
para_dele.Value = i_roomSerial;
```

```
            cmd_dele.Parameters.Add(para_dele);
            para_dele = new SqlParameter("@kc12", SqlDbType.TinyInt);
            para_dele.Value = i_kc12;
            cmd_dele.Parameters.Add(para_dele);
            para_dele = new SqlParameter("@kc34", SqlDbType.TinyInt);
            para_dele.Value = i_kc34;
            cmd_dele.Parameters.Add(para_dele);
            para_dele = new SqlParameter("@kc56", SqlDbType.TinyInt);
            para_dele.Value = i_kc56;
            cmd_dele.Parameters.Add(para_dele);
            para_dele = new SqlParameter("@kc78", SqlDbType.TinyInt);
            para_dele.Value = i_kc78;
            cmd_dele.Parameters.Add(para_dele);
            try
            {
                cmd_dele.ExecuteNonQuery();
                this.gvAgree.DataBind();
            }
            catch (Exception ex)
            {
                lbError.Text = "出错信息:" + ex.ToString();
            }
            finally
            {
                conn.Close();
            }
        }
    }
    protected void gvAgree_RowCreated(object sender, GridViewRowEventArgs e)
    {
        if (e.Row.RowType == DataControlRowType.DataRow)
        {
            //Retrieve the LinkButton control from the first column.
            Button btn = (Button)e.Row.Cells[15].Controls[1];
            //Set the Button's CommandArgument property with the
            //row's index.
            btn.CommandArgument = e.Row.RowIndex.ToString();
        }
    }
    protected void gvAgree_RowDataBound(object sender, GridViewRowEventArgs e)
    {
        if (e.Row.RowType == DataControlRowType.DataRow)
        {
            if (e.Row.RowState == DataControlRowState.Normal ||
            e.Row.RowState == DataControlRowState.Alternate)
            {
                ((Button)e.Row.Cells[15].Controls[1]).Attributes.Add("onclic
                k", "javascript:return confirm('你确认该审批了吗?')");
            }
        }
    }
}
```

16.6　查询统计服务模块的设计与实现

查询统计服务模块是整个系统的重要业务支撑部分，对方便实验管理和服务广大师生的信息需求都起到重要的作用。

16.6.1　查询统计服务模块的功能设计

查询统计服务模块的功能分解图如图 16-4 所示。

本节重点介绍查询设备信息子功能模块和分类统计设备资产子功能模块，对应的页面分别为 lookAndSearch. aspx，assetCount. aspx。

16.6.2　查询设备信息子功能模块的实现

当有需要根据相关条件查询实验室设备相关信息时，则登录系统页面 lookAndSearch. aspx 进行查看。

（1）lookAndSearch. aspx 的界面层设计如图 16-22 所示。

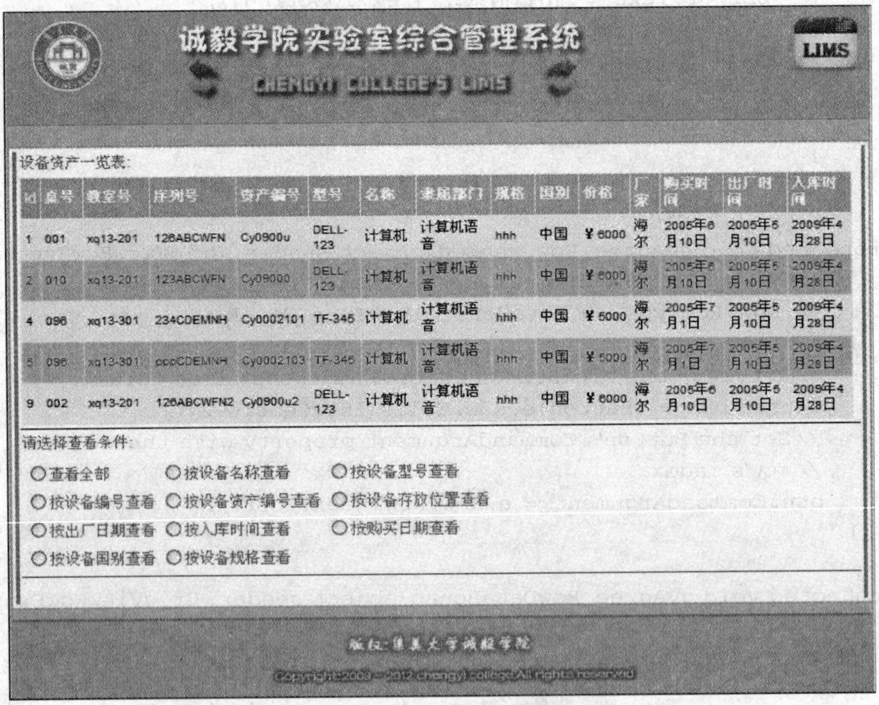

图 16-22　查询设备状态主操作页面

图 16-4 展示的是“查询设备状态”主操作页面的部分截图。该子模块主要由两部分构成，即用于显示查询结果的 GridView 控件和用于选择查询条件的 RadioButtonList 控件。

查询者只需要选中在“请选择查看条件”中列出的任意一个查询条件中，再单击“确定”按钮，GridView 控件将给出对应查询条件的结果集，这样就完成了一次查询操作。

（2）lookAndSearch. aspx 的主要代码如下所示。

```
using System;
using System.Data;
using System.Configuration;
using System.Collections;
using System.Web;
using System.Web.Security;
using System.Web.UI;
using System.Web.UI.WebControls;
using System.Web.UI.WebControls.WebParts;
using System.Web.UI.HtmlControls;
using System.Data.SqlClient;
public partial class pageLook_showAll : System.Web.UI.Page
{
   protected void Page_Load(object sender, EventArgs e)
   {
      Server.Execute("../identification.aspx");
      if (!IsPostBack)
      {
         string[] years = new string[7];
         years[0] = "2004 年";
         years[1] = "2005 年";
         years[2] = "2006 年";
         years[3] = "2007 年";
         years[4] = "2008 年";
         years[5] = "2009 年";
         years[6] = "2010 年";
         this.ddlByTimeStart.DataSource = years;
         this.ddlByTimeStart.DataBind();
         this.ddlByTimeEnd.DataSource = years;
         this.ddlByTimeEnd.DataBind();
         this.ddlByInTimeStart.DataSource = years;
         this.ddlByInTimeStart.DataBind();
         this.ddlByInTimeEnd.DataSource = years;
         this.ddlByInTimeEnd.DataBind();
         this.ddlBuyTimeStart.DataSource = years;
         this.ddlBuyTimeStart.DataBind();
         this.ddlBuyTimeEnd.DataSource = years;
         this.ddlBuyTimeEnd.DataBind();
         DataView dv = new DataView(showAll.selectAll());
         this.gvShowAll.DataSource = dv;
         this.gvShowAll.DataBind();
      }
   }
   protected void btnBySortOK_Click(object sender, EventArgs e)
   {
      string c = "deviceSortName ='" +
      this.ddlBySort.SelectedItem.ToString() + "'";
      DataView dv = new DataView(showAll.selectAll());
      dv.RowFilter = c;
      this.gvShowAll.DataSource = dv;
      this.gvShowAll.DataBind();
   }
   protected void btnByNameOK_Click(object sender, EventArgs e)
```

```
{
    string c = "deviceType ='" +
    this.ddlChooseDeviceType.SelectedItem.ToString() +"'";
    DataView dv = new DataView(showAll.selectAll());
    dv.RowFilter = c;
    this.gvShowAll.DataSource = dv;
    this.gvShowAll.DataBind();
}
protected void btnBySerialOK_Click(object sender, EventArgs e)
{
    string c = "deviceSerial ='" + this.txtBySerial.Text.Trim() +"'";
    DataView dv = new DataView(showAll.selectAll());
    dv.RowFilter = c;
    this.gvShowAll.DataSource = dv;
    this.gvShowAll.DataBind();
}
protected void btnByAssetSerialOK_Click(object sender, EventArgs e)
{
    string c = "deviceAssetSerial ='" + this.txtByAssetSerial.Text.Trim()
    + "'";
    DataView dv = new DataView(showAll.selectAll());
    dv.RowFilter = c;
    this.gvShowAll.DataSource = dv;
    this.gvShowAll.DataBind();
}
protected void btnByRoomDesk_Click(object sender, EventArgs e)
{
    string c = "roomSerial ='" +
    this.ddlChooseRoom.SelectedItem.ToString()
    + "' and deskSerial ='" + this.ddlChooseDesk.SelectedItem.ToString()
    + "'";
    DataView dv = new DataView(showAll.selectAll());
    dv.RowFilter = c;
    this.gvShowAll.DataSource = dv;
    this.gvShowAll.DataBind();
}
protected void btnByDealerOK_Click(object sender, EventArgs e)
{
    string c = "dealerName ='" + this.ddlByDealer.SelectedItem.ToString()
    +"'";
    DataView dv = new DataView(showAll.selectAll());
    dv.RowFilter = c;
    this.gvShowAll.DataSource = dv;
    this.gvShowAll.DataBind();
}
protected void btnByTimeOK_Click(object sender, EventArgs e)
{
    string x = this.ddlByTimeStart.SelectedItem.Text;
    string y = this.ddlByTimeEnd.SelectedItem.Text;
    string c = "outTime >= '" + x + "' and outTime <='" + y + "'";
    DataView dv = new DataView(showAll.selectAll());
    dv.RowFilter = c;
    this.gvShowAll.DataSource = dv;
```

```
        this.gvShowAll.DataBind();
    }
    protected void ButtonRegistOK_Click(object sender, EventArgs e)
    {
        string x = this.ddlByInTimeStart.SelectedItem.Text;
        string y = this.ddlByInTimeEnd.SelectedItem.Text;
        string c = "registerTime > = '" + x + "' and registerTime < ='" + y + "'";
        DataView dv = new DataView(showAll.selectAll());
        dv.RowFilter = c;
        this.gvShowAll.DataSource = dv;
        this.gvShowAll.DataBind();
    }
    protected void btnBuyTimeOK_Click(object sender, EventArgs e)
    {
        string x = this.ddlBuyTimeStart.SelectedItem.Text;
        string y = this.ddlBuyTimeEnd.SelectedItem.Text;
        string c = "buyTime > = '" + x + "' and buyTime < ='" + y + "'";
        DataView dv = new DataView(showAll.selectAll());
        dv.RowFilter = c;
        this.gvShowAll.DataSource = dv;
        this.gvShowAll.DataBind();
    }
    protected void btnStateOK_Click(object sender, EventArgs e)
    {
        string c = "state ='" + this.ddlChooseState.SelectedItem.ToString() +
        "'";
        DataView dv = new DataView(showAll.selectAll());
        dv.RowFilter = c;
        this.gvShowAll.DataSource = dv;
        this.gvShowAll.DataBind();
    }
    protected void btnChooseSpecOK_Click(object sender, EventArgs e)
    {
        string c = "spec ='" + this.ddlChooseSpec.SelectedItem.ToString() + "'";
        DataView dv = new DataView(showAll.selectAll());
        dv.RowFilter = c;
        this.gvShowAll.DataSource = dv;
        this.gvShowAll.DataBind();
    }
    protected void rbtLookDevice_SelectedIndexChanged(object sender, EventArgs e)
    {
        switch (this.rbtLookDevice.SelectedItem.Value)
        {
            //查看全部
            case "1":
                this.PanelBySort.Visible = false;
                this.PanelByName.Visible = false;
                this.PanelBySerial.Visible = false;
                this.PanelByAssetSerial.Visible = false;
                this.PanelByRoomDesk.Visible = false;
                this.PanelByDealer.Visible = false;
                this.PanelByTime.Visible = false;
                this.PanelBySign.Visible = false;
```

```
    this.PanelBuyTimeStart.Visible = false;
    this.PanelState.Visible = false;
    this.PanelSpec.Visible = false;

    DataView dv = new DataView(showAll.selectAll());
    this.gvShowAll.DataSource = dv;
    this.gvShowAll.DataBind();
    break;
  //按设备类别
  case "2":
    this.PanelBySort.Visible = true;
    this.PanelByName.Visible = false;
    this.PanelBySerial.Visible = false;
    this.PanelByAssetSerial.Visible = false;
    this.PanelByRoomDesk.Visible = false;
    this.PanelByDealer.Visible = false;
    this.PanelByTime.Visible = false;
    this.PanelBySign.Visible = false;
    this.PanelBuyTimeStart.Visible = false;
    this.PanelState.Visible = false;
    this.PanelSpec.Visible = false;
    break;
  //按设备型号
  case "3":
    this.PanelBySort.Visible = false;
    this.PanelByName.Visible = true;
    this.PanelBySerial.Visible = false;
    this.PanelByAssetSerial.Visible = false;
    this.PanelByRoomDesk.Visible = false;
    this.PanelByDealer.Visible = false;
    this.PanelByTime.Visible = false;
    this.PanelBySign.Visible = false;
    this.PanelBuyTimeStart.Visible = false;
    this.PanelState.Visible = false;
    this.PanelSpec.Visible = false;
    break;
  //按设备序列号
  case "4":
    this.PanelBySort.Visible = false;
    this.PanelByName.Visible = false;
    this.PanelBySerial.Visible = true;
    this.PanelByAssetSerial.Visible = false;
    this.PanelByRoomDesk.Visible = false;
    this.PanelByDealer.Visible = false;
    this.PanelByTime.Visible = false;
    this.PanelBySign.Visible = false;
    this.PanelBuyTimeStart.Visible = false;
    this.PanelState.Visible = false;
    this.PanelSpec.Visible = false;
    break;
  //按资产编号
  case "5":
    this.PanelBySort.Visible = false;
```

```
    this.PanelByName.Visible = false;
    this.PanelBySerial.Visible = false;
    this.PanelByAssetSerial.Visible = true;
    this.PanelByRoomDesk.Visible = false;
    this.PanelByDealer.Visible = false;
    this.PanelByTime.Visible = false;
    this.PanelBySign.Visible = false;
    this.PanelBuyTimeStart.Visible = false;
    this.PanelState.Visible = false;
    this.PanelSpec.Visible = false;
    break;
//按房间和桌位
case "6":
    this.PanelBySort.Visible = false;
    this.PanelByName.Visible = false;
    this.PanelBySerial.Visible = false;
    this.PanelByAssetSerial.Visible = false;
    this.PanelByRoomDesk.Visible = true;
    this.PanelByDealer.Visible = false;
    this.PanelByTime.Visible = false;
    this.PanelBySign.Visible = false;
    this.PanelBuyTimeStart.Visible = false;
    this.PanelState.Visible = false;
    this.PanelSpec.Visible = false;
    break;
//按生产商
case "7":
    this.PanelBySort.Visible = false;
    this.PanelByName.Visible = false;
    this.PanelBySerial.Visible = false;
    this.PanelByAssetSerial.Visible = false;
    this.PanelByRoomDesk.Visible = false;
    this.PanelByDealer.Visible = true;
    this.PanelByTime.Visible = false;
    this.PanelBySign.Visible = false;
    this.PanelBuyTimeStart.Visible = false;
    this.PanelState.Visible = false;
    this.PanelSpec.Visible = false;
    break;
//按出厂日期
case "8":
    this.PanelBySort.Visible = false;
    this.PanelByName.Visible = false;
    this.PanelBySerial.Visible = false;
    this.PanelByAssetSerial.Visible = false;
    this.PanelByRoomDesk.Visible = false;
    this.PanelByDealer.Visible = false;
    this.PanelByTime.Visible = true;
    this.PanelBySign.Visible = false;
    this.PanelBuyTimeStart.Visible = false;
    this.PanelState.Visible = false;
    this.PanelSpec.Visible = false;
    break;
```

```
//按入库时间
case "9":
  this.PanelBySort.Visible = false;
  this.PanelByName.Visible = false;
  this.PanelBySerial.Visible = false;
  this.PanelByAssetSerial.Visible = false;
  this.PanelByRoomDesk.Visible = false;
  this.PanelByDealer.Visible = false;
  this.PanelByTime.Visible = false;
  this.PanelBySign.Visible = true;
  this.PanelBuyTimeStart.Visible = false;
  this.PanelState.Visible = false;
  this.PanelSpec.Visible = false;
  break;
//按购买日期
case "10":
  this.PanelBySort.Visible = false;
  this.PanelByName.Visible = false;
  this.PanelBySerial.Visible = false;
  this.PanelByAssetSerial.Visible = false;
  this.PanelByRoomDesk.Visible = false;
  this.PanelByDealer.Visible = false;
  this.PanelByTime.Visible = false;
  this.PanelBySign.Visible = false;
  this.PanelBuyTimeStart.Visible = true;
  this.PanelState.Visible = false;
  this.PanelSpec.Visible = false;
  break;
//按国别
case "11":
  this.PanelBySort.Visible = false;
  this.PanelByName.Visible = false;
  this.PanelBySerial.Visible = false;
  this.PanelByAssetSerial.Visible = false;
  this.PanelByRoomDesk.Visible = false;
  this.PanelByDealer.Visible = false;
  this.PanelByTime.Visible = false;
  this.PanelBySign.Visible = false;
  this.PanelBuyTimeStart.Visible = false;
  this.PanelState.Visible = true;
  this.PanelSpec.Visible = false;
  break;
//按规格
case "12":
  this.PanelBySort.Visible = false;
  this.PanelByName.Visible = false;
  this.PanelBySerial.Visible = false;
  this.PanelByAssetSerial.Visible = false;
  this.PanelByRoomDesk.Visible = false;
  this.PanelByDealer.Visible = false;
  this.PanelByTime.Visible = false;
  this.PanelBySign.Visible = false;
  this.PanelBuyTimeStart.Visible = false;
```

```
                this.PanelState.Visible = false;
                this.PanelSpec.Visible = true;
                break;
        }
    }
}
```

16.6.3　设备资产统计子功能模块的实现

需要统计实验室设备相关资产时，可登录系统页面 assetCount.aspx 进行查看。

(1) assetCount.aspx 的业务界面层设计如图 16-23 所示。

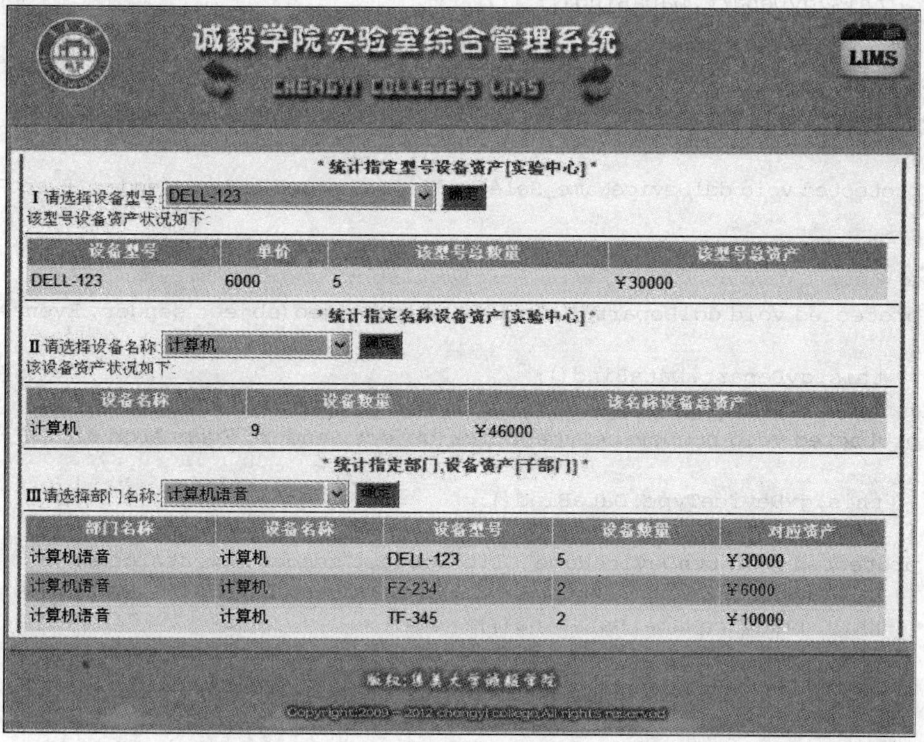

图 16-23　设备资产统计模块主操作页面

图 16-23 展示的是“设备资产统计”主操作页面的部分截图。该子模块主要依据选择查询条件给出对应条件的设备资产结果。设备资产包括设备的数量、设备的价值两部分。

模块设置了一定数量的类别查询统计，查询者需要选中下拉列表框中列出的任意一个查询条件，再单击“确定”按钮，GridView 控件将给出对应统计条件的结果集，这样就完成了一次统计操作。

(2) assetCount.aspx 的主要代码如下所示：

```
using System;
using System.Data;
using System.Configuration;
using System.Collections;
using System.Web;
```

```
using System.Web.Security;
using System.Web.UI;
using System.Web.UI.WebControls;
using System.Web.UI.WebControls.WebParts;
using System.Web.UI.HtmlControls;
public partial class pageSearchCount_assetCount : System.Web.UI.Page
{
    protected void Page_Load(object sender, EventArgs e)
    {
        Server.Execute("../identification.aspx");
        this.gvDeviceType.DataBind();
        this.gvDeviceName.DataBind();
        this.gvDepart.DataBind();
    }
    protected void ddlDeviceType_SelectedIndexChanged(object sender, EventArgs e)
    {
        this.gvDeviceType.DataBind();
    }
    protected void ddlDeviceName_SelectedIndexChanged(object sender, EventArgs e)
    {
        this.gvDeviceName.DataBind();
    }
    protected void ddlDepart_SelectedIndexChanged(object sender, EventArgs e)
    {
        this.gvDepart.DataBind();
    }
    protected void btnDeviceType_Click(object sender, EventArgs e)
    {
        this.gvDeviceType.DataBind();
    }
    protected void btnDeviceName_Click(object sender, EventArgs e)
    {
        this.gvDeviceName.DataBind();
    }
    protected void btnDepart_Click(object sender, EventArgs e)
    {
        this.gvDepart.DataBind();
    }
}
```

16.7 小　结

制作一个即便是简单的 Web 站点，也应当遵循软件工程的开发方法，从需求分析入手，进行系统总体设计、模块设计等。只有按照规范的流程进行制作，在开发的过程中才能少走弯路，使得设计能与实际需求最大程度地相符合，并且让整个开发过程科学而高效。

本章详细介绍了实验室综合管理系统的通用性基础设计、设备管理模块、预约管理模块、查询统计服务模块的具体实现。并且在介绍后 3 个模块时，每个模块都通过“功能框架设计”，“业务界面层设计”，“主要代码” 3 个部分来详细描述其设计与实现。

本章介绍的系统在制作中大量使用了 ASP. NET 中自带的控件，使得开发的速度大大提高，并且减少了很多的编码量。可以看见，文中提供的编码大部分都是涉及到业务逻辑方面的，而不是系统功能上的。

至此，本书的内容都介绍完了。通过前面各章理论和实践的学习，相信读者已经能使用 ASP. NET 开发制作自己需要的 Web 站点程序了。当然，还有许多的知识本书没有介绍，这需要读者在后续的实践开发过程中继续学习 ASP. NET 知识，不断提高自己，从而使得 ASP. NET 成为编程人员手中真正的一门利器。

参考文献

[1] 〔美〕H. M. Deitel、P. J. Deitel. Visual C# 2005 大学教程（第二版）[M]. 北京：电子工业出版社. 2007.

[2] 〔美〕Chris Hart、John Kauffman、David Sussman、Chris Ullman. ASP. NET 2.0 经典教程——C#篇 [M]. 北京：人民邮电出版社. 2009.

[3] 〔美〕Bill Evjen、Scott Hanselman、Devin Rader 等. ASP. NET 2.0 高级编程 [M]. 北京：清华大学出版社. 2007.

[4] 〔荷兰〕Imar Spaanjaars. ASP. NET 3.5 入门经典 [M]. 北京：清华大学出版社. 2008.

[5] 〔美〕Paul Nielsen. SQL Server 2005 宝典 [M]. 北京：人民邮电出版社. 2008.

[6] 曹斌、韩中孝. ASP. NET 数据库系统项目开发实践 [M]. 北京：科学出版社. 2005.

[7] 王院峰等. ASP. NET 3.5 实例精通 [M]. 北京：机械工业出版社. 2009.

[8] 章立民. ASP. NET 3.5 开发范例精讲精析 [M]. 北京：科学出版社. 2009.